可持续发展视角下的
全景美丽中国建设研究

廖小罕 吴朝阳 王自发 金凤君 江 东 黄春林 等 著

科学出版社
北 京

内 容 简 介

本书系统回顾了美丽中国建设的背景与意义，详细阐述了美丽中国时空全景、全要素、多尺度本底数据库的建设内容，构建了涵盖"天蓝、地绿、水清、人和"四个维度的美丽中国评价指标体系，并开发了面向可持续发展的美丽中国评估系统。该系统包括旅游资源与展示系统、大气健康环境模拟系统、"三生"空间统筹优化模拟系统以及全景美丽中国大数据综合集成平台。此外，本书以浙江省宁波市、云南省临沧市和河北省雄安新区为例，分别从"三生"空间优化、可持续发展评估以及科学规划示范等角度，深入探讨了美丽中国建设的地方实践。

本书可供政府相关管理部门的决策者，地理学、经济学、管理学等领域的研究人员、管理人员以及高校教师、研究生参考使用。

审图号：GS 京（2025）1138 号

图书在版编目（CIP）数据

可持续发展视角下的全景美丽中国建设研究 / 廖小罕等著. -- 北京：科学出版社, 2025.6. — ISBN 978-7-03-081807-2

Ⅰ. X321.2

中国国家版本馆 CIP 数据核字第 2025LW7739 号

责任编辑：董 墨 赵晶雪 / 责任校对：郝甜甜
责任印制：徐晓晨 / 封面设计：无极书装

科学出版社 出版
北京东黄城根北街 16 号
邮政编码：100717
http://www.sciencep.com

北京建宏印刷有限公司印刷
科学出版社发行 各地新华书店经销
*
2025 年 6 月第 一 版　开本：720×1000　1/16
2025 年 10 月第二次印刷　印张：20 1/2
字数：400 000
定价：258.00 元
（如有印装质量问题，我社负责调换）

作者名单

第1章　美丽中国建设背景及其意义
金凤君　王姣娥　张　佩　黄　洁　徐　梁

第2章　美丽中国本底数据建设
吴朝阳　葛全胜　郑景云　马　丽　刘志高　岳焕印　沈　镭
张学珍　张美根　高　怡

第3章　美丽中国评价指标体系
黄春林　王鹏龙　王　宝　赵雪雁　宋晓谕　徐冰鑫　俞　啸
高　峰

第4章　美丽中国评估系统建设
廖小罕　王自发　王　勇　江　东　王黎明　付晶莹　杨　婷
林　刚　李　杰

第5章　美丽中国建设典型示范集成研究
江　东　黄春林　孙　威　赵雪雁　付晶莹　朱会义　林　刚
宋晓谕

全书数据制图
刘志高

前 言

"美丽中国"是指在特定时期内，将国家经济建设、社会建设和生态建设落实到具有不同主体功能的国土空间上，实现生态环境有效保护、自然资源永续利用、经济社会绿色发展、人与自然和谐共处的可持续发展目标，建设天蓝地绿、山清水秀、强大富裕、人地和谐的可持续发展强国。党的十八大召开以后，"美丽中国"迅速成为社会各界关注的热点话题，并且党的二十届三中全会也对美丽中国建设作出了重要部署。新时代我国的社会主要矛盾已经转化为人民日益增长的美好生活需要和不平衡不充分的发展之间的矛盾，其中经济社会发展与自然不平衡的矛盾比较突出。要解决好发展不平衡不充分问题，需要大力提升发展质量和效益，需要坚定走生产发展、生活富裕、生态良好的文明发展道路，需要建设美丽中国，以更好推动人的全面发展、社会的全面进步。因此，在国家需求的推动下，政界和学界在"美丽中国"的社会内涵、价值维度、实现途径与策略、评价指标体系及其定量评估等领域开展了大量具有理论性和实践性的工作。

在美丽中国建设的理念提出后，学界率先开展了美丽中国建设的理论与方法研究探索，提出了美丽中国建设的基本内涵、理论基础与评估方案，构建了面向可持续发展的全时空、多要素和多尺度的美丽中国建设评估指标体系，分析了美丽中国建设与国土空间管制、国土空间规划、城市规划的关系，美丽中国建设与生态文明建设战略等的关系，这些研究均为美丽中国建设提供了重要参考。近十年来，党和国家结合"五位一体"总体布局对"美丽中国"的发展模式和发展路径进行了卓有成效的实践。在党中央的统筹部署下，全国积极推行河长制、湖长制，推进山水林田湖草沙生态保护修复工程，实施农村人居环境整治行动等一系列生态环境保护与修复工作。同时，不同地区结合自身的资源禀赋条件和发展现状，探索美丽中国的地区建设模式，如浙江的"千村示范、万村整治"工程，甘肃甘南藏族自治州的生态文明小康村建设以及云南的"美丽县城"建设等。

然而，各地对于如何建设美丽中国、美丽中国建设到哪一阶段、如何评估美丽中国建设成效等问题，尚未形成体系化、程序化、差异化的认知思维框架。因此，亟须总结美丽中国的理论内涵，建立一套科学权威的评估体系，制定可操作

— i —

的评估技术标准，及时开展美丽中国建设进程的评估工作，从而发现问题，总结经验，推动美丽中国科学稳步建设。同时，党的二十大报告提出，中国式现代化是人与自然和谐共生的现代化。将人与自然和谐共生作为中国式现代化的重要特征和本质要求之一，充分反映了党对美丽中国的认识达到新高度，也对美丽中国建设提出更高的要求。

在中国科学院 A 类战略性先导科技专项"地球大数据科学工程"项目的支持下，项目四"全景美丽中国"以地球系统科学和人-地关系理论为指导，重点探讨资源环境本底分布与格局、清洁空气与环境健康、生态文明建设、区域发展与智慧城市建设、大数据驱动的美丽中国全景评价与决策支持等问题。经过 5 年多的科学研究，形成本书。本书针对性地回顾了美丽中国建设的背景及意义，描述了美丽中国时空全景、全要素、多尺度本底数据库建设的内容，构建了美丽中国"天蓝-地绿-水清-人和"评价指标体系，建设了面向可持续发展的美丽中国评估系统（旅游资源与展示系统、大气健康环境模拟系统、"三生"空间统筹优化模拟系统以及全景美丽中国大数据综合集成平台），并以浙江省宁波市、云南省临沧市和河北省雄安新区为例，分别从"三生"空间（生产空间、生活空间、生态空间的统称）、可持续发展评估和科学规划示范角度，探讨美丽中国建设的地方经验。具体而言，第 1 章阐释了美丽中国建设背景及其意义；第 2 章解析了美丽中国本底数据建设；第 3 章构建了美丽中国评价指标体系；第 4 章分析了美丽中国评估系统建设；第 5 章解析了美丽中国建设典型示范集成研究。本书主要数据、模型和评估方法可从地球大数据平台（http://portal.casearth.cn/）获取。

廖小罕
2024 年 8 月

目 录

前言

第1章 美丽中国建设背景及其意义 ... 1
1.1 美丽中国的含义 ... 1
1.1.1 广义内涵 ... 2
1.1.2 狭义内涵 ... 2
1.2 美丽中国建设的宏观背景 ... 3
1.2.1 美丽中国建设是实现中华民族伟大复兴的重要内容 ... 3
1.2.2 美丽中国建设的全球责任和国家战略要义 ... 4
1.2.3 美丽中国建设的目标追求：可持续发展 ... 6
1.3 可持续发展视角下美丽中国的建设要求 ... 7
1.3.1 理论基础 ... 7
1.3.2 基本原则 ... 10
1.3.3 主要内容 ... 13
1.3.4 实施要求 ... 16
参考文献 ... 19

第2章 美丽中国本底数据建设 ... 21
2.1 华夏故土文明数据集 ... 22
2.1.1 疆域与人口变化 ... 22
2.1.2 气候变化 ... 30
2.1.3 耕地与森林变化 ... 36
2.2 美丽中国人文数据指标 ... 49
2.2.1 人文数据集的指标构成 ... 50
2.2.2 美丽中国人文数据集 ... 52
2.3 资源环境生态数据集 ... 53
2.3.1 中国水资源本底数据集 ... 53

— iii —

2.3.2 中国土地利用变化及承载力分析 ………………………………… 61
2.3.3 能矿资源开发利用状况 ………………………………………… 69
2.4 无人机三维实景数据集与三维地图服务平台 ……………………………… 77
2.4.1 实景三维时代全面到来 ………………………………………… 78
2.4.2 三维实景数据获取与处理 ……………………………………… 80
2.4.3 无人机三维实景数据集 ………………………………………… 82
2.4.4 三维地图服务平台 ……………………………………………… 88
2.5 未来气候情景下空气质量分布模拟数据集 ………………………………… 94
2.5.1 研究背景 ………………………………………………………… 94
2.5.2 三种未来气候情景数据收集和处理 …………………………… 96
2.5.3 RCP 未来排放源数据收集和处理 ……………………………… 102
2.5.4 未来空气质量数据集建立 ……………………………………… 118
参考文献 ……………………………………………………………………… 141

第3章 美丽中国评价指标体系 ……………………………………………… 146
3.1 可持续发展研究进展 ………………………………………………………… 146
3.1.1 可持续发展 ……………………………………………………… 146
3.1.2 典型可持续发展评价指标体系 ………………………………… 147
3.2 评价指标体系的构建思路及原则 …………………………………………… 157
3.2.1 评价指标体系的构建思路 ……………………………………… 157
3.2.2 评价指标体系的构建原则 ……………………………………… 160
3.3 评价指标体系的构成 ………………………………………………………… 160
3.3.1 "天蓝"评价指标体系 …………………………………………… 160
3.3.2 "地绿"评价指标体系 …………………………………………… 161
3.3.3 "水清"评价指标体系 …………………………………………… 162
3.3.4 "人和"评价指标体系 …………………………………………… 164
3.4 评价指标计算方法 …………………………………………………………… 167
3.4.1 天蓝指标的计算方法 …………………………………………… 167
3.4.2 地绿指标的计算方法 …………………………………………… 172
3.4.3 水清指标的计算方法 …………………………………………… 179
3.4.4 人和指标的计算方法 …………………………………………… 186
参考文献 ……………………………………………………………………… 190

第4章 美丽中国评估系统建设 ……………………………………………… 194
4.1 旅游资源与展示系统 ………………………………………………………… 194

4.1.1　总体设计 194
　　4.1.2　模块设计 195
4.2　大气健康环境模拟系统 209
　　4.2.1　基于 NAQPMS 的长时间序列空气质量模拟 209
　　4.2.2　大气污染省市间跨界输送量化传输贡献量模拟研究 213
　　4.2.3　大气环境容量与承载力预报系统 220
4.3　"三生"空间统筹优化模拟系统 223
　　4.3.1　"三生"空间统筹优化与决策支持系统 223
　　4.3.2　"三生"空间统筹优化与决策支持系统功能模块 229
4.4　全景美丽中国大数据综合集成平台 241
　　4.4.1　平台概述 241
　　4.4.2　架构设计 243
　　4.4.3　全景美丽中国大数据综合集成平台功能模块 245
　　4.4.4　综合集成（全景美丽中国故事讲述） 260
　　4.4.5　系统登录及安全 270
　　参考文献 271

第5章　美丽中国建设典型示范集成研究 273
5.1　宁波示范区研究 273
　　5.1.1　宁波市"三生"空间演化格局分析 274
　　5.1.2　宁波市"三生"空间冲突识别 276
　　5.1.3　宁波市"三生"空间统筹优化 282
5.2　临沧示范区研究 287
　　5.2.1　临沧市概况 287
　　5.2.2　临沧市 SDGs 进展综合评估 288
　　5.2.3　临沧市可持续发展目标的相互作用 292
　　5.2.4　特色产业助推 SDGs 实现 296
5.3　雄安新区示范区研究 302
　　5.3.1　示范区概况 302
　　5.3.2　示范内容 303
　　5.3.3　示范效果 308
　　参考文献 317

第 1 章

美丽中国建设背景及其意义[①]

> **导读** 党的十八大报告提出:"把生态文明建设放在突出地位,融入经济建设、政治建设、文化建设、社会建设各方面和全过程,努力建设美丽中国,实现中华民族永续发展。"党的十九大报告明确提出:"坚定走生产发展、生活富裕、生态良好的文明发展道路,建设美丽中国,为人民创造良好生产生活环境,为全球生态安全作出贡献"。党的二十大报告再次强调:"我们要推进美丽中国建设,坚持山水林田湖草沙一体化保护和系统治理,统筹产业结构调整、污染治理、生态保护、应对气候变化,协同推进降碳、减污、扩绿、增长,推进生态优先、节约集约、绿色低碳发展"。党的二十届三中全会通过的《中共中央关于进一步全面深化改革、推进中国式现代化的决定》,提出"聚焦建设美丽中国,加快经济社会发展全面绿色转型,健全生态环境治理体系,推进生态优先、节约集约、绿色低碳发展,促进人与自然和谐共生",为新时代新征程建设美丽中国提供了根本遵循。为此,本章首先从广义和狭义角度阐释了美丽中国的含义;其次,梳理了美丽中国建设的宏观背景,明确其目标追求为可持续发展;最后,在此基础上,从理论基础、基本原则、主要内容和实施要求等方面,揭示了可持续发展视角下美丽中国的建设要求。

1.1 美丽中国的含义

美丽中国建设是落实我国生态文明长效目标、推进国家可持续发展、提升可

[①] 本章作者:金凤君、王姣娥、张佩、黄洁、徐梁。

持续发展能力和质量的阶段性战略部署，也是推动国家实现高质量发展的核心目标，其基本内涵包括广义和狭义两个方面（方创琳等，2019）。

1.1.1 广义内涵

在广义层面，美丽中国是指在特定时期内，遵循国家经济社会可持续发展规律、自然资源永续利用规律和生态环境保护规律，将国家经济建设、政治建设、文化建设、社会建设和生态建设"五位一体"总体布局落实到具有不同主体功能的国土空间上，形成山清水秀、强大富裕、人地和谐、文化传承、政治稳定的建设新格局。它是到2035年国家基本实现现代化的核心目标之一，也是实现"两个一百年"奋斗目标和走向中华民族伟大复兴中国梦的必由之路。青山绿水但落后贫穷不是美丽中国，繁荣昌盛而环境污染同样不是美丽中国，只有做到经济绿色增长、政治体制完善、文化传承复兴、社会和谐幸福、生态文明发展，才能真正实现美丽中国"五位一体"的建设目标（图1-1）。

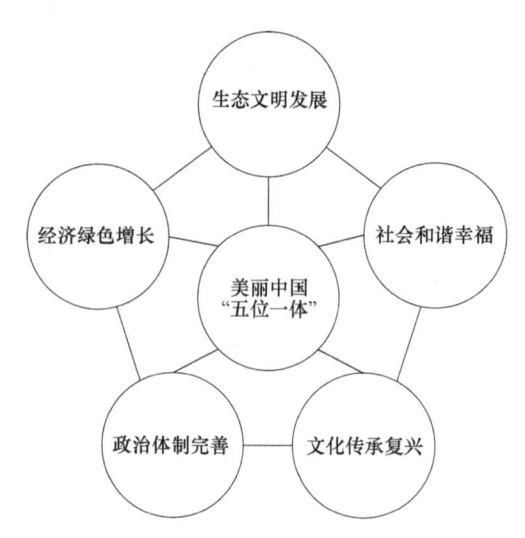

图1-1 美丽中国"五位一体"建设目标（陈明星等，2019）

1.1.2 狭义内涵

在狭义层面，美丽中国是指在特定时期内，遵循国家经济社会可持续发展规律、自然资源永续利用规律和生态环境保护规律，将国家经济建设、社会建设和生态建设落实到具有不同主体功能的国土空间上，实现生态环境有效保护、自然资源永续利用、经济社会绿色发展、人与自然和谐共处的可持续发展目标，形成天蓝地绿、山清水秀、强大富裕、人地和谐的可持续发展新格局。既要创造更多物质财富和精神财富，满足人民群众对美好生活的追求，也要生产更多优质生态产品，满足人民对优美生态环境的向往。

1.2 美丽中国建设的宏观背景

1.2.1 美丽中国建设是实现中华民族伟大复兴的重要内容

新时代我国社会主要矛盾已经转化为人民日益增长的美好生活需要和不平衡不充分的发展之间的矛盾，其中经济社会发展与自然不平衡的矛盾比较突出。为此，党的十九大和二十大报告中都强调了走生产发展、生活富裕、生态良好的文明发展道路对中国式现代化和中华民族永续发展的重要性。要在继续推动发展的基础上，着力解决好发展不平衡不充分问题，大力提升发展质量和效益，更好满足人民在经济、政治、文化、社会、生态等方面日益增长的需要，更好推动人的全面发展、社会全面进步。

1. 人民新期待

经过40多年改革开放的发展，我国人民的物质生活已经得到了全面改善，人民群众对幸福生活有了新要求，其不但希望在物质产品上进一步提高质量，而且希望在生态产品、精神产品上也能够得到满足，具体表现在从要温饱到要健康的新期待、从要生计到要生态的新期待、从生活的单一性到多样性的新期待、从量的增长到质的优化的新期待（以下简称四个新期待），这四个新期待反映了人民的需要为生存需要—安全需要—健康需要—幸福需要，体现了需求向高层次发展的客观规律。生态产品的需求快速全面增长，逐渐登上市场舞台。绿色在人民群众幸福指数中的权重越来越大，以绿色为基调的美丽中国也越来越为人民群众所期待。因此，幸福经济学应运而生，绿色经济、绿色产品受到公众青睐，专家用真实发展指数（genuine progress indicator，GPI）来补充完善国内生产总值（gross domestic product，GDP），成为建设美丽中国的重要指导。

2. 产生新危机

改革开放40多年来，我国在"四化"（农业现代化、工业现代化、国防现代化和科学技术现代化）建设方面取得世人瞩目的巨大成就的同时，又出现了新的隐患，这些隐患对于实现中国梦将是重大的约束，如果不及时解决，就会产生新的危机。西方国家在几百年发展中出现的资源枯竭、环境污染严重、生态系统恶化、公众亚健康等问题，我们在这几十年中都"涌现"出来。资源危机、生态危机、环境危机、工业文明危机，成为新时期的"四大危机"，是中华民族实现中国梦的主要障碍。

3. 踏上新征程

在这紧要关口，党的十八大、十九大和二十大以及习近平总书记系列重要讲话推动了实现中国梦的新征程，构建了经济建设、政治建设、社会建设、文化建设和生态文明建设"五位一体"总体布局，并强调把建设美丽中国与推进生态文明的理念、方针、原则和要求深刻融入，全面贯穿经济建设、政治建设、社会建设、文化建设的各方面和全过程，在与时俱进中坚持和发展中国特色社会主义。党的十八大报告指出，"建设生态文明，是关系人民福祉、关乎民族未来的长远大计"（胡锦涛，2012）。党的二十大对美丽中国建设提出新的目标与新的任务，即到 2035 年"广泛形成绿色生产生活方式，碳排放达峰后稳中有降，生态环境根本好转，美丽中国目标基本实现"以及未来五年"城乡人居环境明显改善，美丽中国建设成效显著"（习近平，2022）。

党的十八届三中全会进一步作出全面深化改革的重大决定，随后成立了以习近平总书记为首的党中央全面深化改革领导小组，并把生态文明体制改革和经济体制改革放到一个分组中统筹安排，这就抓住了建设美丽中国、推进生态文明必须转变生产方式和生活方式的"牛鼻子"，进一步发展了党的十八届三中全会的成果；"建设生态文明是发展社会主义的伟大实践"（余谋昌，2010），建设美丽中国、推进生态文明是我们党在新时代深化对人类文明发展规律和中国特色社会主义规律的认识的基础上做出的历史性选择，指明了实现中华民族永续发展和伟大复兴的必由之路。建设美丽中国，走向生态文明新时代，就是走向中华民族伟大复兴中国梦的新时代。不难发现，从站立起来到富裕起来再到美丽起来，后者都必须以前者为基础。中华人民共和国成立后的 30 年，我们主要是走上独立自主的发展道路，使中华民族站立起来，这是实现中国梦的第一个里程碑；改革开放后的 30 年，我们走上独立自主、改革开放的发展道路，使中国人民富裕起来，这是实现中国梦的第二个里程碑；以后的 40 多年，我们将走向独立自主、全面改革开放、建设美丽中国、推进生态文明，形成人与自然和谐发展的现代化建设新格局，并且党的十八届三中全会通过《中共中央关于全面深化改革若干重大问题的决定》，这是实现中国梦的第三个里程碑。

1.2.2　美丽中国建设的全球责任和国家战略要义

建设美丽中国是落实联合国 2030 年可持续发展目标的中国实践和国家样板，是我国生态文明体制改革创新的战略举措与高质量绿色发展的成果检验，是推进人与自然和谐发展、守住"绿水青山"赢得"金山银山"的重要手段，是国家基本实现现代化和实现"两个一百年"奋斗目标的中国梦的现实选择，也是贯彻落实美丽中国建设路线图和时间表的具体行动（葛全胜等，2020）。

1. 联合国 2030 年可持续发展目标在中国的具体实践和国家样板

2015 年，联合国大会第 70 届会议通过《2030 年可持续发展议程》，成为联合国历史上通过的规模最为宏大和最具雄心的发展议程，其目标就是创建一个采用可持续的方式进行生产、消费和使用自然资源，兼容经济增长、社会发展、环境保护，人类与大自然和谐共处，野生动植物和其他物种得到保护的世界。我国从共建人类命运共同体的全球视野和全球责任担当出发，积极响应并做出了重要战略部署，制定了《中国落实 2030 年可持续发展议程国别方案》。2018 年 5 月 18 日，习近平总书记在全国生态环境保护大会上进一步提出了美丽中国建设的时间表和路线图。美丽中国建设目标和具体指标与《2030 年可持续发展议程》提出的 17 个可持续发展目标、169 个具体目标和 300 多个技术指标基本一致，涵盖了"天蓝、地绿、水清、人和"各个维度。可见，建设美丽中国就是实现联合国可持续发展目标的本土化，就是全球可持续发展的中国实践，就是以美丽中国建设为国家样板，共同面对全球性发展问题，共同分享发展经验，从而实现全球可持续发展。

2. 生态文明体制改革与制度建设成效的定量检验

2015 年 4 月 25 日，中共中央、国务院印发了《关于加快推进生态文明建设的意见》，提出了节约资源、保护环境、自然恢复、绿色发展的总体思路；同年 9 月，又印发了《生态文明体制改革总体方案》，提出了尊重自然、顺应自然、保护自然，发展和保护相统一，绿水青山就是金山银山，山水林田湖是一个生命共同体等生态文明体制改革的理念，并提出要加快建立系统完整的生态文明制度体系，这是国家对生态文明体制改革创新的顶层部署。2016 年 12 月，中共中央办公厅和国务院办公厅印发了《生态文明建设目标评价考核办法》，国家发展和改革委员会、国家统计局等部门联合印发了《生态文明建设考核目标体系》，包括资源利用、生态环境保护、年度评价结果、公众满意程度、生态环境事件 5 类 23 项考核目标。从指标体系可以看出，国家生态文明建设考核指标体系的理念、目标、指标、重点与美丽中国建设评估的理念、目标、指标和重点高度一致。由此可见，建设美丽中国是推进生态文明体制改革创新的战略举措，美丽中国评估指标体系更是生态文明建设指标体系在不同视角上对国家可持续发展的定量检验。

3. 推进人与自然和谐发展，守住"绿水青山"是赢得"金山银山"的重要手段

2017 年 10 月 18 日，习近平总书记在党的十九大报告中明确指出，"坚持人与自然和谐共生""必须树立和践行绿水青山就是金山银山的理念，坚持节约资源

和保护环境的基本国策，像对待生命一样对待生态环境""坚定走生产发展、生活富裕、生态良好的文明发展道路，建设美丽中国，为人民创造良好生产生活环境，为全球生态安全作出贡献。"2020年4月，习近平总书记在陕西考察期间，专门视察了秦岭生态环境保护情况，再次强调要牢固树立绿水青山就是金山银山的理念，提出"人不负青山，青山定不负人"。可见，建设美丽中国就是要处理好发展经济和保护生态之间的辩证关系，就是要处理好"绿水青山"和"金山银山"的辩证关系。既要"金山银山"又要"绿水青山"，守住"绿水青山"就能赢得"金山银山"，护美"绿水青山"、做大"金山银山"，是美丽中国建设的根本目标，也是推进人与自然和谐发展的根本保证。通过美丽中国建设，将生态资本作为区域发展的最大财富和最大资本，以生态资本积累生产资本，提升生活资本，从靠山吃山转变为养山富山，从浏览美丽风光转变为发展美丽经济、建设美丽城市和美丽乡村，进而通过生态红利催生发展成效。2022年10月16日，习近平总书记在党的二十大报告中强调，"中国式现代化是人与自然和谐共生的现代化。人与自然是生命共同体，无止境地向自然索取甚至破坏自然必然会遭到大自然的报复。我们坚持可持续发展，坚持节约优先、保护优先、自然恢复为主的方针，像保护眼睛一样保护自然和生态环境，坚定不移走生产发展、生活富裕、生态良好的文明发展道路，实现中华民族永续发展。"

1.2.3 美丽中国建设的目标追求：可持续发展

良好的生态环境是人和社会可持续发展的基础。当今世界，作为人类生存、生产与生活基本条件的地球生态系统在给人类提供生存发展所需的环境资源的同时，惨遭人类的破坏。改革开放以来，我国经济持续快速发展，取得了举世瞩目的成就。然而，由于深受工业文明非理性发展观和发展模式的影响，我国陷入资源约束趋紧、环境污染严重、生态系统退化、工业文明危机蔓延的困境，伤及人民福祉，危及公众健康，祸害可持续发展，威胁我国国际地位的提升。当前，我们建设美丽中国首先就要从源头上扭转生态环境恶化的趋势。全面促进资源节约，在经济发展中尽可能以知识资源取代自然资源，优先利用可再生资源（特别是能源）；加大环境保护力度，以解决损害群众健康的突出环境问题为重点，强化水、大气、土壤等污染防治；促进生产空间集约高效、生活空间宜居适度、生态空间山清水秀，为人民群众提供一个舒适的、优美的、天人合一的生产生活环境，满足人民群众对天蓝、地绿、水净的美好家园的基本诉求，提高人民群众的福祉；给自然留下更多修复空间，给农民留下更多良田，为子孙后代留下天蓝、地绿、水净的美好家园，实现经济繁荣、生态昌盛、环境友好、社会和谐、人民幸福。

1.3 可持续发展视角下美丽中国的建设要求

1.3.1 理论基础

美丽中国的建设思想不是凭空产生的，把握其形成的理论渊源是深入理解及执行落实的前提。总体而言，美丽中国的本质都是围绕人与自然的关系展开，其重要理论基础包括可持续发展理论、人地和谐共生理论、绿色增长理论、幸福理论、需要理论和美学理论等。

1. 可持续发展理论

可持续发展是经济社会发展的一个必然过程，是人类针对日益恶化的生态系统、可利用资源的储量不断下降和生存环境的日趋紧张所提出的一种能够改变过去那种不可持续的发展方式的新途径。1972 年，罗马俱乐部发表《增长的极限》，该书利用模型研究了全球加速工业化、人口急速增长、广泛的营养不良、不可再生的资源消耗以及日益恶化的环境五种基本趋势。报告中"均衡发展"的观点对可持续发展理论的形成产生了深远影响。1980 年，世界自然保护联盟（IUCN）、联合国环境规划署（UNEP）与世界自然基金会（WWF）联合发布了《世界自然保护大纲》，首次提出"可持续发展"的概念。1987 年，世界环境与发展委员会发表《我们共同的未来》，正式提出了可持续发展的概念，指既满足当代人的需要，又不对后代人的发展需求构成危害的发展。1992 年，在巴西里约热内卢召开的联合国环境与发展大会通过了以可持续发展为核心的《里约环境与发展宣言》《21 世纪议程》等文件。至此，可持续发展思想成为全球共识，"可持续发展"亦开始在全世界范围内得到广泛认同。

2000 年，在联合国千年首脑会议上，世界各国领导人就消除贫穷、饥饿、疾病、文盲、环境恶化和对妇女的歧视等问题，通过一份包含消灭极端贫穷和饥饿，普及小学教育，促进男女平等并赋予妇女权利，降低儿童死亡率，改善产妇保健，与艾滋病毒/艾滋病、疟疾和其他疾病做斗争，确保环境的可持续能力，以及全球合作促进发展 8 项总目标的千年发展目标（millennium development goals，MDGs）。MDGs 从经济、社会和环境三个维度出发，将可持续发展从概念转化为具体行动推向全世界。2015 年通过的《2030 年可持续发展议程》，提出了联合国可持续发展目标（sustainable development goals，SDGs），确立了 17 项全球发展目标，旨在 2000~2015 年 MDGs 到期之后继续指导全球可持续发展政策与实践。

结合我国的实际情况，2004年，在中央人口资源环境工作座谈会上的讲话中，胡锦涛提出："可持续发展，就是要促进人与自然的和谐，实现经济发展和人口、资源、环境相协调，坚持走生产发展、生活富裕、生态良好的文明发展道路，保证一代接一代地永续发展"。从思想上来看，可持续发展是不同于以往只注重量的发展模式，而是同时强调注重经济、生态、社会三要素的同步发展，目的是经济发展的可持续性，保障是生态系统的可持续性，效果是社会进步的可持续性。李志青（2003）将可持续性划分为弱可持续性和强可持续性。其中，弱可持续性将通过人造资本对自然资本进行替代的方式包括在内，但是强可持续性要求将对环境的危害降到最低，并要求生态系统中的每个部分和物质都要维持原始的、自然的状态。牛文元（2012）将可持续发展的内涵总结为三点：第一，只有当人类向自然的索取能够与人类向自然的回馈相平衡时；第二，只有当人类对当代的努力能够同对后代的贡献相平衡时；第三，只有当人类为本区域发展思考的同时考虑到其他区域乃至全球利益时。

2. 人地和谐共生理论

人地和谐共生理论的基本观点是，人地关系是一种自人类起源以来就存在的客观本源关系、相互共生关系和因果互惠关系，人类开发利用自然资源和环境时，要保持与自然环境之间的和谐与共生。具体包括3种和谐共生关系：①地与地的和谐共生关系，强调人类利用自然界时要保持自然环境之间的生态平衡与协调共生，不能以牺牲这一地区生态环境为代价，达到优化另一地区生态环境的目的；②地与人的和谐共生关系，强调人类在开发利用自然的过程中，不能超过自然界本身的承载能力和阈值，要保持自然环境与人类之间的协调共生；③人与人的和谐共生关系，强调在开发利用自然资源与环境中，人与人之间保持和睦、妥协与协调，不能把自然界作为人与人之间获取利益的主要载体。地与地、地与人、人与人之间存在的3种和谐共生关系正是美丽中国建设中实现"五位一体"总体布局时需要重点协调的3种关系，因而成为美丽中国建设的核心理论基础。人地和谐共生关系是新时代的人地关系，也是美丽中国建设的主要宗旨。以人为本是人地系统优化调控和美丽中国建设的切入点，人的意识建设是人地系统优化调控与美丽中国建设的重点，和谐共生是人地系统优化调控的目标点，也是美丽中国建设的目标点；从人地对立冲突格局转变为人地耦合共生格局，是美丽中国建设中模拟人地最佳距离、优化调控人地系统的动态机理，也是美丽中国建设寻求人地最佳距离的奋斗目标。人与自然和谐共生的生态文明思想是美丽中国建设的立论之基。生态文明强调人与自然相互尊重、和谐共处，其内涵体现在人与自然新和谐、绿色文明新境界和人类社会新形态。以生态文明思想为基础建设美丽中国，既要求建设顺应自然、保护自然的生态文明，又要将生态文明建设全面融入经济、政治、文化和社会建设的全过程，也是对现有中华传统文明的整合与重塑。

3. 绿色增长理论

绿色增长并没有一致、统一和权威的概念及定义，国外学者和组织在探讨绿色增长理论的内涵时，提出了四种主要的代表性观点。经济合作与发展组织（OECD）认为"在保证经济发展和增长的前提下，使自然资产能够持续保障人类必不可少的资源和环境"；联合国环境规划署认为"提高人类福祉和社会公平的同时，环境破坏的可能和资源的消耗不断降低"；联合国亚洲及太平洋经济社会委员会认为"绿色增长是在促进低碳、社会包容发展的前提下，实现环境友好和经济可持续性发展"；世界银行认为"绿色增长是在高效、清洁和有弹性的前提下，经济增长速度不会降低的发展"。绿色增长需要综合考虑经济增长、低碳排放、气候恢复、生物多样性和生态系统服务、人类发展与减贫五个方面循环互动的过程。Low（2011）提出绿色增长不是在经济增长的基础上兼顾资源的改进，而是一种经济范式的深度变革。

4. 幸福理论

辩证唯物主义和历史唯物主义认为，幸福必须建立在一定的物质基础上，正如马克思所说："忧心忡忡的穷人甚至对最美丽的景色都没有什么感觉"（中共中央马克思恩格斯列宁斯大林著作编译局，1979）。鲁迅也认为，北京捡煤渣的老太婆是无心去欣赏兰花的。一个衣不蔽体、食不果腹，终日处于死亡威胁中的人更不会感到幸福。因此，在建设美丽中国过程中，我们要反对那种轻视甚至否定物质需要的幸福观。马克思主义在肯定物质对于幸福的作用的同时，又强调精神对于幸福的巨大作用，且为人类所独享。现代心理学、社会学研究表明，物质因素对幸福的作用也受边际递减规律的影响。饱受环境污染之苦和生态恶化威胁的现代人，还希望享有良好的生态产品。这些不仅是建设美丽中国的拉力，而且是建设美丽中国的推力。

5. 需要理论

马克思提出需要层次论的观点。后来，马斯洛提出的需要层次理论，对揭示人类复杂需要的普遍规律做出了贡献，且具有直观、易于理解、相对较合理等特点，因此成为国内外许多管理理论的基础。之后智利经济学家曼弗雷德·马克斯-尼夫和他的同事赫尔曼·戴利、乔希·法利等不断发展了需要理论。该理论对于

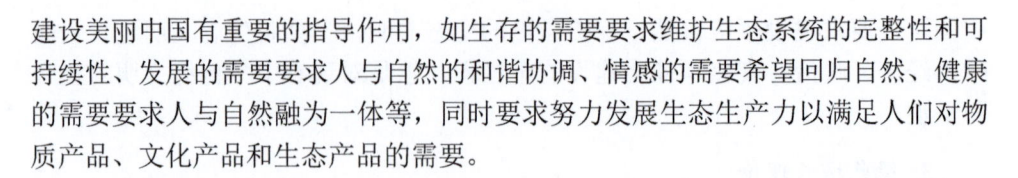

建设美丽中国有重要的指导作用，如生存的需要要求维护生态系统的完整性和可持续性、发展的需要要求人与自然的和谐协调、情感的需要希望回归自然、健康的需要要求人与自然融为一体等，同时要求努力发展生态生产力以满足人们对物质产品、文化产品和生态产品的需要。

6. 美学理论

建设美丽中国需要美学理论的指导，旨在帮助人们认识到什么是美，以及如何欣赏美。只有当人们有了对美的认知与理解，才能更好地倡导、推广和落实美丽中国的目标。美丽中国的美学理论，强调把美的外在形式与优质的生态产品相结合，使人们认识到生态美学的价值；倡导以普遍存在的社会生活形式提升人们的审美情操；同时，科学地建设生态美、生活美和人文美，互相转化三者的优势，形成良性循环（廖福霖等，2014）。

1.3.2 基本原则

美丽中国建设要实现可持续发展，务必确保区域生产安全、流域生态安全和人居环境安全，关键要破解两对矛盾，即城市群发展规模与资源环境承载能力、重点区域及流域开发与生态安全格局之间的关系，从而促进生态保护与生产力布局、增长模式、经济社会发展相协调。为此，需要遵循以下基本原则。

1. 坚持安全、承载和动态三大基本点

维护可持续的区域生态环境安全格局是美丽中国建设的首要准则。利用好区域的资源环境本底，遵循人与自然和谐共生的科学自然观和"绿水青山就是金山银山"的绿色发展理念，尊重自然、顺应自然，促进人与自然和谐共处，是美丽中国建设的最基本原则。无论是资源开发利用、生产企业和重大项目的建设布局，还是城镇布局与建设，都应以区域生态环境格局的长久稳定为前提。国家确定的一系列生态功能区功能的稳定发挥和持续效力，是美丽中国建设中生态环境安全格局稳定的基本标志，必须以关键生态功能和生态要素为牵引，指引区域经济社会生产力的布局、发展规模的确定与发展方式的优化转变。重点区域发展规模与资源环境承载力相协调是美丽中国建设的技术经济准则之一。根据技术进步的趋势和我国各地区的实际情况，因地制宜地协调好重点开发区域、城市群地区的发展规模与资源环境承载力之间的关系。优化区域开发结构、促进产业结构升级、提高创新能力，是美丽中国建设的有效技术经济途径。目前国家推行的国土空间规划、生态保护红线、永久基本农田、城镇开发边界、资源利用上线、环境质量底线等一系列基础工作，既是这一理念的具体体现，也是美丽中国建设的基本出发点。目前人类社会处于快速发展的变革时代，美丽中国建设应充分体现与时俱进的理念，利用动态系统的观点和方法解决美丽中国建设中的问题，推动我国走不断创新、不断提升的更可持续发展道路。

2. 坚持系统、创新、和谐三大观念

新时代我国经济社会发展面临的问题越来越复杂，为此，必须用复杂系统论的理论和方法来解决美丽中国建设中面临的各类问题。以"五位一体"总体布局的全方位整体观和系统观作为新时代美丽中国建设的指导观念。美丽中国建设涉及自然、社会、文化、经济、管理等各个方面的复杂工程和任务，必须坚持用系统的理论、方法和手段进行统筹谋划与设计，根据我国各地区的自然基础、经济社会发展阶段、未来发展需要解决的问题等进行多方面审视。美丽中国建设应注重人与自然、经济发展与生态环境、人与社会的和谐与协调，即全方位的协调，应在全国"一盘棋"的整体发展和科学定位分工中确定合理的统筹策略。各个层次的"绿色"政策有机衔接，互为支撑，形成紧密联系的、可持续的、重点突出的美丽中国建设链条。此外，必须紧跟新时代科技进步的步伐，深刻把握社会基本趋势，不断夯实技术创新、技术进步以支撑可持续发展的基础，完善机制保障，丰富美丽中国建设的创新内涵。然后，坚持人与自然和谐共生的生态观。习近平总书记阐释了"生态兴则文明兴、生态衰则文明衰"的深邃历史观和生态观，强调坚持人与自然和谐共生的科学自然观和"绿水青山就是金山银山"的绿色发展观。美丽中国建设的核心价值导向应是促进人与自然和谐，应是经济社会发展质量与效率不断提升、生态环境质量不断改善的"双赢"发展。因此，实施"人与自然"再平衡战略，重构人与自然协调发展格局，实现国土生态安全，优化资源、生产力配置，确保经济社会与生态环境系统协调可持续发展，是美丽中国建设必须坚持的理念。

3. 坚持能力、效率、质量提升三大导向

首先，提升发展能力。美丽中国建设提出以来，我国很多地区在经济社会发展各个方面都取得了显著进步，发展能力大大提升，但与发达国家的先进地区相比仍有一定差距，发展不平衡、不充分的矛盾还比较突出。在实现"两个一百年"奋斗目标的过程中，美丽中国建设仍面临较大的发展压力。因此，必须将提升发展能力放在突出位置。其次，提升发展效率。在提高资源环境效率方面，还必须下大气力。我国很多地区在水、土地、生态等资源利用效率方面还达不到"绿色化"的标准，资本、技术、劳动力的效率与先进地区相比还存在较大差距，区域发展的总体效率不高。因此，提升发展效率应是核心理念之

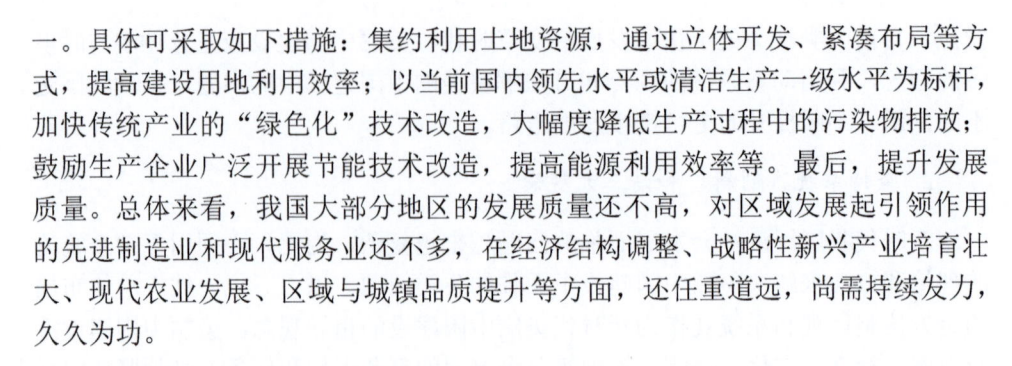

一。具体可采取如下措施：集约利用土地资源，通过立体开发、紧凑布局等方式，提高建设用地利用效率；以当前国内领先水平或清洁生产一级水平为标杆，加快传统产业的"绿色化"技术改造，大幅度降低生产过程中的污染物排放；鼓励生产企业广泛开展节能技术改造，提高能源利用效率等。最后，提升发展质量。总体来看，我国大部分地区的发展质量还不高，对区域发展起引领作用的先进制造业和现代服务业还不多，在经济结构调整、战略性新兴产业培育壮大、现代农业发展、区域与城镇品质提升等方面，还任重道远，尚需持续发力，久久为功。

4. 遵循可持续发展，赋能高质量增益

从可持续视角来看，发展的经济增益应遵循下列原则。①发展循环经济：是建设资源节约型、环境友好型社会的重要途径，也是转变经济增长方式、实现社会可持续发展的必然选择。应从减量化、再利用、资源化、无害化以及体制机制等方面出发，构建循环经济发展观，即以生态学规律来指导人类社会的经济活动，构筑"资源食物链"，对废弃物进行回收利用、无害化处理和再利用，实现资源的永续利用，促进社会经济的可持续发展；实现低开发、高利用、低排放的目标；实现"资源→产品→再生资源"的物质循环过程。②理性经济增长：第二次世界大战结束后，在西方国家兴起的"发展主义"把发展归结为经济增长，认为工业现代化是一个国家或地区经济活动的基本内容，经济增长是一个国家或地区发展状况的基本标志。国内生产总值是衡量一个国家或地区发展水平的基本尺度，并主张在实践中尽量使用技术、控制自然，甚至牺牲生态环境来提高效率，加速现代化进程。尽管这种发展观对促进经济增长、迅速积累财富起到了很大的推进作用，但也造成了生态环境的严重破坏，带来了一系列社会环境问题，直至威胁到人类生存的基本条件。理性增长就应当摆脱这种"发展主义"发展观的影响，尊重和顺应基本的生态规律，正确处理经济增长和全面发展的关系，把发展建立在有效保护和不断改善生态环境的基础上，做到人与自然和谐共处，经济、社会和人全面、协调、可持续发展。③适量的资源占用：应尊重自然规律，充分考虑资源环境的承载能力，保护生态环境，保证人类一代接一代地持续发展。土地、水资源、森林、矿产等自然资源是有限的，有些是不可再生的。因此，在资源开发利用的过程中，应以满足人类的基本消费为出发点，必须秉承节约、集约和适量利用的原则。④适量的理性消费：确立资源节约型和环境友好型的生活方式与消费模式，坚持适量的物质消费和多方面的精神文化消费合理结合，杜绝盲目消费和过度消费（金凤君，2014）。

5. 从整体上顶层设计，将劣势转变成优势

建设美丽城市、美丽乡村、美丽森林、美丽海洋、美丽草原、美丽湿地、美丽沙漠等各种类型都不是孤立的，而是一个系统，如森林中有人群、湿地、草地；草原中有人群、森林、湿地甚至有沙地；沙漠中也有人群、湿地和绿洲；海岸线上更是聚集着人群，并且有红树林、湿地；城市与乡村是自然–人–社会的复合生态系统，不仅有大量人群和人工生态系统，而且可能包含着上述各种自然生态系统。所以，要从整体上进行顶层设计，防止出现碎片化。与此同时，要善于把生态环境的劣势变成优势，把生态环境优势与经济、社会发展优势互相转化，形成良性循环，这是建设美丽中国、实现可持续发展的关键。例如，沙漠克服其恶劣的生态环境，发展沙漠产业，构建沙漠生态补偿制度，使沙区人民在获得优美环境的同时，改善经济落后和人民贫困的发展困境。

1.3.3　主要内容

建设美丽中国主要由美丽城市、美丽乡村、美丽森林、美丽海洋、美丽草原、美丽湿地（包括湖泊）、美丽沙漠等分系统组成。这些分系统建设中，又都包含生态美、生活美和人文美三个层次，要实现天长蓝、地长绿、水长清、经济长繁荣、人民长幸福、子孙后代长受益的美丽中国，缺少其中的任何一个，都不能称为完整意义上的美丽。生态美、生活美和人文美相辅相成，只有将三者有机结合，融为一体，互相促进，良性循环，才能形成美丽中国的有机系统，即生态美+生活美+人文美=美丽中国。各地在建设美丽地方中应以这三者为标杆，因地制宜，统筹安排，整体推进，实现真正的美丽。

1. 生态美

生态美首先体现在能够支撑永续发展的良好生态环境上，同时也是一项重要的民生工程。有专家对世界的幸福指数进行调查，结果是拉丁美洲地区最高，其主要原因是那里生态环境最好。就地方而言，生态美展示地方的风范：经济繁荣、自然繁盛、人民幸福。如果当地富裕发达但生态环境恶劣，老百姓的安全和健康没有保障，那便不是真正的富裕，更无美丽可言。

生态美包括以下几个主要方面：①自然生态系统数量足、质量高、功能全，自组织、自调节、抗干扰、自修复能力强，生态屏障牢固；生态系统之间有机联系，综合治理荒漠化、石漠化、水土流失；能够生产充裕且优良的生态产品；生态景观多样，能够保护生物多样性，有计划有步骤地让生态系统休养生息。②提高环境健康值，加快对土地污染、水污染、空气污染的治理速度，提高治理效果，

特别是对餐桌污染、雾霾等关系群众健康的重大环境问题的治理，刻不容缓。③资源可持续发展是构成生态美的基本要素。它不但指资源的永续利用，而且体现资源所处的生态系统的平衡和谐状态，只有当生态系统处于这种状态时，自然－人－社会复合生态系统才能健康、持续、协调发展。④景观美是本质美与形式美的有机结合，也是生态美的基本要素。景观美不但指视觉美，更重要的是增强生态功能和生态效应（包括减灾防灾的功能），能够促进人类的健康美与和谐美，当然，如果能够结合经济效应一起考虑效果会更好。⑤必须充分认识、保护原生态的美和生物多样性的美，在建设美丽城市、美丽乡村中切莫破坏原生态。有的乡村把原生态的野花、野草、灌木、小乔木统统铲掉，然后种上大片的人工花与草，似乎一夜之间就美起来，但其实是破坏了原生态的美和生物多样性（包括栖息其中的许多动物）的美，得不偿失又劳民伤财；更有甚者，把大片原生态地面硬化成广场和道路。在建设美丽城市中也有类似的情况出现，如砍去原有的树而种上花，这些完全违背了生态美的客观规律。

在建设美丽中国的过程中，人们开始探索对生态系统生产总值（gross ecosystem production，GEP）进行统计与核算的体系，并对内蒙古库布齐沙漠的生态系统生产总值进行第一个项目的核算试点，它既与 GDP 相对应，又与 GDP 相结合。其不仅克服了以前绿色 GDP 只做经济发展中生态损害、环境污染的减法的弊端，而且也做生态修复与建设的加法，是能够比较全面地反映经济建设与生态建设关系的统计与核算方法，为地方建设生态美提供正能量。

2. 生活美

美丽中国（区域、地方）首先是以人为本，人民幸福是美丽中国（区域、地方）的根本，让人民群众过上美好的生活也是党和国家各项工作的出发点和落脚点。从"贫穷不是社会主义"到"共同富裕"，从"发展是硬道理"到"全面建成小康社会"，这几十年来，在发展经济、改善民生的过程中，广大人民的根本利益不断得到维护，生活水平不断提升。一个国家的富强不仅表现在国家这个层面，更应该体现在国民的生活中，从这个意义上讲，建设美丽中国的要义就是要为人民群众提供更好的生活条件，让人民群众过上幸福生活。

人们对幸福的理解与追求是多样的，但基本条件是共同的：一是生活得有尊严。国家要为此创造条件，保护和保证公众生活有尊严。二是有一定的物质、文化、生态基础的支撑，就是要保障人民享有更高水平的教育、更稳定的工作、更满意的收入、更可靠的社会保障、更高水平的医疗卫生服务、更公平的公共产品，满足人民群众对物质文化生态需求不断优化的追求。特别是对于弱势群体，需要政府与社会的帮助。三是健康基础有保证，如安全的食品、新鲜的空气、干净的水。在这些基础上,每个人都可以按照自己对幸福的理解与追求去努力,让生活变得更加美好,营造出生活美的和谐景象。

3. 人文美

人文美是美丽中国的核心。人文美是在人与自然、人与人、人与社会和谐相处、共生共荣、共同发展的过程中,形成的一种基于生态和谐、人态(社会)和谐与心态和谐的和谐协调之美(廖福霖等,2014)。其有四层基本含义。

1)和谐美

和谐是生态文明的本质特征,是人与自然的本质统一。一个和谐协调的系统必然是结构合理、联系密切、运行有序、功能强大的系统,更能充满生机,走向美好。自然生态系统、人体生态系统和社会生态系统都是如此。建设美丽中国是使人、自然、社会和谐协调全面进步的必然选择。特别是在建设美丽中国中弘扬的和谐文化,是推进人的全面发展的有效途径,而人的全面发展是实现中华民族伟大复兴中国梦的根本要素。劳动者的身体健康,素质提高,能力强化及其积极性、主动性和创造性的发挥,是实现中国梦最强大的正能量。

2)诚信美

诚信是民族和个人的立足之本,是国格和人格的重要内容。著名经济学家厉以宁指出,信用是最大的社会资本,一定要让失信者没有利益可图,一方面政府要监管,另一方面政府也必须讲信用。"西方有一句名言,他骗了所有的人,最后发现他被所有人骗了"(厉以宁,2013)。保持诚信能够获取市场。现代市场经济的发展,在很大程度上取决于诚信经济的发展。诚信是地方美的名片,一个地方如果能够诚守信用,坚持打假,取信于消费者,那么这个地方的经济社会就会有很高的美誉度和很强的生机。

3)文化底蕴的美

以科学、教育、文学、艺术、美德等构成的人文景观美,即科学求真、美德求善、艺术求美、教育求真善美的有机结合,它们为生态美和生活美提供动力源泉,它们的积淀发展成为更高层次的生态文明形态的重要思想来源。

4)创造之美

创造性教育是国内外著名教育家、我国创造学教育的先行者陶行知的核心教育思想和实践,他揭示出教育之真谛:"教育的真正意义在于启发解放学生的创造力以从事创造之工作。"他认为,创造是真善美的融会贯通,创造性教育才是真善

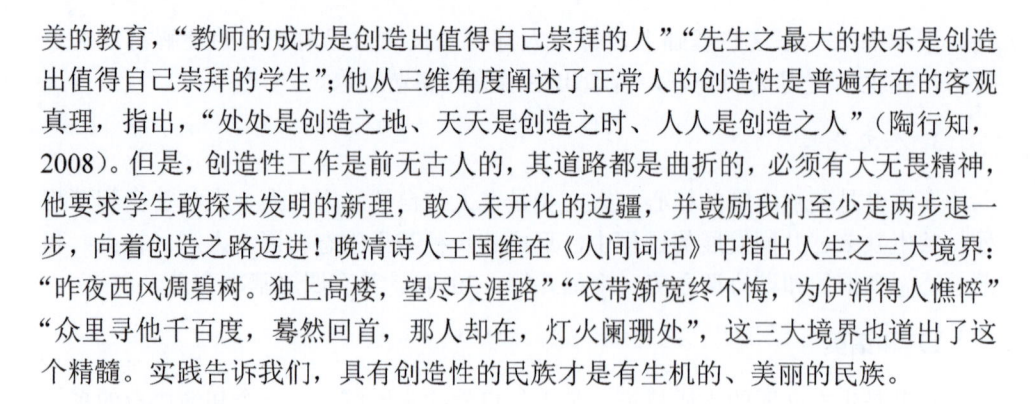

美的教育，"教师的成功是创造出值得自己崇拜的人""先生之最大的快乐是创造出值得自己崇拜的学生"；他从三维角度阐述了正常人的创造性是普遍存在的客观真理，指出，"处处是创造之地、天天是创造之时、人人是创造之人"（陶行知，2008）。但是，创造性工作是前无古人的，其道路都是曲折的，必须有大无畏精神，他要求学生敢探未发明的新理，敢入未开化的边疆，并鼓励我们至少走两步退一步，向着创造之路迈进！晚清诗人王国维在《人间词话》中指出人生之三大境界："昨夜西风凋碧树。独上高楼，望尽天涯路""衣带渐宽终不悔，为伊消得人憔悴""众里寻他千百度，蓦然回首，那人却在，灯火阑珊处"，这三大境界也道出了这个精髓。实践告诉我们，具有创造性的民族才是有生机的、美丽的民族。

1.3.4 实施要求

美丽中国，是时代之美、社会之美、生活之美、百姓之美、环境之美的总和。实现美丽中国，经济持续健康发展是重要前提，人民民主不断扩大是根本要求，文化软实力日益增强是强大支撑，和谐社会人人共享是基本特征，生态环境优美宜居是显著标志，这些方面是建设美丽中国的必备条件，缺一不可。其中，优美宜居的生态环境最为重要。因为优美的生态环境，有利于增强人民群众的幸福感，有利于提高社会的和谐度，有利于拓展发展空间、提升发展质量，从而实现国家的永续发展和民族的伟大复兴。从这个意义上讲，美丽中国是生态文明建设的目标指向，生态文明建设是实现美丽中国的必由之路。如果人们的价值取向不能从物质的富足功利向社会的健康文明转化，如果生产方式不能从资源掠夺型向保护环境再生型转轨，如果消费行为不能从高能耗、高消费向低能耗、适度消费转变，美丽中国终将是纸上谈兵。因此，美丽中国建设过程中，应该遵循以下实施要求，从而实现经济繁荣、生态良好、人民幸福，给自然留出更多修复空间，给农民留下更多良田，给子孙后代留下天蓝、地绿、水清的美好家园。

1. 树立生态文明理念

建设美丽中国，首要的是在全社会树立起尊重自然、顺应自然、保护自然的生态文明理念，将生态伦理内化为人们的道德规范和行为准则。一方面，加强思想教育，田修胜（2014）提出在建设美丽中国目标下，要使人们确立生态文明意识，思想政治教育务必全方位体现美丽中国的生态价值。在生态文明宣传和教育的帮助下，全社会要充分认清人与自然之间的交互关系，从而使人们树立人与自然和谐共生的基本价值理念。人本身是自然界的产物，是在自己所处的环境中并且和这个环境一起发展起来的。自然界是人类生活与生产活动的首要物质前提，换言之，自然界是人类自己的一部分，即"人的无机的身体"。因此，人类对自然的关照本质上就是对人类自身的关照。自然生态系统的平衡与良性运行是人类赖以生产生活的基础,人与自然的和谐共生才能实现社会的进步与发展。当今时代,不断恶化的自然生态环境实质上就是自然界对人类肆意破坏自然环境所进行的反馈性惩罚。正如恩格斯所言,"我们不要过分陶醉于我们人类对自然界的胜利。对于每一次这样的胜利,自然界都对我们进行报复"(中共中央马克思恩格斯列宁斯大林著作编译局,1979)。相应地,人类应时刻与自然保持同一战线,正确认识和运用自然规律,实现人与自然的和谐共生。另一方面,将生态文明的基本价值理念内化为人们普遍接受的道德规范和行为准则,进而自觉地付诸生产和生活实践。通过正确的生态文明教育宣传活动,帮助公众充分了解并理解环境污染和生态破坏可能带来的危害,从而激发公众保护环境的忧患意识及责任感,使全社会普遍增强生态意识,彻底摒弃浪费资源和破坏环境的不良行为,以此形成低碳环保的社会风尚。

2. 树立美丽国土观

美丽中国建设需要树立美丽国土观,从人地系统耦合角度推进美丽中国建设。第一,开展美丽中国建设的重大科技攻关和人地系统耦合试验示范。在"美丽中国生态文明建设科技工程"专项的支持下,开展重点污染区大气环境与大型复杂场地污染防控关键技术研发与示范等十大关键技术研发及应用示范。通过实验示范和多尺度检测与诊断,以及多尺度动态模拟美丽中国建设 2035 年目标和 2050 年愿景,继而设计重要技术平台和制度创新来支撑生态文明建设供给侧结构性改革,以此提出优化国土空间管控方案,推进美丽中国建设。第二,开展美丽中国建设进程的动态评估与人地系统耦合监测。2020 年 2 月 28 日,国家发展和改革委员会印发了《美丽中国建设评估指标体系及实施方案》,明确了美丽中国建设进程评估指标体系及实施方案。在此基础上,推进美丽中国建设的过程中,通过动态评估和人地系统耦合监测,制定美丽中国建设的时间表和路线图,以此确保全国和各省(自治区、直辖市)逐步接近目标值。第三,编制美丽中国建设的人地系统耦合路线图与"十四五"规划行动方案。由于美丽中国建设是一项长期性的重大工程,短期内无法实现所有目标,需要编制全国及各省(自治区、直辖市)美丽中国建设的中长期战略规划和人地系统耦合线路图,并制定对应时间表和分阶段行动方案。第四,树立美丽国土观,在全国国土空间开发中充分贯彻美丽中国建设目标。2019 年 5 月,中共中央、国务院下发了《关于建立国土空间规划体系并监督实施的意见》,标志着我国空间规划编制与实施由"多规分治"转变为"多规合一"。因此,美丽中国建设的进程中,务必汲取我国国土空间开发的经验教训,贯彻落实"多规合一"、"多审合一"和"多证合一"的主线思维,实现国土空间

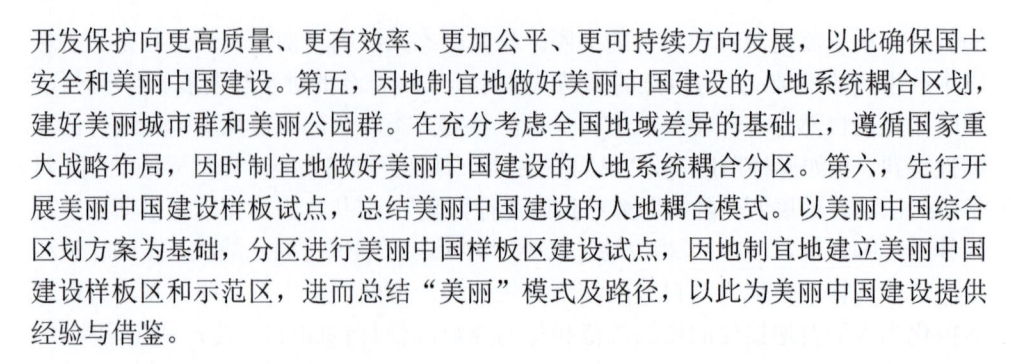

开发保护向更高质量、更有效率、更加公平、更可持续方向发展，以此确保国土安全和美丽中国建设。第五，因地制宜地做好美丽中国建设的人地系统耦合区划，建好美丽城市群和美丽公园群。在充分考虑全国地域差异的基础上，遵循国家重大战略布局，因时制宜地做好美丽中国建设的人地系统耦合分区。第六，先行开展美丽中国建设样板试点，总结美丽中国建设的人地耦合模式。以美丽中国综合区划方案为基础，分区进行美丽中国样板区建设试点，因地制宜地建立美丽中国建设样板区和示范区，进而总结"美丽"模式及路径，以此为美丽中国建设提供经验与借鉴。

3. 实现生产方式的生态转向

建设美丽中国，需要实现生产方式的生态转向，坚持走低碳发展、循环发展和绿色发展的生态文明现代化道路。坚持经济上的循环论和资源利用的俭约性是对资源环境进行利用的基本原则。经济活动是受人类需求驱使的复杂组织系统，它包括生产、流通、分配和消费。生产过程是利用知识和技术，通过劳动开采和加工自然资源，为人们生产商品和提供服务的过程。它受那些不以人的意志为转移的自然规律的约束，如物质不灭和能量守恒。任何生产过程都存在两种产品，一种是对人类有用的商品和服务，可称为"正品"；另一种是对人类没有价值或有负价值（有害）的物质和能量，即废物，可称为"负品"。高效合理的生产能把物质和能量转化为对人类更有价值的东西，同时产生较少的废物，减少对自然界的危害。相反，低效不合理的生产则会产生大量有害废物，造成对资源的破坏和浪费，也污染了环境。因此，需要实现生产方式的生态转向，构建以资源环境承载力为基础，可持续发展的资源节约型、环境友好型社会，为"美丽中国"创造优美的自然环境。

4. 加强制度设计和制度保障

建设美丽中国，更重要的是加强生态文明制度设计和制度保障。生态文明是包括生态观念、生态行为模式及生态制度等多重要素的复杂巨系统，其中生态制度是生态文明建设的重要保障。生态文明制度建设的目的在于生态保护和生态发展，包含一系列协调配套的制度规范体系、制度运行体系和制度保障体系等。学者们对美丽中国建设的法治路径从多角度、多方面进行了探析。有的学者综合分析了美丽中国法治建设的必要性和建设内容（曹明德，2018），提出完善和创新生态环境的监督、补偿和治理机制（胡泽君，2016），对制度建设的伦理原则进行了相应的探析（曲婧和刘艳，2018）；有的学者则在美丽中国的视角下，针对某一方面，如景观风貌管理（吕斌，2016）、核安全（唐应茂，2013）、草原生态（王子龙，2018）等提出推进和完善立法的必要性。因此，加强生态文明制度设计和制度保障，首要的是在经济社会发展考核评价体系的基础上，摒弃过去以牺牲或忽视生态环境保护而片面追求 GDP 增长的做法，从而将资源消耗、环境破坏、生态效益等因素纳入经济社会发展评价体系，以此建立符合生态文明建设要求的操作办法、考核体系和奖惩机制等。除此之外，还需要不断完善和加强我国国土空间开发保护制度、资源有偿使用和生态补偿制度，以及生态环境保护责任追究制度和环境损害赔偿制度等。总而言之，生态文明建设必须依赖健全的制度设计和制度保障，确保生态文明繁荣发展，为美丽中国建设奠定基础。

参 考 文 献

曹明德. 2018. 美丽中国建设的法治保障. 环境保护, 46(11): 21-23.

陈明星, 梁龙武, 王振波, 等. 2019. 美丽中国与国土空间规划关系的地理学思考. 地理学报, 74(12): 2467-2481.

方创琳, 王振波, 刘海猛. 2019. 美丽中国建设的理论基础与评估方案探索. 地理学报, 74(4): 619-632.

葛全胜, 方创琳, 江东. 2020. 美丽中国建设的地理学使命与人地系统耦合路径. 地理学报, 75(6): 1109-1119.

国家林业局. 2014. 党政领导干部生态文明建设读本. 北京: 中国林业出版社.

胡锦涛. 2012. 坚定不移沿着中国特色社会主义道路前进 为全面建成小康社会而奋斗——在中国共产党第十八次全国代表大会上的报告. 北京: 人民出版社.

胡泽君. 2016. 加强生态环境司法保护建设美丽中国. 人民检察, (S1): 5-9.

金凤君. 2014. 协调环境与发展关系的价值理念与方向. 环境与发展, 26(5): 58-60, 82.

李志青. 2003. 可持续发展的"强"与"弱"——从自然资源消耗的生态极限谈起. 中国人口·资源与环境, (5): 1-4.

厉以宁. 2013-03-07. 利益集团和制度惯性是改革的"硬骨头". 福建日报, (4).

廖福霖, 等. 2014. 建设美丽中国理论与实践. 北京: 中国社会科学出版社.

吕斌. 2016. 美丽中国呼唤景观风貌管理立法. 城市规划, 40(1): 70-71.

牛文元. 2012. 可持续发展理论的内涵认知: 纪念联合国里约环发大会 20 周年. 中国人口·资源与环境, 22(5): 9-14.

曲婧, 刘艳. 2018. 美丽中国建设的制度伦理探索与实践. 理论探讨, (3): 40-45.

世界环境与发展委员会. 1987. 我们共同的未来. 王之佳, 柯金良, 等, 译. 长春: 吉林人民出版社.

唐应茂. 2013. 建设美丽中国 切实推进核安全法立法. 环境保护, 41(Z1): 38-40.

陶行知. 2008. 陶行知文集. 南京: 江苏教育出版社.

田修胜. 2014. "美丽中国"视角下思想政治教育新发展. 理论月刊, (8): 139-141.

王子龙. 2018. 以"美丽中国"法理念提升草原生态环境法治体系. 草原与草坪, 38(2): 7-12.

新华社. 2018. 习近平出席全国生态环境保护大会并发表重要讲话. http://www.gov.cn/xinwen/2018-05/19/content_5292116.htm[2024-10-08].

习近平. 2022. 习近平: 高举中国特色社会主义伟大旗帜 为全面建设社会主义现代化国家而团

结奋斗——在中国共产党第二十次全国代表大会上的报告. http://www.qstheory.cn/yaowen/2022-10/25/c_1129079926.htm[2024-10-08].

余谋昌. 2010. 生态文明论. 北京: 全国百佳出版社, 中央编译出版社.

中共中央马克思恩格斯列宁斯大林著作编译局. 1979. 马克思恩格斯全集人名索引. 北京: 人民出版社.

Low L P. 2011. Green Growth: Implications for Development Planning. United Kingdom: Climate and Development Knowledge Network(CDKN).

第 2 章

美丽中国本底数据建设[1]

导读 党的美丽中国全景本底数据建设是实施和推进美丽中国建设的基础性和关键性任务与工作，包括人口、社会、经济、创新、全球化、基础设施等人文要素，以及生态环境、水资源、能源、土地资源、环境、气候等自然要素。大数据时代的美丽中国建设，需要厘清历史、现代与未来的发展关系以及人文社会与自然生态的耦合协调关系，要让全社会认识到华夏故土文明的多样性、经济社会发展的进步性和资源环境的可持续性，并根据国情确定和调整经济建设、政治建设、文化建设、社会建设和生态文明建设"五位一体"总体布局，形成天蓝地绿、山清水秀、强大富裕、人地和谐的可持续发展新格局。首先，本章基于历史记载和自然档案等资料构建华夏故土文明数据集，包括疆域、人口、气候、耕地和森林植被；其次，在理解和借鉴联合国可持续发展目标人文内涵的基础上，本章介绍分析一些支撑美丽中国研究的多要素、多时间段不同空间尺度的美丽中国人文数据集和实景三维数据集，主要关注城市群、省、地市和县的经济发展模块和社会发展模块；然后，本章介绍分析全国水资源、土地利用和能矿资源分布数据集建设；最后，给出基于大气化学区域模式预测未来气候情景下我国空气质量分布的高分辨率模拟空间全景图。

---

[1] 本章作者：吴朝阳、葛全胜、郑景云、马丽、刘志高、岳焕印、沈镭、张学珍、张美根、高怡。

2.1 华夏故土文明数据集

2.1.1 疆域与人口变化

1. 疆域变化

我国是一个多民族国家，目前共有 56 个民族。早在漫长的石器时期，这些民族的先民便在辽阔的中华大地上繁衍生息。自距今约 10000 年农业起源后，这一大地上的社会组织从氏族部落逐步演进为酋邦、邦国直至多民族统一的国家。其中，公元前 21 世纪，中华大地建立了首个奴隶制封建国家"夏"；公元前 221 年，建立了统一的郡县制国家"秦"。此后，历代政权虽有兴衰更替，辖区范围也常分合盈缩，但这些民族一直在此繁衍、融合、发展，共同创造了辉煌灿烂的中华文明，形成了中华大地的基本范围和政区。

历史时期的疆域与政区沿革信息主要来源于各类文献记载与舆图、历史地图。其中，疆域与政区变化重建采用的历史文献资料主要来源于历朝正史的《地理志》及相关文献，如嘉庆《大清一统志》、光绪《清会典》、《清史稿·地理志》；《大明一统志》《明史》《明实录》《明会要》《续文献通考》；《元史·地理志》《元史·地理志·西北地附录》《元史·百官志》《经世大典》；《宋史·地理志》《太平寰宇记》《通鉴地理通释》《辽史·地理志》《金史·地理志》等。历史文献资料主要是以文字的形式记载了疆域可达的地理范围与行政区之间的界线所在。

在现代地图诞生之前，舆图作为我国古代的一种地图形式具有悠久的历史，在很多历史资料中可见舆图。舆图虽然不完全符合现代地图的全部技术标准，但是其描述的区域范围，各类地理要素（如山川、河流、城址等）的相对方位、相对距离具有极高的可信度，由此成为复原历史疆域与政区的重要资料来源。近代以来，随着西方测绘与制图技术进入中国，以及西方国家出于殖民与侵略的需要，出现了在一定程度上依赖仪器测绘技术的地图，如清代的测绘地图《大清帝国全图》（1905 年）、《大清帝国全图》（1908 年）、美国国会图书馆馆藏的 17~20 世纪中西方学者绘制的地图。其中，近代以来的测绘地图对于复原清朝与民国期间的疆域范围与政区界线极为重要，本书采用了美国国会图书馆馆藏的 163 幅测绘地图，其中 17 世纪 4 幅，18 世纪 12 幅，19 世纪 114 幅，20 世纪 33 幅。同时，本书还参考了前人编撰并公开出版的各类文字与地图资料，包括《中国历史地图集》（谭其骧，1982）、《中国行政区划通史》（周振鹤，2007）、《清代政区沿革综表》（牛平汉，1990）、《明代政区沿革综表》（牛平汉，1997）、《简明中国历史地图集》（谭其骧，1991）等。

历代疆域及政区变化是以18世纪50年代至19世纪40年代鸦片战争以前的版图为基本范围进行回溯和地图绘制，历史上凡是在该范围之内活动的民族，其所建立的政权，都是中国历史疆域的一部分（谭其骧，1982）。不过由于时间跨度大，历史上的一些政权辖境可能有一部分在该基本范围内，另一部分在该基本范围外，对此则以该政权的政治中心为依据，将政治中心在该基本范围内的作为中国历史政权、在该基本范围外的政权作为邻国进行处理。其中定时、定位及地图数字化的主要原则、方法如下。

（1）定时：虽然我国历朝正史《地理志》（含补志）及其他文献记有疆域、政区建置、地名等丰富的地理信息，但因历史上疆域、政区、地名随时间变化很大，同一政权管辖也常因各种原因造成疆域、政区建置变化和地名更改等，这些记录的时间跨度往往存在显著差异。因而即便是历朝正史《地理志》记载，也常混淆一朝、一代不同年份的政区建置，前后相差常达数十年甚至百余年。不同史料来源的记录年份也常不一致。因此，对这些地理要素进行科学定位，需以明确的时点或时段作为"标准年代"。自秦完成全国统一后，各朝代（或时期）标准年代的确定方法是：当时疆域政区相对比较稳定且具有代表性，同时具有比较明确详细的文献记载，其中对时间较长的朝代（或时期），则选用数个标准年代以显示不同时段的变化态势。据此，确定各朝代（或时期）的标准年代共16个，分别是：秦，约公元前210年；西汉，公元2年（后文公元后的年份省去"公元"）；东汉，140年；魏晋南北朝时期含262年（三国）、281年（西晋）、382年（东晋）和487年（齐魏）共4个代表年；隋，612年；唐，741年；五代十国，943年；宋辽金时期则含1111年和1208年2个代表年；元，1330年；明，1582年；清，含1820年和1911年2个代表年。

（2）定位：历史时期疆域、政区的定位方法是先依据各类历史文献记载的地名由来及沿革信息、自然地物（如山岳、河流、名胜、关隘等）、舆图等，结合相关研究成果和野外调查结果等考证方法，确定历史地名的具体位置（地点）；在此基础上，再依据地理志、补志、舆图及相关历史文献记载的政区辖地、自然地物、方位等，依次划定政区和疆域界线，绘制成特定比例尺的地图，最后汇总成为《中国历史地图集》（谭其骧，1982），包括上述16个标准年代的全国总图和下辖的政区分幅图。其中，主要专题要素通常包括自秦以来的历代政权（包括多个共存的政权）的疆域，下辖一级和二级政区的界线、治所，三级政区的治所。图幅的比例尺大小以能够准确清晰显示出所有专题要素为标准确定，其中全国总图的比例尺为1∶2100万，政区分幅图的大多数图幅比例尺大于1∶400万，最大的达1∶50万以上，仅少数图幅（特别是边疆地区或政权）比例尺略小一些，不过绝大多数也大于1∶800万（谭其骧，1982）。

(3) 数字化：依据上述《中国历史地图集》（谭其骧，1982）的 16 个标准年代全国总图和下辖的政区分幅图，对我国历史时期的疆域与政区数据进行数字化，按多边形（对应疆域或政区界线）和点（对应各级治所点）2 类属性进行地理信息数据采集，数据包括 7 个字段，分别是：名称（NAME_CH，即政权、政区或治所的中文名）、经度（XCCOR）、纬度（YCCOR）、所属图幅（即《中国历史地图集》的图幅名称，如秦时期全图、关中诸郡等）、时代（如西汉、三国、唐等）、标准年和数据属性类型（点或多边形）。其中，每个时期的疆域（包括中原王朝及其他部族政权）界线和各个政权的政治中心依据全国总图数字化，下辖各级界线和治所则依据政区分幅图数字化。在数字化配准时，总图和分幅图均以《中国历史地图集》上的经纬网信息为依据，选取各图的 4 个角点与图中央的 2 个特征点，共 6 个点进行配准。在总图配准时，各个配准点需均匀分布于全图；在分幅图配准时，除 6 个配准点均匀分布于图幅外，还需让 4 个配准角点尽量靠近对应的政区边界。然后，将配准后的历史数字地图叠加在"国家地理信息公共服务平台"发布的对应区域矢量底图之上，以其中部分未迁移的治所和未改动的边界等作为对应的特征点和线，对历史地图配准结果进行校正，以确保数字化结果的精度。

据此，最终数字化复原了秦汉以来 16 个时间断面的华夏故土疆域边界与政区界线（图 2-1，图 2-2）及县以上政区的治所。

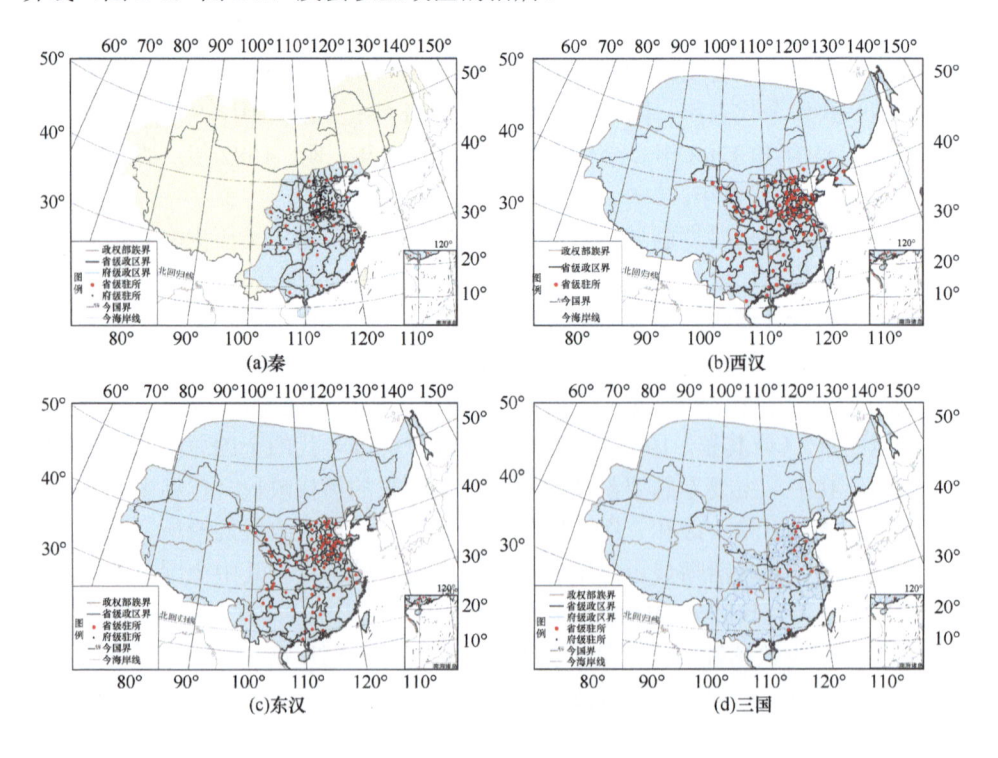

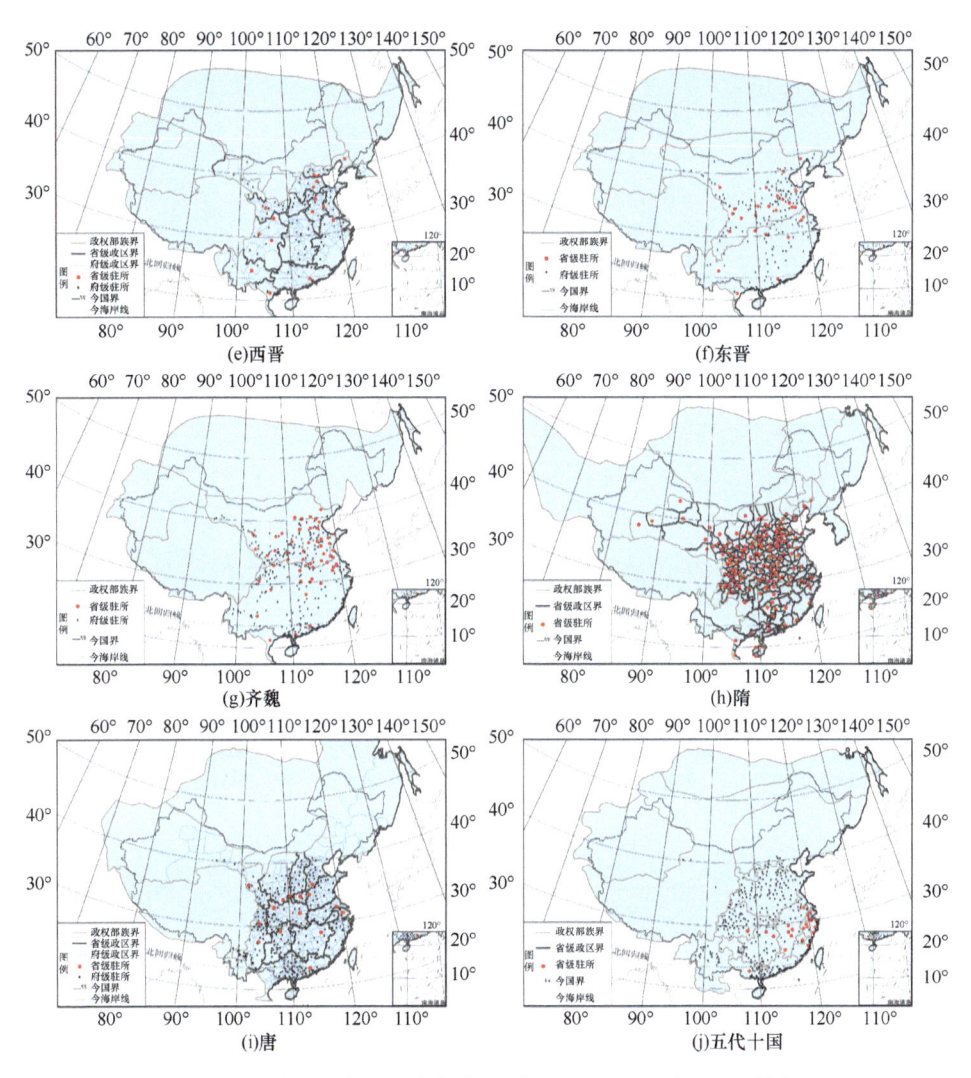

图 2-1 秦至五代十国各朝代疆域、政区及治所位置复原图

2. 明清时期人口变化

1）人口数据汇编与考订

明清时期的人口数据主要来源于《大明一统志》和《中国人口史》。其中，明朝的人口记录主要包括 3 个部分：一是明洪武二十六年（1393 年）分府人口数据，共 152 组；因明初户口登记制度严格，洪武时的户口数据可信度较高，是我国人口史研究的重要支撑数据之一。二是明朝分省区成年人口死亡年龄数据，共 14 组，

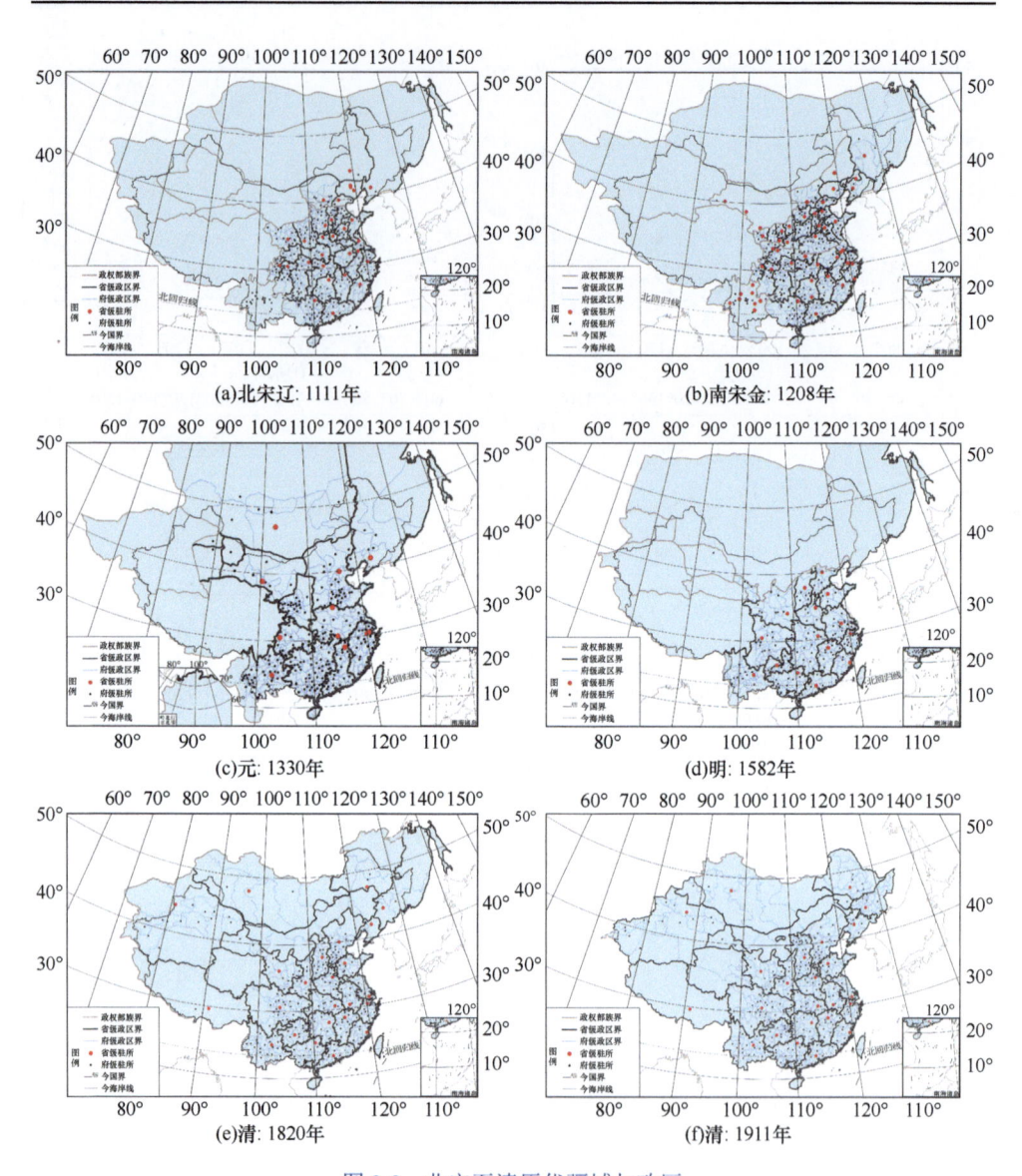

图 2-2　北宋至清历代疆域与政区

该数据代表了明朝中期成年人口死亡的基本特征。三是洪武二十六年（1393 年）、崇祯三年（1630 年）、崇祯十七年（1644 年）按省统计的全国人口数据，共 22 组。研究显示，1630 年明朝达到人口峰值，而 1644 年则是经明末清初战乱后人口数处于低值的年份。所有时点的数据均根据《中国人口史（第四卷，明时期）》（曹树基，2000）进行校正。

清朝的资料主要包括 1776 年、1820 年、1851 年、1880 年、1910 年 5 个时点的一、二级政区（对应省级和州府级）的人口总数。其中，1820 年的原始数据来源于《重修大清一统志》，其他时点的原始记载数据则根据各类史料整编而得；所有时点的数据均根据《中国人口史（第五卷，清时期）》（曹树基，2001）进行校正，并以嘉庆二十五年（1820 年）政区为基础进行汇总统计。

最终基于历史记载数据，经过校正，复原了明朝 1393 年、1630 年、1644 年和清朝 1776 年、1820 年、1851 年、1880 年、1910 年 8 个时点全国人口数量（以省为单位统计）及其 1393 年、1820 年等时点府级分布数据。

2）格网化人口数据集研制

为进行人口格网化重建，首先要明确影响人口分布的主要因素。在此，我们采用地理探测器，分析了 2000 年我国传统农区县级人口密度空间分布差异的影响因素，研究发现：地形、城市、气候、河流四类因子均对人口空间分布有显著影响（表 2-1），其中影响力最大的环境因子为地形（q 值为 0.37~0.55），位居第二位的是城市（q 值为 0.21~0.37），之后是气候和河流因子（q 值均仅为 0.02）。这说明研究区内人口密度与地形因子地域分布规律的一致性较强，与城市辐射能力地域分布规律的一致性相对较弱，地形因子对人口密度空间分布差异的解释力要强于城市因子。

表 2-1　地理探测器单因子探测 q 值

项目	海拔	坡度	地势起伏度	距省会远近	距地级市远近	湿润指数	距河流远近
q 值	0.55**	0.37**	0.37**	0.37**	0.21**	0.02**	0.02*
p 值	0.00	0.00	0.00	0.00	0.00	0.00	0.09

**表示在 0.05 信度水平下显著，*表示在 0.1 信度水平下显著

在此基础上，以上述四类因素，共计 7 个因子（海拔、坡度、地势起伏度、距地级市远近、距省会远近、湿润指数、距河流远近）作为自变量，以县域人口密度作为因变量，构建了随机森林模型，并采用 2000 年的数据训练该模型。分析发现，模型预测的人口密度与普查数据之间呈显著正相关，相关系数为 0.9（$p<0.001$），意味着模拟预测对普查数据的方差解释量达 81%（图 2-3），并且平均有效系数（CE）和模型误差缩减值（RE）分别为 0.72 和 0.75，表明模型是基本稳定的。但模型预测低估了人口高密度区的数值，高估了人口低密度区的数值，从而使得模型预测的人口密度空间差异略低于普查数据。从模型预测误差的统计分布形态来看，误差总体呈正态分布，约 88.4% 的模型预测误差低于 50%，仅 4.1% 的模型预测误差高于 80%，表明大多数预测结果的误差较小，

而极少数预测结果误差较大，符合统计模型误差分布的一般特征，这进一步说明了模型的稳定性。

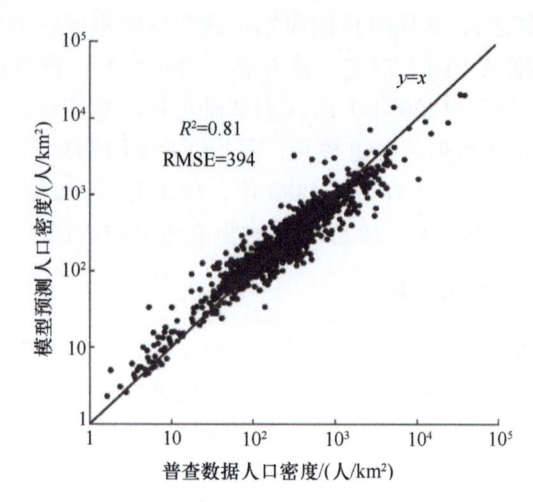

图 2-3 2000 年县域尺度上随机森林回归模型预测人口密度与普查数据人口密度对比散点图
RMSE 表示均方根误差

将各时期 10km×10km 网格尺度的环境因子数据输入随机森林模型，即可模拟各个格网的人口密度。然而，考虑到模型训练过程中采用的是 2000 年的统计数据，其系数表征的是 2000 年人口密度与各环境因子的数量关系；本研究时段内研究区总人口大幅增加，因而模拟结果与历史人口密度相差甚大。此外，由于网格人口密度的相对高低受控于环境因子所决定的"宜居性"，因此模拟结果可以用于表征历史时期网格之间人口密度的相对高低。故本研究在州（府）单元上利用古今人口总数之比作为系数，对模型预测的格网人口密度进行了调整[式（2-1）]。最终建立了 1776~1953 年 6 个时间点（1776 年、1820 年、1851 年、1880 年、1910 年、1953 年）中国传统农区 10km×10 km 网格尺度的人口空间分布（图 2-4）。

在格网化过程中，针对位于行政区边界线上同属于两个及以上行政区的网格，人口密度通过面积权重法计算[式（2-2）]。同时，针对河流湖泊等水域，在"无土地无人口"的原则下，根据历史时期河流和湖泊的分布，将大型湖泊水域和 1~2 级河流的人口分配权重设定为 0，在州府单元内对网格人口按实际土地面积再次修正（林珊珊等，2008）。

$$P'_{ij} = P_{ij} \times \frac{S_i}{\sum_{j=1}^{n} D_{ij} P_{ij}} \tag{2-1}$$

式中，j 为网格编号，其土地分属于 i（$i \geq 2$）个行政区；P_{ij} 和 P'_{ij} 分别为行政区 i 内网格 j 修正前和修正后的人口密度；S_i 为历史时期行政区 i 的人口总数；D_{ij} 为网格 j 属于行政区 i 的土地面积。

$$P''_j = \frac{\sum_{i=1}^{n} P'_{ij} D_{ij}}{D_j} \tag{2-2}$$

式中，P''_j 为网格 j 人口密度的修正值；D_j 为网格 j 的总面积。

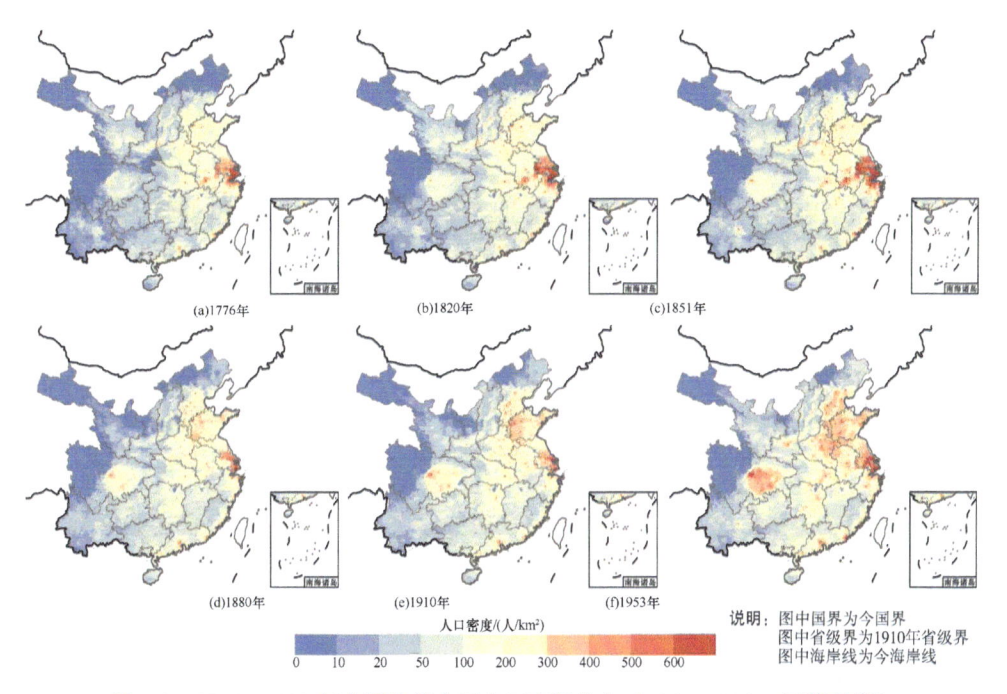

图 2-4 1776～1953 年中国传统农区人口空间分布（10 km×10 km 网格尺度）

从重建结果来看（图 2-4），1776～1953 年中国传统农区人口空间分布格局总体较为稳定，主要呈现东多西少的分布特征。长江中下游平原、华北平原、关中平原、四川盆地、珠江三角洲（以下简称珠三角）地区的人口密度较高，而川西高原、云贵高原、东南丘陵、黄土高原、内蒙古高原以及河西走廊以北的人口密度相对较低。

1776～1851 年，随着通商口岸开辟和运河商贸发展，长江三角洲（以下简称长三角）地区成为传统农区人口增幅最大的地区。在此期间，长三角地区人口密度达 500 人/km² 以上的网格数由 292 个增至 683 个，增幅高达 134%。在东部各省，省城和府城是人口聚集的主要地区，东部平原腹地广大地区人口虽有差异，但均保持较高水平，由此形成人口的高密度集聚特征。同时期西部地区的四川盆地与云贵高原的城镇人口持续增加，同时向外围扩散，成都平原上城镇聚落开始发育，人口集聚特征不断加强。这一现象的主要成因是康乾时期移民大量迁入导致的人口高增长惯性。康乾时期近百万人移入四川，奠定了清中后期该地区人口大幅增加的基础。

1851～1880 年，研究区人口密度变化呈现出鲜明的区域差异。一方面，因战乱和灾荒，苏南、浙北、皖南、陕中、甘南等地区的城镇人口剧减。因太平天国运动，长江中下游地区人口损失严重。至 1880 年，长江中下游地区人口密度超过 500 人/km^2 的网格数下降至 145 个，仅约为 1851 年的 21%。因"丁戊奇荒"和同治西北战争，甘南、豫北及晋陕境内的大同—西安—乾州—凤翔一线人口严重减少，各府城所在网格人口密度出现 200～500 人/km^2 的降幅。另一方面，战乱和灾荒影响较小的华北平原、四川盆地、珠三角地区城市发育，人口一直维持增加态势，形成了以山东、冀南、豫东北为主的人口高密度集聚区域。同时，四川盆地及珠三角地区人口高密度集聚区初具规模。

1880～1953 年，传统农区平原和东南沿海地区人口密度普遍增长，至 1953 年，华北平原人口密度达 500 人/km^2 以上的网格数增至 88 个，珠三角增至 35 个，分别约是 1851 年的 2.4 倍和 8.75 倍，北京、上海等城区的人口密度达 4000 人/km^2 以上。至此，以华北地区和长江中下游地区为代表的东部人口高密度集聚区基本形成。西部地区，在经历了长期的人口增长和扩张后，四川盆地内部人口密度显著上升，逐渐形成了以四川中东部和重庆为核心的人口高密度集聚区域。

2.1.2　气候变化

利用现代仪器开展的气象观测历史不过 200 余年，在此之前的气候变化信息主要来源于各类代用资料，包括自然档案（古环境感应体）与文献记录。自然档案类型多样，包括树木年轮、湖泊沉积、石笋、冰芯、黄土沉积等；文献记录主要指保存至今的各类历史文献。我国历史悠久，文献典籍类型多样，卷帙浩繁，所记年代之久远，数量之浩瀚，是世界上任何其他国家无法相比的，这为研究历史气候变化提供了得天独厚的条件。

由于记录历史气候信息的是代用资料，为建立与现代气象仪器观测数据可进行对比的气候变化序列，利用代用资料重建历史气候指标成为历史气候研究领域的基础性工作，其核心内容是利用现代仪器观测与代用资料重叠时段的数据，探究代用资料的理化和生物学指标（即代用指标）与现代气象气候指标的关系，建立定量化的响应函数，即校准方程。最后，将代用指标序列代入校准方程，即可重建历史时期气候变化序列。

1. 温度变化

最新的年平均温度重建结果显示：我国在公元1～200年、551～760年、941～1300年及20世纪气候相对温暖，其他时段则相对寒冷。这一冷暖阶段性变化特征（Ge et al., 2013）与同期北半球百年际温度变化（PAGES 2k Consortium，2013）基本一致：我国公元1～200年和941～1300年的温暖期分别与罗马暖期和中世纪暖期（medieval warm period, MWP）对应；201～550年和1301～1900年的寒冷分别与黑暗时代冷期前半段和小冰期（little ice age, LIA）大致对应；我国551～760年的温暖与黑暗时代冷期后期的相对温暖对应（Yan et al., 2015）；仅各个阶段的起讫年代存在一定差异，这可能主要是由于不同代用资料的定年误差不同（Ge et al., 2017）。但暖季气温的重建结果却显示：在公元初至1400年，我国温度变化以小幅的波动为主要特征；1400～1820年波动下降，此后至20世纪末则波动上升；除1400～1850年显著寒冷和1850年快速增暖外，其他时段的温度波动并不显著。这一特征与新近重建的过去2000年全球平均的暖季气温变化（PAGES 2k Consortium, 2019）特征也基本一致。

不过从整个2000年变化过程来看，不论是年平均温度还是暖季气温，均显示：10～13世纪是过去2000年中持续时间最长的显著暖期。其中，年平均温度重建结果显示，950～1250年的全国温度较900～1900年均值（即含MWP和LIA的千年）高约0.3℃，较其后1450～1850年的小冰期均值约高0.5℃，且这一温暖气候大致持续至1300年前后才终止（以平均温度为基准）；其中最暖的两个百年出现在1020～1120年和1190～1290年，与20世纪平均值基本相当；其间最暖的30年分别为1080～1110年和1230～1260年，也与20世纪最暖30年（1970～2000年）的温暖程度相当（Ge et al., 2013, 2017），但已低于最近30年（1989～2018年）的均值。暖季气温重建结果显示，950～1250年较900～1900年均值略高约0.05℃，较其后1450～1850年的小冰期均值约高0.1℃；其中最暖的百年出现在1080～1180年和1320～1420年，但均较20世纪均值约低0.15℃。

同时，年平均温度和暖季气温重建结果均证明：14～19世纪是过去2000年最显著的冷期。其中，年平均温度重建显示：最冷的两个百年分别出现在1620～1720年和1780～1880年，其间温度分别较20世纪低0.67℃和0.65℃；最冷的30年分别为1650～1680年和1810～1840年，分别较20世纪平均值低1.07℃和1.13℃。暖季气温重建结果显示：其间最寒冷的两个百年是1560～1660年和1780～1880年，其间气温分别较20世纪平均值约低0.3℃和0.4℃；1580～1610年和1810～1840年是最冷的60年，其气温分别较20世纪平均值低约0.4℃和0.5℃。

从区域差异来看，MWP 期间，在准 30 年尺度上，我国各区域在 950～1130 年的温度波动位相基本同步，但在 1130～1250 年温度波动幅度变小，且存在位相差异。在准百年尺度上，各个区域均自 10 世纪前期起显著转暖，在 MWP 总体温暖背景下，出现 2 次冷波动；但除西北与东中部在整个 MWP 的百年尺度温度变化基本同步外，东北和青藏高原地区在 MWP 与其他区域存在显著的波动位相差异，且温暖气候结束时间也较西北与东中部早 40～50 年。在超过百年的趋势变化上，东北部和东中部 2 个区域均显示 MWP 和其后出现的 LIA 2 个阶段温度差别较显著，而西北、青藏高原 2 个区域则均显示 MWP 和 LIA 的阶段温度差别不大（郑景云等，2019）。LIA 期间，尽管多数区域冷谷出现在 16 世纪前半叶、17 世纪和 19 世纪，但青藏高原地区却并没有显著寒冷期。

此外，上述所有重建结果均证明：自 1850 年前后起，我国各地均在波动中快速增暖，其速率为过去 2000 年最快，从而导致我国亚热带北界自 20 世纪末起出现了显著北移（总体移动幅度达 1 个纬度以上，其中最大处接近 2 个纬度），使得河南南部的南阳地区在 2000 年以后发展了大面积的柑橘等亚热带果树种植，与我国过去 2000 年中该界线曾经出现的最北位置相仿（卞娟娟等，2013）。

不过，对已有的重建结果对比评估显示：虽然上述重建结果均指示了 10～13 世纪温暖、15～19 世纪寒冷和 1850 年以来快速增暖，但由于代用资料有限，上述重建结果均存在显著的不确定性，因此，目前对过去 2000 年中国温度变化的认识仅有中等信度（Wang et al.，2018）。

2. 干湿变化

干湿变化具有较大的空间差异。因此，下文将分区域阐述过去 2000 年干湿变化的基本特征。对于东部季风区，新建的我国东中部及华北、江淮和江南地区过去 2000 年干湿指数序列及其对应的功率谱分析显示，干湿年际变化率显著，且存在显著的准 22 年、32 年、45 年与 70～80 年及 120 年的周期变化率；但不同尺度信号在各地不完全同步（郑景云等，2020）（图 2-5）。其中，在 20～35 年尺度上，华北地区的周期信号在 700～800 年、840～900 年、980～1500 年和 20 世纪后均显著偏弱；江淮流域的周期信号在 500～680 年、750～850 年、1130～1170 年、1370～1440 年、1650～1700 年和 1850 年之后也较弱；江南地区则是 500～550 年、800～1050 年、1350～1440 年、1500～1650 年较弱。在 50～85 年尺度上，760～870 年、1180～1390 年、1490～1650 年和 1730 年之后，华北地区和江南地区的降水呈现反相的对应关系；而在 1800 年之后，华北和江淮流域降水在 50～85 年尺度的信号显著增强。诊断显示：这种多尺度变化特征可能与气候系统的大尺度环流内部变率模态［特别是太平洋十年际振荡（pacific decadal oscillation，

PDO)]变化有关。其中，自1800年以来，PDO变幅显著增大，当PDO呈暖位相时，华北和华南地区往往偏旱，江淮流域则偏涝；冷位相时则相反，且对江南地区的影响也相对减弱（Zheng et al.，2017；郝志新等，2020）。

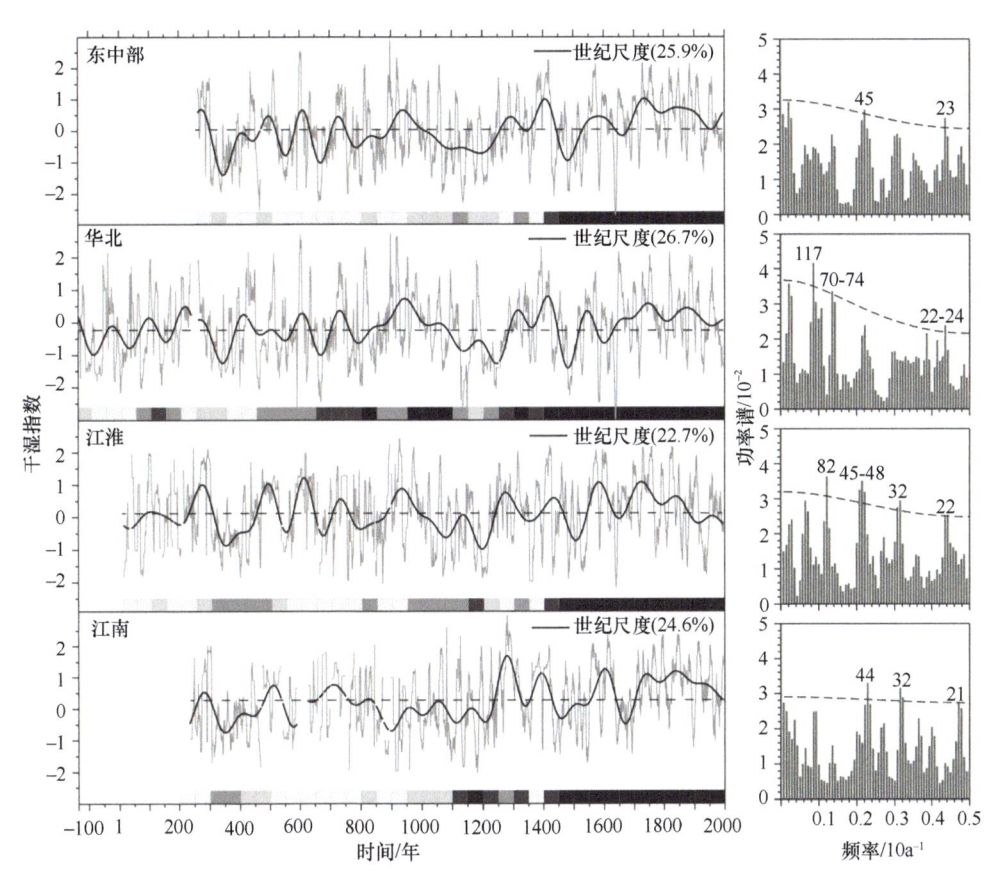

图2-5　中国东中部及华北、江淮和江南地区过去2000年干湿指数序列（左）及其对应的功率谱（右）

数据引自相关文献（郑景云等，2014b；Zheng et al.，2017）。左图中黑平滑线为100年FFT低通滤波，指示世纪尺度变化，括号中的数字为其占序列变化的方差解释量；各图中的下方横柱表示每个50年的重建结果可信度，颜色从深到浅分别表示极高信度（正确的概率为99%以上）、很高信度（正确的概率为90%以上）、高信度（正确的概率为80%以上）、中等信度（正确的概率为50%以上）、低信度（正确的概率仅33.3%以上）五个可信程度等级（郑景云等，2019）。右列图中的数字表示周期（频率的例数），单位为年

对于西北干旱-半干旱区，利用黄土高原、祁连山北坡及新疆中北部等地树轮重建的干湿序列对比评估显示：这些地区干湿变化也均存在显著的年际（如2~3年、3~5年等）、年代际（如准22年、50~80年等）和百年尺度（80~120年）变率，其中尤以2~3年和准60年的周期特征为各地所共有。对比诊断还显示：

黄土高原及周边地区干湿的年际和年代际变率分别与厄尔尼诺-南方涛动（El Niño-southern oscillation，ENSO）和 PDO 显著相关；ENSO 和 PDO 位于暖位相时，这一地区的降水偏少，气候偏干。这一关联特征也与华北地区干湿变化同 ENSO 和 PDO 的联系基本相似。但在新疆各地，其干湿变化可能主要受大气环流平流的准两年振荡和北大西洋涛动（North Atlantic oscillation，NAO）影响，且与太阳活动的准 11 年周期变化有关；而受 ENSO 和 PDO 等的影响可能相对较弱（郑景云等，2019）。

对于青藏高原，千年以上的降水和干湿变化重建序列主要集中于青藏高原东北部（图 2-6）。对比评估显示：这些序列所指示的年代际变化过程（特别是年代尺度的持续偏干及显著偏湿事件）基本一致；且多数序列均可检测出 2～3 年、3.5～4.5 年、5～6 年、8～9 年、25～35 年、65～80 年、110～130 年和 180～200 年等

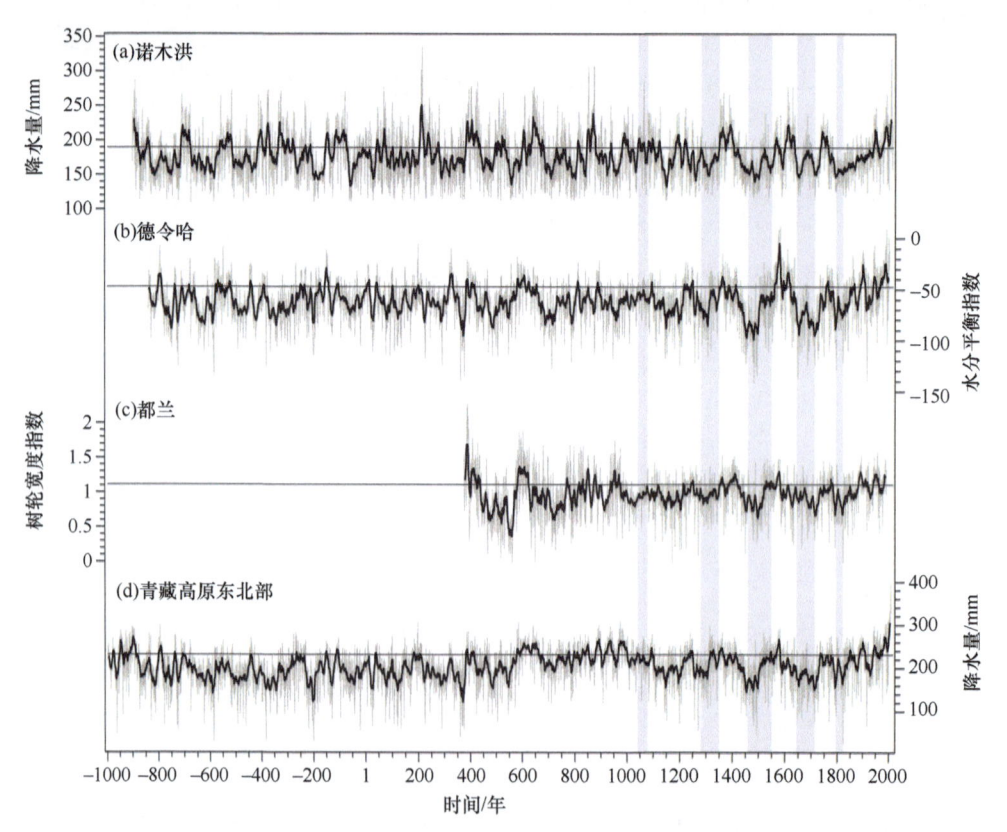

图 2-6　利用青藏高原北部树轮重建的各地过去 3000 年干湿变化序列
（a）诺木洪年（上年 7 月至当年 6 月）降水量（Wang et al., 2019）；（b）德令哈 1～6 月水分平衡指数（Yin et al., 2106）；（c）都兰树轮宽度指数（Sheppard et al., 2004）；（d）青藏高原东北部年（上年 7 月至当年 6 月）降水量（Yang et al., 2014）。图中浅蓝柱为过去千年太阳黑子极小期

多种尺度的周期。从百年际波动来看，20世纪正处在一个自1800年前后开始的波动转湿过程中，是过去1600多年（其中3个达约3000年）的最湿世纪之一。对比诊断显示：这一地区干湿变化的年际尺度变率可能受印度洋偶极子（Indian ocean dipole，IOD）和ENSO影响，年代际尺度变率则可能受PDO和NAO的共同影响（Huang and Shao，2005；Fang et al.，2013；Peng and Liu，2013），且还与太阳活动的阶段变化密切相关。特别是在过去千年的5个太阳黑子极小期中，沃尔夫极小期（Wolf minimum，1280～1350年）、斯普雷尔极小期（Spreen minimum，1460～1550年）、蒙德极小期（Maunder minimum，1645～1715年）、道尔顿极小期（Dalton minimum，1795～1823年）均对应这一地区出现显著的持续性干旱；奥尔特极小期（Oort minimum，1010～1050年）也对应一个年代际偏干事件。

位于唐古拉山以南的高原中南部，也利用多个地点的树轮重建了干湿变化序列，其中最长者达近1000年。多数序列显示：青藏高原中南部在20世纪初相对偏湿；20世纪前、中期在波动中逐渐趋干，20世纪后期则在波动中快速转湿，至21世纪初又显著偏湿。多窗谱分析显示：近千年高原中南部年降水变化存在显著的2～3年周期和百年尺度波动，但年代际波动的周期信号不稳定，可能与这一地区地形复杂、气候类型多样有关。

各地区降水和干湿变化的较大差异，致使干湿空间格局在过去2000年间发生了深刻变化。基于降水和干湿变化重建结果，前人针对MWP与LIA、过去千年百年冷暖阶段变化和冷暖年代等多种尺度的干湿格局差异开展了深入研究（Zhou et al.，2019；Hao et al.，2012，2016；Chen et al.，2015；郑景云等，2014a；王绍武和黄建斌，2006）。综合评估这些研究结果显示：尽管在过去千年，我国不同冷暖阶段的干湿格局存在差异，但集合平均显示，不论是年代还是百年尺度的相对温暖时段，我国东部干湿均大致呈自南向北的"旱（华南）—涝（长江中下游）—旱（黄淮地区）"分布格局；而在相对寒冷时段，则主要呈东湿西干的东西分异格局；气候由寒冷转为温暖可能会导致黄淮地区相对转干，江南地区（特别是湘、赣流域）相对转湿（图2-7）。这表明：在当前气候增暖背景下，我国东部自20世纪70年代以来所发生的"南涝北旱"可能是过去千年冷暖与干湿格局变化配置特征的重现。不过从更长尺度的阶段差异来看，在中世纪气候异常期，我国干湿大致呈"西部干旱—半干旱区偏干、西南—华北—东北偏湿、东南又偏干"的特征，LIA则反之。这既表明我国干湿格局对不同尺度冷暖变化响应的机制可能极为复杂，也说明现有重建结果尚存在不确定性。

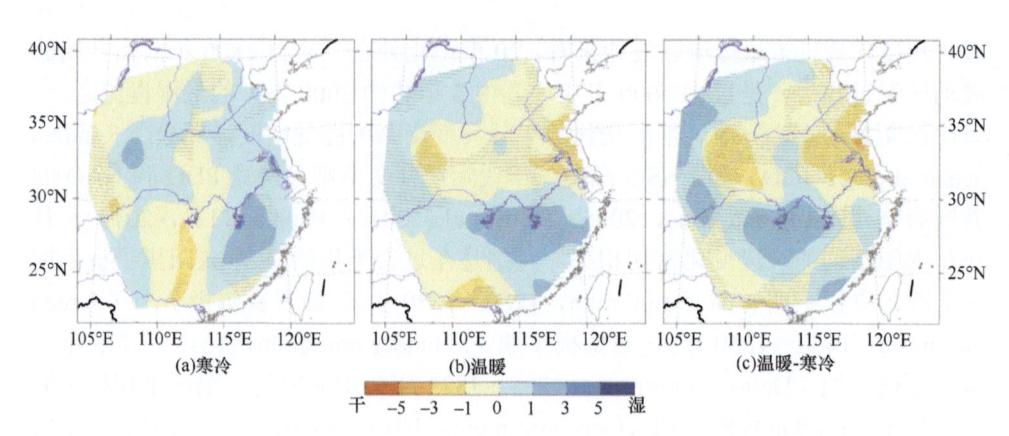

图 2-7 重建的 5 个寒冷时段（440～540 年、780～920 年、1390～1460 年、1600～1700 年和 1800～1900 年）和 4 个温暖时段（650～750 年、1000～1100 年、1190～1290 年和 1900～2000 年）中国东部干湿格局集合平均结果及差异（Hao et al.，2016）

2.1.3 耕地与森林变化

1. 耕地面积及格网化分布重建

我国历史文献中记载着极为丰富的田亩资料，其成为定量重建历史时期耕地变化的主要依据。但是，由于这些田亩记载数据实质上是一种纳税单位（何炳棣，1988；梁方仲，2008），是依据一定的标准将不同类型和等级的土地（以耕地为主）折算成符合某一相同税率的赋税单位，其主要目的是为政府提供征收赋税的依据，而不是为了获取精确的土地数据。因此，这些数字表征了税亩数量，而不是当时实际的耕地面积。并且不同朝代的亩制有一定差异，也存在田亩内涵及统计标准不完全一致、折亩甚至隐匿等诸多问题（魏学琼等，2014；杨绪红等，2016；方修琦等，2019；何凡能等，2019；何炳棣，1988；卜风贤，2010），使得其与实际耕地面积存在偏差，需考订和校准后才能使用。

以元朝耕地面积为例，田亩数据包括册载田亩数据与屯田数据两类。就册载田亩数据而言，河南、江浙及江西 3 个行省的省域数据主要来自《元史·食货志》，江浙行省集庆路、镇江路、庆元路和江西行省广州路及其所辖香山县、增城县等的数据分别来自《至正金陵新志》、《镇江志》、《四明志》和《南海志》等地方志。就屯田和屯户数据而言，主要采集自《元史·兵志》，包括元朝枢密院、大司农司和宣徽院等中央机构及各行省所辖屯田数据。由于屯田在历代财政和军政中均占有比较重要的位置，政府为了保障军需供应，对各地屯田执行严格管理。因此，《元史·兵志》中详尽记载的各行省内屯田点的屯田和屯户数据，应该是元朝较为真实的屯田和屯户数额，其年代当为元世祖至元末年（1294 年）。

依据元时期的史料特点，首先以各行省册载屯田与屯户数据、零星的册载田亩与户口数据等为基础，结合史籍中有关户均屯田数和户均垦田数的记载及元朝土地制度和屯田制度等，通过对比分析的方法，探析元朝户均屯田与户均垦田的关系，并确定将省域户均屯田数转化为户均垦田数的区域修订系数。在此基础上构建基于元朝省域户口、户均屯田及其区域修订系数的省域耕地面积估算模型[式(2-3)]，最终重建了元朝省域耕地面积（图2-8）。

结果表明（图2-9）：元至元二十七年（1290年），耕地总量为$5.35×10^8$亩[①]，垦殖率为6.8%。其中，北方地区耕地总面积约为$3.10×10^8$亩，占耕地总量的57.9%，垦殖率为6.6%；南方地区耕地总面积约为$2.26×10^8$亩，占耕地总量的42.2%，垦殖率为7.1%。

$$C_k = \alpha \cdot H_k \cdot (C_{kt}/H_{kt}) \cdot \left(\sum_{i=1}^{n} C_i/H_i\right) \Big/ \left(\sum_{i=1}^{n} C_{it}/H_{it}\right) \quad (2-3)$$

式中，C_k为k行省的耕地面积；H_k为k行省的户数；C_{kt}为k行省的屯田数；H_{kt}为k行省的屯户数；C_i与C_{it}分别为省域册载垦田数与屯田数；H_i与H_{it}分别为省域册载户数与屯户数；α为元亩与今亩的转换系数。

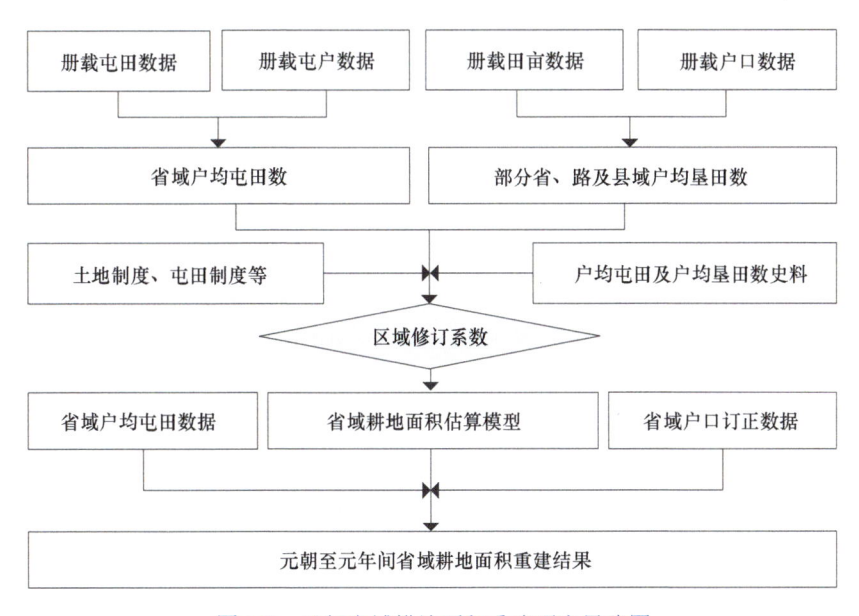

图2-8 元朝省域耕地面积重建研究思路图

[①] 1亩=666.7m^2。

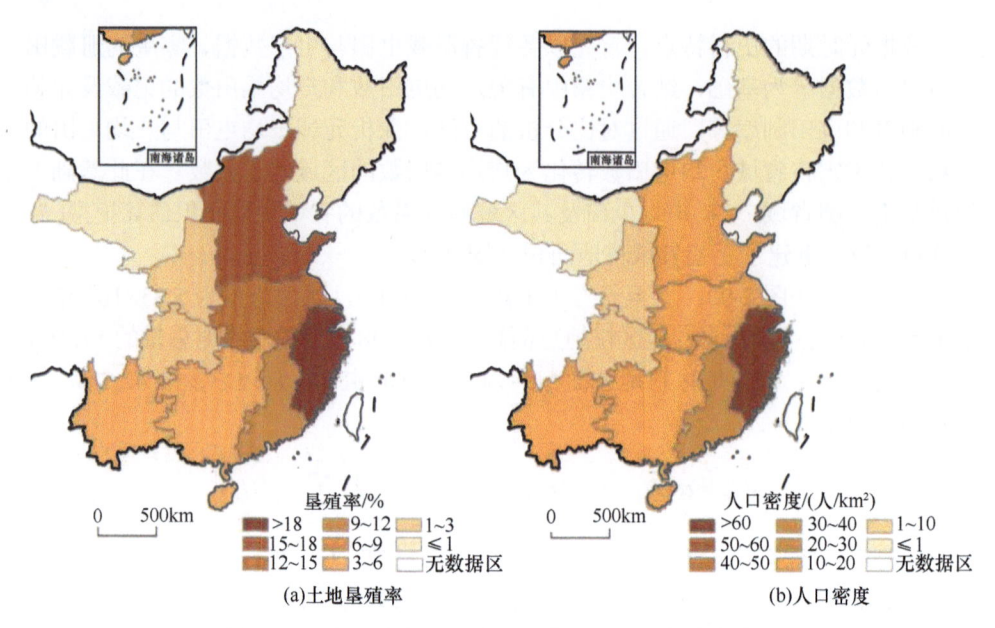

图 2-9　元代至元年间土地垦殖率和人口密度重建结果
图中国界为今国界，图中海岸线为今海岸线

在分省耕地面积重建的基础上，构建了耕地格网化空间分布模型，实现了耕地的格网化空间分布重建。首先，确定历史上耕地的潜在最大分布范围。根据现有研究成果，自秦汉以来，我国农耕区范围持续扩展，耕地面积持续增加，至 20 世纪 80 年代，耕地面积达到历史峰值，因而将 20 世纪 80 年代的耕地范围作为历史上耕地的潜在最大分布范围。其次，利用 80 年代耕地的空间分布特征，结合同时期的地形、地貌、气候因子，通过空间统计分析，定量甄别影响耕地空间分布的主控因子（如海拔、坡度、气候因子），进而利用主控因子组合构建耕地适宜性模型。然后，依据"土地宜垦性好的网格，耕地优先分配"的原则构建网格化分配模型［式（2-4）］。最后，利用这一模型将各朝代政区单位的耕地分配至每个格网，建立元（1290 年）、明（1393 年和 1583 年）、清（1661 年、1724 年、1776 年、1820 年、1893 年）与民国（1933 年）空间分辨率为 10km×10km 的网格化耕地分布（垦殖率）数据（图 2-10）。

$$R_{\mathrm{crop}}(i,t)=\frac{\mathrm{area}(k_n,t)\times\dfrac{W_{\mathrm{crop}}(i,k_n)\times W_{\mathrm{suit}}(i,k_n)}{\sum_{1}^{k_n}\left[W_{\mathrm{crop}}(i,k_n)\times W_{\mathrm{suit}}(i,k_n)\right]}}{\mathrm{area}_{\mathrm{grid}}}\times100\% \qquad(2\text{-}4)$$

式中，$R_{\mathrm{crop}}(i,t)$ 为网格 i 在 t 年的垦殖指数；area（k_n，t）为 k_n 省 t 年的耕地面

积；$W_{crop}(i, k_n)$为历史耕地的最大分布范围；$W_{suit}(i, k_n)$为土地宜垦性；$area_{grid}$为网格的面积。

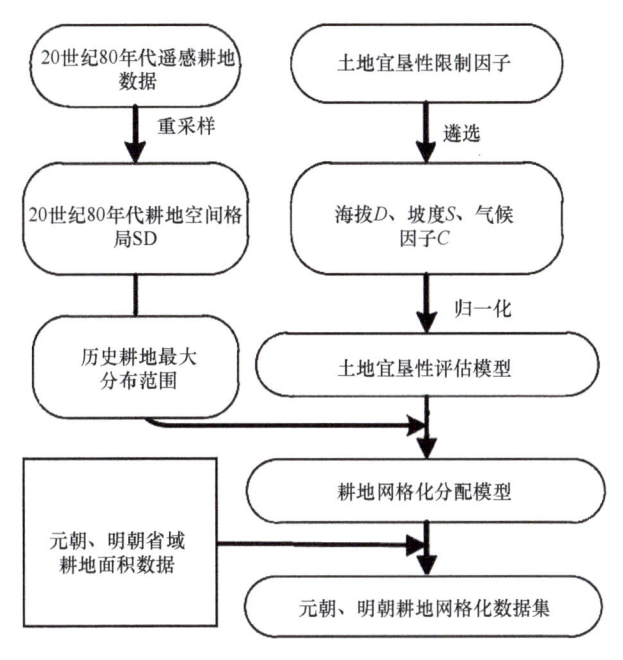

图 2-10　耕地网格化重建技术路线图

2. 过去 2000 年的耕地变化

通过检索，查阅历史时期我国农耕区拓展、历朝耕地面积重建及垦殖率格网化重建等主题的研究成果，然后借鉴联合国政府间气候变化专门委员会（Intergovernmental Panel on Climate Change，IPCC）的评估思路（IPCC，2019），对不同研究者的结果进行梳理、比较和评估，从中遴选被学界常引的经典文献和对同一问题研究有新结果或新认识的文献。在此基础上，按时序对不同时段、不同区域、不同研究者的研究进行列举和归纳，并对其中的耕地面积与垦殖率定量重建结果进行集成制图，刻画了过去 2000 年的耕地变化。

1）主要农耕区的拓展过程与耕地面积变化

我国是世界上最早的农作物栽培起源区之一。距今 7000~4000 年，粟作和稻作已散布于今黄河和长江流域（图 2-11）（张居中等，2014），甚至在今青藏高原东南部也有零星作物栽培（张东菊等，2016），但这一时期农作尚处于"游耕"阶段，真正持续利用的固定耕地较少（张居中等，2014；彭世奖，2000）。

此后黄河流域的农耕得到较快发展,而其他地区则显著衰落(张居中等,2014;Liu and Feng, 2012;张弛,2017),使得至西周初期(公元前1000年前后),我国耕地主要集中在黄河中下游地区(图2-11),不过其间未见任何耕地数量记载。公元前500年前后,随着社会组织制度的变革和铁器、牛耕、人工施肥(如"粪溉"等)及其他细作等技术的逐步应用与推广,我国农耕进入了对土地循环利用的传统农业阶段,主要农耕区出现了三次大规模拓展(图2-11)(王毓瑚,1981;中国科学院地理研究所经济地理研究室,1980;赵松乔,1991)。第一次为汉朝,主要农耕区从黄河流域拓展至长江以北地区;第二次为唐宋时期,主要特征是对长江以南地区从平原低地拓垦至丘陵山地;第三次为清朝中期以后,主要是对东北、西北和西南等边疆地区的拓垦以及全国山地的深度开发,至20世纪80年代达到了最大垦殖范围。

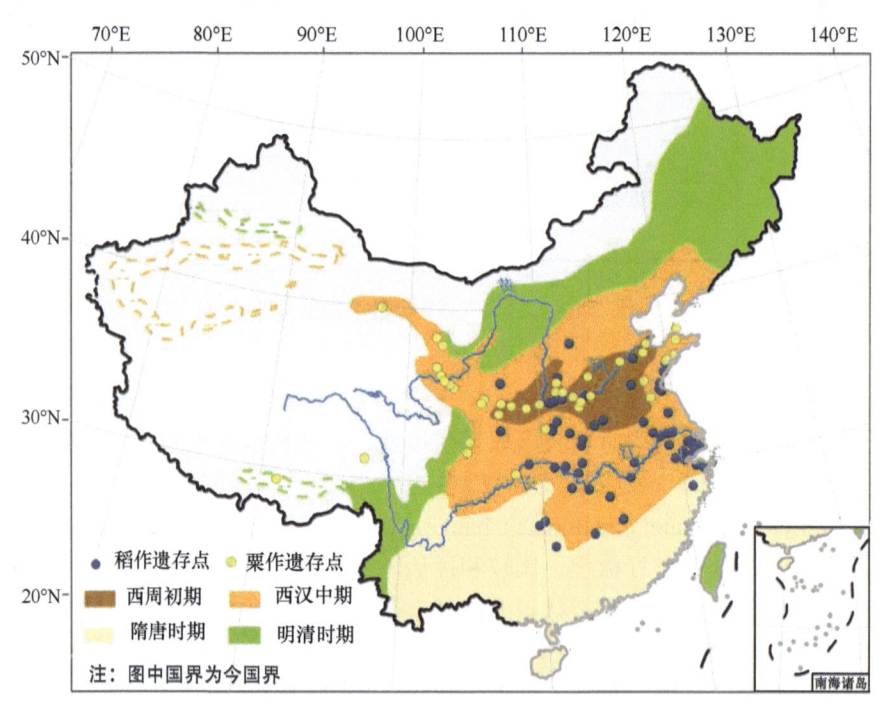

图2-11 中国史前稻粟作遗存点与西周以来农耕区拓展过程示意图
虚线指耕地相对集中分布区,其实际范围可能更广

西汉时期,我国农耕区范围出现了第一次大规模扩张(王毓瑚,1981;中国科学院地理研究所经济地理研究室,1980),至西汉中期(公元前130~公元前70年),主要农耕范围从先前的黄河中下游扩张至黄土高原、黄淮海地区及长江流

域的大部分平原和低山丘陵地区；甚至因移民实边需要，在陇西、河西走廊及今新疆南部的绿洲地带等区域也发展了农垦（贾丹，2017；樊自立，1993）。但长江以南的大部分地区，由于人口密度低，农耕的开发程度仍然保持较低水平。考证显示：至西汉末（汉平帝元始二年，即公元2年，后文中的公元年均省去"公元"），全国耕地面积约为5.72亿亩（图2-12）（何炳棣，1988；卜风贤，2010）。

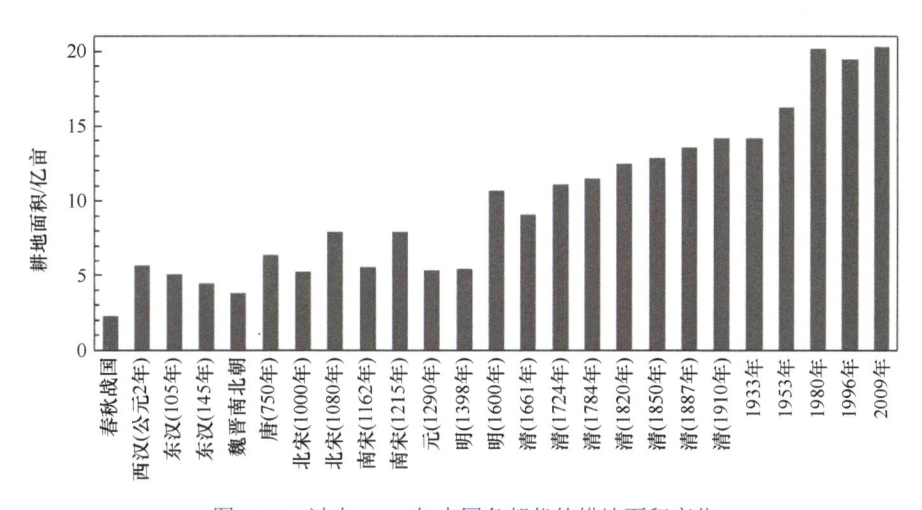

图 2-12 过去 2000 年中国各朝代的耕地面积变化

隋、唐交替战乱后，中国社会又进入一个被后世称为"国力强盛、经济繁荣"的王朝，社会各业均得到稳定发展，不但长江以北农耕区得到全面恢复，而且长江以南的大部分平原低地得以深度开发。至唐天宝年间（742~756年）全国农耕达到极盛，共计耕地6.42亿亩（图2-12），相较于汉朝的峰值5.72亿亩又增加约7000万亩，特别是长江流域得到了更大发展，使得秦岭、淮河一线以南和以北的地亩几近半分（卜风贤，2010）。

公元979年，北宋先后翦灭各地割据势力，统一了东南半壁的大部分地区，中国自此进入了中原政权与辽（907~1125年）、西夏（1038~1227年）、金（1115~1234年）、大理（937~1254年）和黑汗（840~1212年）等周边主要政权及一些部族实体（如回鹘诸部、吐蕃诸部等）多元政体并存的时代，农耕再度得到恢复和发展。特别是当时位于北方的辽（韩茂莉，1999）、西夏（李玉峰，2015）和西南的大理（李玉茹，2016）等，也发展了农耕。综合已有耕地重建结果显示：宋开宝九年（976年），耕地总量约4.68亿亩；至道三年（997年）增至约4.96亿亩（Li et al.，2018a）。加之位于今东北的辽当时约有耕地2500万亩（Li et al.，2018a），以及大理等其他诸部的垦田约500万亩（李玉茹，2016），汇总可得1000年前后全国耕地约5.26亿亩。

此后至宋元丰初（1080年前后），北宋耕地发展至7.32亿亩，百年间增加了约50%（Li et al.，2018a）。其间，辽境内的农耕也显著发展，估算显示：至1080年前后，辽耕地约4230万亩（Li et al.，2018a）。而在西夏，耕地面积在立国初期（延祚七年，1044年）约1040万亩，鼎盛时期（天盛年间，1160年前后）增至约1930万亩（李美娇，2019），据此推算1080年前后，西夏耕地面积约为1400万亩。大理在其前朝南诏（738~902年）时，就有许多地区耕耘水田、种植稻谷，兼种豆、麻、黍、稷，呈现出"邑落相望、牛马被野"的农、牧业发展态势（李昆声，1983），且农耕发展始终相对稳定（李玉茹，2016）。据估算，大理末期（天定二年，1253年）的人口为115万人左右（葛剑雄，1991），最高时（1210年前后）接近150万人；按其人口自然增长3‰左右回溯，1080年前后大理的人口约102万。不过相较于北宋，大理农耕相对粗放，按当时其人均耕地高于北宋人均耕地水平（约5.4亩/人）10%推算，1210年前后大理的耕地面积约890万亩，1080年前后约600万亩。汇总这些数据表明，1080年前后全国耕地面积应达7.94亿亩左右（图2-12）。

有清一代，农耕再度得到快速恢复与稳步发展，特别是自清朝中期起，对东北、热察绥、新疆、青藏高原等边疆地区的不断开垦和全国大多数山地的深度开发，农耕区再次得到大规模拓展。其间不但耕地记载丰富，而且涉及耕地面积估算与重建研究的成果亦多。综合来看，雍正二年（1724年）前后，全国耕地约有11.11亿亩，超过了明朝最高值。此后至清后期，全国耕地一直稳步增长，至乾隆四十九年（1784年）前后，全国耕地增至约11.53亿亩；嘉庆二十五年（1820年）前后达12.48亿亩；道光三十年（1850年）达12.88亿亩；光绪十三年（1887年）达13.55亿亩；清末宣统二年（1910年）为14.18亿亩。

20世纪上半叶，我国内忧外患不断，人口增长和农业发展近乎停滞。据国民政府主计处统计局调查资料，公元1933年前后，我国耕地面积仅为14.17亿亩（史志宏，2011；葛全胜等，2000）。但至20世纪后半叶，全国耕地又呈现快速增长。其中，1951~1953年首次全国范围的查田定产调查结果显示，当时我国耕地面积约16.28亿亩（封志明等，2005）；1980年前后，耕地概查数据订正后的面积为20.22亿亩（封志明等，2005）；1996年全国第一次土地调查结果显示，全国耕地面积为19.51亿亩（封志明等，2005）；2009年第二次全国土地调查显示，全国耕地面积为20.31亿亩（谭永忠等，2017）。

2）过去千年垦殖率空间分布的变化

集成1080年前后北宋境内的垦殖率格网化重建结果及其他政区的垦殖率估算结果（图2-13）显示：当时宋、辽境内垦殖率总体达11.5%，特别是长江以南地区的垦殖强度较其前期显著加大，使得北宋境内的垦殖率达16.9%（Li et al.,

2018a)。其中在北宋,除北方传统农耕区黄淮海平原、关中平原等垦殖率达30%以上外,南方的长三角、鄱阳湖平原、两湖平原和四川盆地等区域的垦殖率也基本达到30%左右,东南沿海的丘陵河谷地带及四川盆地周边河谷山地等大多达5%以上,高者也达10%以上(He et al.,2012),仅西南局部地区垦殖率较低(何凡能等,2016)。辽管辖的今中国境内区域(主要包括今东北三省,内蒙古大部,河北、山西、陕西北部及北京、天津),其垦殖率虽总体仅为2.0%左右,但南京道(约今北京、天津和河北北部)的垦殖率亦达14.8%(Li et al.,2018a)。位于西北的西夏,其初期(延祚七年,1044年)的垦殖率约0.9%,鼎盛时期(天盛年间,1160年前后)的垦殖率约1.7%;据此推算11世纪后期西夏的垦殖率约为1.2%。大理末期(天定二年,1253年)的垦殖率约为0.7%,因此推算其11世纪后期垦殖率也达0.6%左右[图2-13(a)]。

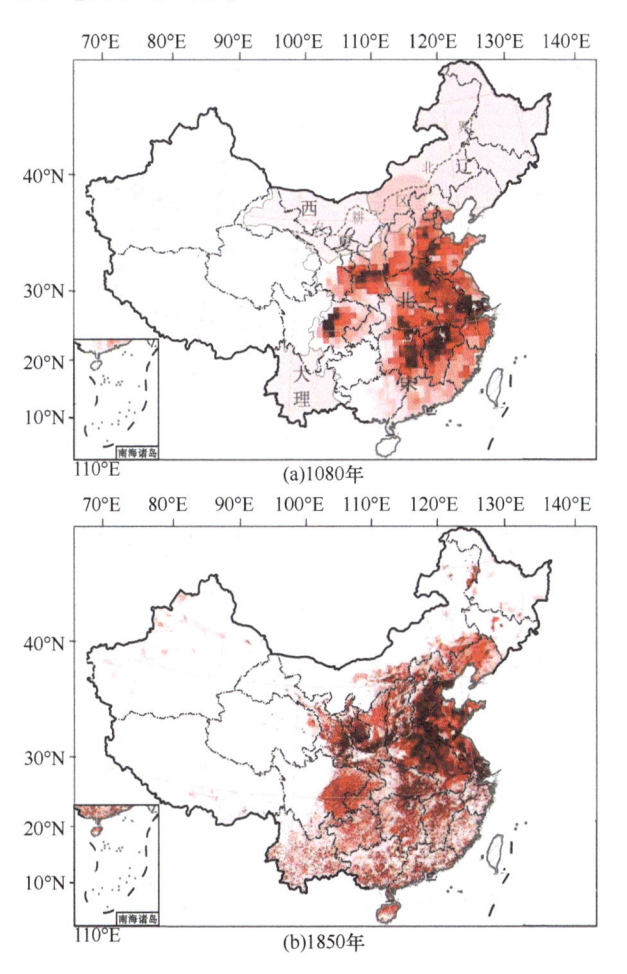

(a)1080年

(b)1850年

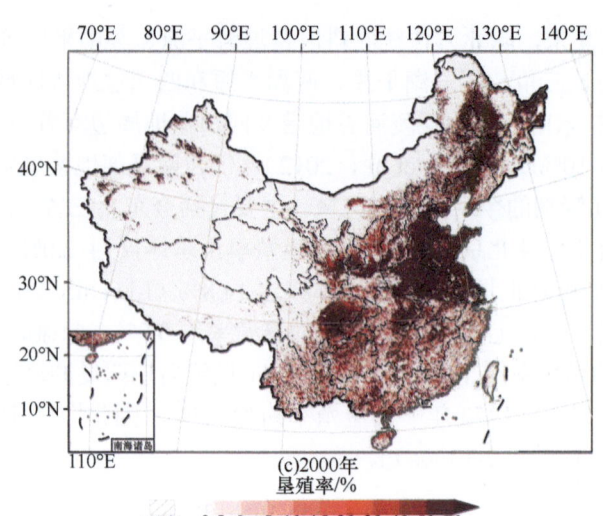

图 2-13 公元 1080 年、1850 年和 2000 年的中国垦殖率空间分布

其后千年，全国农耕区的垦殖强度虽总体呈增加趋势，但各地的垦殖强度却存在明显波动，其中尤以北方地区波动更为显著。元朝较宋朝农耕鼎盛期（1080 年前后和 1210 年前后）（Li et al.，2018a），处于农耕低潮时期。元初河南行省（相当于北宋的京西、淮南路，今河南和江苏北部）从之前的 20%以上（Li et al.，2018a）下降至 13%左右（Li et al.，2018b）。明、清时期各地垦殖强度均有不同程度的提高，对山地、湿地的垦殖亦不断增强（龚胜生，1994；Li et al.，2019；邓辉和李羿，2018），且边疆地区的农耕也得以迅速发展。其中，明万历十一年（1583 年）各省垦殖率重建结果显示，山东和河南垦殖率已超过 40%，浙江、南直隶超过 20%，北直隶、山西、江西和湖广垦殖率达 10%～15%（李美娇等，2020）。

至 1850 年前后［图 2-13（b）］，华北平原、汾渭盆地和陇东地区、四川盆地、两湖平原、鄱阳湖平原及长三角地区等传统农业区的垦殖率已总体超过 30%。华北平原、汾渭盆地、两湖平原及长三角等地，有半数以上格网的垦殖率超过 50%，最高甚至超过 70%。西南的云、贵与长江以南各省虽受地形起伏等限制，垦殖率总体较低，但在其中的河谷、丘陵地带，垦殖率通常也达 10%以上，高者可达 20%以上。仅东北的吉林、黑龙江及内蒙古东部等地受当时"封禁"限制（叶瑜等，2009），西北及青藏高原受干旱与高寒等气候条件的限制，因而以省、区计的垦殖率均低于 2%。1861 年之后，随着清政府取消对吉林、黑龙江及内蒙古的开垦"封禁"（叶瑜等，2009），这些地区亦被大规模移民开垦，迅速发展成为新垦区（赵松乔，1991；战继发和王耘，2017），因而其垦殖率也显著提高。

至 20 世纪，特别是随着 1949 年后 30 余年全国耕地面积的快速增长，全国各地的垦殖率又出现了不同程度的增加，至 1980 年前后，全国境内的垦殖率达 14.0%以上。此后至 21 世纪 [图 2-13（c）]，全国耕地面积有小幅波动，其中增加的区域主要在东北和新疆，而长城以内大部分农区因城市扩张和退耕还林还草等，均出现不同程度的下降（Zhang et al.，2019；刘纪远等，2014；程维明等，2018）。

3. 清朝以来森林重建

清朝森林变迁的数据主要来源于三类资料：清朝史料、清查统计资料和当前研究成果。其中，清朝史料主要有正史、地方志、类书、游记、文人笔记、官府和名家集等，如《嘉庆重修一统志》《古今图书集成》《宁古塔纪略》《三省边防备览》《秦疆治略》等。清查统计资料主要有民国调查统计资料和现代清查统计资料。前者包括国民政府实业部 1934 年在《中国经济年鉴》公布的一套全国及各省区森林面积统计数据和 1947 年农林部公布的森林调查统计信息。后者指的是从新中国成立到 2000 年为止，林业部门分别对全国进行的一次森林资源整理统计汇总和五次全国性森林资源清查资料。

在此基础上，为实现森林覆被的格网化重建，我们构建了森林网格化分配模型。分配模型的设计思路是：在土地宜垦性评估模型的基础上，考虑应从土地开垦前天然林的分布范围中扣除耕地的分布，得到农地开垦后的森林分布，然后再以土地宜垦性为权重，按照"先优后劣""先易后难"的原则对森林继续进行砍伐（图 2-14）。算法层面，在耕地网格化重建方法的基础上，结合现代遥感的农地、林地数据以及全球潜在植被数据，确定了我国土地开垦前森林的可能分布范围；并依据土地宜垦性评估模型，构建了以土地宜垦性为权重的历史时期森林网格化分配模型 [式（2-5）]。采用这一方法研制了 1700~2000 年 16 个时点（每 20 年一个时段）的森林覆被格网化（10km×10km）数据集（图 2-15）。

$$F_{\text{cover}}(k_n,i,t) = F_{\text{remain}}(k_n,i,t) - \frac{W_{\text{suit}}(k_n,i)}{\sum_i^{k_n} W_{\text{suit}}(k_n,i)} \cdot \left[\sum_i^{k_n} F_{\text{remain}}(k_n,i,t) - F_{\text{area}}(k_n,t)\right] \quad (2-5)$$

式中，$F_{\text{cover}}(k_n,i,t)$ 为 t 年时 k_n 省区 i 网格的林地面积；$F_{\text{remain}}(k_n,i,t)$ 为 t 年时 k_n 省区 i 网格开垦农地后还剩余林地面积；$F_{\text{area}}(k_n,t)$ 为 t 年时 k_n 省区林地面积；$W_{\text{suit}}(k_n,i)$ 为 k_n 省区网格 i 的土地宜垦性。

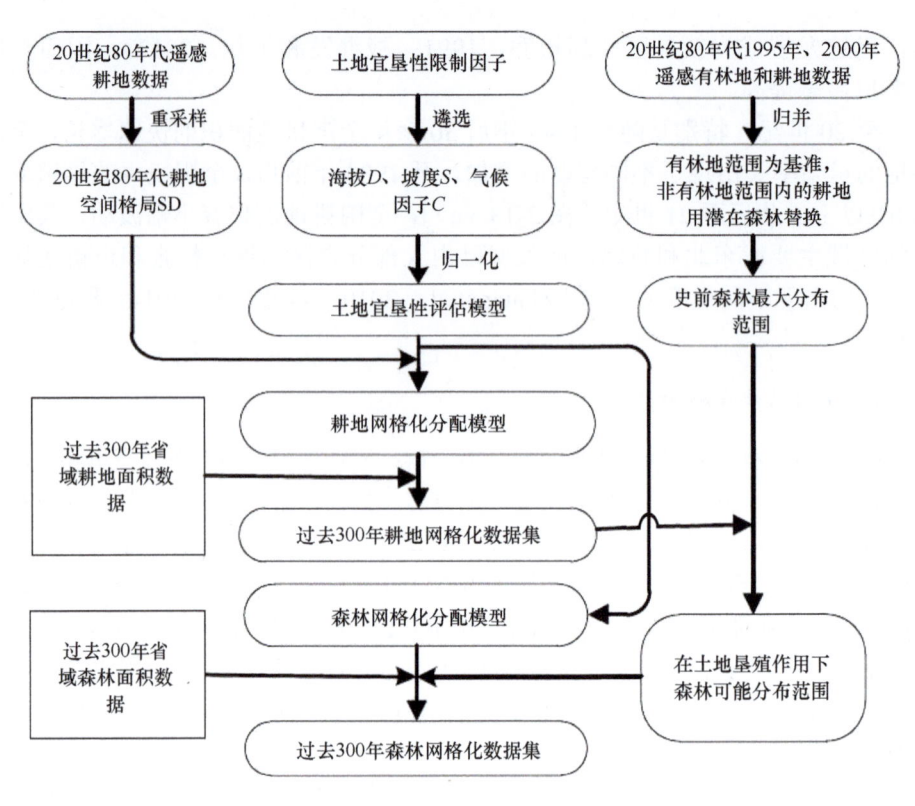

图 2-14　森林网格化重建技术路线

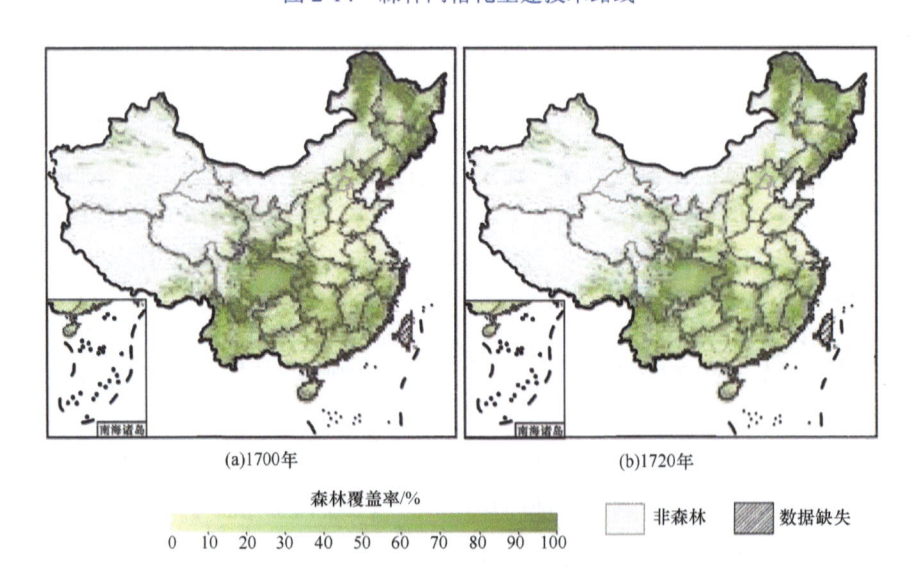

(c)1740年　　　　　　　　　　　　(d)1760年

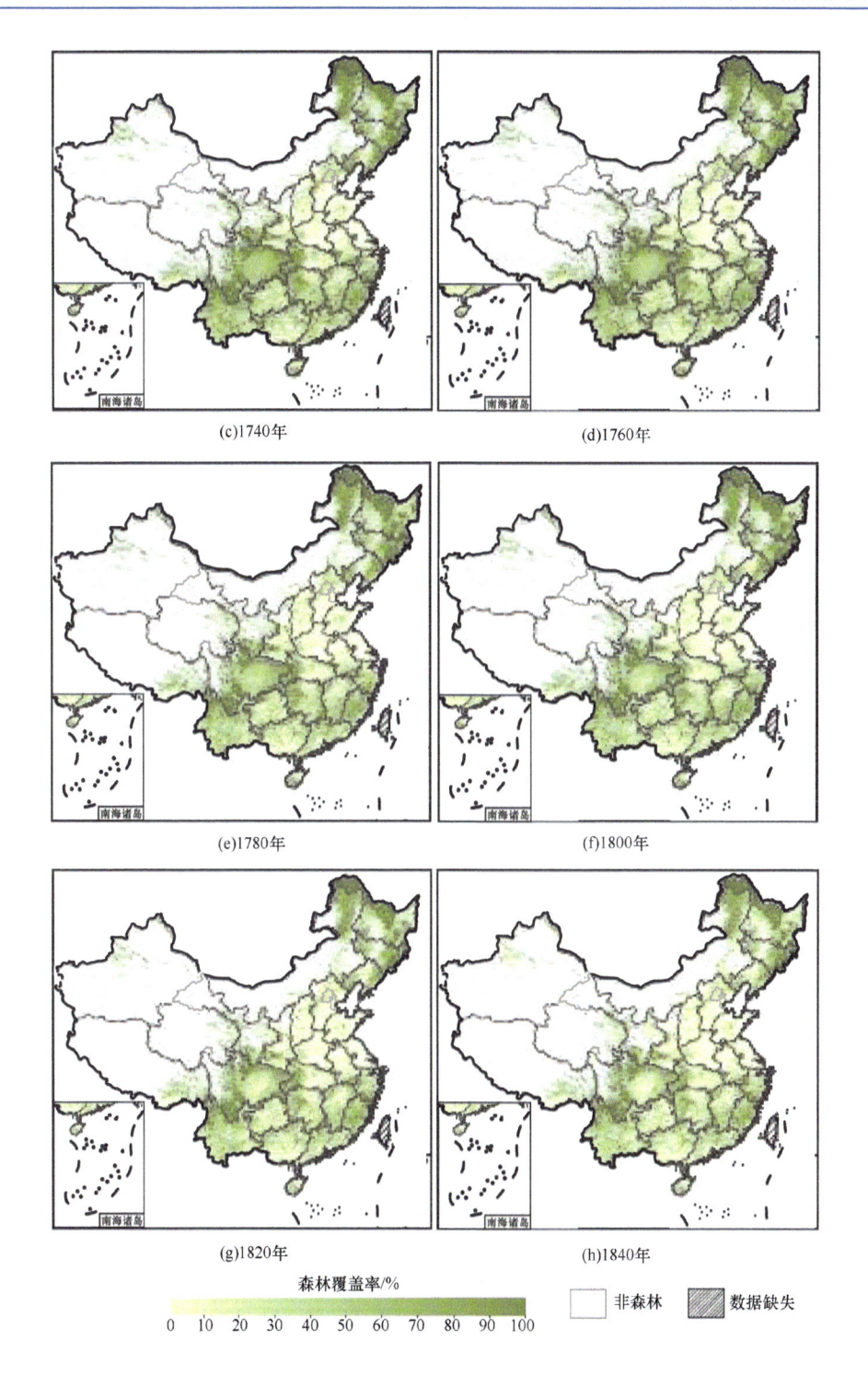

(e)1780年　　　　　　　　　　　　(f)1800年

(g)1820年　　　　　　　　　　　　(h)1840年

森林覆盖率/%
0 10 20 30 40 50 60 70 80 90 100　　非森林　　数据缺失

可持续发展视角下的全景美丽中国建设研究

(i)1860年

(j)1880年

(k)1900年

(l)1920年

(m)1940年

(n)1960年

森林覆盖率/%
0　10　20　30　40　50　60　70　80　90　100

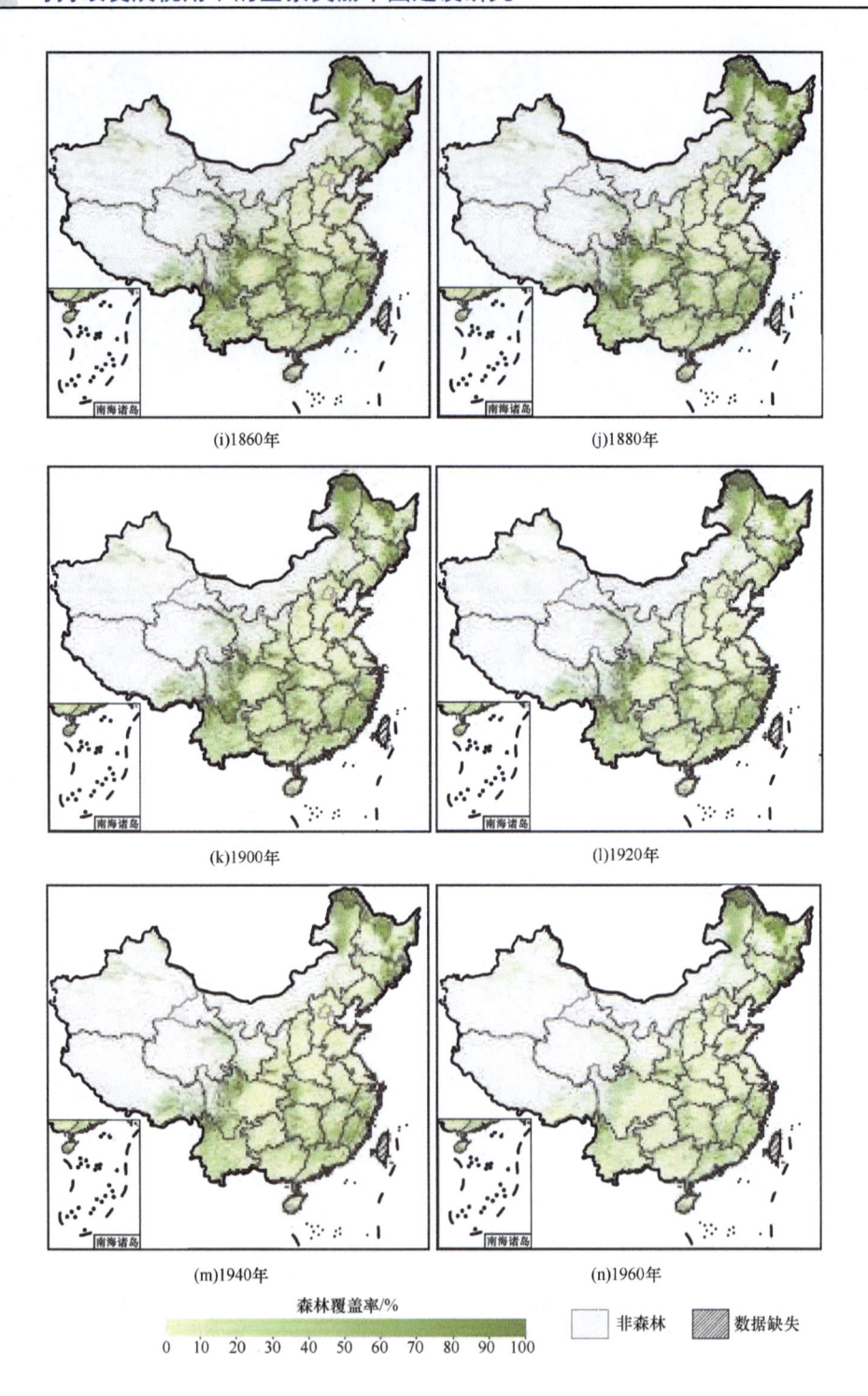

非森林　　数据缺失

(o)1980年　　　　　　　　　　　(p)2000年

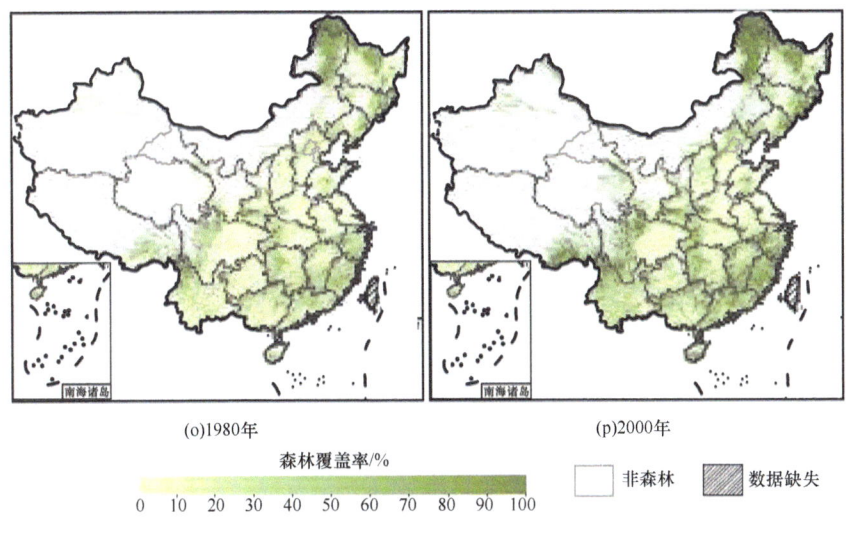

森林覆盖率/%
0　10　20　30　40　50　60　70　80　90　100

非森林　　数据缺失

图 2-15　1700～2000 年中国森林网格化数据集

2.2　美丽中国人文数据指标

美丽中国是中国共产党在马克思主义生态文明观指导下的理论创新，科学地阐释了人类发展与自然界的和谐关系，是可持续发展理念在我国的指导和应用。美丽中国是我国践行可持续发展战略的重要实践。按照可持续发展的理念，其不仅要实现人类发展与自然环境的和谐相处，还要保证人类在不同群体之间、代际之间的发展公平。2015 年联合国通过了《2030 年可持续发展议程》，提出了可持续发展的 17 个目标（图 2-16）。

在联合国 17 个可持续发展目标中，涉及人文领域的指标就有 12 个，包括就业和经济增长、社区、产业创新、消费和生产等经济发展质量内容，以及贫困、饥饿、健康、教育、性别平等、和平正义、平等等领域内容，不仅注重促进持久、包容、可持续的经济增长，实现充分和生产性就业，确保人人有体面工作，而且要促进不同种族、性别、地区和时期人民的公平发展权利，而就美丽中国建设而言，其内涵也应涉及以上诸多方面。

首先要建设富强中国，促进国民经济的稳步增长，使人民的生活富裕，总体达到小康水平。同时，发展的过程中要提高经济增长的质量，不仅在经济发展结构、经济增长动力方面实现内外部的协调，同时实现资源和要素在内外两个市场的优化配置；统筹区域协调发展、城乡一体发展；推动各经济环节的良性循环；优化商品、要素、金融与资本市场结构，实现均衡增长和"美"的协调发展。

图 2-16　2030 年可持续发展目标

其次要建设幸福中国。完备社会保障体系，使经济增长和国家实力充分惠及各阶层人民。基本公共服务实现均等化，形成覆盖城乡的基本公共服务体系，打造老有所养、病有所医、住有所居的生活环境，为经济可持续增长提供切实保障；医疗保障覆盖人群扩大，人民健康水平逐步提高；就业质量和水平也逐步提高；教育资源合理配置，基础教育均等化水平提高。

2.2.1　人文数据集的指标构成

美丽中国作为生态文明建设的美丽愿景，是我国经济高质量发展、社会和谐发展、生态环境质量大大改善的奋斗目标。因此，其人文领域的数据集主要包括经济和社会两大分领域。

1. 经济发展模块

经济层面的指标主要从经济实力、产业结构、发展模式等多个方面来刻画富强中国建设的进程与质量，重点分为国民经济、农业生产、工业生产、对外贸易、运输邮电、投资金融六大板块，共计 60 个指标。

（1）国民经济板块包括 GDP 总量（当年价，亿元）、人均 GDP（元/人）、GDP 增长速度（%）、第一产业增加值（亿元）、第二产业增加值（亿元）、第三产业增加值（亿元）、第一产业增加值比重（%）、第二产业增加值比重（%）、第三产业增加值比重（%），共计 9 个指标。

（2）农业生产板块包括农林牧渔业总产值（当年价，亿元）、农业总产值（当年价，亿元）、林业总产值（当年价，亿元）、渔业总产值（当年价，亿元）、畜牧业总产值（当年价，亿元）、农作物总播种面积（10^3 hm^2）、粮食播种面积（10^3 hm^2）、粮食总产量（万t），共计8个指标。

（3）工业生产板块包括工业主营业务收入（当年价，亿元）、工业增加值率（%）、工业劳动生产率［元/（人·年）］、工业资金利税率（%）、总资产贡献率（%）、石油加工炼焦核燃料加工业总产值/主营业务收入（亿元）、化学原料化学制品制造业总产值/主营业务收入（亿元）、化学纤维制造业总产值/主营业务收入（亿元）、黑色金属冶炼压延加工业总产值/主营业务收入（亿元）、有色金属冶炼压延加工业总产值/主营业务收入（亿元）、生铁产量（万t）、钢产量（万t）、成品钢材产量（万t）、化学纤维产量（万t）、水泥产量（万t）、乙烯产量，共计16个指标。

（4）对外贸易板块包括进出口总额（亿元）、出口额（亿元）、外资投资企业年底登记户数（户）、外商直接投资企业投资总额（万美元），共计4个指标。

（5）运输邮电包括货物周转量（亿t/km）、铁路货运周转量（亿t/km）、公路货运周转量（亿t/km）、旅客周转量（亿人/km）、客运量（万人）、铁路客运量（万人）、公路客运量（万人）、水路客运量（万人）、铁路货运量（万t）、公路货运量（万t）、水路货运量（万t）、铁路营业里程（km）、公路线路里程（km）、高速公路里程（km）、邮电业务量（亿元）、移动电话交换机容量（万户）、互联网上网人数（万户），共计17个指标。

（6）投资金融板块包括固定资产投资总额（亿元）、中央级固定资产投资（亿元）、一般公共预算收入（万元）、一般公共预算支出（万元）、金融机构存款余额（亿元），共计5个指标。

2. 社会发展模块

该模块利用人口、就业、健康、教育、医疗等多个方面来表征幸福中国的建设水平，下设人口与城镇化、人口就业、人民生活、基础设施、城市发展、教科文卫、社会保障七大板块，共计43个指标。

（1）人口与城镇化板块在省级层面主要包括年底总人口（万人）、城镇人口（万人）、乡村人口（万人）、人口自然增长率（‰）、0~14岁人口（人）、15~64岁人口（人）、64岁以上人口（人），共计7个指标。

（2）人口就业板块包括城镇单位就业人员数（万人）、城市登记失业率（%），共计2个指标。

（3）人民生活板块主要反映居民的收入和消费水平指标，以城镇居民人均可支配收入（元/人）、农村居民家庭人均可支配收入（元/人）来体现，共计2个指标。

（4）基础设施板块体现我国交通路网的建设，主要有轨道交通、公路、铁路、航空、综合交通运输路网图，共计5个指标。

（5）城市发展板块反映城市发展水平，主要有城市人均道路面积（m^2）、城市人均居住面积（m^2）、城市用水普及率（%）、城市煤气普及率（%）、城市人均绿地面积（m^2），共计5个指标。

（6）教科文卫板块反映一个地区的教育和科技投入与基本供给的水平，主要包括研究与试验发展（R&D）经费内部支出（万元）、研究与试验发展（R&D）经费外部支出（万元）、研究与试验发展（R&D）人员（人）、普通高校专任教师数（人）、高中专任教师数（人）、小学专任教师数（人）、普通高等学校数（所）、小学学校数（所）、普通本专科在校生数（人）、教育经费收入（万元）、卫生人员数（人）、卫生技术人员数（人）、医疗卫生机构病床数（万张）、单位人口卫生医疗机构病床数（张），共计14个指标。

（7）社会保障板块反映国家社会保障体系发育程度，主要包括城镇在岗职工基本养老保险参保人数（万人）、职工基本医疗保险参保人数（万人）、失业保险参保人数（万人）、新型农村合作医疗参保人数（万人）、农村社会养老保障参保人数（万人）、农村贫困人口（万人）、城镇最低生活保障人口（万人）、农村居民最低生活保障人数（万人），共计8个指标。

2.2.2 美丽中国人文数据集

为从不同的空间尺度体现美丽中国推进的空间格局与空间差异，本研究提供了省、地市和县四个尺度的数据集。此外，为了研究需要，还针对美丽中国建设的重点区域设置专门的发展数据集，如19个城市群数据集，以及专门针对京津冀城市群、雄安新区的小尺度数据集。同时，为了表征不同时期我国美丽中国建设的成就，数据年份始于2000年，多数到2017年，部分数据已更新到2020年。

为保证数据的权威性，所有数据来自国家统计局出版的各类统计年鉴。

目前，在省级空间尺度上已经有的数据集包括：①2000～2017年中国省级社会经济基础数据集，主要为2000～2017年中国大陆31个省（自治区、直辖市）国民经济、产业发展、交通、居民收入、能源资源、环境保护等领域44个指标的数据；②2000～2019年中国分省农村社会经济环境空间数据集；③2019年、2020年分省人口与城镇化空间数据集；④1995年、2000年、2005年、2010年、2015年中国跨省人口迁移流空间数据集。

城市群尺度数据集有2000～2017年中国19个城市群可持续发展评估数据集；

城市尺度数据集有2000～2016年全国城市可持续发展能力评估数据集；

县级尺度有2000年和2010年的县级人口流动、流入人口和流出人口数据集。

2.3 资源环境生态数据集

2.3.1 中国水资源本底数据集

1. 水资源量及利用情况

图 2-17~图 2-34 是水资源总量、地表水资源量、地下水资源量、降水量、总供水量、总用水量、人均用水量、城镇居民人均生活用水量、城镇生活用水量、农村居民人均生活用水量、农村生活用水量、工业用水量、林牧渔业用水量、农田灌溉用水量、农田实灌亩均用水量、生态环境用水量、人均 GDP、万元 GDP 用水量和万元工业增加值用水量 19 个数据集在 2005 年、2010 年和 2015 年三个不同时间尺度上的空间分布变化对比。

我国水资源总量为 2.8 万亿 m^3。其中，地表水 2.7 万亿 m^3，地下水 0.83 万亿 m^3，由于地表水与地下水相互转换、互为补给，扣除两者重复计算量 0.73 万亿 m^3，与河川径流不重复的地下水资源量约为 0.1 万亿 m^3。按照国际公认的标准，人均水资源量低于 3000 m^3 为轻度缺水；人均水资源量低于 2000 m^3 为中度缺水；人均水资源量低于 1000 m^3 为重度缺水；人均水资源量低于 500 m^3 为极度缺水。我国目前有 16 个省（自治区、直辖市）人均水资源量（不包括过境水）低于严重缺水线，有 6 个省（自治区）（宁夏、河北、山东、河南、山西、江苏）人均水资源量低于 500 m^3，为极度缺水地区。

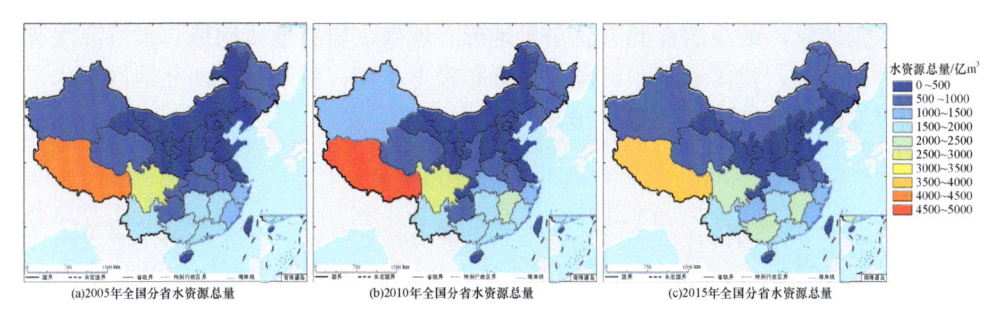

图 2-17 2005 年、2010 年和 2015 年水资源总量分省分布图

全国多年平均地表水资源量为 27328 亿 m^3，2010 年全国地表水资源量为 29797.6 亿 m^3，折合径流深 314.7mm。在全国 45 年河川径流系列中，最大年径流量为 1998 年的 34364 亿 m^3，最小年径流量为 1978 年的 23619 亿 m^3。频率为 20%的丰水年，地表水资源量为 29152 亿 m^3；频率为 75%的枯水年，地表水资

源量为 25829 亿 m³；频率为 95%的枯水年，地表水资源量为 23826 亿 m³。我国地表水资源量的地区分布趋势与降水空间分布具有较好的一致性，同样表现为南方多、北方少，东部多、西部少，山区多、平原少。北方地区面积占全国的 64%，多年平均地表水资源量为 4365 亿 m³，占全国的 16%；南方地区面积占全国的 36%，多年平均地表水资源量为 22963 亿 m³，占全国的 84%。山丘区地表水资源量约占全国的 93%，折合年径流深 371mm，平原区占 7%，折合年径流深 75mm（图 2-18）。

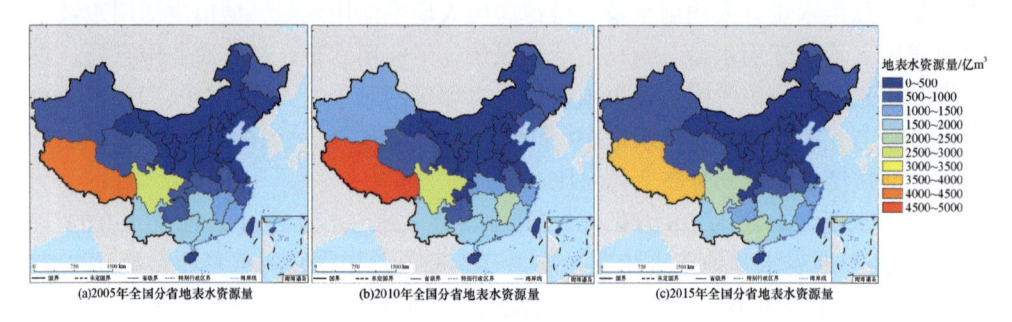

图 2-18　2005 年、2010 年和 2015 年地表水资源量分省分布图

我国地下水资源分布呈现南多北少的基本特征，且自然分配极不平衡，资源量最少和最多的地区分布量相差 50 倍，这也是我国部分地区极度缺水的主要原因。我国地下水资源分布在长江以北的北方地区地下水资源量占全国的 32.3%，而在长江以南的南方地区地下水资源量占全国的 67.7%。因此，按人口平均分配的地下水资源量，最少的在北方。由于地形、地貌、岩石地质构造、大气降水等自然条件的影响，我国地下水资源自然分布极不平衡，特别是在西北地区形成了一系列极度缺水的贫困区（图 2-19）。

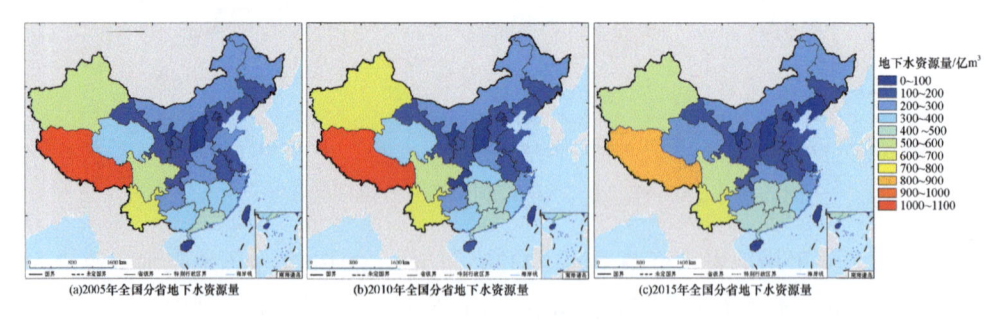

图 2-19　2005 年、2010 年和 2015 年地下水资源量分省分布图

在城市中，一方面用水激增，地表水过度开发，导致地表水量减少；另一方面

地下水的过度开采，导致严重的地面沉陷，威胁到人类的正常生活，城市供水和用水结构也因此发生极大的改变。2015 年，我国华东地区总供水量为 1815.4 亿 m³，占同期我国总供水量的 30.04%；西北地区总供水量为 853.3 亿 m³，占同期我国总供水量的 14.12%；华中地区总供水量为 851.0 亿 m³，占同期我国总供水量的 14.08%；华南地区总供水量为 764.0 亿 m³，占同期我国总供水量的 12.64%；西南地区总供水量为 637.3 亿 m³，占同期我国总供水量的 10.55%（图 2-20）。

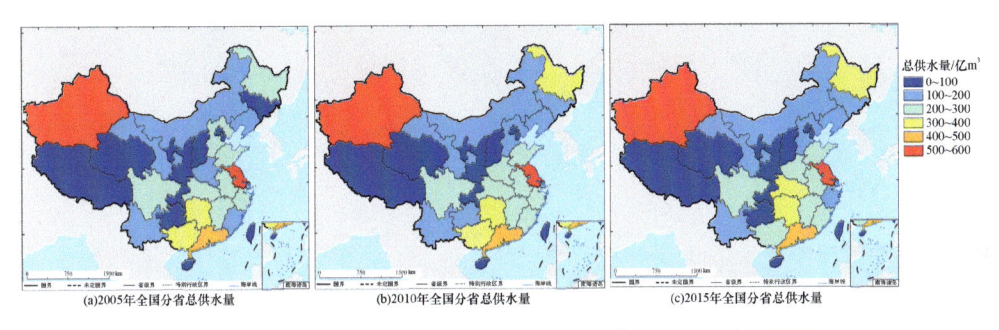

图 2-20　2005 年、2010 年和 2015 年总供水量分省分布图

近年来，水利部门推动水资源节约、保护和管理取得了积极进展和显著成效。与 2010 年相比，2015 年全国万元 GDP 用水量、万元工业增加值用水量分别降低了 30% 和 32.9%，农田灌溉水有效利用系数由 0.516 提高到 0.548，重要江河湖泊水功能区水质达标率由 63.5% 提高到 76.9%，水资源各项管控目标顺利实现。2015 年，华北地区总用水量为 511.5 亿 m³，占全国总用水量的 8.46%；东北地区总用水量为 610.9 亿 m³，占全国总用水量的 10.11%；华东地区总用水量为 1815.4 亿 m³，占全国总用水量的 30.04%；中南地区总用水量为 1615.0 亿 m³，占全国总用水量的 26.72%；西南地区总用水量为 637.3 亿 m³，占全国总用水量的 10.55%；西北地区总用水量为 853.3 亿 m³，占全国总用水量的 14.12%（图 2-21）。

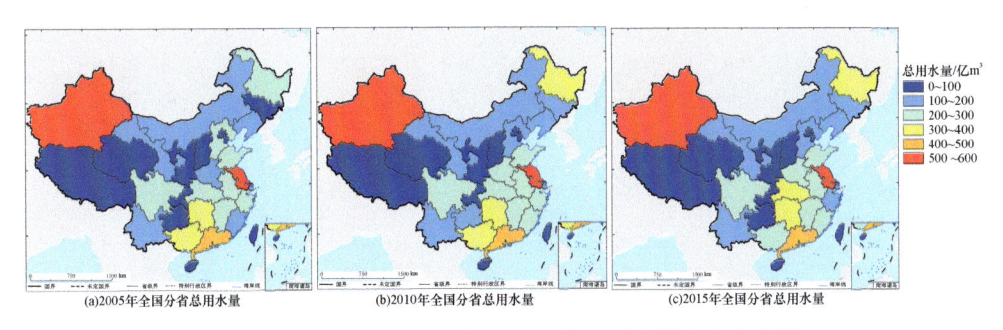

图 2-21　2005 年、2010 年和 2015 年总用水量分省分布图

可持续发展视角下的全景美丽中国建设研究

我国用水量按东、中、西部统计分析，人均用水量分别为 436 m³、371 m³、487 m³，即中部小，东、西部大；万元 GDP 用水量差别较大，分别为 221 m³、392 m³、645 m³，西部是东部的 2.9 倍；农田实灌亩均用水量分别为 415 m³、379 m³、581 m³，西部大于东、中部；万元工业增加值用水量分别为 135 m³、240 m³、241 m³，呈东部小，中、西部大的态势（图 2-22）。

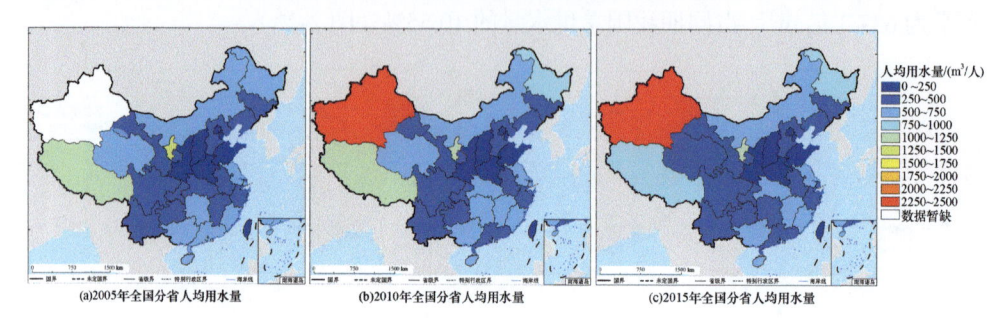

图 2-22 2005 年、2010 年和 2015 年人均用水量分省分布图

随着城镇化率不断提高，城市用水人口稳步上升，2015 年我国城市用水人口突破 4.8 亿人。自 2005 年开始，我国城市人均日生活用水量呈现先降后升的市场态势，2008 年我国城市人均日生活用水量为 178.5L，2011 年降至 170.9L，2015 年回升至 178.9L。随着我国城市供水市场的不断完善，城市用水普及率不断上升，从 2005 年的 94.73% 上升至 2017 年的 98.30%。近年来，城市化发展迅速，人们逐渐步入小康社会，对日常生活提出了越来越高的质量要求，特别是供水的水质。所以，城市供水不仅要重视供水量的稳定增长，也要重视水质的提高。但是，由于污染水源在我国总体水源中占有一定比例，如果不改善这种污染现状，这些污染水源就无法用于城市供水，势必会造成巨大的浪费（图 2-23～图 2-26）。

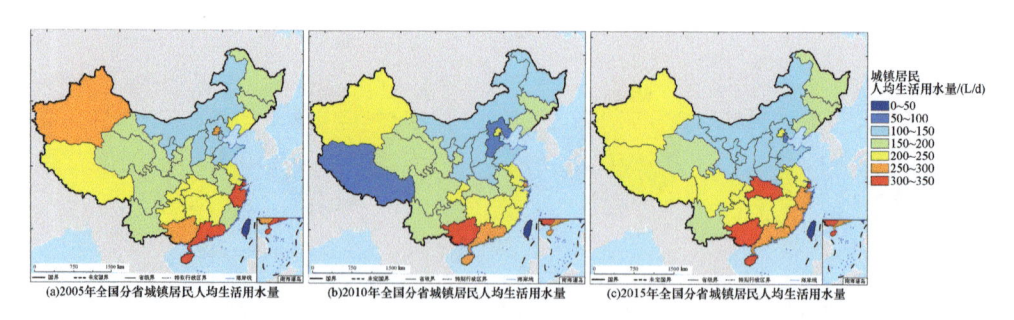

图 2-23 2005 年、2010 年和 2015 年城镇居民人均生活用水量分省分布图

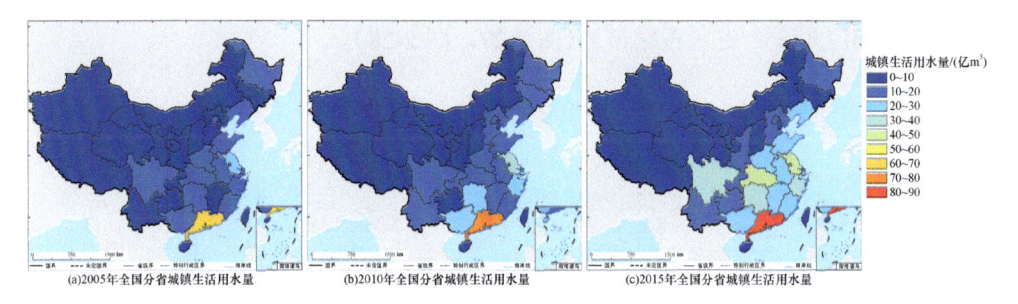

图 2-24 2005 年、2010 年和 2015 年城镇生活用水量分省分布图

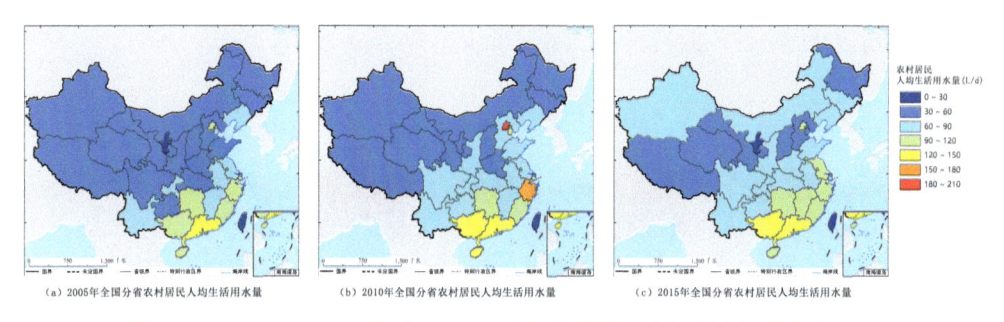

图 2-25 2005 年、2010 年和 2015 年农村居民人均生活用水量分省分布图

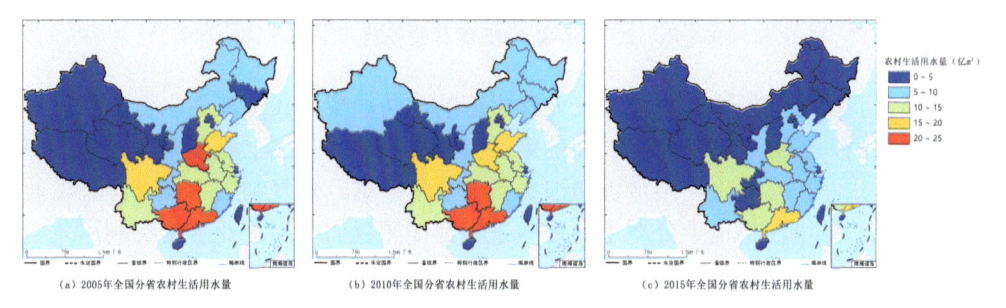

图 2-26 2005 年、2010 年和 2015 年农村生活用水量分省分布图

2015 年全国总用水量 6103.2 亿 m^3。其中，生活用水占总用水量的 13.0%；工业用水占 21.9%；农业用水占 63.1%；人工生态环境补水（仅包括人为措施供给的城镇环境用水和部分河湖、湿地补水）占 2.0%。

按省级行政区统计，用水量大于 400 亿 m^3 的有新疆、江苏和广东 3 个省（自治区），用水量少于 50 亿 m^3 的有天津、青海、西藏、北京和海南 5 个省（自治区、直辖市）。农业用水占总用水量 75% 以上的有新疆、西藏、宁夏、黑龙江、甘肃、青海和内蒙古 7 个省（自治区），工业用水占总用水量 35% 以上的有上海、江苏、重庆和福建 4 个省（直辖市），生活用水占总用水量 20% 以上的有北京、重庆、浙江、上海和广东 5 个省（直辖市）（图 2-27，图 2-28）。

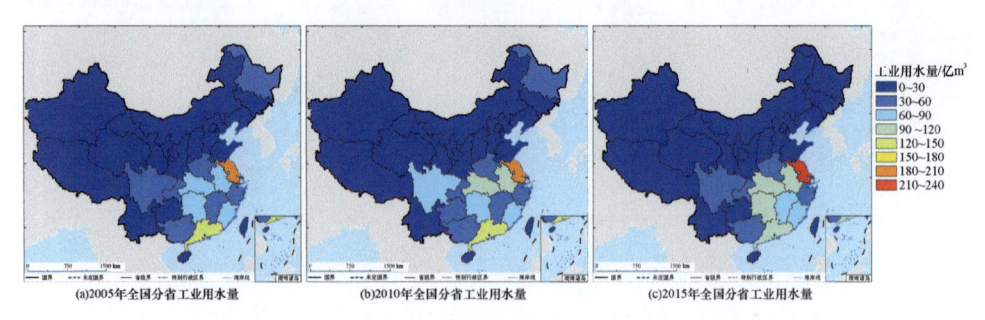

图 2-27　2005 年、2010 年和 2015 年工业用水量分省分布图

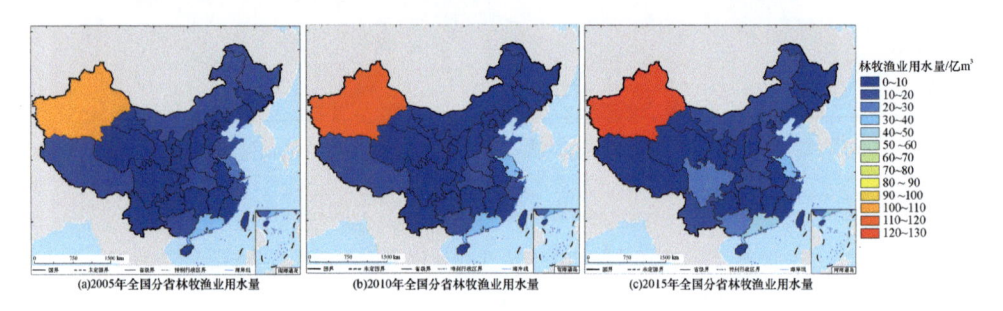

图 2-28　2005 年、2010 年和 2015 年林牧渔业用水量分省分布图

随着我国经济的快速发展和工业化进程的不断加快，我国工业水资源利用矛盾日渐突出，工业成为仅次于农业的第二大水用户，并且加上我国整体上粗放型的生产方式，在工业生产中水资源浪费损失非常严重，重复利用率偏低，且工业废水造成的环境污染也十分严重，这些事实都提醒我们提高工业水资源利用效率的紧迫性及必要性。在我国工业经济高速发展、工业水资源瓶颈日益严重的背景下，研究我国整体工业水资源的利用状况并提出合理的建议以期提高工业用水效率，对目前我国工业用水的实际情况具有重要的现实意义（图 2-27～图 2-31）。

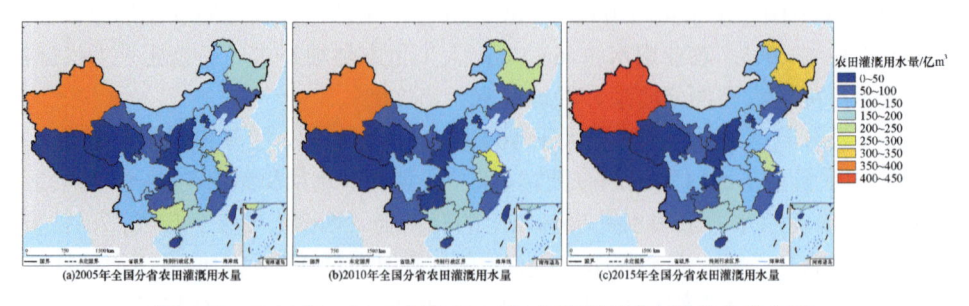

图 2-29　2005 年、2010 年和 2015 年农田灌溉用水量分省分布图

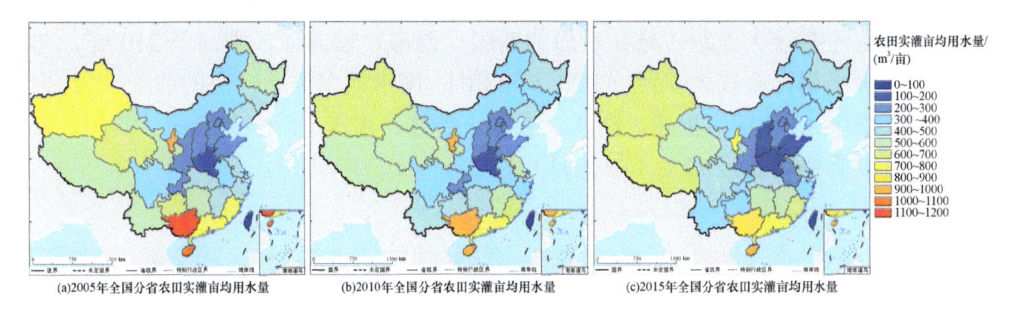

图 2-30　2005 年、2010 年和 2015 年农田实灌亩均用水量分省分布图

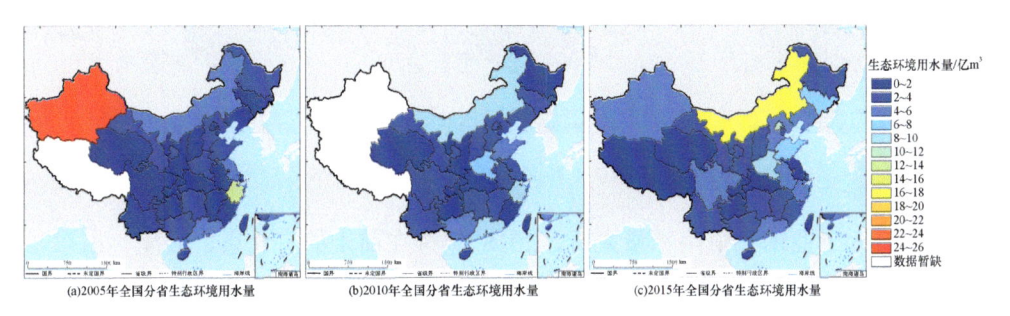

图 2-31　2005 年、2010 年和 2015 年生态环境用水量分省分布图

2018 年，全国用水效率进一步提升。万元 GDP 用水量降至 66.8m^3，与 2015 年相比下降 18.9%；万元工业增加值用水量降至 41.3m^3，与 2015 年相比下降 20.9%；农田灌溉水有效利用系数达到 0.554，与 2015 年相比上升 0.018。其中，北京、天津、山东的万元 GDP 用水量、万元工业增加值用水量、农田灌溉水有效利用系数的排名均位于全国前列（图 2-32）。

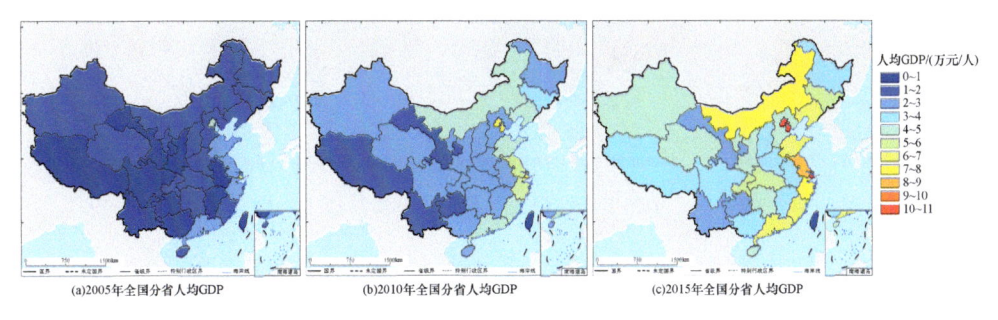

图 2-32　2005 年、2010 年和 2015 年人均 GDP 分省分布图

从万元 GDP 用水量来看，排在前十的北京、天津、山东、浙江、上海、重庆、陕西、广东、山西、河南，均低于 49m^3，已超过国际平均水平，但与发达国家平

均水平相比还有较大差距；排在后面的新疆、西藏、黑龙江，则高于 210 m³，与国际平均水平相比有较大差距。与 2015 年相比，用水效率提高较快的前十个省（自治区、直辖市），分别是福建、浙江、宁夏、吉林、重庆、广东、新疆、四川、安徽、西藏，降幅均超过 22%（图 2-33）。

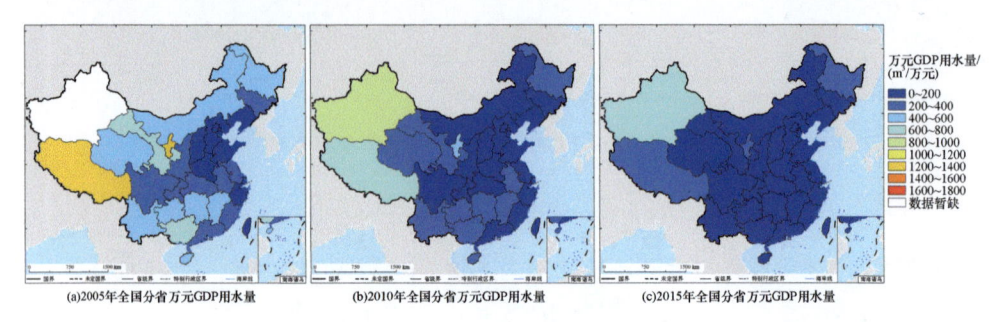

图 2-33 2005 年、2010 年和 2015 年万元 GDP 用水量分省分布图

从万元工业增加值用水量来看，2018 年排在前十的有北京、天津、山东、河北、陕西、浙江、辽宁、山西、广东、河南，均低于 27m³，已达到发达国家平均水平；排在后面的西藏、湖南、安徽，高于 78 m³，与发达国家平均水平相比有较大差距。与 2015 年相比，效率提高较快的前十个省（自治区、直辖市），分别是四川、吉林、福建、浙江、云南、青海、内蒙古、广西、甘肃、重庆，降幅均超过 26%（图 2-34）。

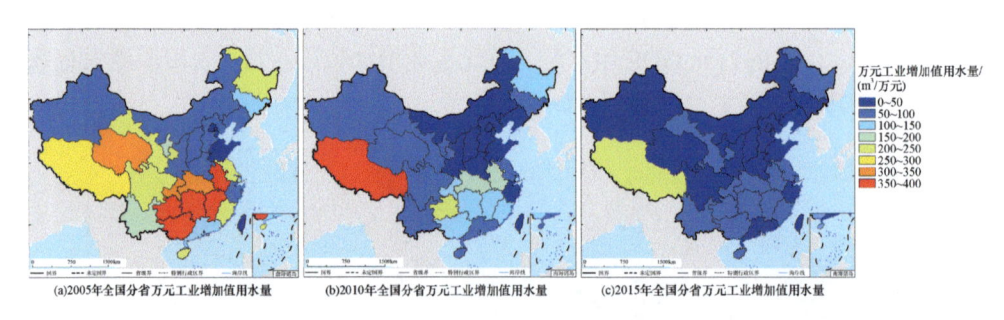

图 2-34 2005 年、2010 年和 2015 年万元工业增加值用水量分省分布图

2. 重点流域水质状况

2017 年全国重点流域水质状况如图 2-35 所示。其中，全国共计 146 个监测点，监测点多位于一级河流处。全国重点流域中，氨氮含量的高值出现在东北部松花江流域、辽河流域、淮河流域以及黄河流域，西北内陆区、西南部以及南部珠江流域的氨氮含量较低，华东地区的氨氮含量居中；化学需氧量（COD）含量的高值点位

于东北部松花江流域、辽河流域、黄淮海流域、滇池流域以及西南诸河,西北地区、长江流域大部以及珠江流域的 COD 含量较低;溶解氧含量的低值区位于南部珠江流域、西南诸河以及东北偏北部松花江流域;而溶解氧含量的高值区大致呈带状分布于流域大部的中间地带(黄淮海流域、长江流域北部、西北内陆区),仅海河流域偶有小范围高值点出现;pH 自东部地区(东南、华东、东北)向西部地区(西北内陆、西南)递增,南北界线大致与"胡焕庸线"一致,可能反映了人类活动对水质的重大影响,东北部松辽流域以及东南部珠江流域、部分长江流域的水体多呈中性和弱酸性,黄河流域、西北内陆河流域以及西南诸河水体多呈弱碱性。

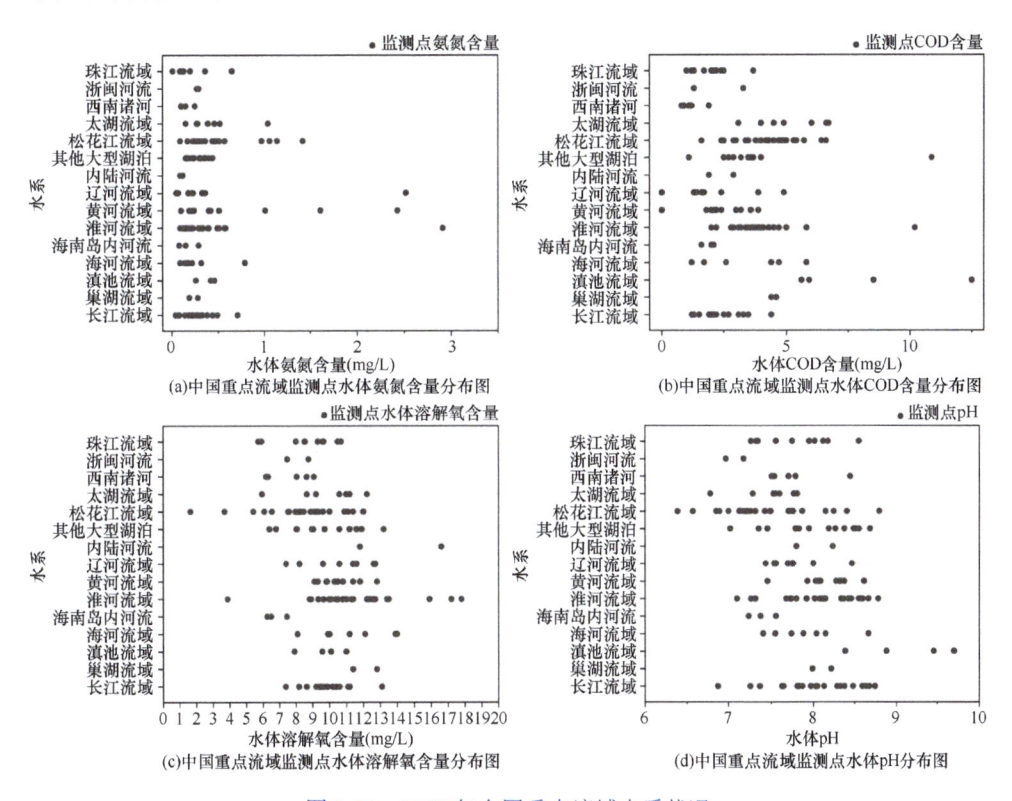

图 2-35 2017 年全国重点流域水质状况

2.3.2 中国土地利用变化及承载力分析

全国土地利用/土地覆盖变化数据是在 Landsat 8 遥感影像的土地利用现状遥感监测数据基础上,通过矢量数据栅格化生成的 1km 栅格数据。数据时间分辨率为 5 年,分别有 2000 年、2005 年、2010 年、2015 年,比例尺为 1:100 万。2015 年全国土地利用类型空间分布如图 2-36 所示。土地利用类型包括耕地、林地、草地、水域、居民地和未利用土地 6 个一级类型以及 25 个二级类型，可以基本涵盖土地资源调查和规划的需求。

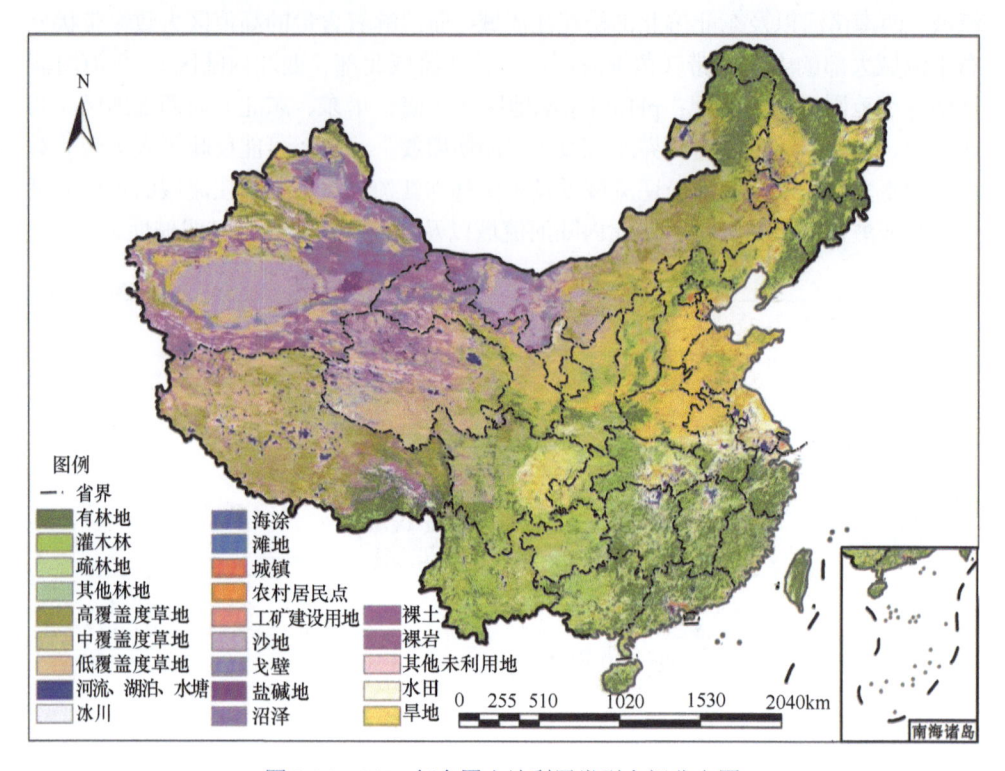

图 2-36 2015 年全国土地利用类型空间分布图

图 2-37 显示了 1990～2015 年我国土地利用现状分布格局与时空变化特征。

图 2-38 显示了全国平均及 31 个省（自治区、直辖市）的建设用地承载力指数，表明现有人口对建设用地资源的压力。我国建设用地承载力指数值为 0.72，能够满足人口生产生活空间需求。大多数省份的人口对建设用地资源几乎没有压力，但包括北京、上海、广东、福建和贵州在内的一些省市受到压力。然而，这种压力远小于耕地的压力。北京、上海、广东、福建属于发达地区，建设用地开发强度巨大，而贵州是山区省份，建设用地存在一定压力。

图 2-39（a）显示了全国平均及 31 个省（自治区、直辖市）的生态用地承载力指数，表明现有人口对生态土地资源的压力。在 31 个地区中，只有 9 个足以满足人口需求。从图 2-39 中可以看出，内蒙古、新疆、西藏、青海的生态用地承载力状况特别好。上海、天津、山东、江苏、北京等地的生态土地面积较小，人口对生态用地的压力较大。

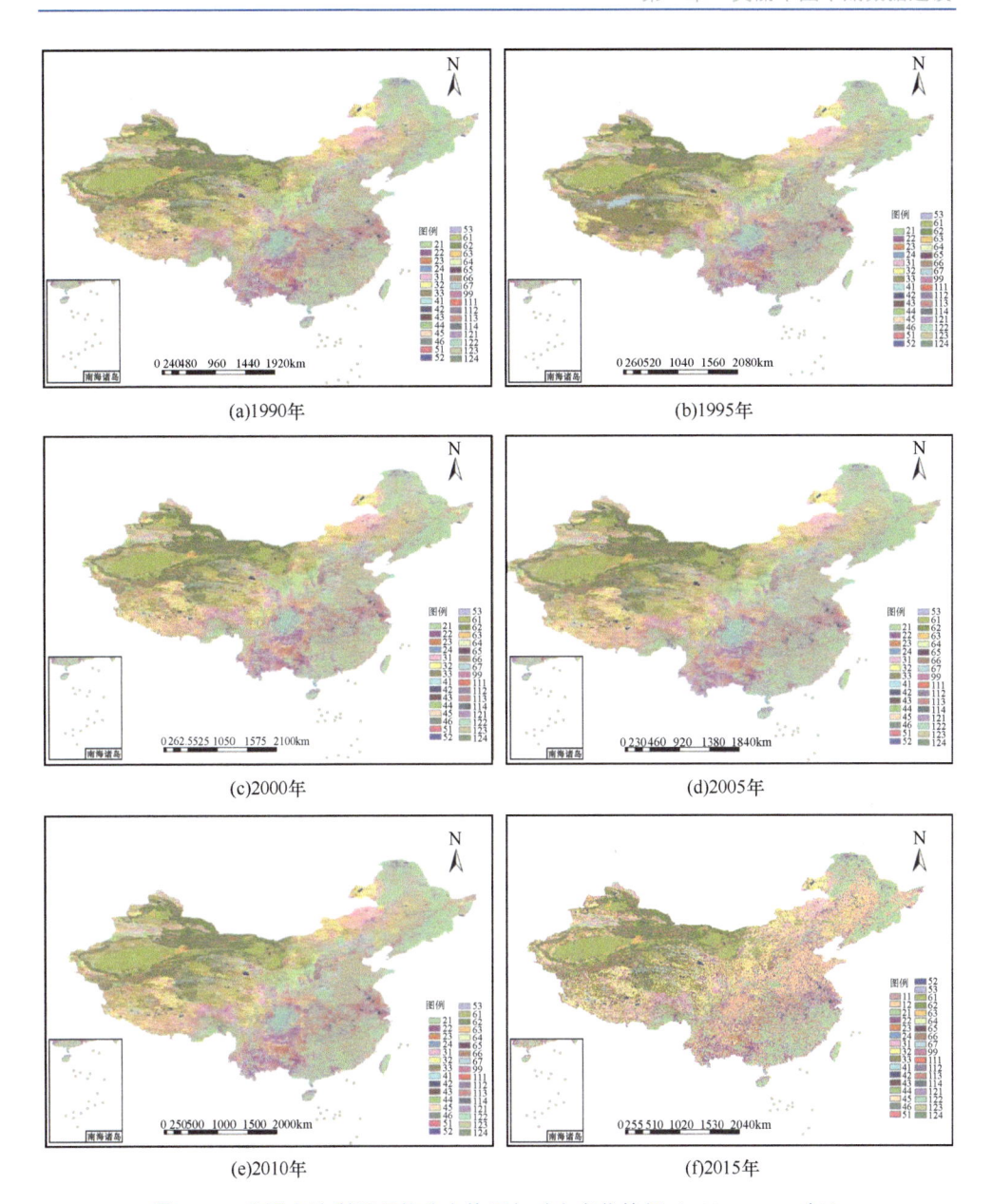

图 2-37 我国土地利用现状分布格局与时空变化特征（1990～2015 年）

11：水田；12：旱地；21：有林地；22：灌木林；23：疏林地；24：其他林地；31：高覆盖度草地；32：中覆盖度草地；33：低覆盖度草地；41：河渠；42：湖泊；43：水库坑塘；44：永久性冰川雪地；45：滩涂；46：滩地；51：城镇用地；52：农村居民点；53：其他建设用地；61：沙地；62：戈壁；63：盐碱地；64：沼泽地；65：裸土地；66：裸岩石质地；67：其他；99：海洋；111：山地水田；112：丘陵水田；113：平原水田；114：>25 度坡地水田；121：山地旱地；122：丘陵旱地；123：平原旱地；124：>25 度坡地旱地

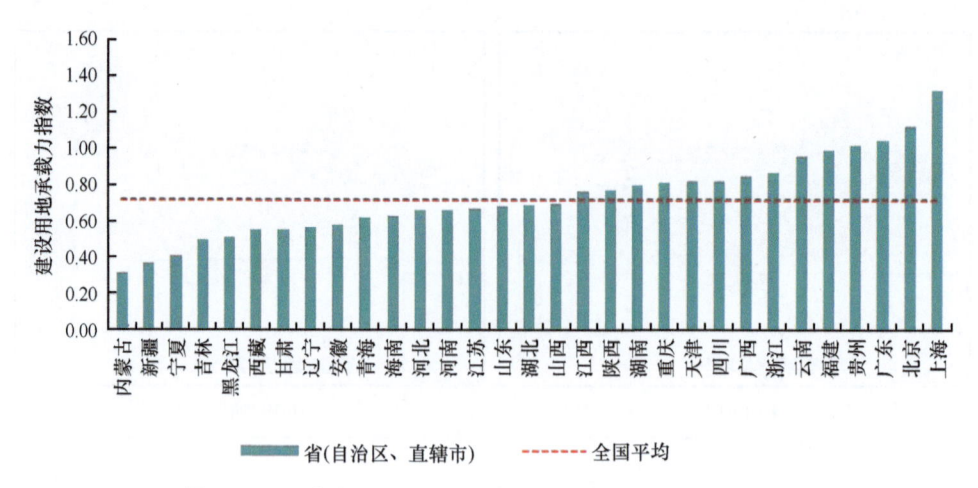

图 2-38　31 个省（自治区、直辖市）的建设用地承载力指数

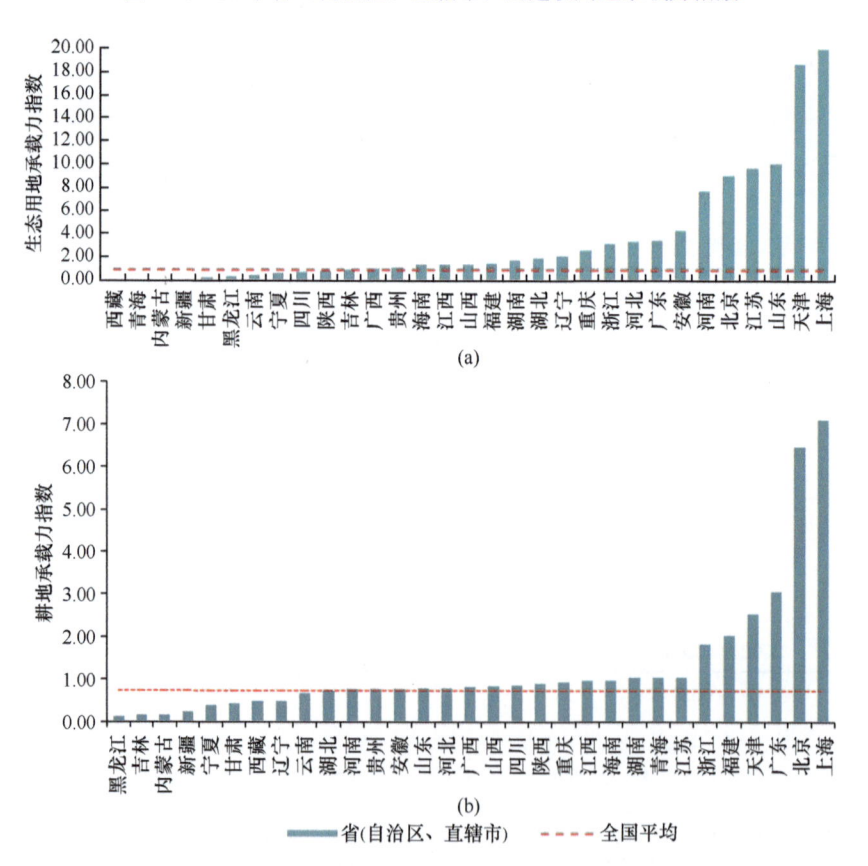

图 2-39　31 个省（自治区、直辖市）的生态用地承载力指数和耕地承载力指数

通过综合评价，得出土地资源承载力评价结果，展现了陆地上人口的综合压力。图 2-40 显示，经济发达地区的土地资源承载力状况普遍较差，而东北、西北和西南边远地区的土地资源承载力状况相对较好。

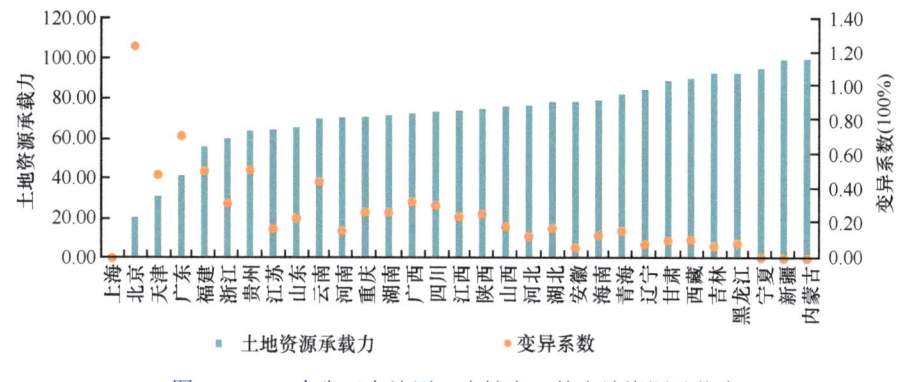

图 2-40　31 个省（自治区、直辖市）的土地资源承载力

如图 2-41 所示，除上海外，承载力指数得分越低，趋势变化系数越差。在这些平衡不足的地区，承载力指数得分较低的原因可能是一种或两种土地的承载力压力较高，而不是所有三种土地（建设用地、生态用地和耕地）的承载力压力较高。其中大多数是地理位置复杂的地区。上海三类土地压力巨大，而承载力指数

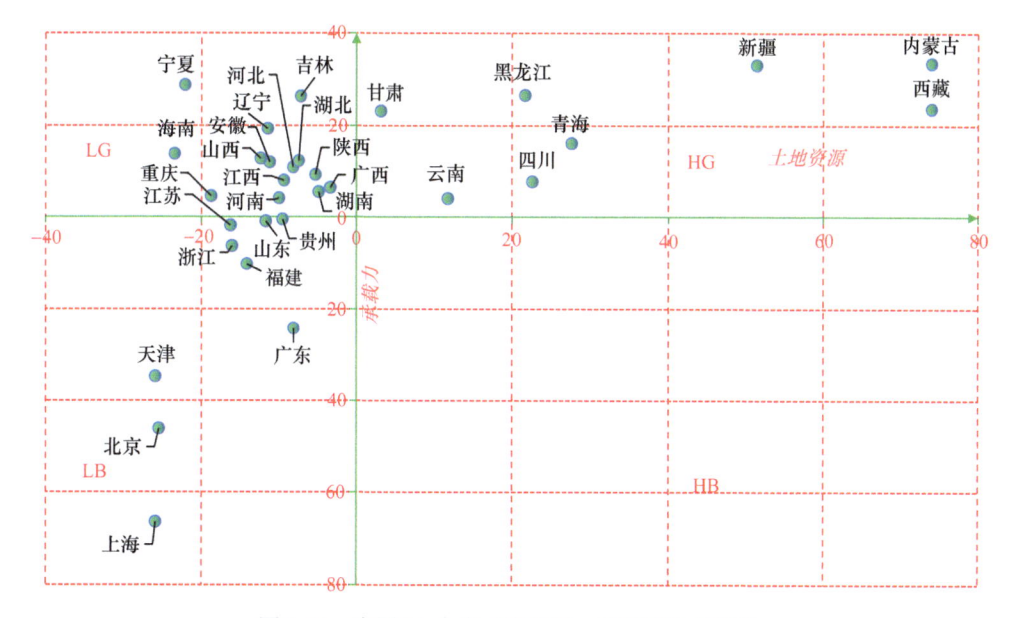

图 2-41　中国 31 个省（自治区、直辖市）的划分

得分较高的三类土地压力一般较小。分区结果显示，31个省（自治区、直辖市）主要分为三个象限。内蒙古、新疆、西藏、黑龙江、甘肃、青海、四川和云南处于第一象限，表明其土地资源禀赋良好，承载力状态良好（HG区域）。宁夏、山西、吉林、辽宁、海南、安徽、湖北、河北、山西、江西、广西、重庆、湖南、河南处于第二象限，意味着这些地区的土地资源禀赋不好，但土地资源承载力好（LG区域）。土地资源禀赋差和土地资源承载力差的省份位于第三象限(LB区域)，包括上海、北京、天津、广东、福建、浙江、山东、江苏、贵州。第四象限没有省份。LB和LG区域主要位于胡焕庸线东侧，HG区域主要位于胡焕庸线西侧。地理分布明显受胡焕庸线的影响（图2-42）。

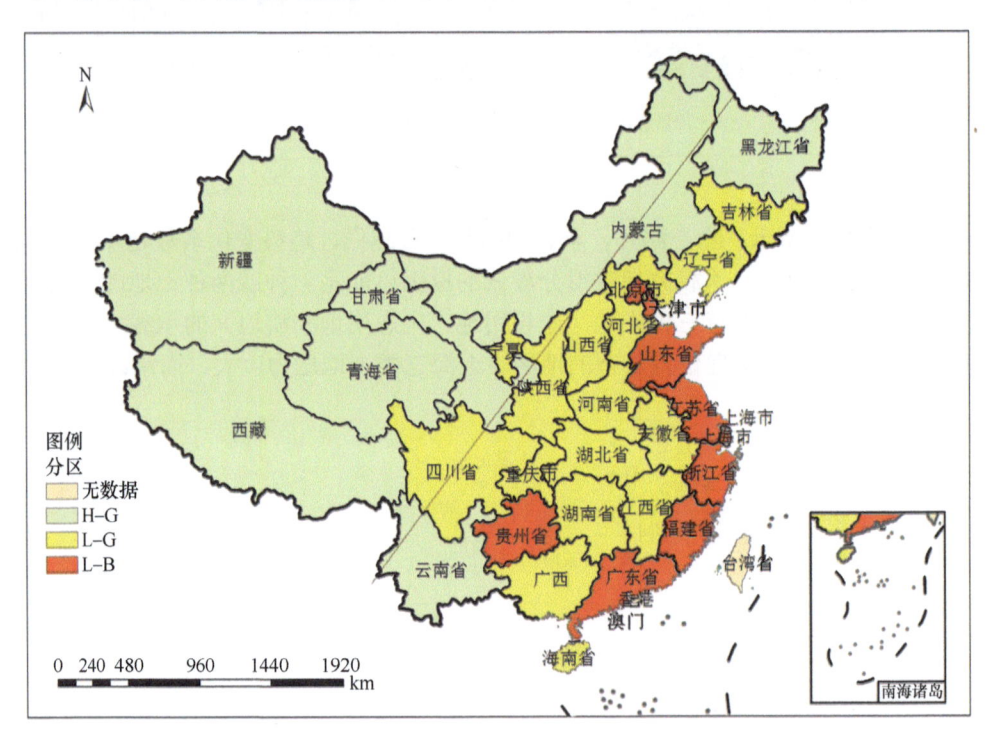

图2-42　中国省级31个分区

通过土地承载力的研究，以胡焕庸线为界线探讨胡焕庸线两侧土地资源承载力分布的时空差异性，从地级市层面量化计算耕地承载力、建设用地承载力，分析耕地承载力、建设用地承载力基本空间布局（图2-43）。我国耕地承载力高于实际人口数，总体呈现可载状态。耕地承载力较高的地区主要有东北地区、黄淮海平原、四川盆地、长江中下游平原、新疆地区，与我国粮食主产区吻合度高。2009~

2016年，我国耕地承载力增长的地区主要是北方地区，尤其是东北地区增长幅度最大，根据核密度分析，耕地承载力增长密度中心集中在东北地区。粮食生产能力北移，呈现出北重南轻的粮食生产格局。对比胡焕庸线，南北方对耕地承载力的影响明显高于胡焕庸线，但中部地区也受到胡焕庸线的影响。

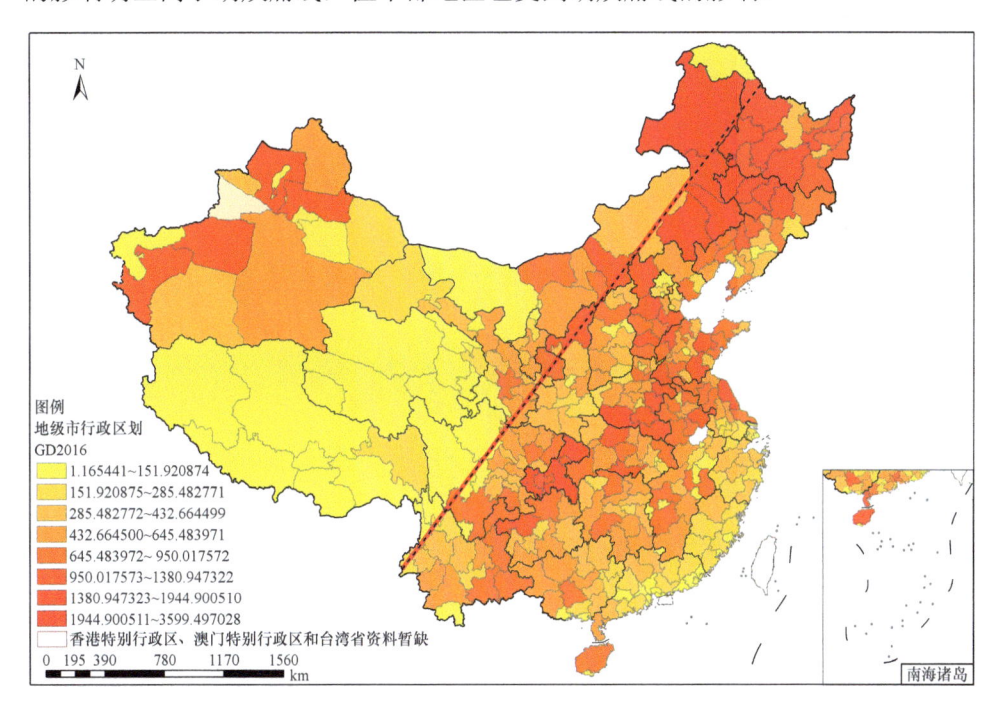

图 2-43　中国地级市耕地承载力评价结果

我国建设用地承载力也高于年度实际人口数，总体呈现为可载状态（图2-44）。承载力较高的地区主要位于胡焕庸线东侧以及东北地区。2009～2016 年，我国建设用地承载力在全国多数地区都是增长状态，对增长量进行核密度分析发现，增长密度较大的地区主要是长三角、京津冀、珠三角、重庆及河南地区，主要是经济发达地区和人口大省。从建设用地承载状态来看，状态较差的地区集中在胡焕庸线东侧。建设用地承载状态整体上符合胡焕庸线的分布规律。然而，建设用地承载力在南方符合胡焕庸线的分布规律，在北方地区不受胡焕庸线影响。可见，建设用地承载状态受人口的影响要大于建设用地本身的影响，人口的差异化程度远高于建设用地承载力的差异程度。

我国 2/3 左右的地区的土地承载力整体都处于可载状态，有 1/3 左右的地区建设用地可载而耕地已经超载，少数发达城市地区，两者都处于超载状态。建设用

可持续发展视角下的全景美丽中国建设研究

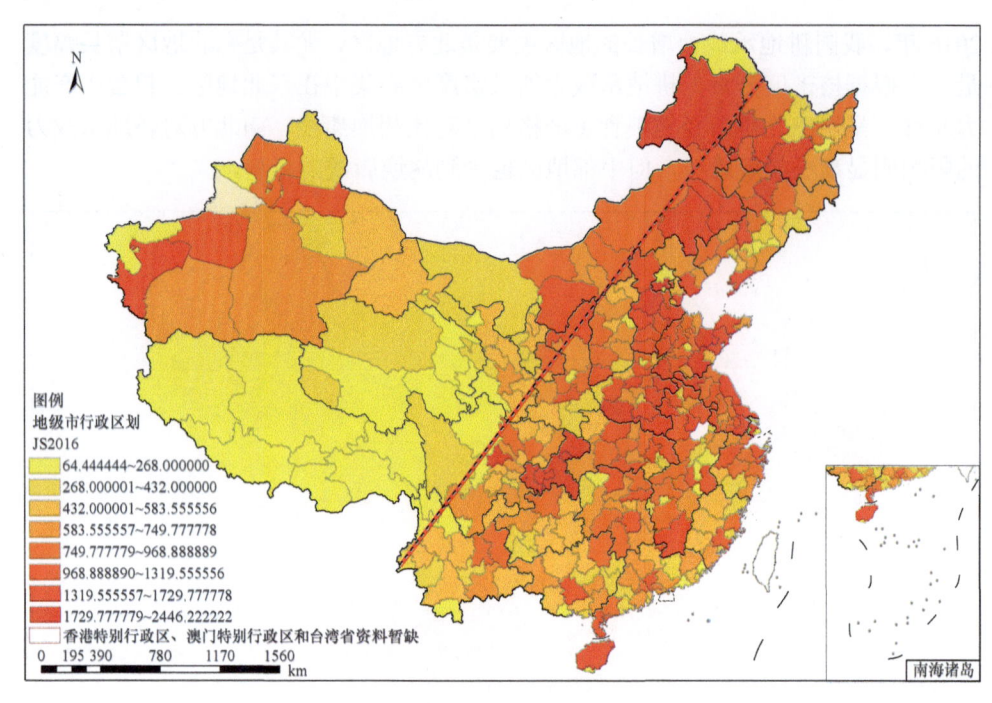

图 2-44 中国建设用地承载力增长核密度分析

地承载力和耕地承载力在胡焕庸线两侧分异明显，耕地承载力在两侧的比例为85∶15，建设用地承载力在两侧比例为87∶13。虽然两侧差异较大，但仍然小于94∶6 的人口比例。因而，不考虑其他自然条件，胡焕庸线以西的西部地区在土地承载力方面，人口增长仍具有一定的空间。

对比水土资源利用评估和可持续发展评估可以发现，水土资源本身的资源承载压力状况与水土资源对可持续发展贡献状况呈不一致性。差异较大的一是建设用地承载力和可持续城市和社区（SDG11），西部地区建设用地承载力与全国相比，压力指数较大，但可持续发展状态较好。根据因素分析，可持续发展状态较好与西部发展弱于东部地区且人口较少，较低的居住成本、较大的人均公共空间等人类活动强度有关。二是西部生态承载压力较小，但陆地生物（SDG15）状态却并不理想，主要受森林覆盖率和森林可持续管理影响。西部地区森林面积广大，但用于林业可持续发展的单位面积投入较小，一方面由于西部资金的短缺，另一方面是森林面积大，摊薄了林业投入。此外，西部地区人为扰动少，生态环境在自然状态下就能保持良好的状态。可持续发展受人类活动强度和管理水平影响较大，在部分情况下会超过自然本底的影响（图 2-45）。

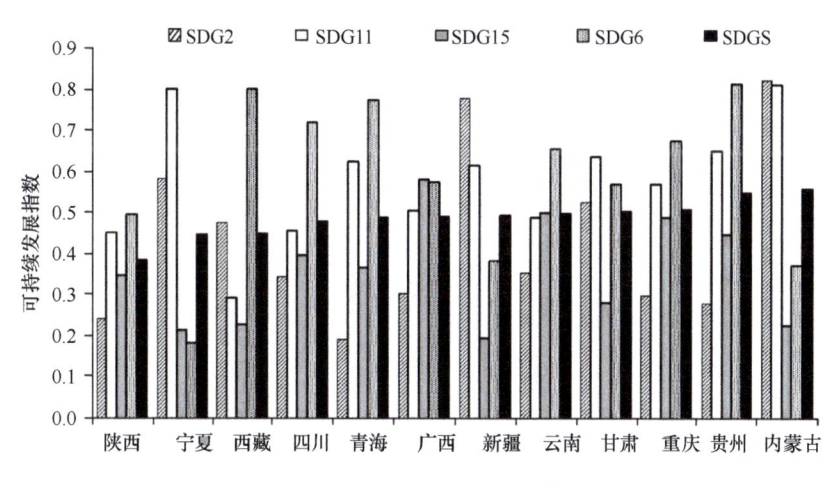

图 2-45 西部地区可持续发展指数结果图

2.3.3 能矿资源开发利用状况

在能矿资源方面，图 2-46～图 2-61 显示了我国煤矿、铁矿、锰矿、钨矿、锡矿、锑矿、钾盐矿、金矿、磷矿、铝矿、钼矿、铅矿、铜矿、稀土矿、锌矿、银矿的矿床及矿点分布格局，区分了矿床规模。

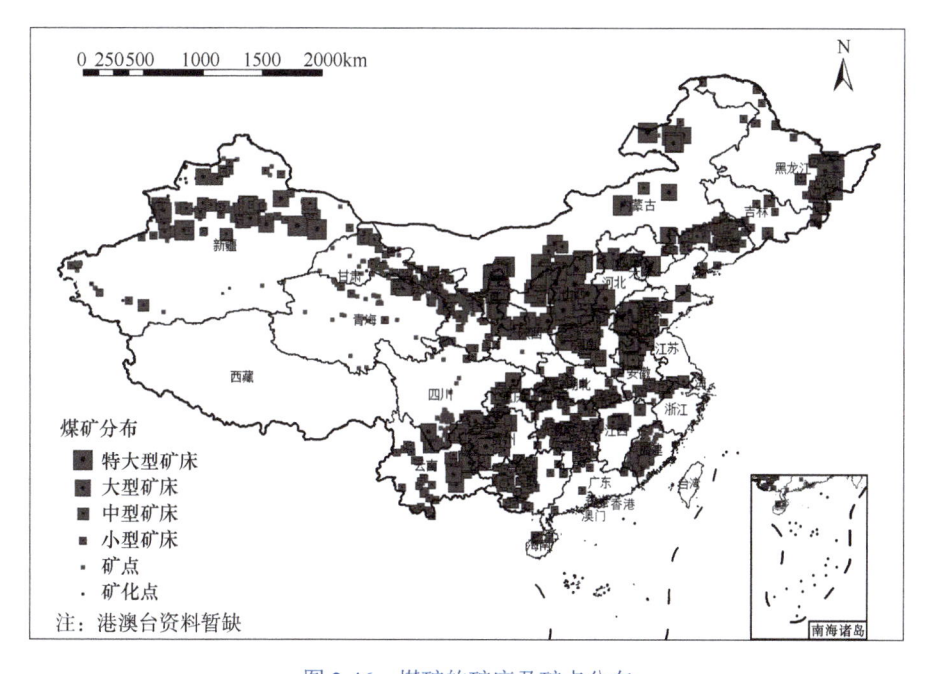

图 2-46 煤矿的矿床及矿点分布

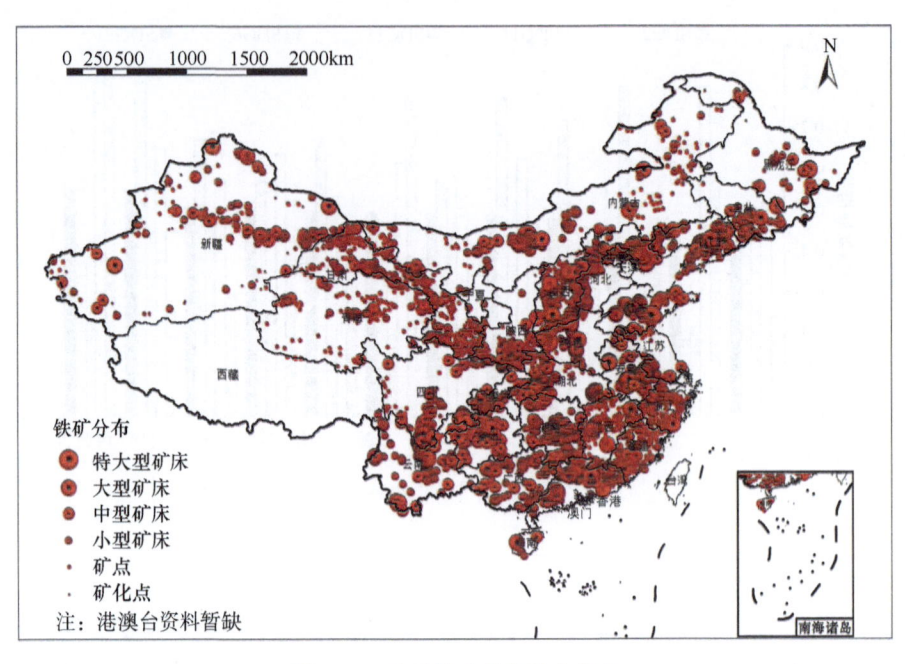

图 2-47 铁矿的矿床及矿点分布

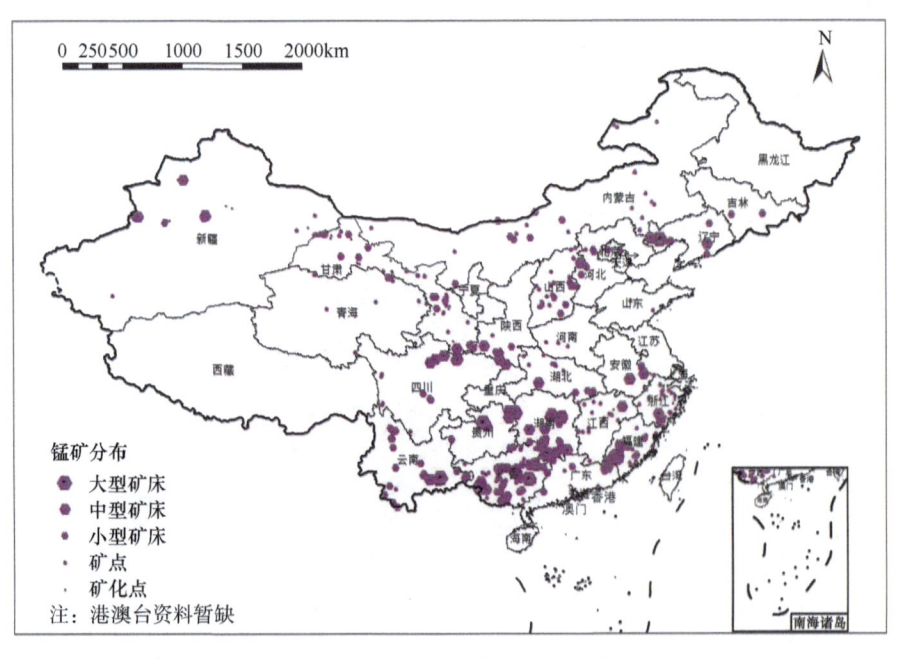

图 2-48 锰矿的矿床及矿点分布

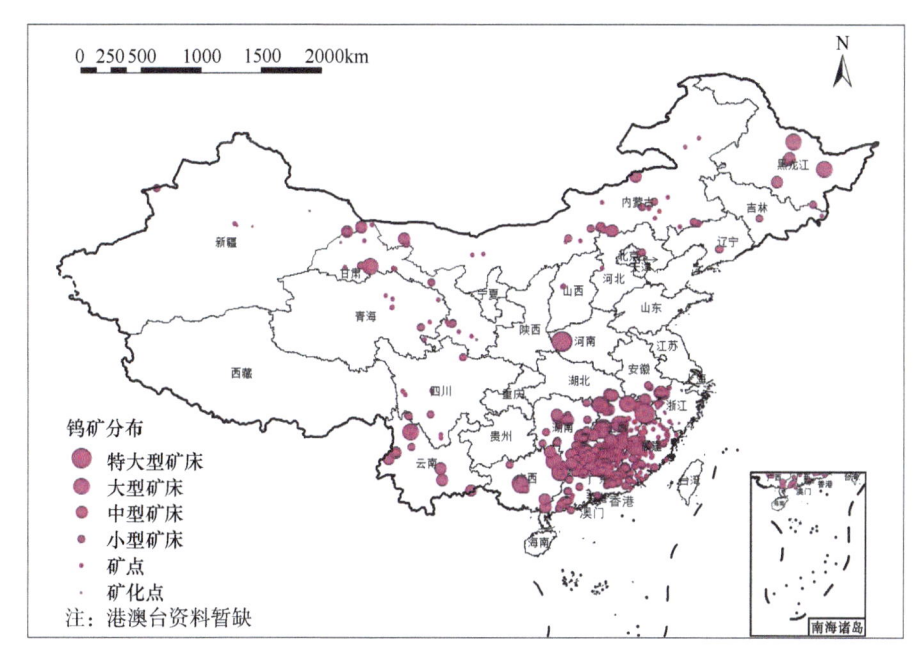

图 2-49　钨矿的矿床及矿点分布

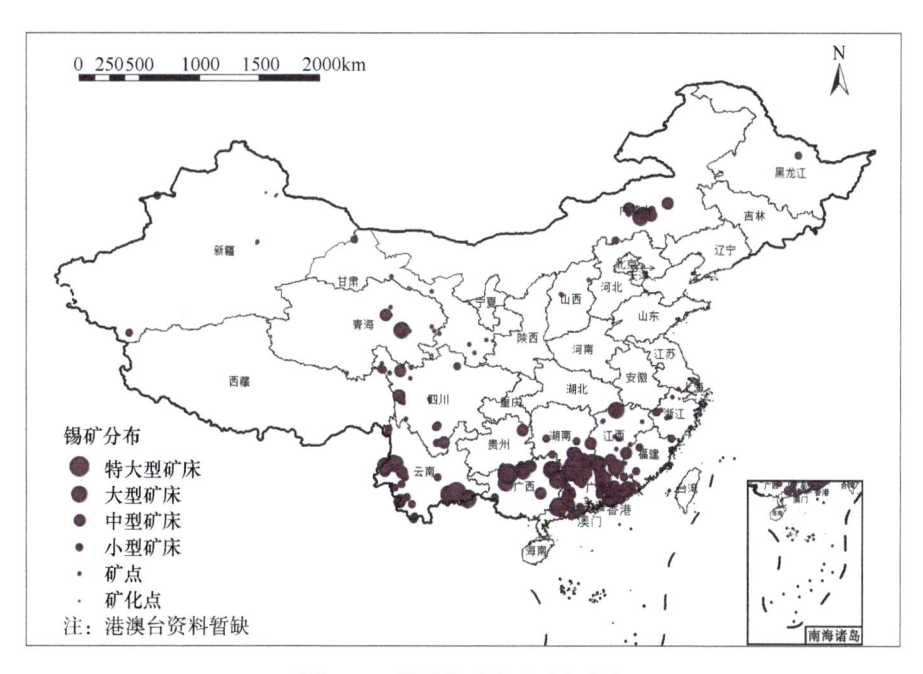

图 2-50　锡矿的矿床及矿点分布

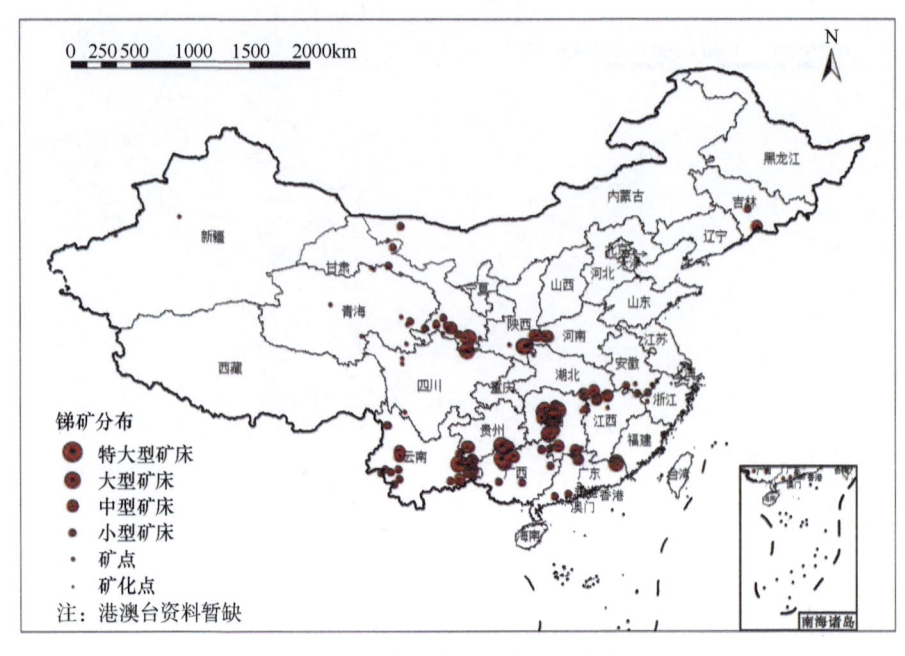

图 2-51 锑矿的矿床及矿点分布

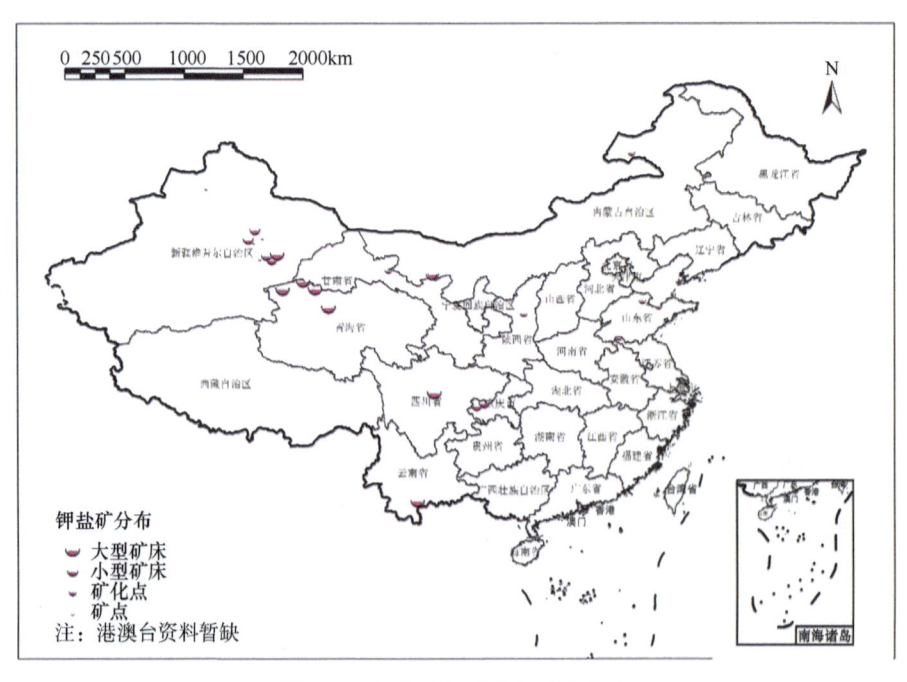

图 2-52 钾盐矿的矿床及矿点分布

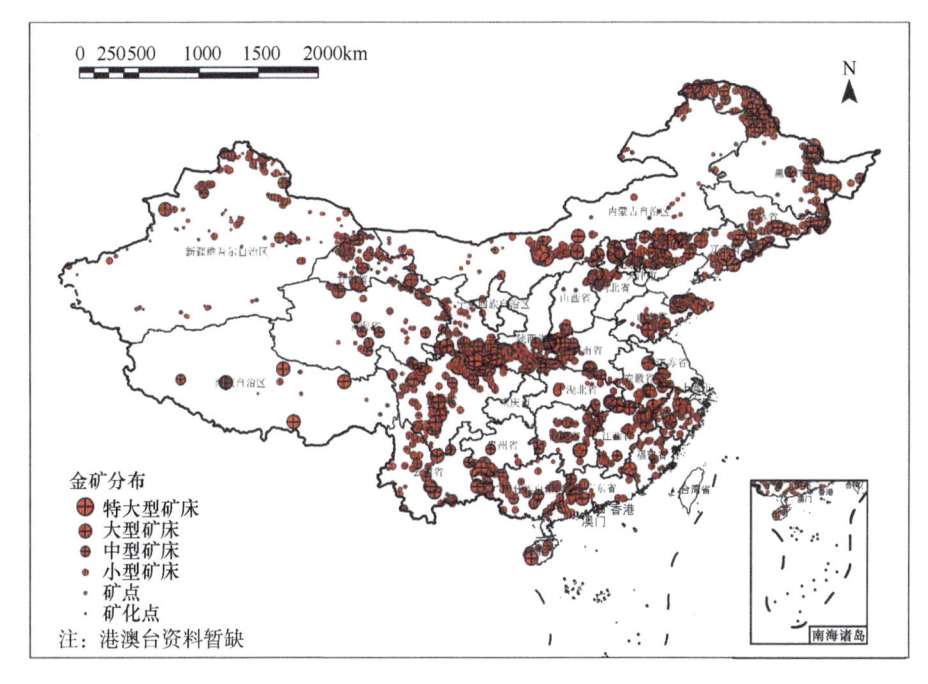

图 2-53　金矿的矿床及矿点分布

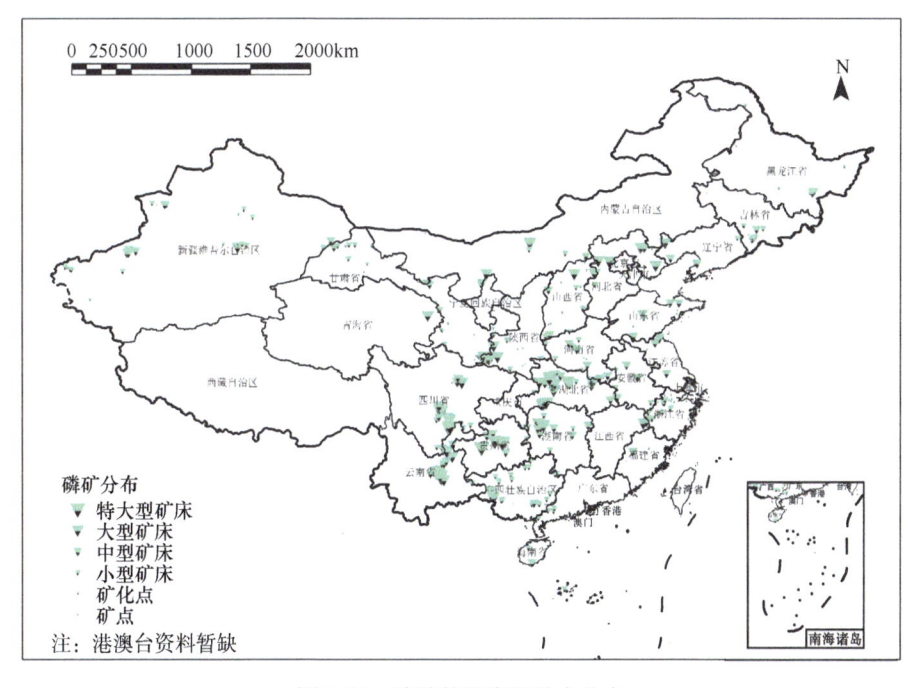

图 2-54　磷矿的矿床及矿点分布

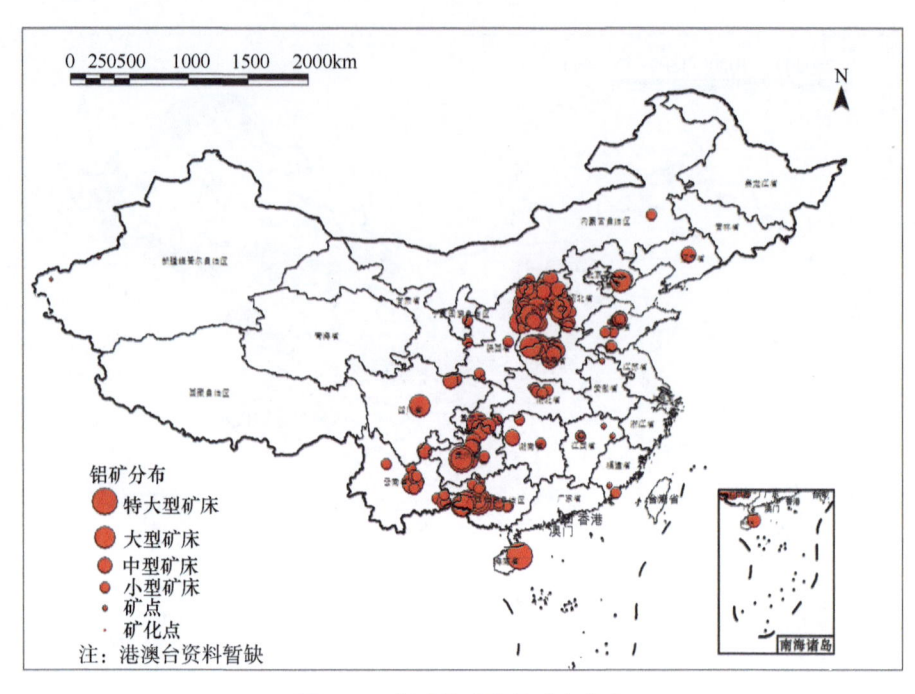

图 2-55 铝矿的矿床及矿点分布

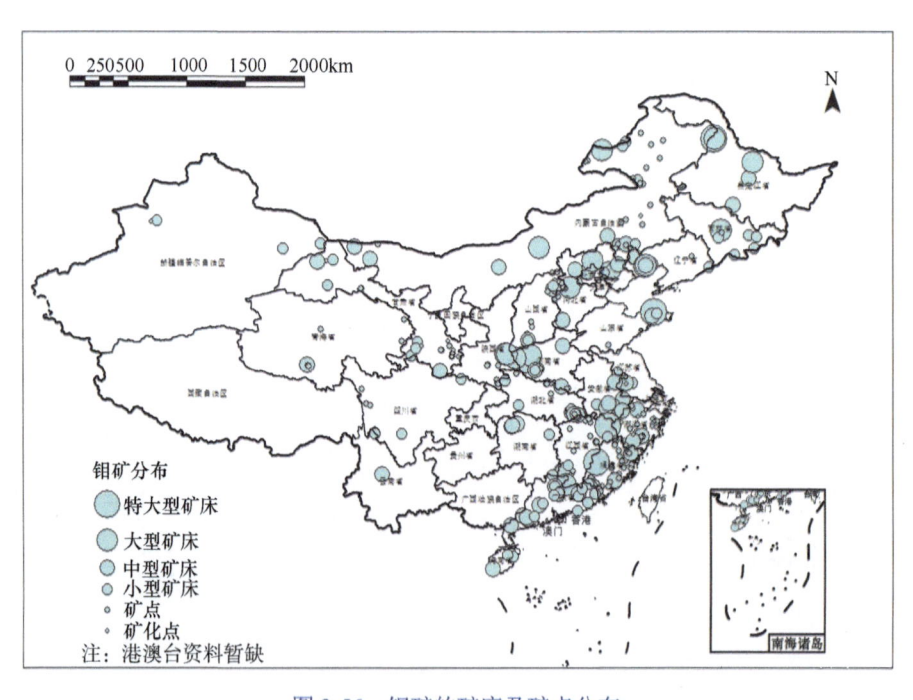

图 2-56 钼矿的矿床及矿点分布

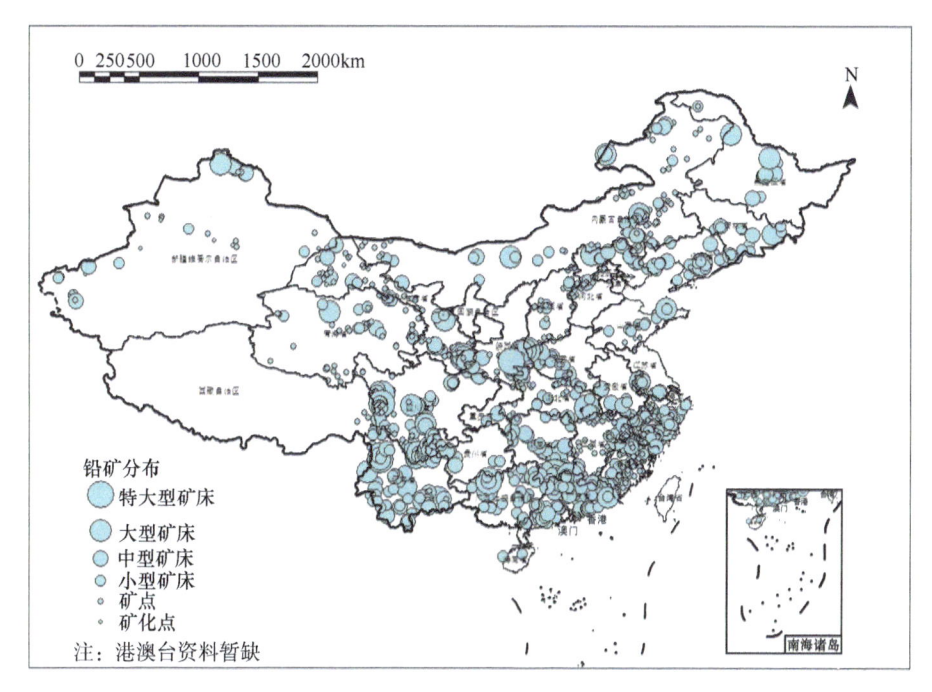

图 2-57　铅矿的矿床及矿点分布

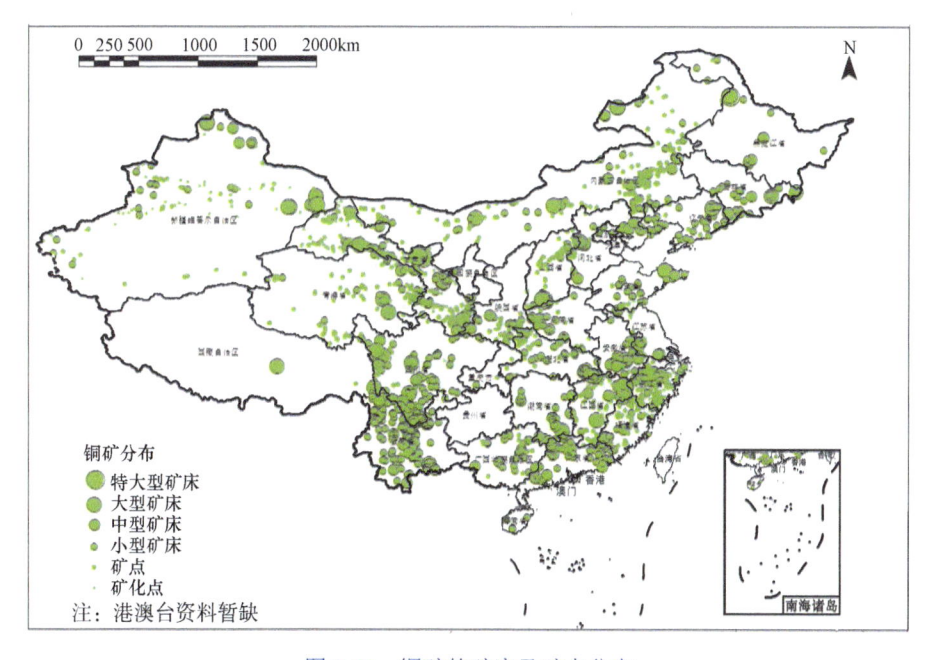

图 2-58　铜矿的矿床及矿点分布

可持续发展视角下的全景美丽中国建设研究

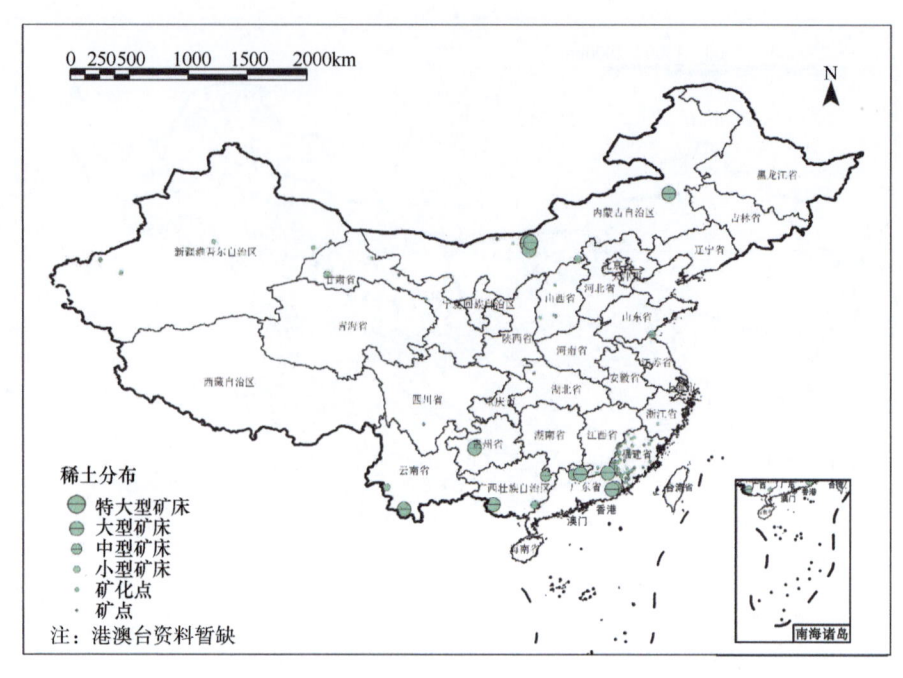

图 2-59 稀土的矿床及矿点分布

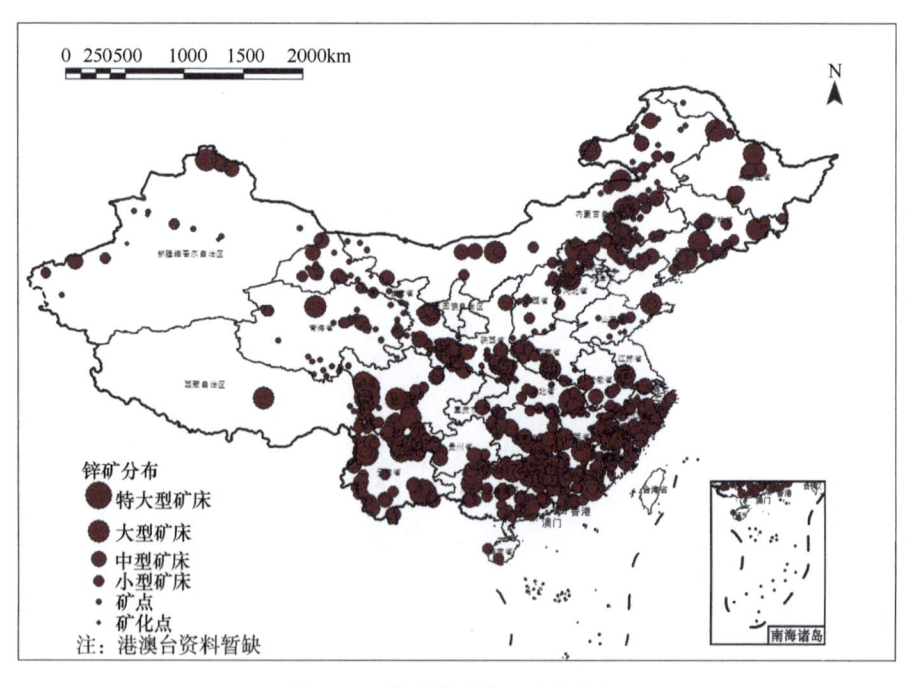

图 2-60 锌矿的矿床及矿点分布

— 76 —

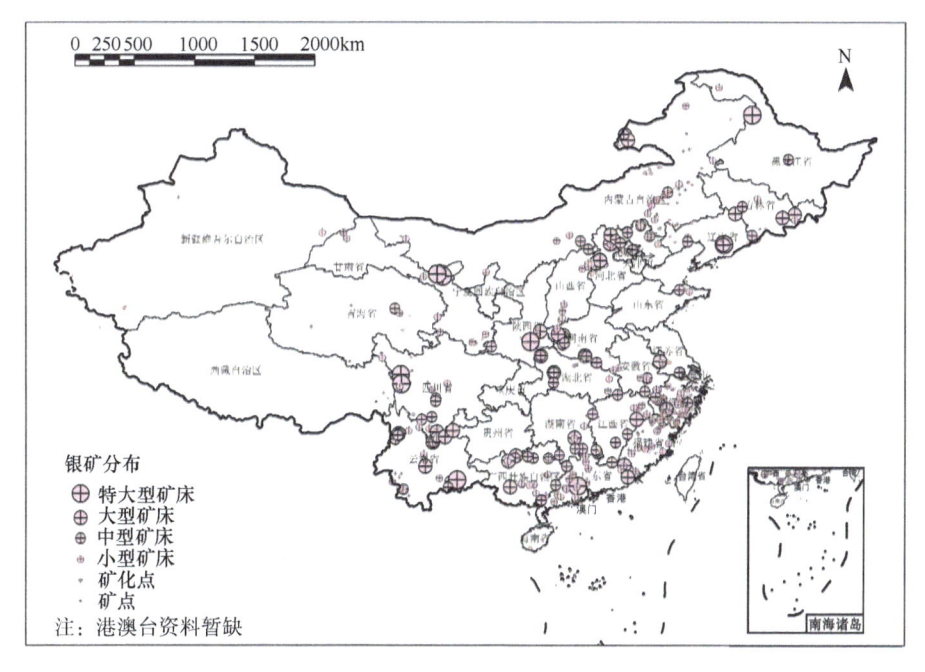

图 2-61 银矿的矿床及矿点分布

2.4 无人机三维实景数据集与三维地图服务平台

实景三维作为真实、立体、时序化反映人类生产、生活和生态空间的时空信息载体，构成了国家重要的新型基础设施，可以通过"人机兼容、物联感知、泛在服务"实现数字空间与现实空间的实时关联互通，为数字中国提供统一的空间定位框架和分析基础，是数字政府、数字经济重要的战略性数据资源和生产要素。实景三维中国建设是面向新时期测绘地理信息事业服务经济社会发展和生态文明建设的新定位、新需求，对传统基础测绘业务的转型升级，是测绘地理信息服务的发展方向和基本模式，已经纳入"十四五"自然资源保护和利用规划。

为了服务建设全景美丽中国的目标，无人机三维实景数据集与三维地图服务平台已于2020～2022年获取了全国150个以上典型城市的无人机倾斜摄影测量数据，研究基于多视影像的立体三维重建技术，构建完成150个典型城市的实景三维模型；研究形成全国150个典型城市的实景三维数据目录库，搭建三维高精度地图开放平台，提供150个典型城市三维地图的在线访问。

2.4.1 实景三维时代全面到来

1. 政策大力支持

党的十八大以来，习近平总书记多次考察信息化建设情况，强调要加快建设数字中国。党的十九大报告明确提出建设数字中国，以更好地服务我国经济社会发展和改善人民生活。党的二十大报告再次提出，加快发展数字经济，促进数字经济和实体经济深度融合。实景三维中国建设是落实数字中国、平安中国、数字经济战略的重要举措，是落实国家新型基础设施建设的具体部署，是服务生态文明建设和经济社会发展的基础支撑。

2015 年国务院批复同意的《全国基础测绘中长期规划纲要（2015——2030年）》指出，要加快推进新型基础测绘体系建设，不断提升基础测绘保障服务能力和水平。2019 年印发的《自然资源部信息化建设总体方案》提出"推进三维实景数据库建设"。2020 年全国国土测绘工作会议提出新时期测绘工作"两服务、两支撑"的根本定位，明确要求大力推动新型基础测绘体系建设，构建实景三维中国。2021 年全国自然资源工作会议要求"加快建设实景三维中国、自然资源一张底图"。

到 2025 年，5m 格网的地形级实景三维将实现对全国陆地及主要岛屿覆盖，5cm 分辨率的城市级实景三维初步实现对地级以上城市的覆盖，国家和省市县多级实景三维在线与离线相结合的服务系统初步建成，地级以上城市初步形成数字空间与现实空间实时关联互通，为数字中国、数字政府和数字经济提供三维空间定位框架和分析基础。此外，50%以上的政府决策、生产调度和生活规划可通过线上实景三维空间完成。到 2035 年，优于 2m 格网的地形级实景三维将实现对全国陆地及主要岛屿必要覆盖，优于 5cm 分辨率的城市级实景三维实现对地级以上城市和有条件的县级城市覆盖，国家和省市县多级实景三维在线系统实现泛在服务，地级以上城市和有条件的县级城市实现数字空间与现实空间实时关联互通，服务数字中国、数字政府和数字经济的能力进一步增强，80%以上的政府决策、生产调度和生活规划可通过线上实景三维空间完成。

相关政策为无人机城市级三维实景数据集与三维地图服务平台的建设提供了良好的发展机遇。

2. 技术发展概况

随着无人机技术和无人机行业的快速发展，无人机已经成为各行业获取中低空高分辨率地理空间信息不可或缺的手段。

我国目前已经是全球无人机生产研制和使用大国，截至 2018 年底，我国国内市场民用无人机产量超过 380 万架，保有量保守估计超过 150 万架，仅深圳的无人机年产值已经达 300 亿元。无人机的飞行活动日趋活跃，2018 年全年无人机经营性飞行活动达 37 万 h，而 2019 年仅第二季度飞行活动就已达 33.78 万 h。在这些量大面广的无人机飞行中，遥感测绘类无人机的数量巨大，达到将近 10 万架规模。同时，无人机的应用领域迅速拓展，从传统的遥感、测绘迅速拓展到交通监控、农林撒播、消防公安、电网巡查、物流快递等领域。

随着微电子、新材料、新能源、通信导航和智能化等科技的进步，无人机综合成本大幅降低、体积更加轻型化、性能更加优越且操控更为便捷，极大地拓展了无人机应用的广度与深度。在国土监察、土地规划等国土资源管理中，无人机逐渐成为各级国土部门常备设备之一。而且，据调研，当前国务院系统内大部分行业主管部门自身拥有的遥感无人机已经不能满足本部门的应用需求，大量无人机遥感数据或动态监测需要委托给专业的无人机公司。在重大突发事件应急响应和生态环境监测方面，无人机遥感已经成为不可或缺的遥感数据源。通过携带航空相机、热红外成像仪及激光雷达等设备，无人机遥感为区域尺度、低成本的动物种群估算与监测、电力巡线、油气管线安全巡查及敏感区域或人力不易到达区域的地表监测提供可能。

无人机的广泛普及为全国城市级的大规模三维实景数据集的建立提供了硬件基础与实施环境。图 2-62 是各种型号的无人机。

图 2-62　各种型号的无人机

另外，在大数据时代下，无人机遥感系统将会同云计算、互联网与大数据技术，共同推动地理学研究从单点、平面向三维及多时空同步的全面跃升。

无人机遥感和云计算、大数据具有先天的联合性，通过建立的基于云计算服务的无人机遥感大数据系统平台，可以解决普通无人机遥感本地计算资源的缺乏导致处理效率低的问题。通过充分利用云平台的高性能计算能力，可以解决海量无人机遥感数据的存储和分发、超大规模并发访问、大数据共享应用程序、多种类型的操作系统以及时空数据管理等难题，为地理学研究与产业化应用提供服务。

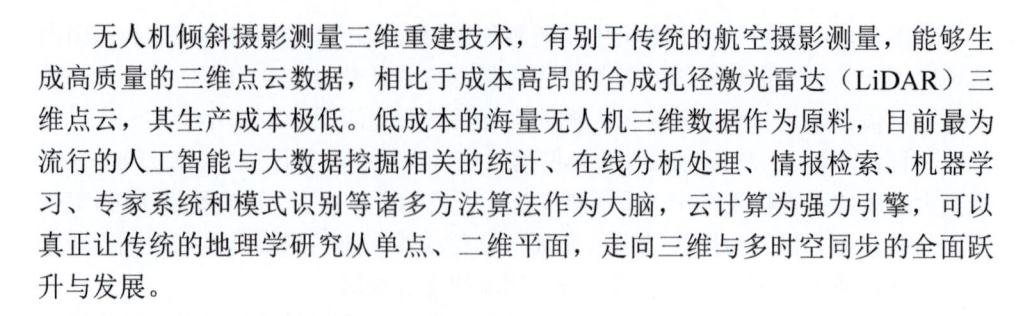

无人机倾斜摄影测量三维重建技术，有别于传统的航空摄影测量，能够生成高质量的三维点云数据，相比于成本高昂的合成孔径激光雷达（LiDAR）三维点云，其生产成本极低。低成本的海量无人机三维数据作为原料，目前最为流行的人工智能与大数据挖掘相关的统计、在线分析处理、情报检索、机器学习、专家系统和模式识别等诸多方法算法作为大脑，云计算为强力引擎，可以真正让传统的地理学研究从单点、二维平面，走向三维与多时空同步的全面跃升与发展。

2.4.2 三维实景数据获取与处理

1. 获取体系

通过全国无人机遥感系统的动态任务调度、在线飞行规划、实时监控、安全飞行管控技术，形成全国无人机三维实景数据获取的任务调度和管控系统，面向全国三维实景数据获取的无人机遥感系统空港布局，以及无人机三维实景数据的汇聚机制，构建稳定的三维实景数据的汇聚渠道。

全国无人机遥感三维实景数据获取体系包括无人机遥感系统资源部署、遥感资源调度、数据汇集机制等内容。通过构建全国无人机空港布局和飞行大队进行全国无人机遥感系统资源部署，开发全国无人机任务调度与飞行管控技术建设实现遥感资源合理调度，并基于元数据标准化对三维数据进行可视化和统一的汇聚管理。无人机遥感三维数据获取体系构建方案如图 2-63 所示。

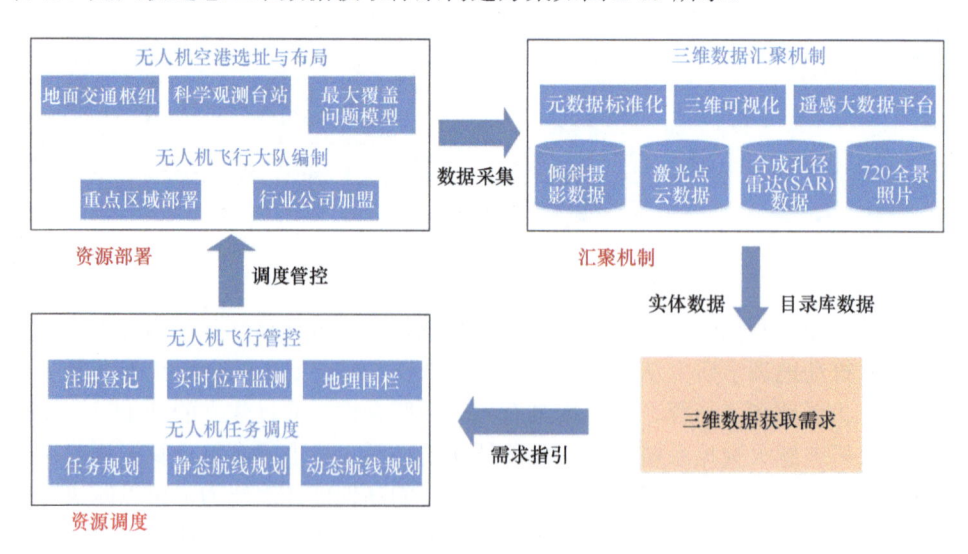

图 2-63 无人机遥感三维数据获取体系构建方案

2. 指标要求

三维实景数据集坐标系统采用 2000 国家大地坐标系、大地高程基准与高斯-克吕格投影等标准制作。航摄分区综合考虑测区范围内地形地貌及空域情况，考虑使用飞机的种类，结合测区实际状况进行分区航摄。无人机倾斜航空摄影航摄分区基于地形起伏等情况进行设计和综合考虑，以满足采购人对成果指标的要求。

在采集过程中，硬件设备采用固定翼五镜头倾斜数码航摄仪、航空定位定向系统（POS）等，根据地形类型和成图精度要求的不同，按《数字航空摄影测量控制测量规范》（CH/T 3006—2011）的规定和航摄仪性能划分航摄分区，同一分区内的景物特征应基本一致。在规定的航摄期限内，选择地表植被及其他覆盖物（如洪水水体等）对成图影响较小、云雾少、无扬尘（沙）、大气透明度好的季节进行摄影。根据不同城市地形条件的不同，考虑光照、阴影等因素对成像的影响，严格按规范规定的太阳高度角要求选择摄影时间。

倾斜摄影数码航摄航线按常规方法敷设，旁向覆盖需保证摄区边界三维建模，一般超出摄区边界线不少于三条航线。倾斜摄影航向覆盖需保证摄区边界三维建模，一般超出摄区边界线不少于四条基线。其中航向重叠、旁向重叠均大于 75%。考虑城市地区建筑物遮挡等因素，适当加大重叠度。旋偏角一般不大于 15°，在像片航向和旁向重叠度符合规范要求的前提下，最大不超过 25°。倾斜摄影旋偏角可适当放宽，一般抽片后最大不超过 25°。特殊风大的区域，可在满足模型效果的前提下放宽要求。在一条航线上达到或接近最大旋偏角限差的像片数不得连续超过三片；在一个摄区内出现最大旋偏角的像片数不得超过摄区像片总数的 4%。在高差特别大的地区，可以插补航线。

倾斜摄影影像的地面分辨率按照要求，两个区域分别满足优于 0.03m 及 0.05m。影像特别强调清晰，反差适中，颜色饱和，色彩鲜明，色调一致。有较丰富的层次、能辨别与地面分辨率相适应的细小地物影像，满足外业全要素精确调绘和室内判读的要求。倾斜摄影侧视影像分辨率与下视影像分辨率应基本一致，侧视影像分辨率基本满足项目分辨率要求。航摄过程中出现的绝对漏洞、相对漏洞及其他严重缺陷必须及时补摄。漏洞补摄必须按原设计航迹进行。补摄航线的长度应满足用户区域网加密布点的要求。对于不影响内业加密选点和模型连接的相对漏洞及局部缺陷（如云、云影、斑痕等），可只在漏洞处补摄。补摄航线的长度应超出漏洞外四条基线。采用同一主距和型号的倾斜数字航摄仪进行补摄。倾斜摄影补飞时需至少重叠 7 张像片。

根据测区实际状况和飞行设计进行像片控制点布设及测量，并满足建模需求。

控制点测量精度应满足《数字航空摄影测量 控制测量规范》（CH/T 3006—2011）的要求。

采用三维建模软件，对倾斜航空摄影原始影像、像控数据进行三维模型重建，模型重建完毕后根据合同模型要求进行模型修饰。模型效果要求在对应分辨率的航空视角浏览模型时，应满足以下要求。

（1）数据底部无悬浮、碎片等无效面；
（2）数据整体色彩一致，基本无明显色差，过度自然；
（3）水面结构平整；
（4）植被区无明显破洞；
（5）植被下灰色无纹理面略少，不影响正常浏览；
（6）道路平整；
（7）路面上无明显较大悬浮；
（8）半截塔吊等较大、较明显悬浮基本去除；
（9）高压电塔保持建模出来的效果；
（10）建筑无明显结构问题；
（11）较薄墙面允许存在漏洞等现象。

3. 数据说明

三维实景数据集利用无人机自由团队与外业团队合作的方式采集数据，目前飞行总面积已达 4 万余平方公里，数据覆盖全国 150 座城市，如图 2-64 所示。

无人机城市级三维实景数据集与三维地图服务平台搭建了三维实景数据目录库，基于无人机遥感元数据标准的数据共享和大数据平台汇聚机制，实现无人机遥感三维实景数据目录库构建。具体包括目录库结构设计、数据共享与交换技术，以及基于产学研合作的目录库有偿分发机制。三维实景数据目录库为三维数据的有序组织与存储提供统一标准，方便三维数据库在各级应用的推广、组织与管理，具体类型和格式如表 2-2 所示。

2.4.3 无人机三维实景数据集

无人机城市级三维实景数据集从三维空间构建美丽中国的典型区域和城市，提供美丽中国的三维呈现，并在三维空间分析其资源环境要素的空间分布和动态变化评估，为地球大数据科学工程提供全国范围的无人机遥感三维实景数据获取的方案，作为地球大数据获取的航空遥感网，与卫星遥感网、地面观测网互为补充。无人机城市级三维实景数据集可以持续为三维地图服务平台提供全国典型城市和典型区域的三维实景数据，并通过平台向全国用户提供三维

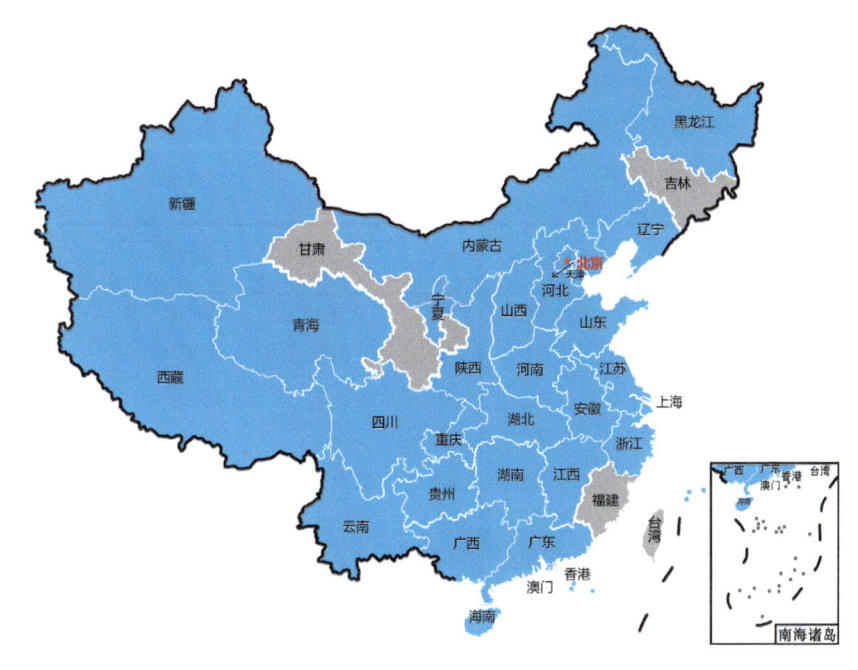

图 2-64　全国 150 座城市范围

表 2-2　三维实景数据类别、数据类型及数据格式

序号	数据类别	数据类型	数据格式
1	目录库	倾斜摄影影像	.tif
		倾斜摄影模型	.osgb
		激光点云	.las
		SAR	.tif
		全景照片	.jpeg
		手工建模数据	.3ds，.obj
2	实体数据	倾斜摄影影像	.tif
		倾斜摄影模型	.osgb
3	产品数据	数字线划模型	.shp
		数字高程模型（DEM）、数字表面模型（DSM）、冠层高度模型（CHM）	.tif

地图服务，为资源环境评估、智慧城市等应用领域提供无人机三维实景数据集；为全国各行业应用提供三维实景数据支持，助推地理空间信息研究从二维走向三维，加强对城市三维空间的理解，助力智慧城市发展，为城市三维数据的安全应用提供保障。

无人机三维数据集构建完成了 150 个典型城市的实景三维模型；研究形成全国 150 个典型城市的实景三维数据目录库，搭建三维高精度地图开放平台，提供 150 个典型城市三维地图的在线访问。目前已上线的 150 个城市范围如表 2-3 所示。

表 2-3 已上线的 150 个城市范围

序号	省（自治区、直辖市）	地区	具体区域	序号	省（自治区、直辖市）	地区	具体区域
1	安徽省	亳州市	涡阳县	28	广东省	深圳市	龙岗区
2	安徽省	滁州市	来安县	29	广东省	深圳市	龙华区
3	安徽省	滁州市	来安县	30	广东省	深圳市	罗湖区
4	安徽省	宣城市	广德市	31	广东省	深圳市	南山区
5	安徽省	黄山市	黄山区	32	广东省	深圳市	坪山区
6	安徽省	黄山市	歙县	33	广东省	深圳市	
7	安徽省	六安市	霍山县	34	广东省	中山市	
8	安徽省	芜湖市	繁昌区	35	广西壮族自治区	桂林市	灵川县
9	北京市	北京市	丰台区	36	广西壮族自治区	柳州市	鹿寨县
10	北京市	昌平区	消防学院	37	广西壮族自治区	柳州市	融安县
11	北京市	昌平区		38	广西壮族自治区	南宁市	江南区
12	北京市	朝阳区		39	广西壮族自治区	南宁市	良庆区
13	北京市	房山区	青龙湖	40	广西壮族自治区	南宁市	青秀区
14	北京市	海淀区		41	广西壮族自治区	南宁市	西乡塘区
15	北京市	通州区		42	广西壮族自治区	南宁市	兴宁区
16	广东省	潮州市	饶平县	43	广西壮族自治区	南宁市	邕宁区
17	广东省	东莞市		44	贵州省	贵阳市	城区
18	广东省	佛山市		45	贵州省	贵阳市	清镇市
19	广东省	广州市	番禺区	46	贵州省	黔东南苗族侗族自治州	雷山县
20	广东省	广州市	海珠区	47	贵州省	遵义市	城区
21	广东省	广州市	黄埔区新龙镇	48	海南省	儋州市	
22	广东省	广州市	南沙区	49	海南省	海口市	
23	广东省	广州市	天河区	50	海南省		文昌市
24	广东省	广州市	越秀区	51	河北省	保定市	
25	广东省	广州市	增城区	52	河北省	保定市	
26	广东省	茂名市		53	河北省	沧州市	沧县
27	广东省	深圳市	福田区	54	河北省	石家庄市	城区

续表

序号	省（自治区、直辖市）	地区	具体区域	序号	省（自治区、直辖市）	地区	具体区域
55	河北省	石家庄市	无极县	86	内蒙古自治区	阿拉善盟	
56	河北省	唐山市	滦州市	87	内蒙古自治区	鄂尔多斯市	
57	河北省	张家口市	崇礼区	88	内蒙古自治区	乌海市	海南区
58	河南省	鹤壁市		89	内蒙古自治区	乌兰察布市	集宁区
59	河南省	焦作市	武陟县	90	青海省	海南藏族自治州	共和县
60	河南省	洛阳市		91	山东省	济南市	东部新城区
61	河南省	郑州市	城区	92	山东省	济宁市	兖州区
62	黑龙江	哈尔滨市	南岗区	93	山东省	临沂市	沂水县
63	黑龙江省	黑河市		94	山东省	青岛市	平度市
64	湖北省	黄石市	黄石港区	95	山东省	青岛市	黄岛区
65	湖北省	宜昌市	点军区	96	山东省	青岛市	莱西市
66	湖南省	岳阳市	汨罗市	97	山东省	潍坊市	
67	湖南省	岳阳市	湘阴县	98	山西省	晋城市	泽州县
68	湖南省	长沙市	宁乡市	99	山西省	吕梁市	兴县
69	湖南省	长沙市	望城区	100	山西省	太原市	小店区
70	湖南省	株洲市	天元区	101	山西省	长治市	郊区
71	江苏省	淮安市	涟水县	102	陕西省	咸阳市	兴平市
72	江苏省	南京市	江宁区	103	上海市	静安区	
73	江苏省	苏州市	吴江区	104	上海市	上海市	奉贤区
74	江苏省	苏州市		105	上海市	上海市	浦东新区
75	江苏省	宿迁市	宿城区	106	上海市	上海市	徐汇区
76	江苏省	徐州市	铜山区	107	四川省	阿坝藏族羌族自治州	理县
77	江苏省	扬州市	邗江区	108	四川省	成都市	都江堰市
78	江苏省	扬州市	仪征市	109	四川省	成都市	锦江区
79	江西省	抚州市	临川区	110	四川省	德阳市	旌阳区
80	江西省	九江市	共青城市	111	四川省	德阳市	
81	江西省	九江市	湖口县	112	四川省	甘孜藏族自治州	稻城县
82	江西省	南昌市	红谷滩区	113	四川省	乐山市	峨边彝族自治县
83	江西省	上饶市	弋阳县	114	四川省	乐山市	高新区
84	辽宁省	大连市		115	四川省	乐山市	五通桥区
85	辽宁省	阜新市		116	四川省	凉山彝族自治州	

续表

序号	省（自治区、直辖市）	地区	具体区域	序号	省（自治区、直辖市）	地区	具体区域
117	四川省	眉山市	仁寿县	134	云南省	丽江市	
118	四川省	南充市		135	云南省	红河哈尼族彝族自治州	弥勒市
119	天津市	天津市	北辰区	136	云南省	玉溪市	澄江市
120	天津市	天津市	滨海新区	137	浙江省	杭州市	富阳区
121	天津市	天津市	东丽区	138	浙江省	杭州市	临平区（余杭区）
122	天津市	天津市	和平区	139	浙江省	杭州市	萧山区
123	天津市	天津市	河北区	140	浙江省	湖州市	德清县
124	天津市	天津市	河东区	141	浙江省	湖州市	德清县
125	天津市	天津市	河西区	142	浙江省	嘉兴市	海盐县
126	天津市	天津市	红桥区	143	浙江省	金华市	东阳市横店
127	天津市	天津市	津南区	144	浙江省	丽水市	
128	天津市	天津市	南开区	145	浙江省	绍兴市	柯桥区
129	天津市	天津市	武清区	146	浙江省	台州市	温岭市
130	天津市	天津市	西青区	147	浙江省	温州市	文成县
131	西藏自治区	日喀则市	吉隆县	148	重庆市	重庆市	奉节县
132	新疆维吾尔自治区	乌鲁木齐市		149	重庆市	重庆市	合川区
133	云南省	昆明市	官渡区	150	重庆市	重庆市	万州区

北京朝阳、天津、广州与海南文昌实景三维模型数据如图 2-65～图 2-68 所示。

图 2-65　北京朝阳实景三维模型

图 2-66　天津实景三维模型

图 2-67　广州实景三维模型

图 2-68　海南文昌实景三维模型

2.4.4 三维地图服务平台

随着计算机图形学和硬件技术的迅猛发展，传统的二维地图已不能满足地理信息系统对多维空间信息应用的需要。区别于普通三维地图，实景三维地图是基于实物拍摄、数据抽象采集技术实现的，其直观性、信息量和精确性远非传统二维电子地图可比。三维数据一般采用倾斜摄影与运动结构恢复（structure from motion，SFM）技术进行数据采集与模型重建。使用分布式大数据网络平台支撑实景三维地图数据的存储与网络访问，辅以自主开发的三维前端渲染引擎，让用户摆脱专门存储设备与专门访问软件的束缚，随时随地轻松访问实景三维地图。

三维高精度地图开放平台，包括门户网站、三维地图数据展示平台（MAP 平台）、三维地图数据调用平台（开放平台）以及三维地图后台管理系统（BOSS 系统）。门户网站是整个系统的门户，主要给用户提供 MAP 平台和开放平台的访问入口，并给开发人员提供开发文档入口。MAP 平台主要为用户提供浏览三维地图平台上所有三维数据的功能，用户可以在跨平台状态下仅通过浏览器流畅访问高精度三维数据。开放平台主要是数据申请、管理和使用入口，并提供应用程序编程接口（API）和软件开发工具包（SDK），帮助用户轻松地完成高精度三维地图的调用构建工作。BOSS 系统为中国科学院地理科学与资源研究所的后台管理系统，主要包括消费情况管理、数据流量使用情况管理及用户管理。图 2-69 是三维高精度地图开放平台架构图。

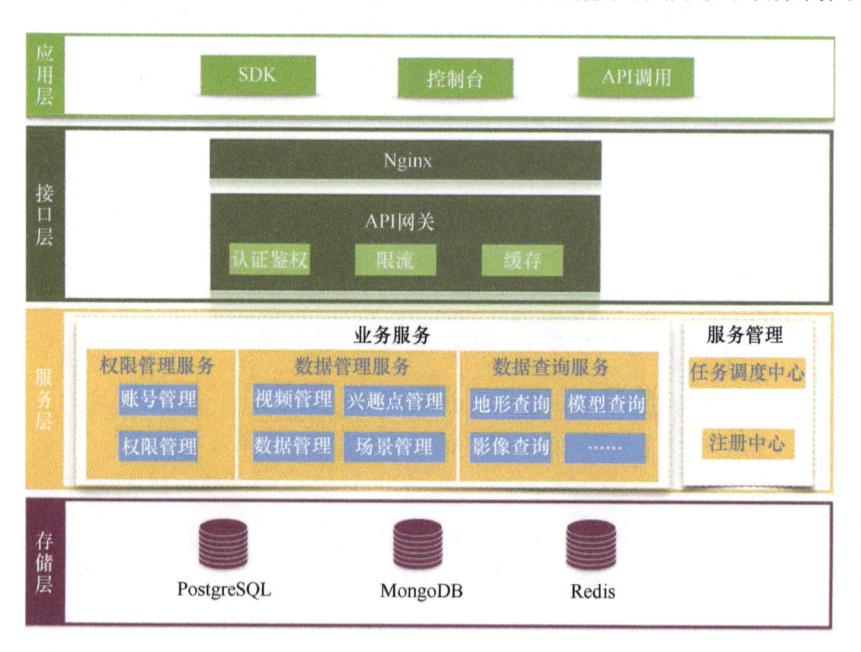

图 2-69 三维高精度地图开放平台架构图

1. 三维地图数据展示平台（MAP 平台）

三维高精度地图展示平台基于 JavaScript 开发，是一个创建虚拟地球的地理空间三维映射平台。针对 Web 端地图应用场景，提供轻量级三维地理信息系统（3D GIS）开发工具包，支持无插件的 3D、2D、2.5D 形式的地图展示，为可视化动态数据创建基于 Web 的全球地图；提供高性能、高精度、优质视觉质量、高易用性的平台支持和内容；支持多源数据整合以及地形影像、矢量数据、倾斜摄影实景数据等的高效加载，展示方式多样化。图 2-70～图 2-74 是 MAP 平台登录界面和相关功能。

图 2-70　地图门户页面

图 2-71　MAP 平台登录

图 2-72　三维地图探索功能

图 2-73　三维地图可量测功能

图 2-74　三维地图搜索

2. 三维地图数据调用平台（开放平台）

开放平台功能模块主要包括用户注册、登录、应用管理、修改密码等功能。用户在注册页面注册成功后可登录控制台。BOSS 系统对用户进行审核后，用户方可创建应用并使用数据。用户创建应用后，点击添加 Key 即可生成对应的 AppKey。参照开发文档的指引使用 AppKey 进行二次开发。图 2-75～图 2-79 是三维地图开放平台相关功能与使用说明。

图 2-75　三维地图开放平台登录

图 2-76　三维地图开放平台的 Key 获取和激活

图 2-77　三维地图开放平台的 API 接口

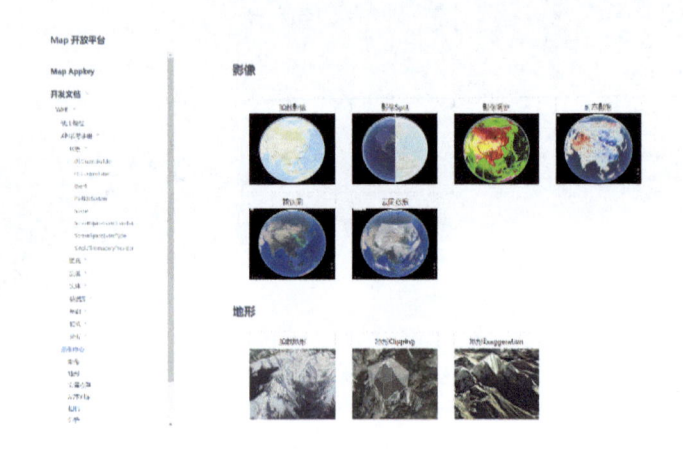

图 2-78　三维地图开放平台相关功能

图 2-79　利用三维地图开放平台创建应用

3. 三维地图后台管理系统（BOSS 系统）

BOSS 系统的功能模块主要包括费用及流量管理、用户管理功能。用户登录 BOSS 系统查看剩余金额、剩余流量及各时间段或用户的流量使用情况。查看并管理 MAP 用户和开放平台用户。图 2-80～图 2-82 是 BOSS 系统相关功能与使用说明。

图 2-80　BOSS 系统管理页面

图 2-81　用户管理、数据权限功能

图 2-82　三维数据流量监测统计功能

2.5　未来气候情景下空气质量分布模拟数据集

2.5.1　研究背景

气候系统模式是目前开展全球气候变化研究的重要工具，也是目前联合国政府间气候变化专门委员会（IPCC）认可的开展气候变化机理研究和未来气候预测的重要理论工具，它建立在物理定律之上，考虑大气圈等各个圈层物理化学和生态过程，能够再现过去气候及气候变化的主要特征。基于气候变化评估报告的国际耦合模式比较计划（Coupled Model Intercomparison Project，CMIP）在大气模式比较计划（Atmosphenic Model Intercomparison Project，AMIP）的基础上发展起来，在经历了 CMIP1～CMIP4 几个阶段之后，于 2008 年 9 月，启动了第五阶段计划 CMIP5（Taylor et al.，2012）。CMIP5 旨在解决 IPCC 第四次评估过程中出现的一些突出科学问题（IPCC，2007，2013），相对于之前的几个阶段，CMIP5 中的气候系统模式具有更高的空间分辨率，而且对动力框架和物理过程有更好的表述，采用了更合理的参数化方案、通量处理方案和耦合器技术，模式的可信度较 CMIP4 有了全面的提高（巢清尘等，2014），其模拟结果代表了当前气候模拟的国际最高水平（黄传江等，2014）。该计划的试验设计增加了年代际近期预测试验、包含碳循环的气候试验和诊断气候反馈的敏感性试验。这不仅增强了对气候系统变化的机理性认识，更提高了气候模式的预估能力

(Guo et al., 2013; Jiang and Tian, 2013; Joetzjer et al., 2013; Yao et al., 2013; Zhang et al., 2013)。

近年来,我国各大城市及经济较发达区域,如华北地区、长三角和珠三角地区雾霾天气发生频率很高,作为我国主要污染物的 $PM_{2.5}$ 颗粒物,是目前大气灰霾等环境污染问题的主要成因。颗粒物的时空分布是在排放源和气象要素的共同作用下形成的。未来的气候变化会通过影响温度、湿度、风速、降水量和频率等来影响颗粒物的生成、传输和沉降等过程,最终影响其浓度。气象要素的变化对不同的痕量气体和颗粒物成分的影响是不同的,如温度升高会导致二氧化硫氧化加速,使硫酸盐颗粒物浓度增加,对于硝酸盐则是使得更多的硝酸以气态的形式存在,导致硝酸盐颗粒物浓度减少(Dawson et al., 2007; Jacob and Winner, 2009; von Schneidemesser et al., 2015);一般情况下,降水的增加会因为湿沉降导致颗粒物含量减少(Racherla and Adams, 2006; Avise et al., 2009),但降水频率和强度的变化可能会减弱降水对颗粒物的湿清除作用,从而使得未来颗粒物浓度增加(Fang et al., 2011; Allen et al., 2016)。另外,大气环流的变化对痕量气体和颗粒物的传输也有重要影响(Tai et al., 2012; Zhu et al., 2012)。

很多研究探讨了未来气候变化下各地区的空气质量变化。Tai 等(2012)分析 CMIP5 多模式模拟的气象场,结果表明,在《IPCC 排放情景特别报告》的 A1B 情景下,中纬度地区锋面系统的发生频率减少,导致美国东部气溶胶浓度增加,而西北部地区由于受来自海洋的风的影响,气溶胶浓度呈减少的趋势。Hedegaard 等(2013)利用 DEHM(Danish Eulerian hemispheric model)发现,在 RCP4.5 情景下,2000~2100 年的气候变化会导致北半球高纬度地区气溶胶浓度减少,特别是北极地区,而在大西洋、热带和副热带的部分地区气溶胶浓度有微弱的增加(0%~15%)。Allen 等(2016)分析国际大气化学-气候模式比较计划多模式结果表明,未来气候变化会导致大气中总降水的增加,但由于大尺度降水频率的减少,气溶胶湿沉降减少,从而使得北半球中纬度和热带地区的气溶胶含量增加。Jiang 等(2013)利用哈佛大学研发的大气化学传输模式(GEOS-Chem)研究了未来气候变化对中国地区气溶胶浓度的影响,结果显示,未来气候条件的变化使得中国东部地区硫酸盐、硝酸盐、铵盐、黑碳和有机碳气溶胶地表浓度的变化范围为 $-1.5\sim0.8\ \mu g/m^3$,$PM_{2.5}$ 浓度变化为 10%~20%。Fu 等(2016)利用大气化学传输模式分析了 1980~2010 年气候变化对东亚地区 $PM_{2.5}$ 的影响,当只考虑气候变化的影响时,中国北部地区冬季 $PM_{2.5}$ 浓度减少 $4.0\sim12.0\ \mu g/m^3$,而夏季该地区浓度增加 $6.0\sim8.0\ \mu g/m^3$。

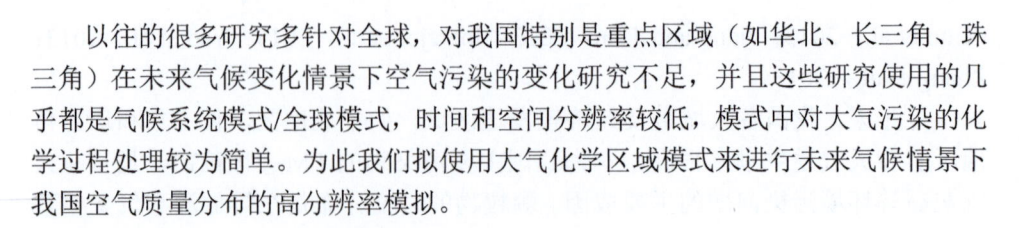

以往的很多研究多针对全球，对我国特别是重点区域（如华北、长三角、珠三角）在未来气候变化情景下空气污染的变化研究不足，并且这些研究使用的几乎都是气候系统模式/全球模式，时间和空间分辨率较低，模式中对大气污染的化学过程处理较为简单。为此我们拟使用大气化学区域模式来进行未来气候情景下我国空气质量分布的高分辨率模拟。

2.5.2 三种未来气候情景数据收集和处理

为了对未来气候做出评估，IPCC 第五次评估报告采用了四个温室气体浓度情景，按由低至高不同典型浓度路径（RCP）排列分为 RCP2.6、RCP4.5、RCP6.0 和 RCP8.5，其中后面的数字表示到 2100 年辐射强迫水平为 2.6～8.5 W/m²。RCP8.5 这一场景是指到 2100 年时，空气中的二氧化碳浓度要比工业革命前的浓度高 3～4 倍。RCP8.5 之前有 RCP6.0 和 RCP4.5 两个场景假设，它们是指自 2080 年以后，人类的碳排放量降低，但依然要超过允许数值。RCP2.6 则是四个场景中最理想的，它假设人类在应对气候变化之后，采用更多积极的方式使得未来 10 年温室气体排放浓度开始下降，到 21 世纪末，温室气体排放就成为负值，这是一种积极乐观的假设。基于这些温室气体浓度情景，各个气候中心及研究机构利用不同复杂程度的电脑模式来推算未来的全球气候。

CMIP5 中很多模式的模拟结果显示，很多模式并不是都进行了 RCP 三个未来情景的模拟，并且很少有模拟做过数据校正，考虑到数据的完整性和一致性，最终采用了美国国家大气研究中心（NCAR）的地球系统模式（CESM）全球偏差校正的 RCP 未来气候情景数据。数据是插值在等压面上的，6 小时间隔。根据 Bruyère 等（2014）的方法，使用 1981～2005 年的欧洲中期天气预报中心（ECMWF）中期再分析数据集（ERA-Interim）对这些变量进行了偏差校正。我们按照要求下载了 2025～2030 年和 2045～2050 年的原始数据，表 2-4 是数据中包含的变量，包括 0～10cm、10～40cm、40～100cm、100～200cm 层的土壤温度和湿度，海平面气压，表面气压，10m 风速，2m 温度和湿度，各等压面风速、温度、湿度和位势高度。数据水平分辨率为 0.9375°×1.25°即 192×288 个网格覆盖全球，垂直方向有 24 层。我们提取了各等压面风速、温度、湿度、位势高度作为模式输入气象场数据。图 2-83～图 2-86 是以 2025 年为例的春夏秋冬四季 RCP2.6、RCP4.5、RCP8.5（三种情景分别对应到 2100 年总辐射强迫相对于 1750 年达到 2.6 W/m²、4.5 W/m² 和 8.5 W/m²）未来气候情景下降尺度模拟的近地面气温、近地面湿度、风场、近地面气压和降水的水平分布。

表2-4　NCAR CESM RCP 未来情景数据中包含的变量

地理高度	表面温度	表面温度日均值	海平面温度	海冰比例	积雪的含水当量
0~10cm、10~40cm、40~100cm、100~200cm层的土壤温度和湿度	海平面气压	表面气压	10m 风速 U 分量	10m 风速 V 分量	2m 温度
2m 湿度	各等压面风速 U 分量	各等压面风速 V 分量	各等压面温度	各等压面湿度	各等压面位势高度

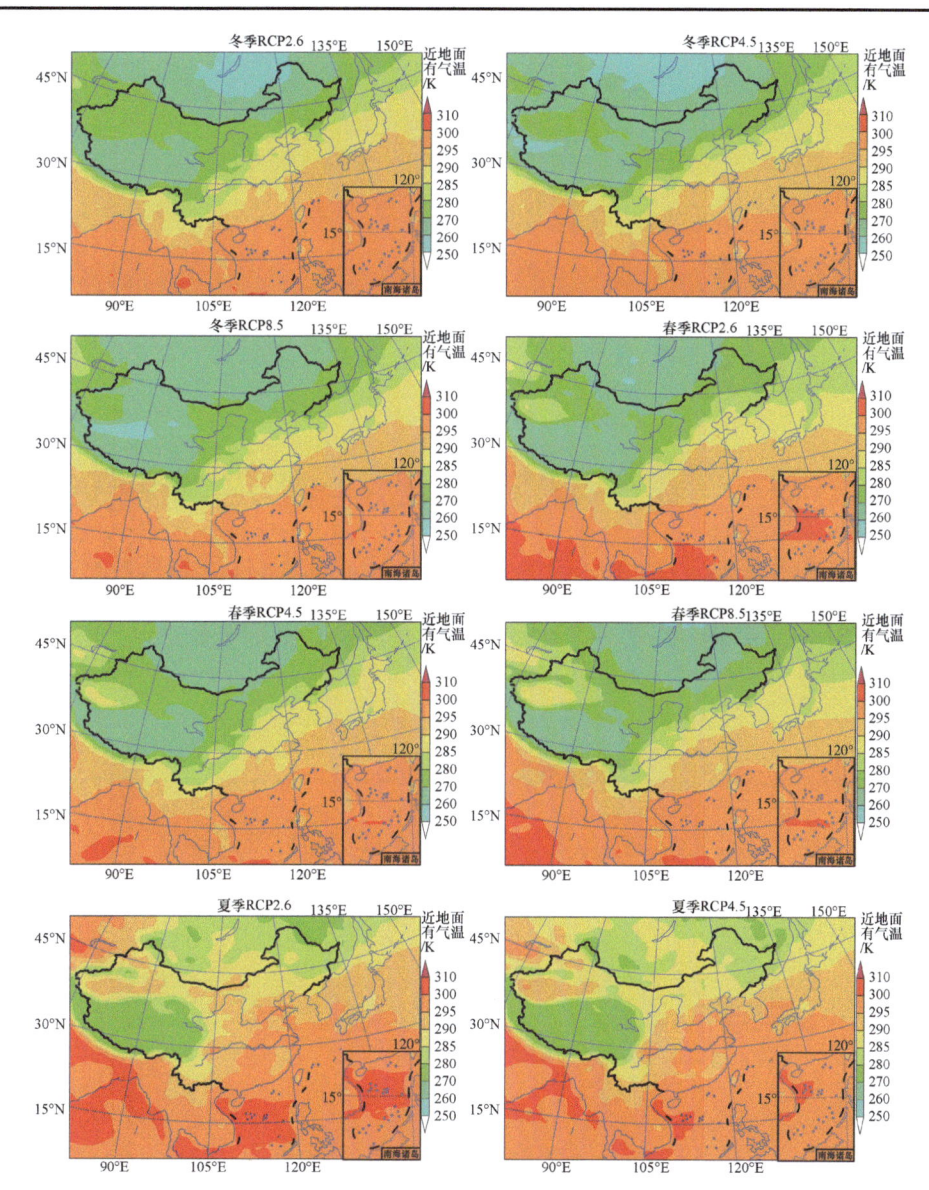

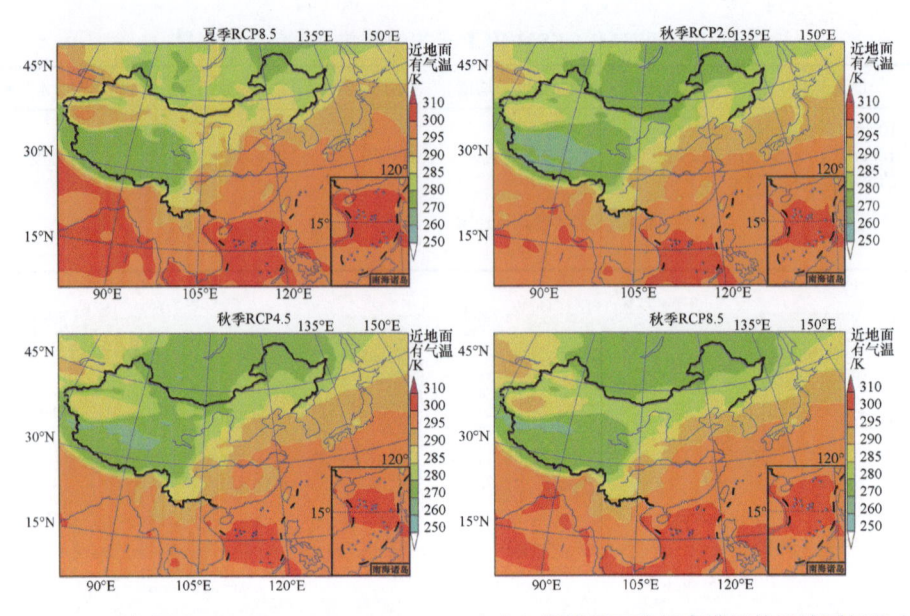

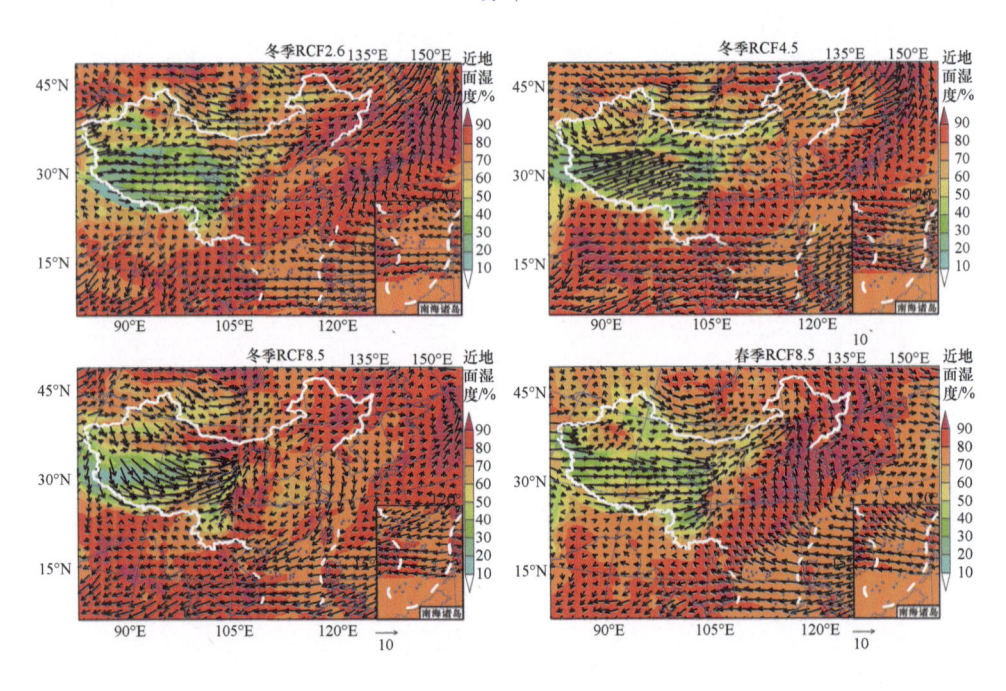

图 2-83 2025 年四季 RCP2.6、RCP4.5、RCP8.5 未来气候情景下降尺度模拟的近地面气温水平分布

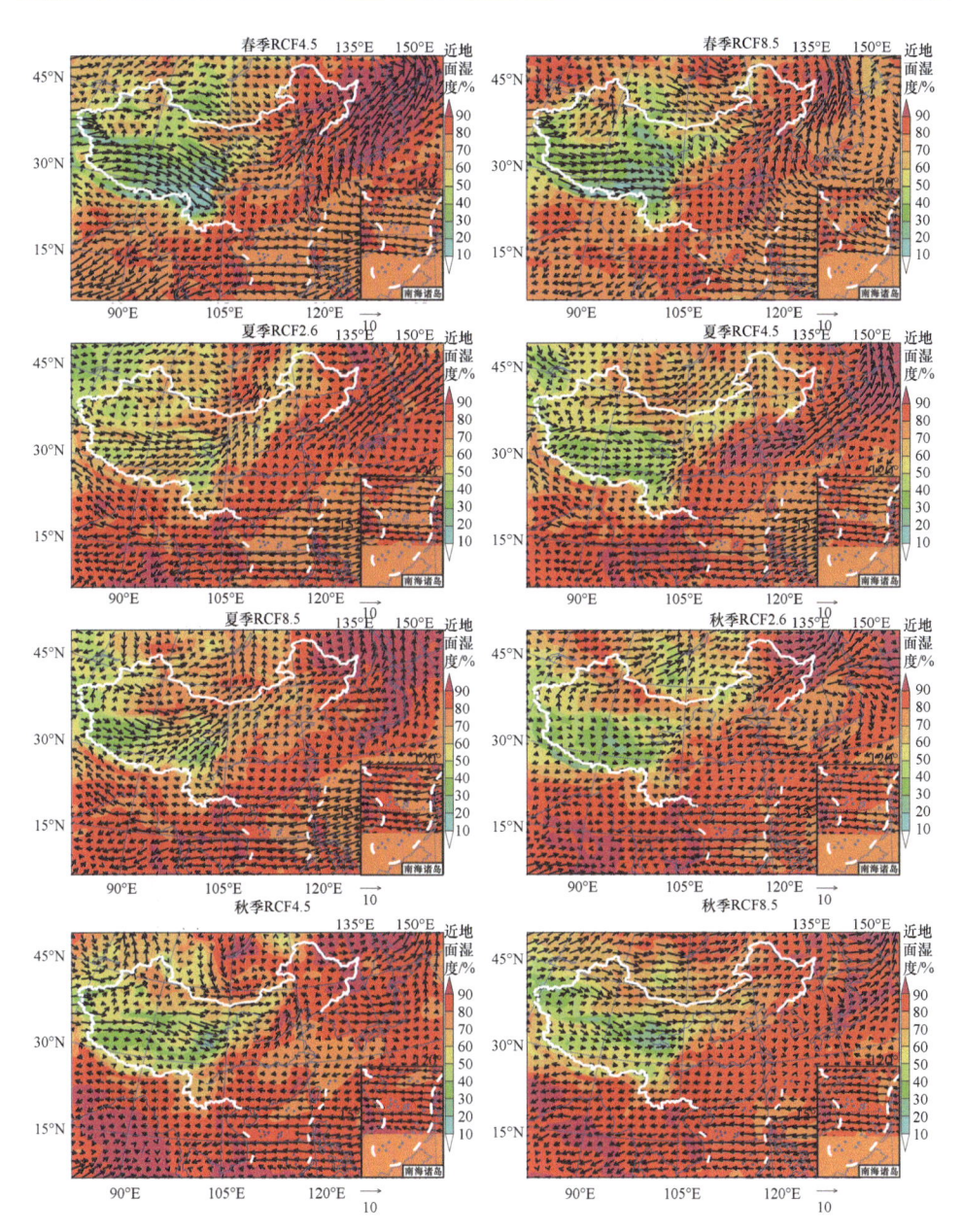

图 2-84　2025 年四季 RCP2.6、RCP4.5、RCP8.5 未来气候情景下降尺度模拟的近地面湿度和风场水平分布

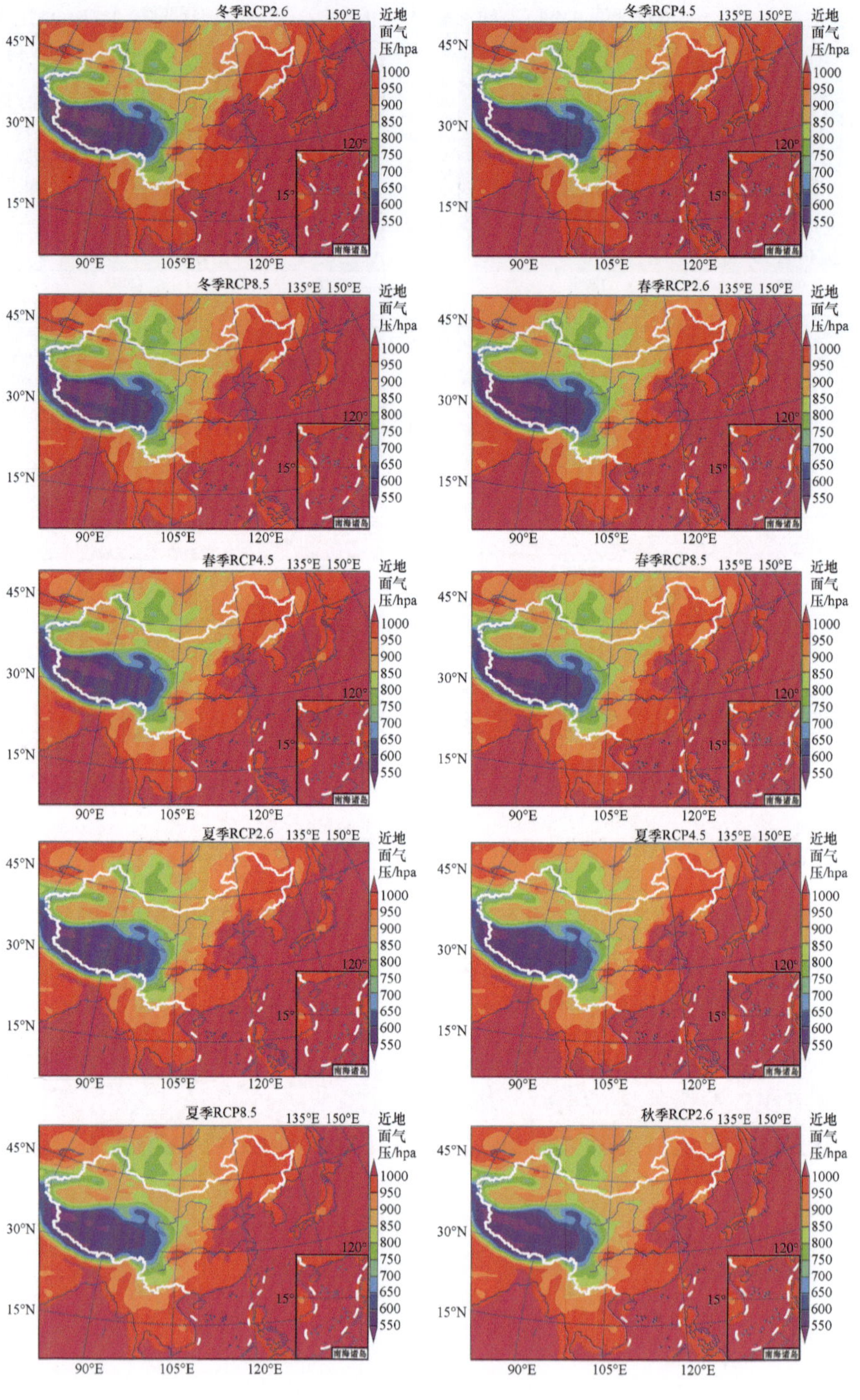
冬季RCP2.6
冬季RCP4.5
冬季RCP8.5
春季RCP2.6
春季RCP4.5
春季RCP8.5
夏季RCP2.6
夏季RCP4.5
夏季RCP8.5
秋季RCP2.6
近地面气压/hpa
1000
950
900
850
800
750
700
650
600
550
45°N
30°N
15°N
90°E
105°E
120°E
135°E
150°E
120°
15°
南海诸岛

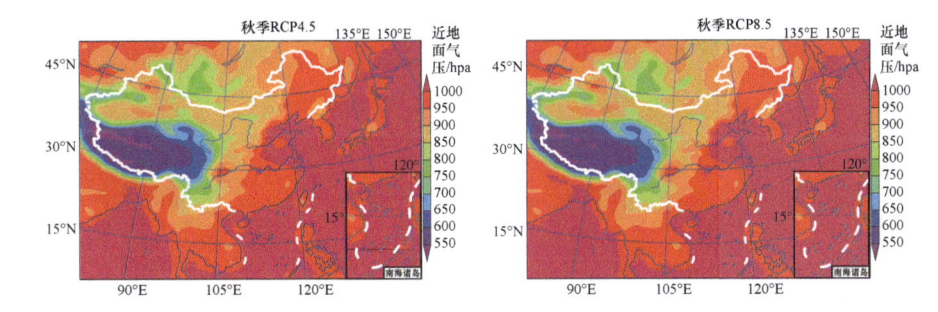

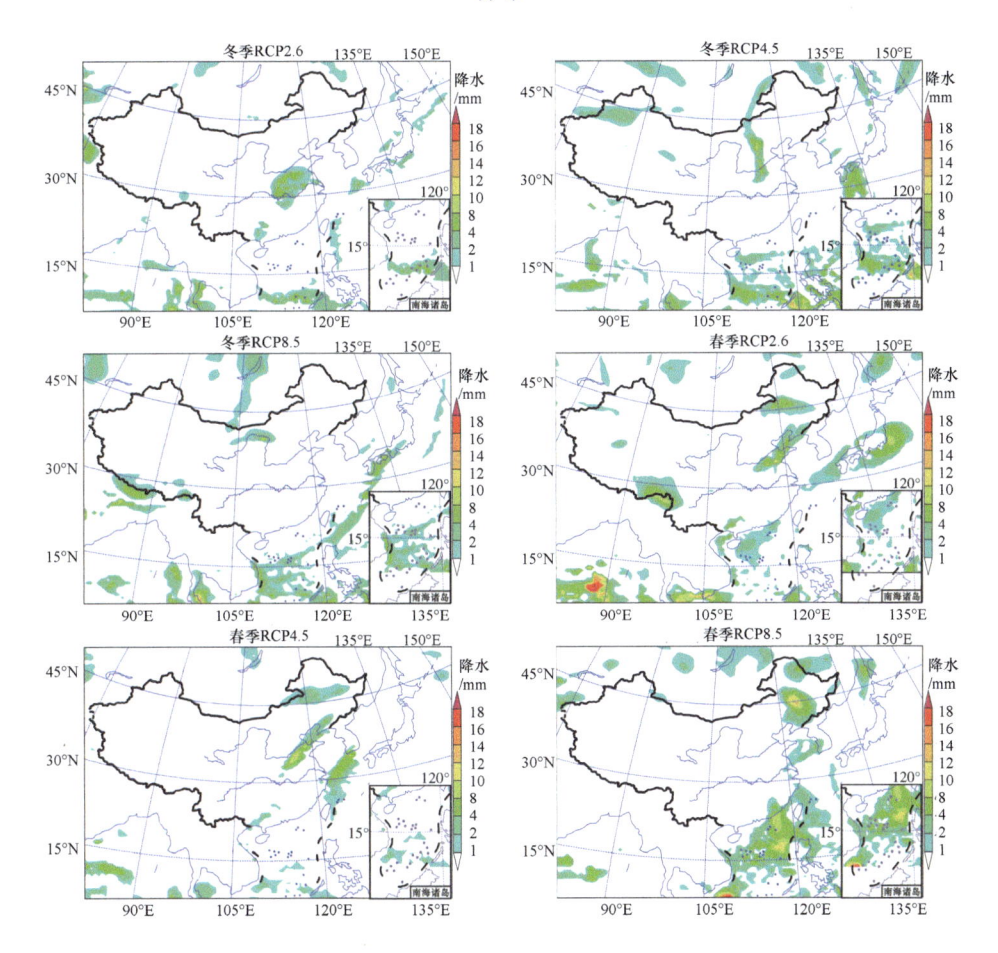

图 2-85　2025 年四季 RCP2.6、RCP4.5、RCP8.5 未来气候情景下降尺度模拟的近地面气压水平分布

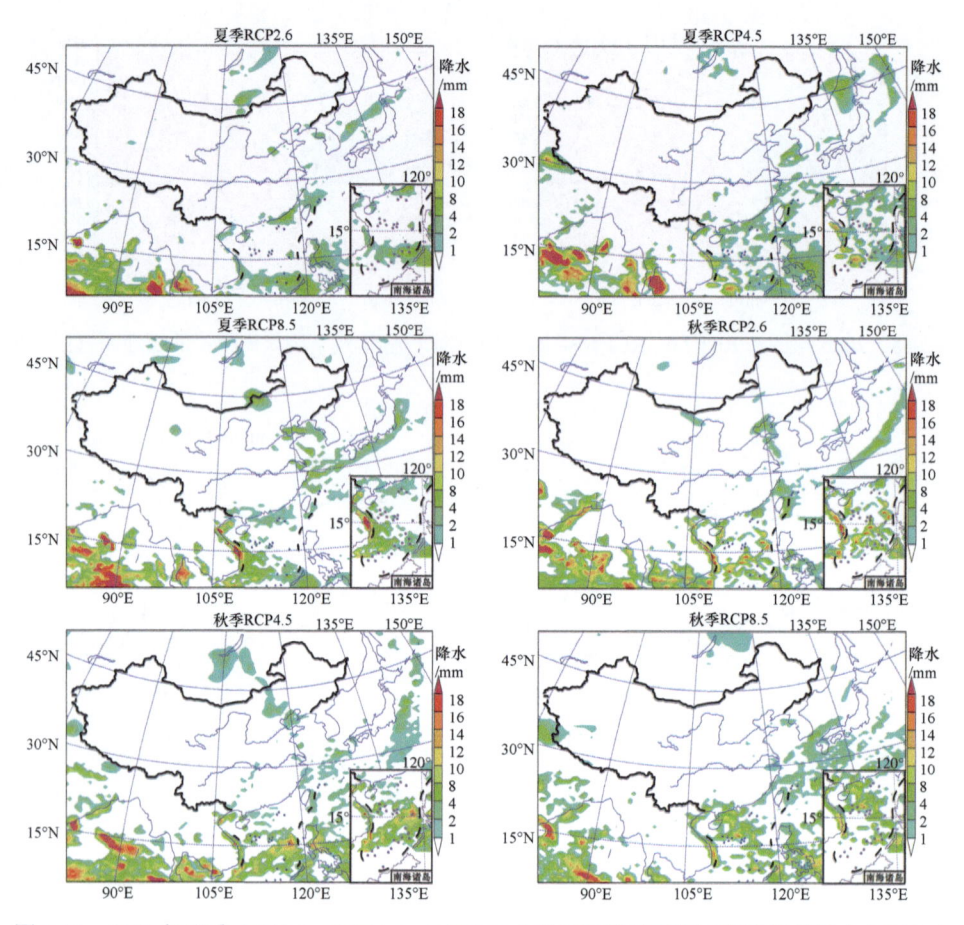

图 2-86　2025 年四季 RCP2.6、RCP4.5、RCP8.5 未来气候情景下降尺度模拟的降水水平分布

2.5.3　RCP 未来排放源数据收集和处理

RCP 未来排放源数据 2.0 版从基准年 2000 年开始，包括黑碳（BC）、有机碳（OC）、CH_4、硫、NO_x、挥发性有机物（VOCs）、CO 和 NH_3，并且 2005～2100 年增加了 RCP 中的温室气体排放。未来排放源数据包括以下几个部分。

（1）飞机排放源数据，该数据包括 BC 和 NO，水平分辨率为 0.5°×0.5°，垂直分层为 25 层，时间分辨率为 1 个月。排放通量单位为 kg/（m³·s），10 年更新一次。

（2）国际轮船排放源数据，该数据包括 21 个物种，如表 2-5 所示，数据的水平分辨率为 0.5°×0.5°，垂直分层为 1 层，时间分辨率为 1 个月，排放通量单位为 kg/（m²·s）。

表 2-5　国际轮船排放源数据物种

序号	物种	通量单位	分子量
1	BC	kg/（m²·s）	12
2	OC	kg/（m²·s）	106.8
3	SO$_2$	kg/（m²·s）	64
4	NO	kg/（m²·s）	30
5	CO	kg/（m²·s）	28
6	NH$_3$	kg/（m²·s）	17
7	NMVOC	kg/（m²·s）	72.8
8	benzene	kg/（m²·s）	78
9	butanes	kg/（m²·s）	57.8
10	ethane	kg/（m²·s）	30
11	ethene	kg/（m²·s）	28
12	ethyne	kg/（m²·s）	26
13	hexanes_and_higher_alkanes	kg/（m²·s）	106.8
14	other_alkenes_and_alkynes	kg/（m²·s）	67
15	other_aromatics	kg/（m²·s）	126.8
16	pentanes	kg/（m²·s）	72
17	propane	kg/（m²·s）	44
18	propene	kg/（m²·s）	42
19	toluene	kg/（m²·s）	92
20	trimethyl_benzenes	kg/（m²·s）	120
21	xylene	kg/（m²·s）	106

（3）人为排放源数据，该数据包括 30 个物种，如表 2-6 所示。

表 2-6　人为排放源数据物种

序号	物种	通量单位	分子量
1	BC	kg/（m²·s）	12
2	OC	kg/（m²·s）	106.8
3	SO$_2$	kg/（m²·s）	64
4	NO	kg/（m²·s）	30
5	CO	kg/（m²·s）	28
6	NH$_3$	kg/（m²·s）	17
7	Nmvoc	kg/（m²·s）	72.8

续表

序号	物种	通量单位	分子量
8	acids	kg/(m²·s)	59.1
9	alcohols	kg/(m²·s)	46.2
10	benzene	kg/(m²·s)	78.
11	butanes	kg/(m²·s)	57.8
12	chlorinated_HC	kg/(m²·s)	138.8
13	esters	kg/(m²·s)	104.7
14	ethane	kg/(m²·s)	30
15	ethene	kg/(m²·s)	28
16	ethers	kg/(m²·s)	81.5
17	ethyne	kg/(m²·s)	26
18	formaldehyde	kg/(m²·s)	30
19	hexanes_and_higher_alkanes	kg/(m²·s)	106.8
20	ketones	kg/(m²·s)	75.3
21	other_alkanals	kg/(m²·s)	68.8
22	other_alkenes_and_alkynes	kg/(m²·s)	67
23	other_aromatics	kg/(m²·s)	126.8
24	other_VOC	kg/(m²·s)	68.9
25	pentanes	kg/(m²·s)	72
26	propane	kg/(m²·s)	44
27	propene	kg/(m²·s)	42
28	toluene	kg/(m²·s)	92
29	trimethyl_benzenes	kg/(m²·s)	120
30	xylene	kg/(m²·s)	106

人为排放源包括8类：工业源、溶剂生产和使用源、能源产生源、交通源、居民源、垃圾处理源、农业源、农业废物焚烧源，将其归类为5类：工业源+溶剂生产和使用源、能源产生源、交通源、居民源+垃圾处理源、农业源+农业废物焚烧源。

（4）生物质燃烧源，该数据包括30个物种，如表2-7所示。

由于在我国主要为人为排放源，图2-87～图2-89展示了2020年RCP2.6、RCP4.5和RCP8.5未来气候情景下中国地区人为排放源的水平分布。图2-90～图2-92展示了2030年RCP2.6、RCP4.5和RCP8.5未来气候情景下中国地区人为排放源的水平分布。图2-93～图2-95展示了2040年RCP2.6、RCP4.5和RCP8.5

表 2-7　生物质燃烧源物种

序号	物种	通量单位	分子量
1	BC	kg/（m²·s）	12
2	OC	kg/（m²·s）	106.8
3	SO_2	kg/（m²·s）	64
4	NO	kg/（m²·s）	30
5	CO	kg/（m²·s）	28
6	NH_3	kg/（m²·s）	17
7	NMVOC	kg/（m²·s）	72.8
8	acids	kg/（m²·s）	59.1
9	alcohols	kg/（m²·s）	46.2
10	benzene	kg/（m²·s）	78
11	butanes	kg/（m²·s）	57.8
12	chlorinated_HC	kg/（m²·s）	138.8
13	ethane	kg/（m²·s）	30
14	ethene	kg/（m²·s）	28
15	ethers	kg/（m²·s）	81.5
16	ethyne	kg/（m²·s）	26
17	formaldehyde	kg/（m²·s）	30
18	hexanes_and_higher_alkanes	kg/（m²·s）	106.8
19	isoprene	kg/（m²·s）	68.1
20	ketones	kg/（m²·s）	75.3
21	other_alkanals	kg/（m²·s）	68.8
22	other_alkenes_and_alkynes	kg/（m²·s）	67
23	other_aromatics	kg/（m²·s）	126.8
24	other_VOC	kg/（m²·s）	68.9
25	pentanes	kg/（m²·s）	72
26	propane	kg/（m²·s）	44
27	propene	kg/（m²·s）	42
28	terpenes	kg/（m²·s）	136.2
29	toluene	kg/（m²·s）	92
30	xylene	kg/（m²·s）	106

未来气候情景下中国地区人为排放源的水平分布。图 2-96～图 2-98 展示了 2050 年 RCP2.6、RCP4.5 和 RCP8.5 未来气候情景下中国地区人为排放源的水平分布。可以看到，除了 RCP8.5 中的 CH_4 逐年增加外，各类人为排放源均逐年减少。

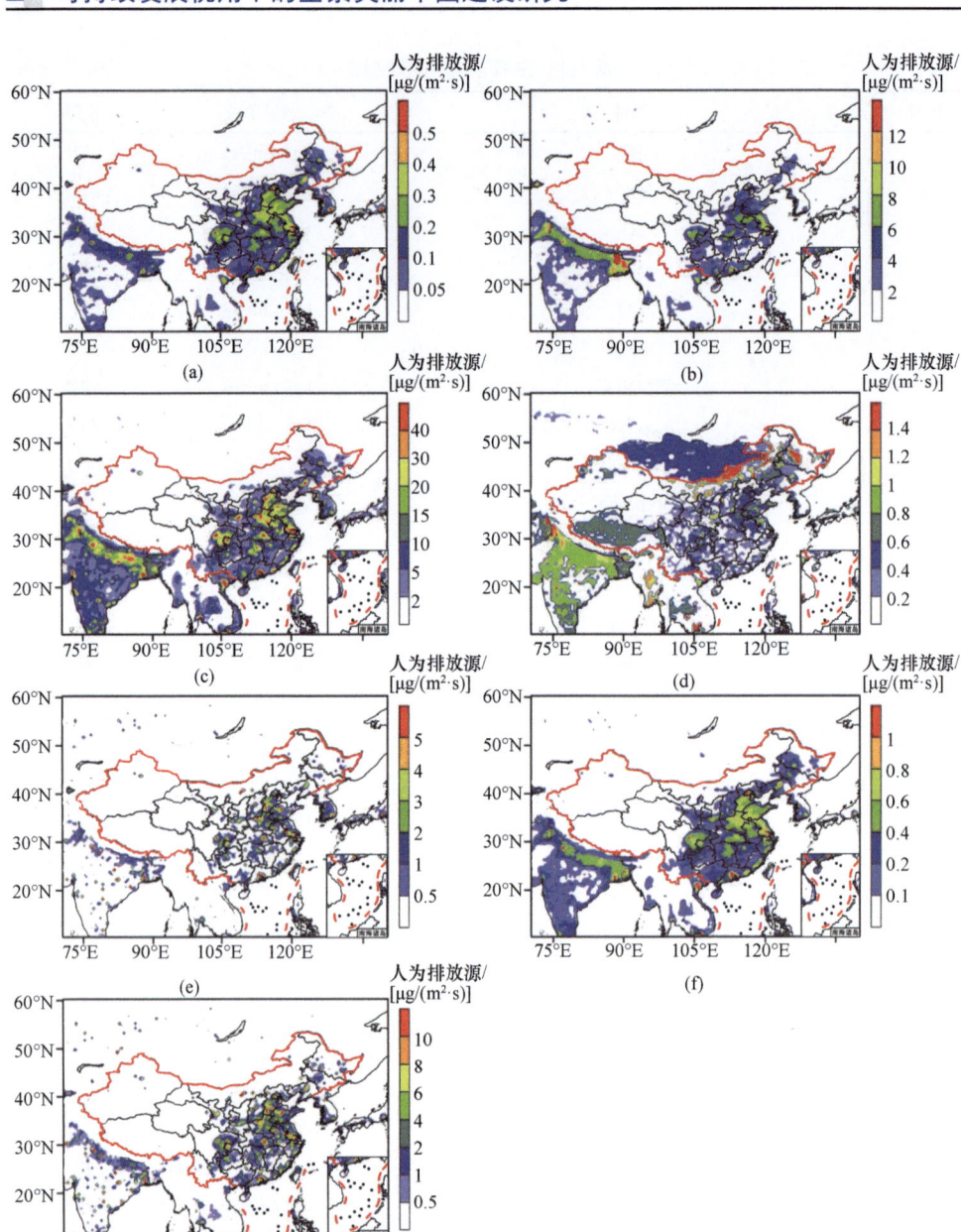

图 2-87 RCP2.6 未来气候情景下中国地区 2020 年 BC（a）、CH$_4$（b）、CO（c）、NH$_3$（d）、NO（e）、OC（f）、SO$_2$（g）人为排放源的水平分布

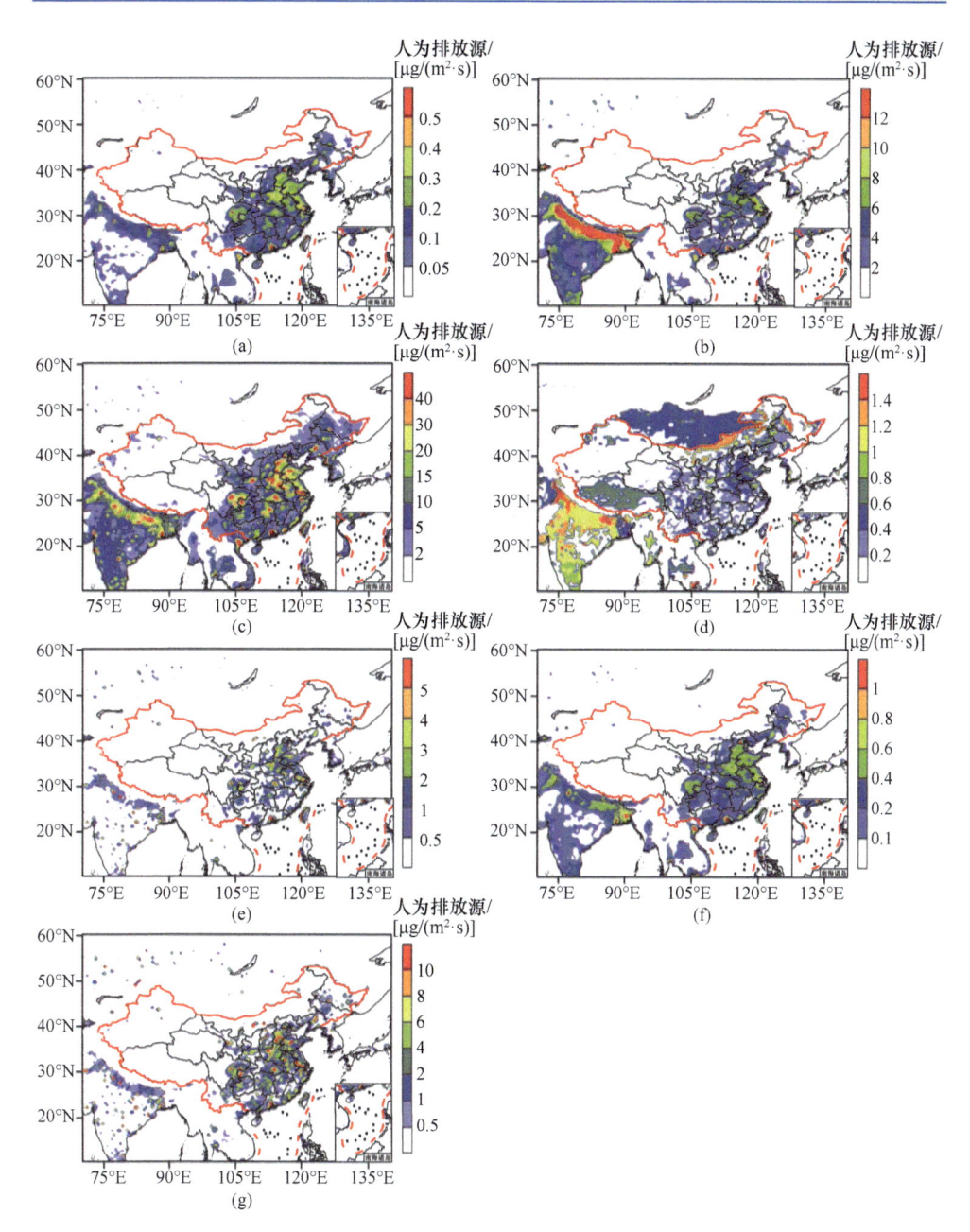

图 2-88　RCP4.5 未来气候情景下中国地区 2020 年 BC（a）、CH$_4$（b）、CO（c）、NH$_3$（d）、NO（e）、OC（f）、SO$_2$（g）人为排放源的水平分布

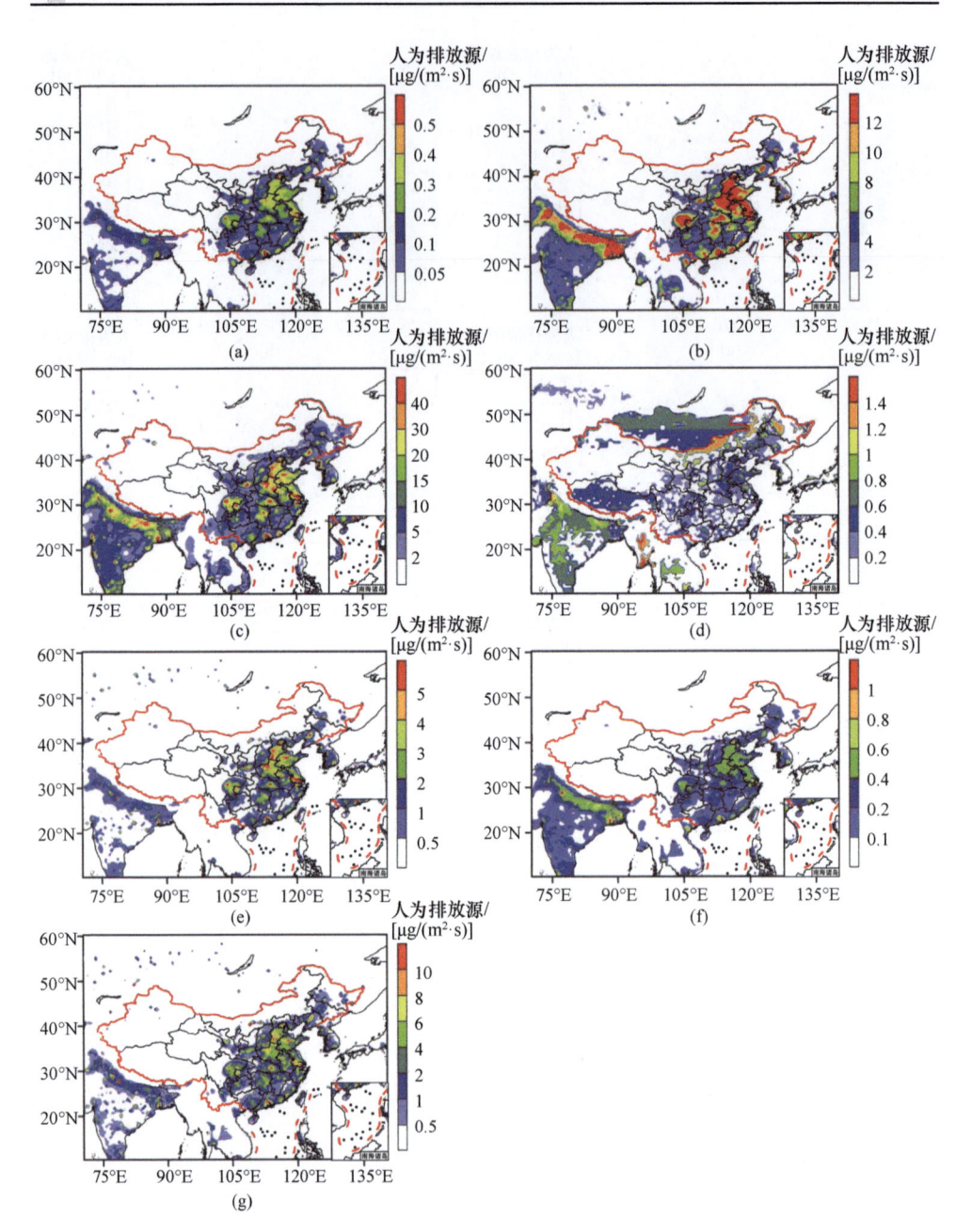

图 2-89 RCP8.5 未来气候情景下中国地区 2020 年 BC（a）、CH$_4$（b）、CO（c）、NH$_3$（d）、NO（e）、OC（f）、SO$_2$（g）人为排放源的水平分布

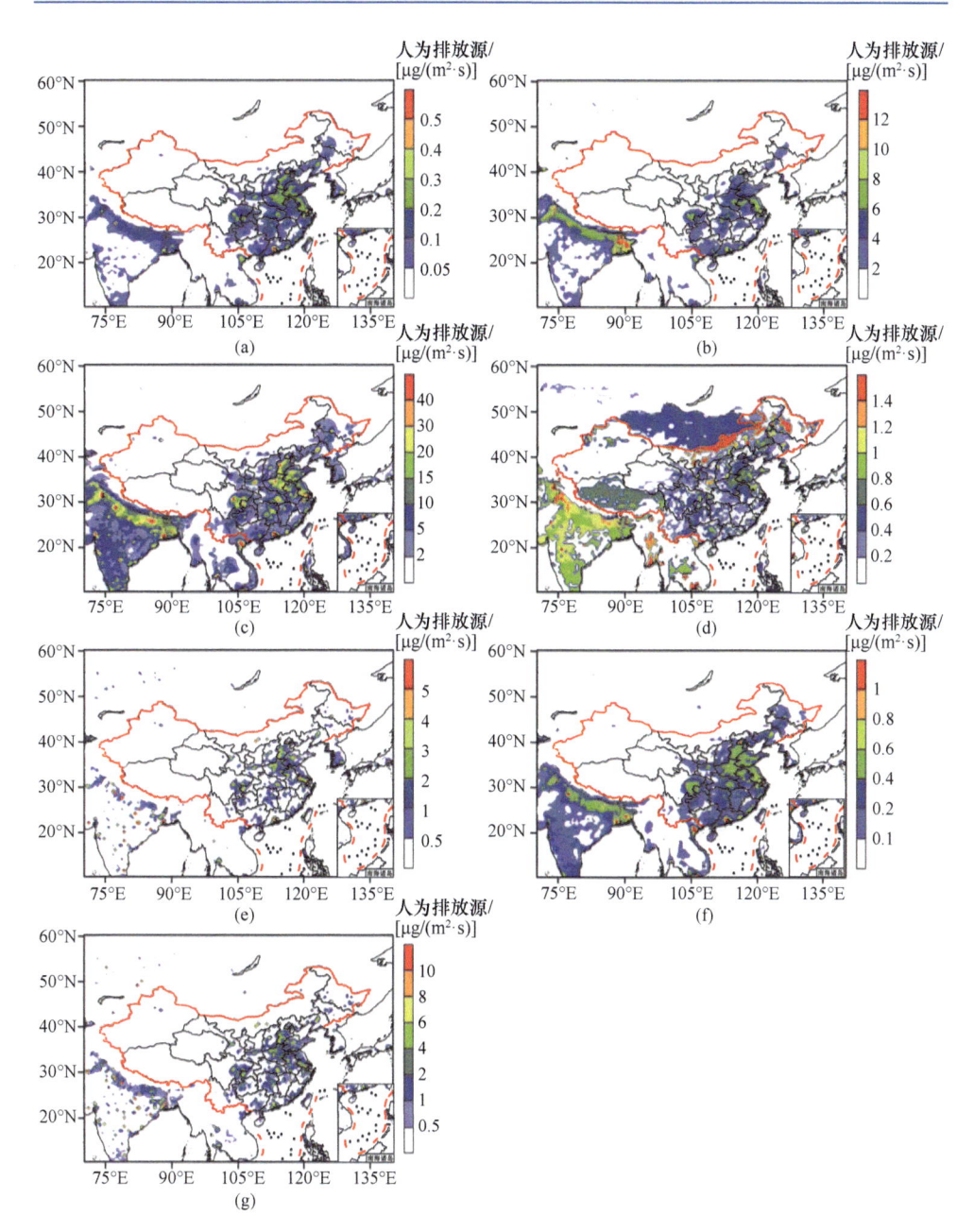

图 2-90 RCP2.6 未来气候情景下中国地区 2030 年 BC（a）、CH$_4$（b）、CO（c）、NH$_3$（d）、NO（e）、OC（f）、SO$_2$（g）人为排放源的水平分布

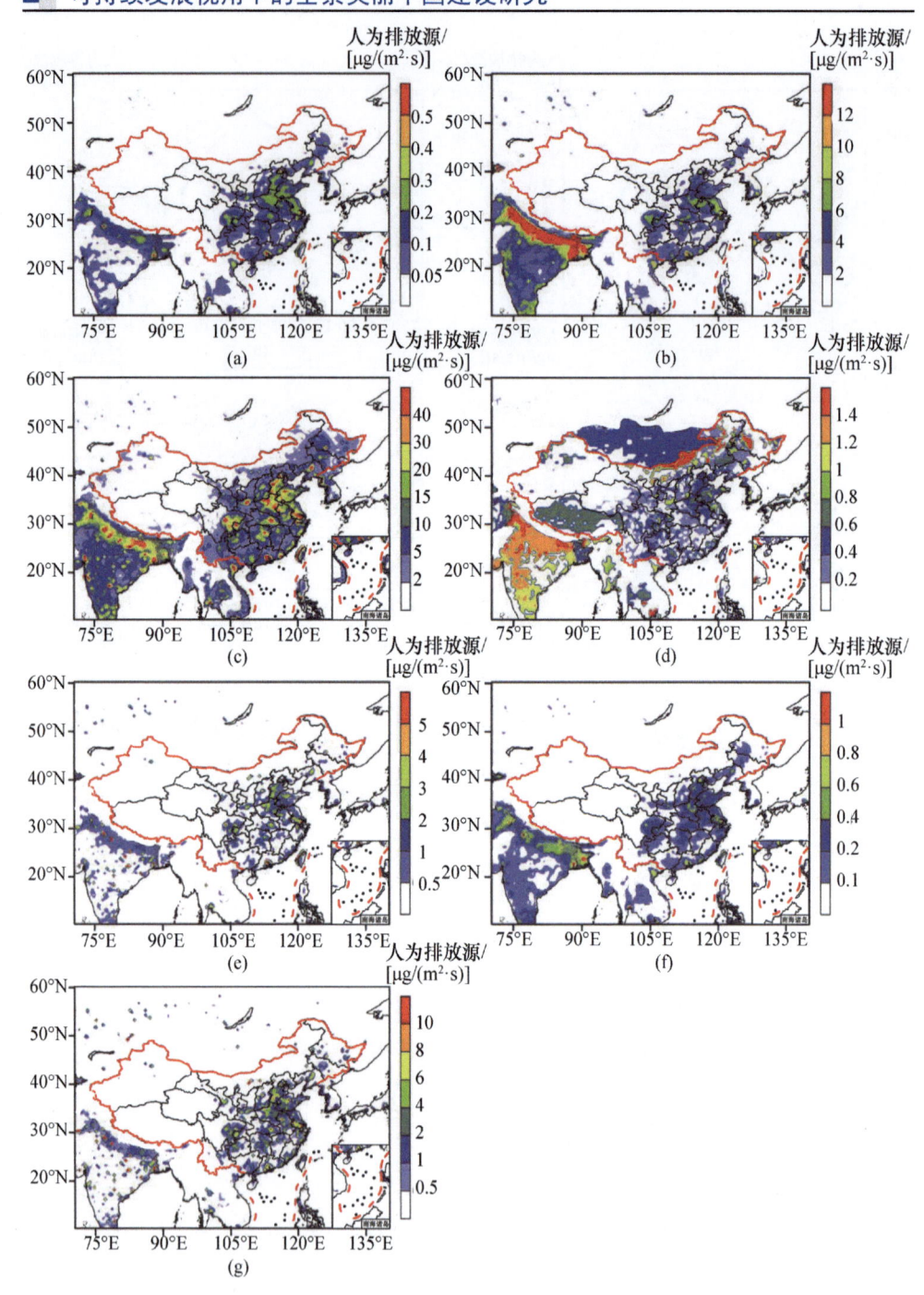

图 2-91 RCP4.5 未来气候情景下中国地区 2030 年 BC（a）、CH₄（b）、CO（c）、NH₃（d）、NO（e）、OC（f）、SO₂（g）人为排放源的水平分布

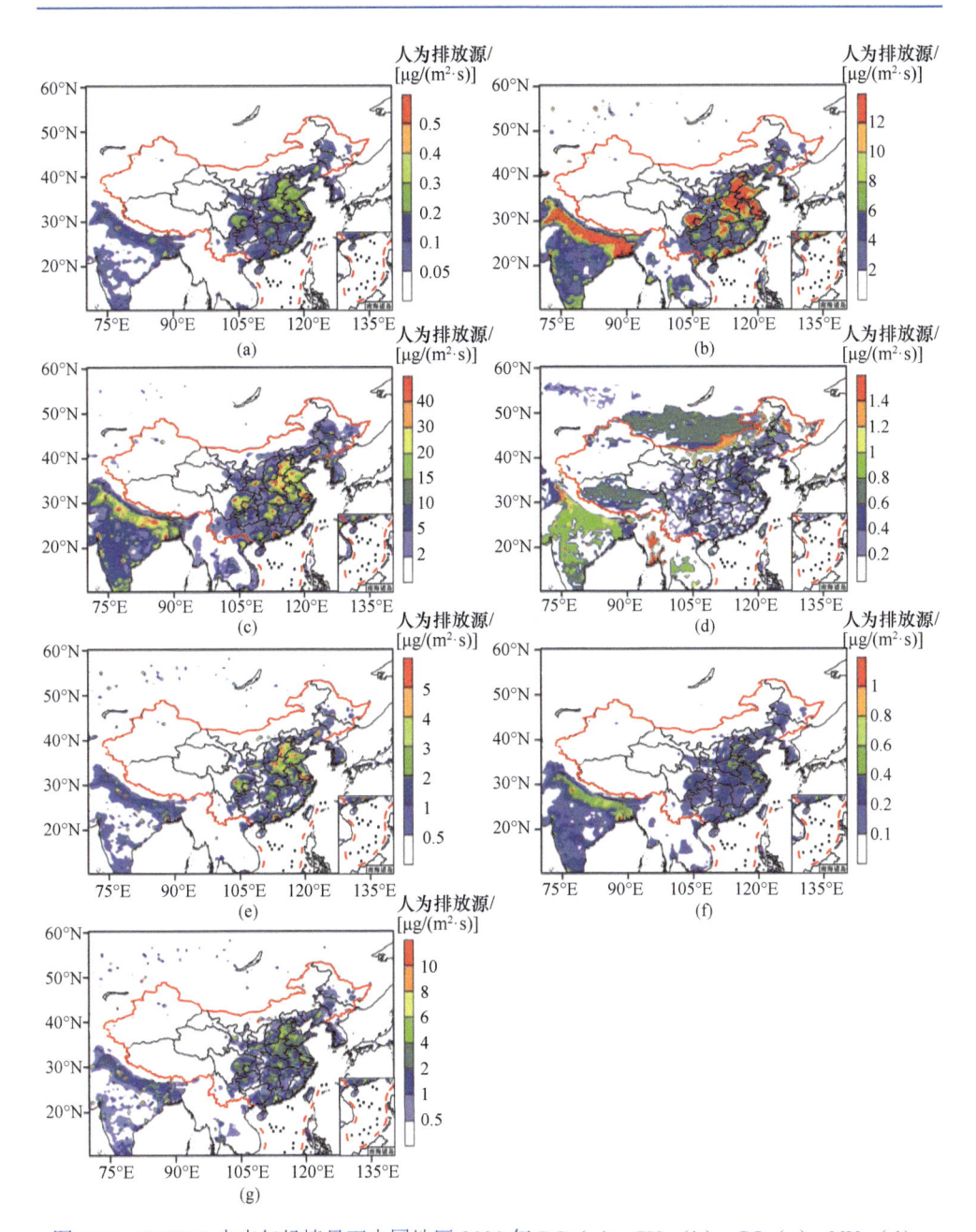

图 2-92　RCP8.5 未来气候情景下中国地区 2030 年 BC（a）、CH$_4$（b）、CO（c）、NH$_3$（d）、NO（e）、OC（f）、SO$_2$（g）人为排放源的水平分布

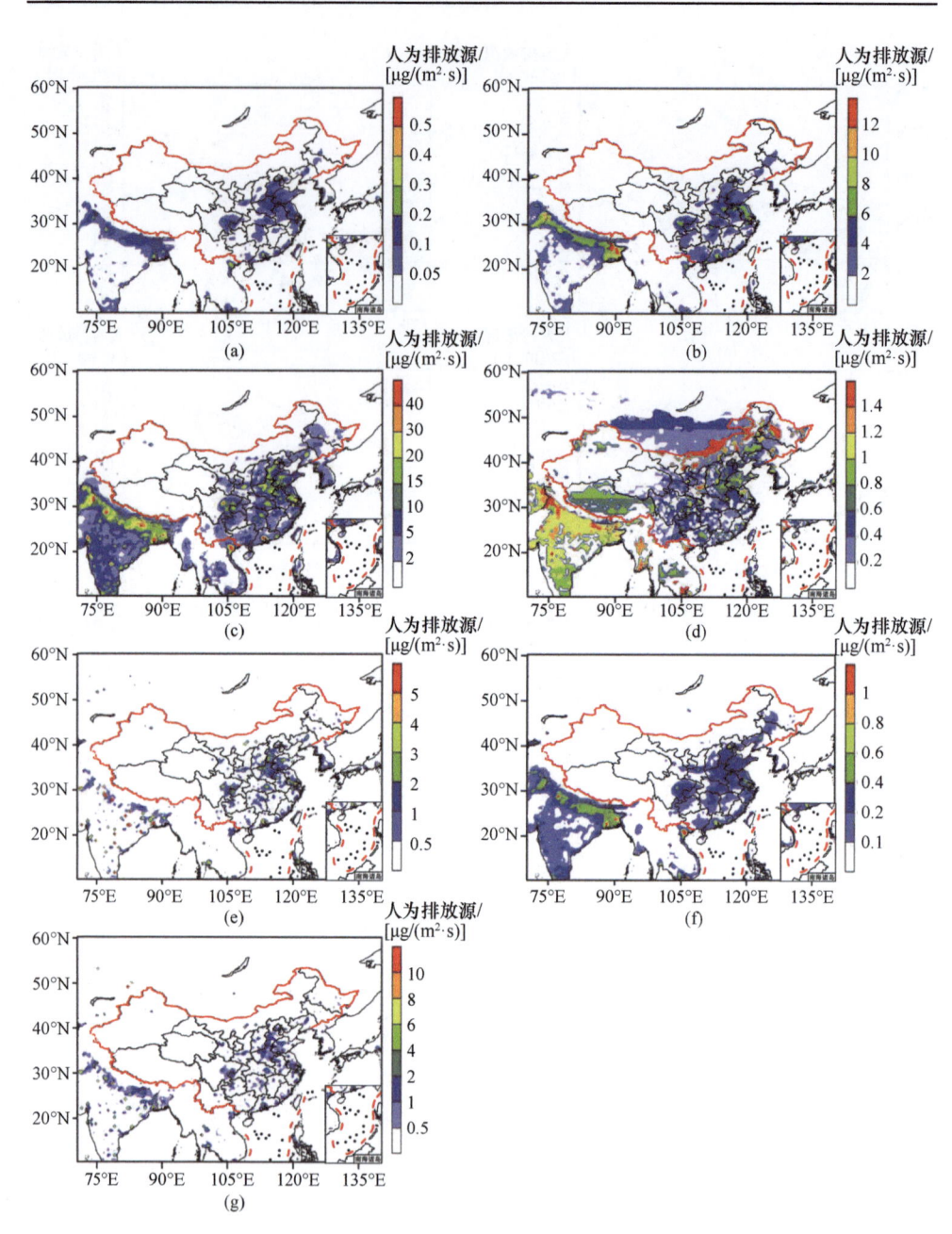

图 2-93　RCP2.6 未来气候情景下中国地区 2040 年 BC（a）、CH$_4$（b）、CO（c）、NH$_3$（d）、NO（e）、OC（f）、SO$_2$（g）人为排放源的水平分布

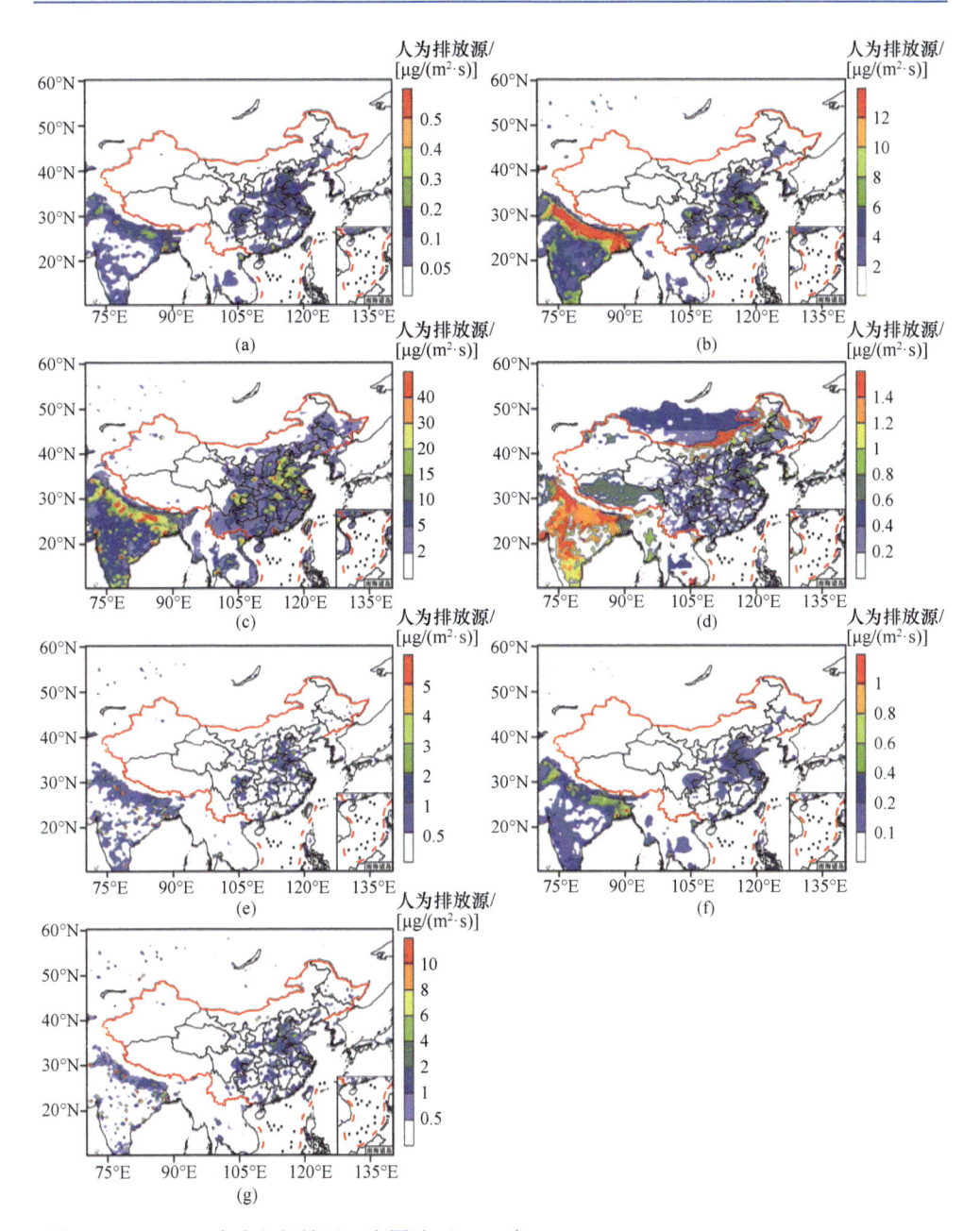

图 2-94　RCP4.5 未来气候情景下中国地区 2040 年 BC（a）、CH$_4$（b）、CO（c）、NH$_3$（d）、NO（e）、OC（f）、SO$_2$（g）人为排放源的水平分布

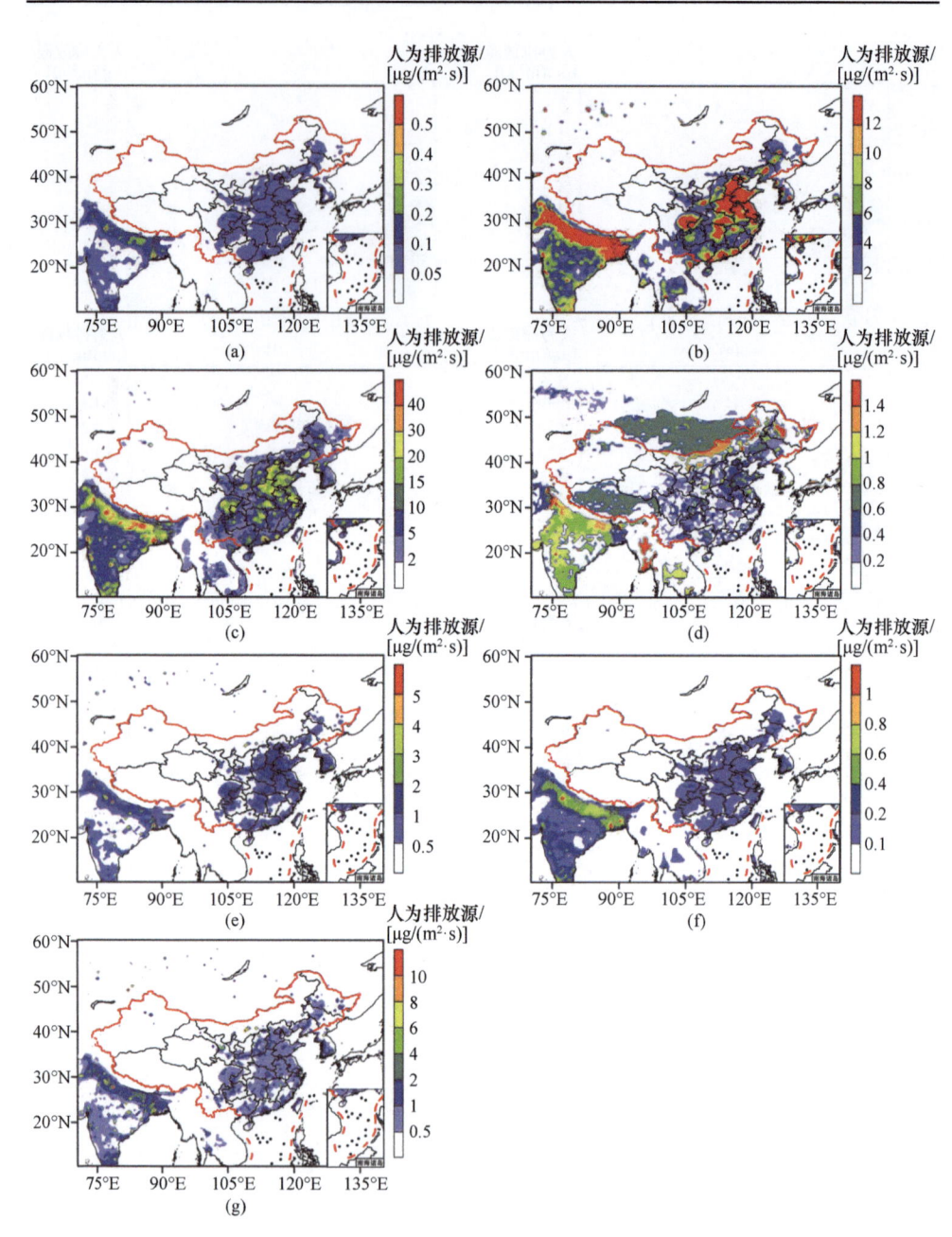

图 2-95 RCP8.5 未来气候情景下中国地区 2040 年 BC（a）、CH$_4$（b）、CO（c）、NH$_3$（d）、NO（e）、OC（f）、SO$_2$（g）人为排放源的水平分布

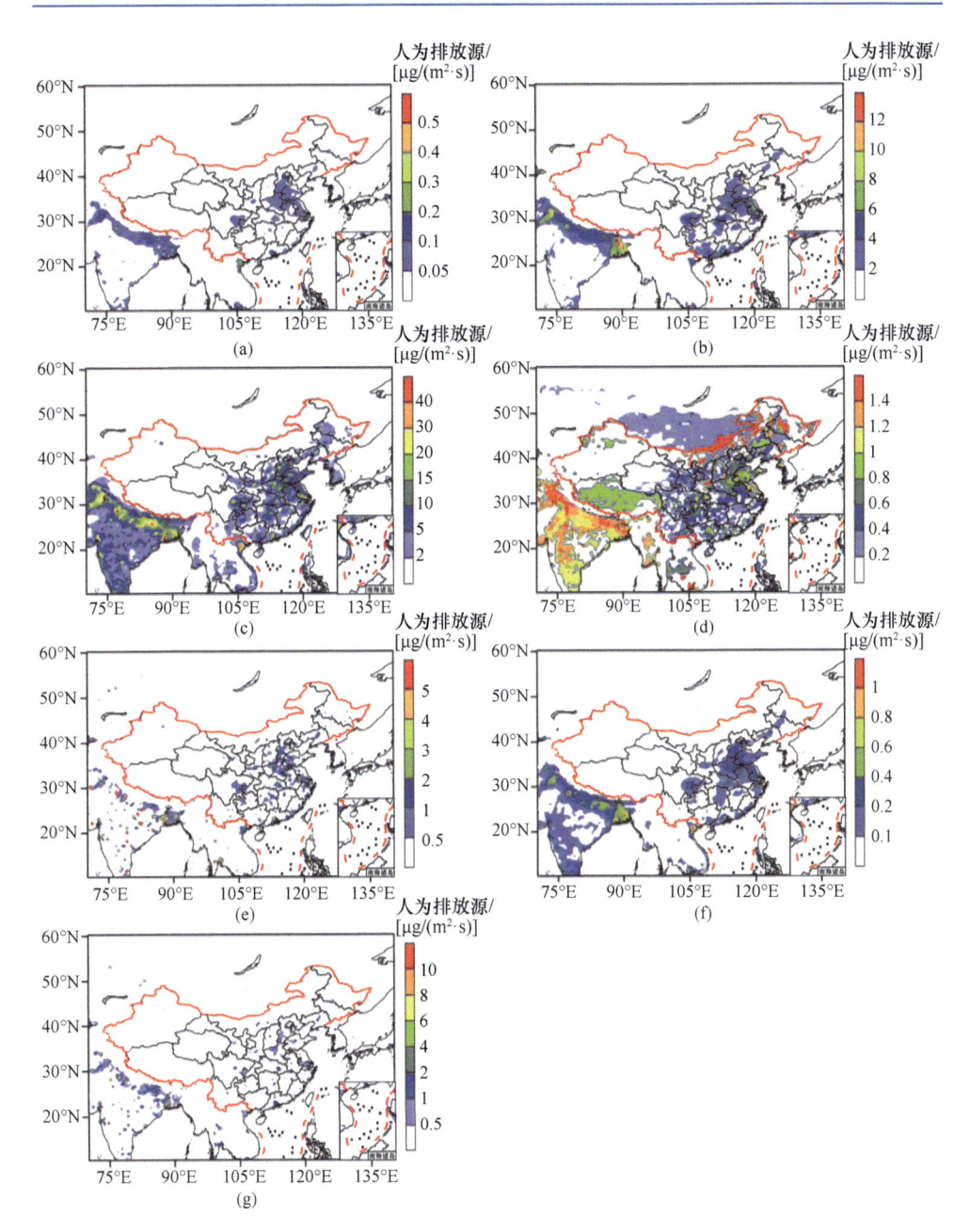

图 2-96 RCP2.6 未来气候情景下中国地区 2050 年 BC（a）、CH₄（b）、CO（c）、NH₃（d）、NO（e）、OC（f）、SO₂（g）人为排放源的水平分布

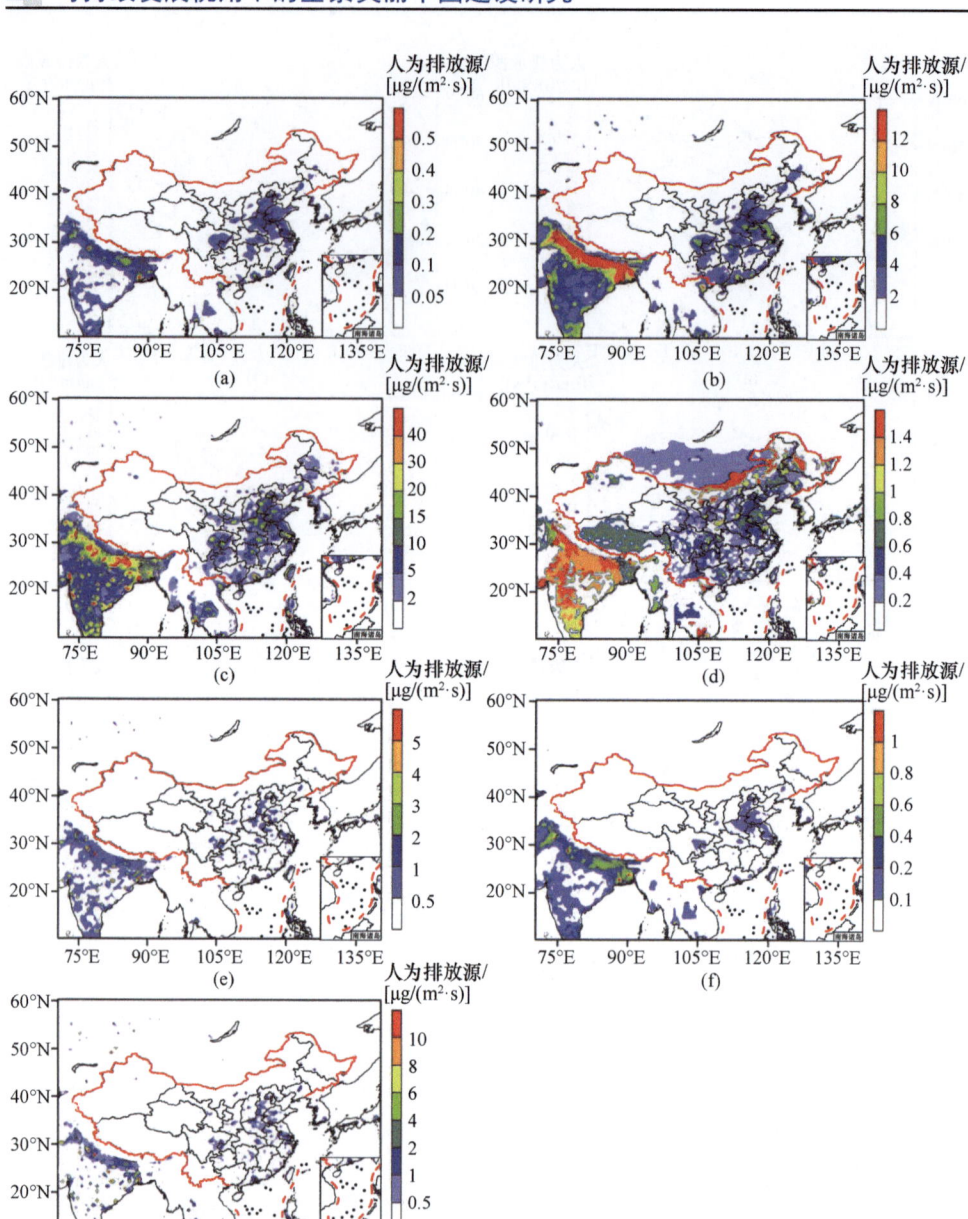

图 2-97　RCP4.5 未来气候情景下中国地区 2050 年 BC（a）、CH₄（b）、CO（c）、NH₃（d）、NO（e）、OC（f）、SO₂（g）人为排放源的水平分布

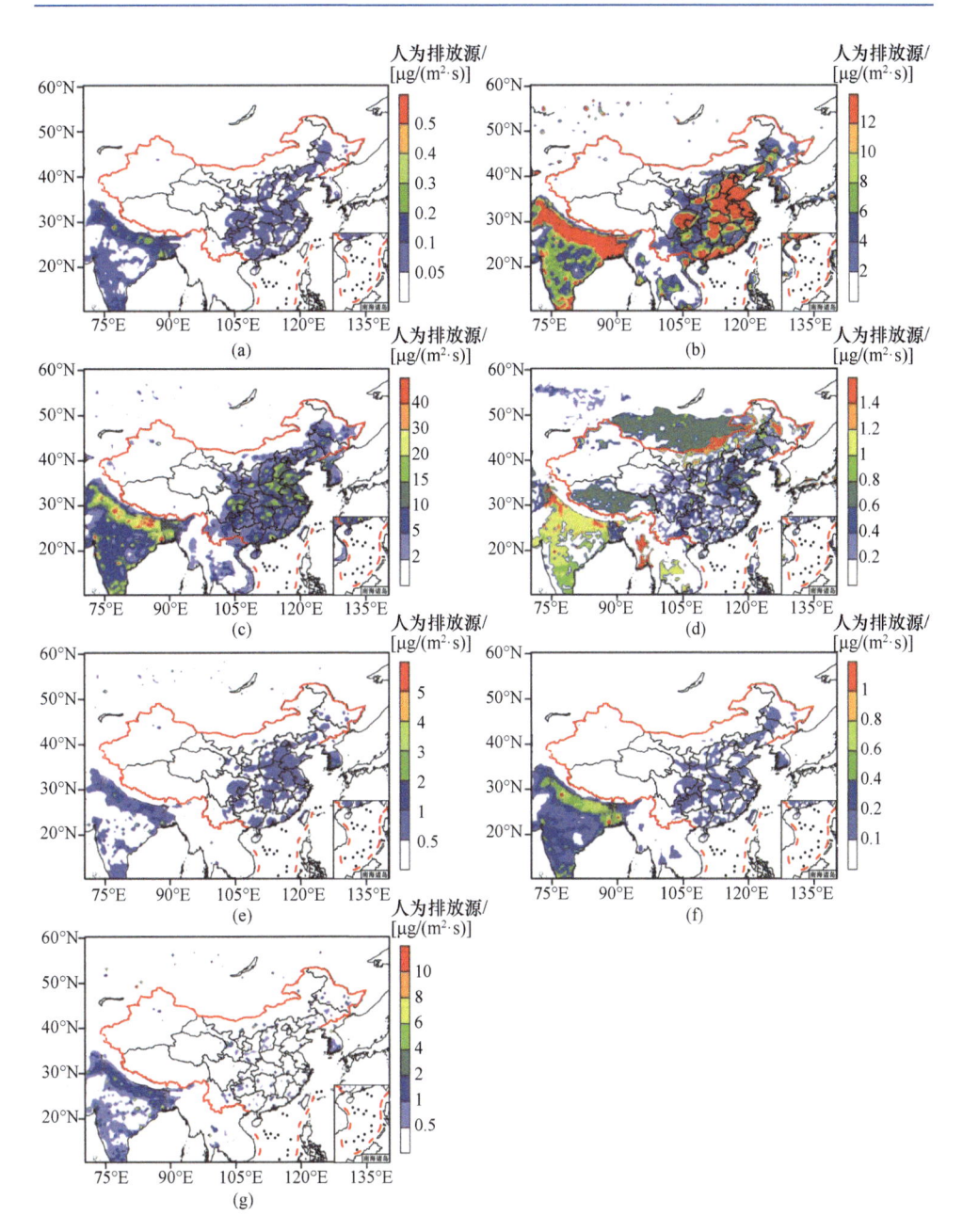

图 2-98　RCP8.5 未来气候情景下中国地区 2050 年 BC（a）、CH₄（b）、CO（c）、NH₃（d）、NO（e）、OC（f）、SO₂（g）人为排放源的水平分布

2.5.4 未来空气质量数据集建立

首先使用了 NCAR CESM 全球偏差校正的 RCP2.6 和 RCP4.5 未来气候情景数据作为模式输入气象场。该气象数据是插值到等压面上的，6 小时间隔，水平分辨率为 0.9375°×1.25°，即 192×288 个网格覆盖全球，垂直方向有 24 层，包括 0~10cm、10~40cm、40~100cm、100~200cm 层的土壤温度和湿度，海平面气压，表面气压，10m 风速，2m 温度和湿度，各等压面风速、温度、湿度和位势高度。其次按照要求提取了数据中 RCP2.6 和 RCP4.5 未来气候情景下 2025~2030 年各等压面风速、温度、湿度、位势高度作为模式输入气象场数据。另外，模式输入的排放源是来自 RCP 未来排放源数据 2.0 版，从基准年 2000 年开始，包括 BC、OC、CH_4、硫、NO_x、VOCs、CO 和 NH_3，并且 2005~2100 年增加了 RCP 中的温室气体排放。图 2-99 是模式模拟的 2025~2030 年平均的 RCP2.6 情景下近地表温度和相对湿度的分布、RCP4.5 情景与 RCP2.6 情景下近地表温度和相对湿度的差异，以及 RCP8.5 情景与 RCP2.6 情景下近地表温度和相对湿度的差异。可以看到，由于是多年平均，不同情景中的差异较小。RCP2.6 情景中，近地表温度由南到北降低。与 RCP2.6 情景相比，RCP4.5 情景中，温度在大部分地区是上升的，上升了 0.1~0.6K，在东北部和东南部有轻微的下降，下降了 0.1~0.2K，而在

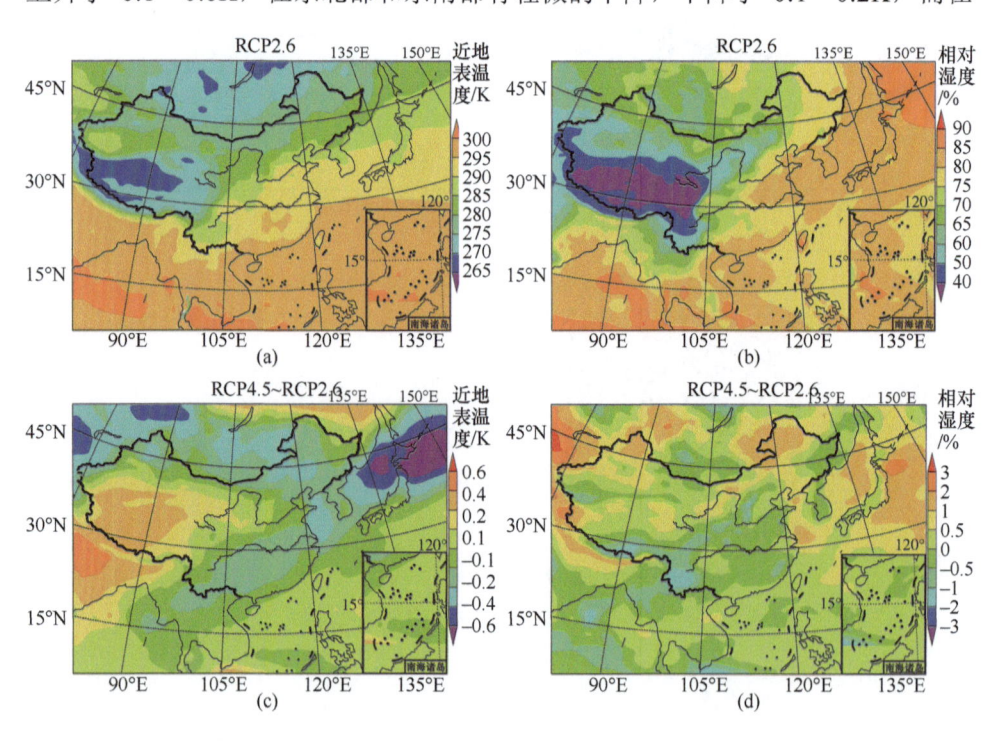

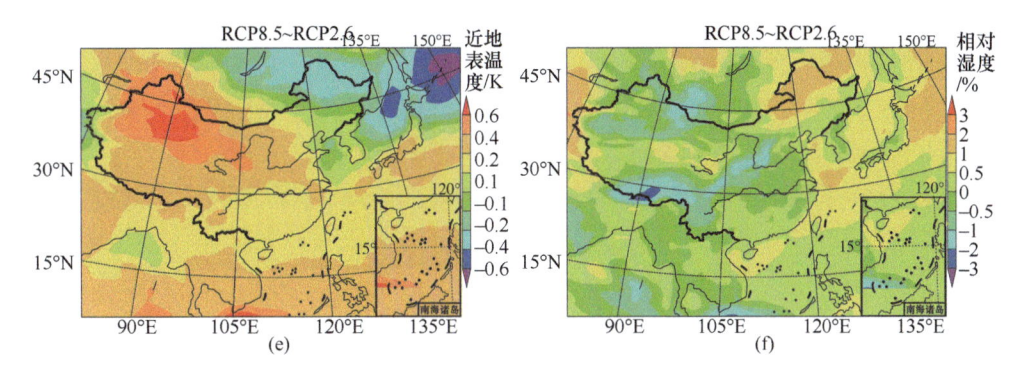

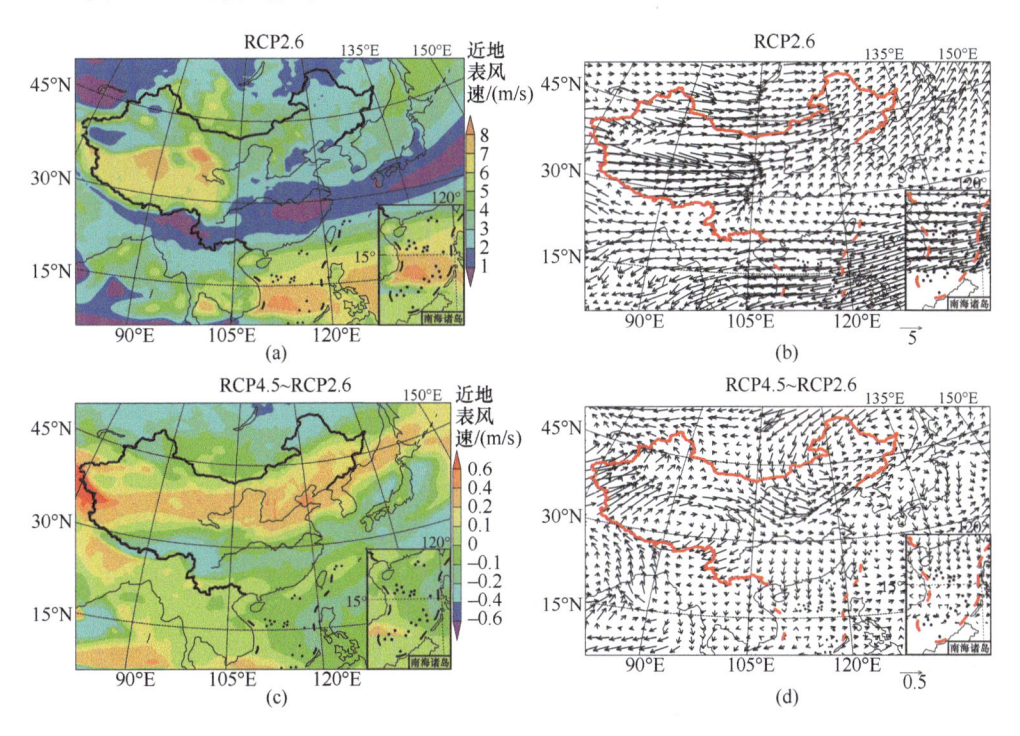

图 2-99　模式模拟的 2025～2030 年平均的 RCP2.6 情景下近地表温度（a）和相对湿度（b）的分布、RCP4.5 情景与 RCP2.6 情景下近地表温度（c）和相对湿度（d）的差异，以及 RCP8.5 情景与 RCP2.6 情景下近地表温度（e）和相对湿度（f）的差异

RCP8.5 情景中，近地表温度基本都是比 RCP2.6 情景升高的，升高了 0.2～0.6 K。RCP2.6 情景中，相对湿度在我国东部和南部较高，在西部和北部较低。与 RCP2.6 情景相比，RCP4.5 情景中相对湿度在大部分地区都是降低的，大约降低了 1%，RCP8.5 情景中相对湿度在大部分地区也都是降低的，降低了 1%～2%。

图 2-100 是模式模拟的 2025～2030 年平均的 RCP2.6 情景下近地表风速和风

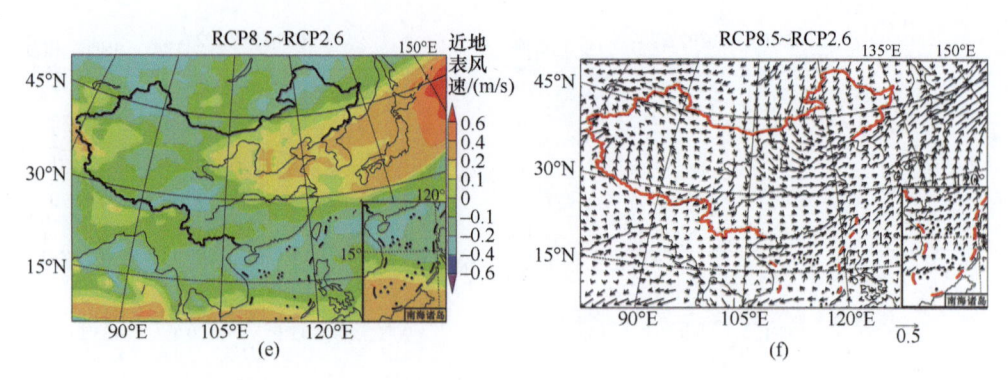

图 2-100　模式模拟的 2025～2030 年平均的 RCP2.6 情景下近地表风速（a）和风场（b）的分布、RCP4.5 情景与 RCP2.6 情景下近地表风速（c）和风场（d）的差异，以及 RCP8.5 情景与 RCP2.6 情景下近地表风速（e）和风场（f）的差异

场的分布、RCP4.5 情景与 RCP2.6 情景下近地表风速和风场的差异，以及 RCP8.5 情景与 RCP2.6 情景下近地表风速和风场的差异。可以看到，在 RCP2.6 情景中，近地表风速在我国南部较低，在我国北部较高。与 RCP2.6 情景相比，RCP4.5 情景中，我国南部的近地表风速是降低的，大约降低了 0.1m/s，我国北部的近地表风速增加了 0.2～0.4m/s。与 RCP2.6 情景相比，RCP8.5 情景下近地表风速则是在华北地区有所增加，增加了 0.2～0.4m/s，在其他地区则是降低的，约降低了 0.1m/s。对于风场，在 RCP2.6 情景中，我国北方主要为西风和西南风，我国南方为南风和东南风。与 RCP2.6 相比，在 RCP4.5 情景中，两者之间风场差异为在我国北方西北风增多，南方有轻微的北风增加。在 RCP8.5 情景中，我国北方和 RCP4.5 情景类似，为西北风增多，而在南方则是西风增多。

图 2-101 是模式模拟的 2025～2030 年平均的 RCP2.6 情景下近地表 $PM_{2.5}$ 和 PM_{10} 浓度的分布以及 RCP2.6 情景与 2017 年气候条件下近地表 $PM_{2.5}$ 和 PM_{10} 浓度的差异。可以看到，在 RCP2.6 情景下，2025～2030 年，近地表 $PM_{2.5}$ 浓度在华北、长三角和西南地区最高，为 70～80μg/m³，在中部地区为 50～70μg/m³，在南部最低，为 10～30μg/m³。在图 2-101（b）中可以看到，与 2017 年相比，RCP2.6 情景下，近地表 $PM_{2.5}$ 浓度在整个中国地区基本都是降低的，在华北地区、西南地区降低了 40～60μg/m³，在中部地区降低了 20～40μg/m³，在长三角地区降低了 10～40μg/m³，但是在长三角东部小部分地区和华南地区有轻微的上升，可达 10μg/m³。PM_{10} 与 $PM_{2.5}$ 的分布和差异都是类似的，只是在数值方面比 $PM_{2.5}$ 高一些。

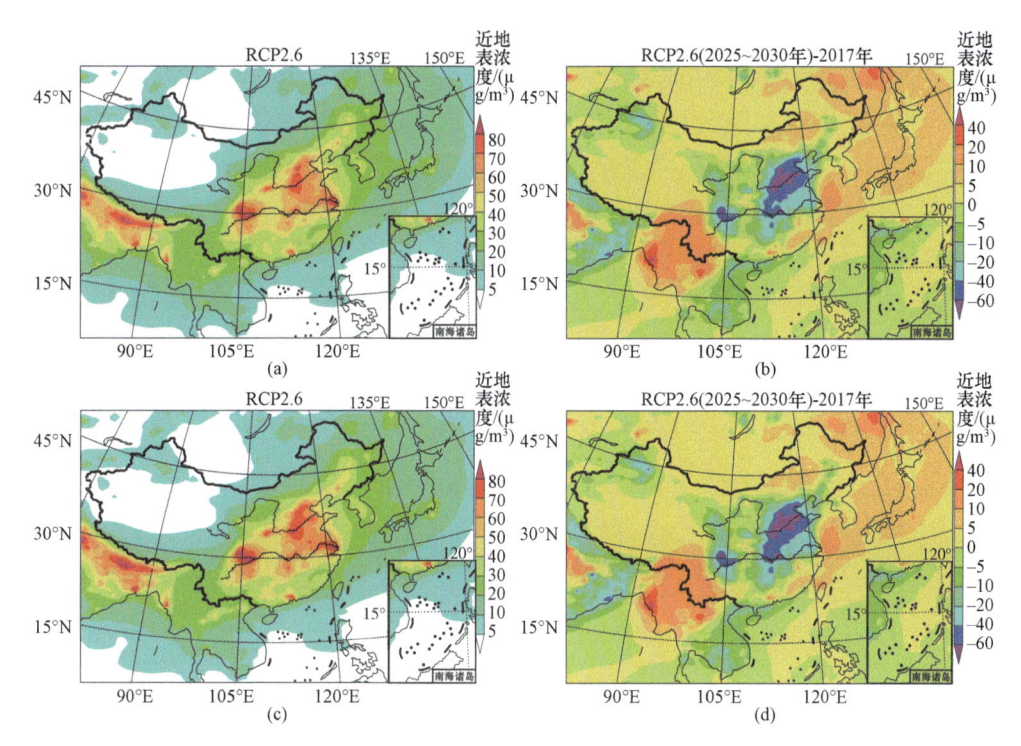

图2-101 模式模拟的2025～2030年平均的RCP2.6情景下近地表PM$_{2.5}$和PM$_{10}$浓度的分布（左）以及RCP2.6情景与2017年气候条件下近地表PM$_{2.5}$和PM$_{10}$浓度的差异（右）

图2-102是模式模拟的2025～2030年平均的RCP2.6情景下近地表SO$_4^{2-}$、NO$_3^-$、NH$_4^+$、BC和OC浓度的分布以及RCP2.6情景与2017年气候条件下近地表SO$_4^{2-}$、NO$_3^-$、NH$_4^+$、BC和OC浓度的差异。可以看到，在RCP2.6情景下，2025～2030年，近地表SO$_4^{2-}$浓度在长三角地区最高，为25～35μg/m^3，在华北、中部、西南、珠三角地区为20～30μg/m^3，在其他南部地区为10～20μg/m^3。近地表NO$_3^-$浓度在我国中部和西南地区最高，为5～10μg/m^3，在其他区域为2～5μg/m^3。近地表NH$_4^+$浓度在华北和西南地区最高，为10～15μg/m^3，在其他区域为2～10μg/m^3。近地表BC浓度在华北、长三角、西南和珠三角地区最高，为4～8μg/m^3，在其他区域为2～4μg/m^3。近地表OC浓度在华北、长三角、西南和珠三角地区最高，为15～25μg/m^3，在其他区域为5～15μg/m^3。在图2-102中可以看到，与2017年相比，RCP2.6情景下，近地表SO$_4^{2-}$浓度在长三角、珠三角和东南部地区增加了5～10μg/m^3，在华北、中部和西南地区降低了5～10μg/m^3。近地表NO$_3^-$浓度也基本都是减少的，在华北地区减少得最多，为25μg/m^{3}以上，在中部、西南地区降低了15～25μg/m^3，

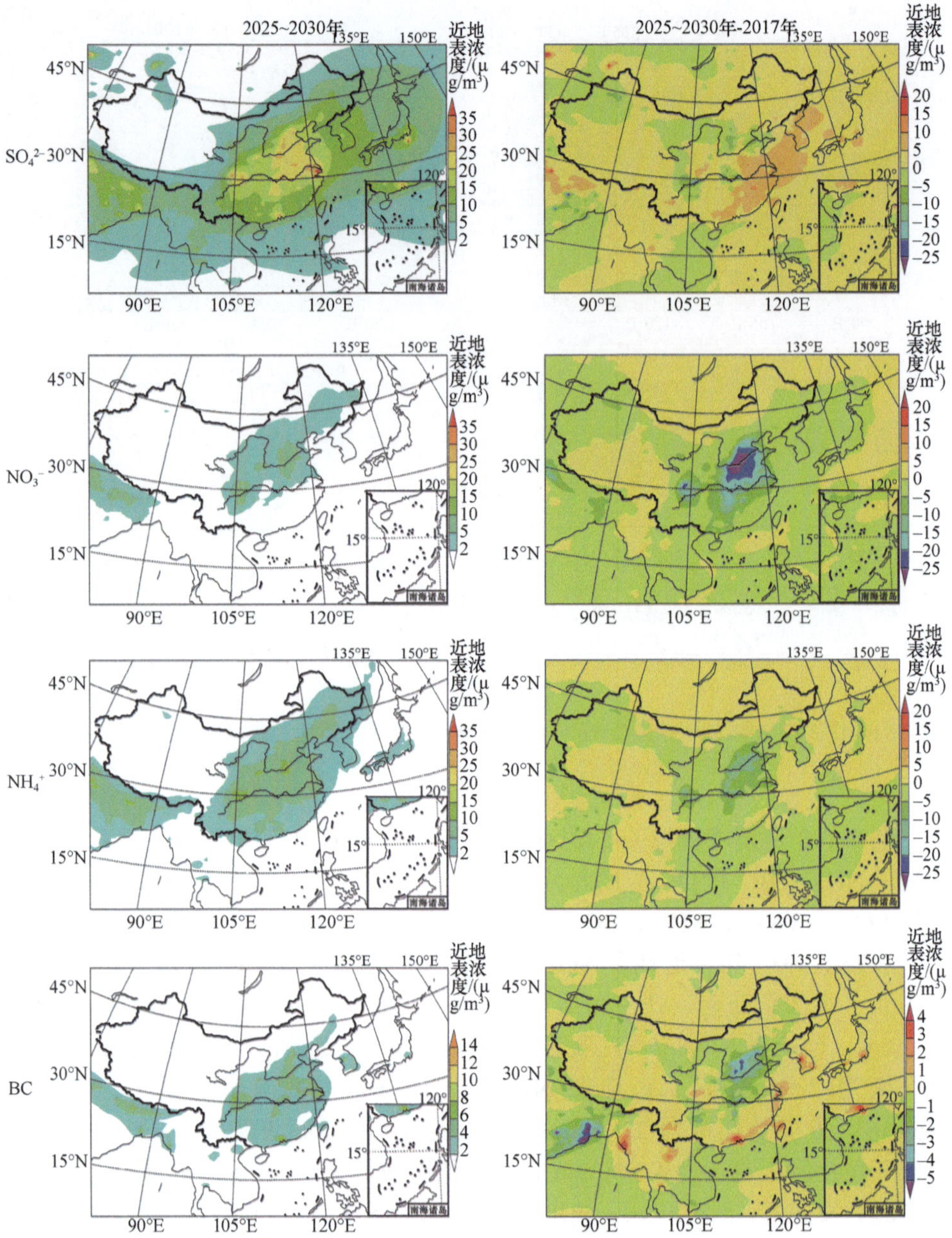
2025~2030年
2025~2030年-2017年
SO_4^{2-}
NO_3^-
NH_4^+
BC
近地表浓度/(μg/m³)
45°N
30°N
15°N
90°E
105°E
120°E
135°E
150°E
南海诸岛

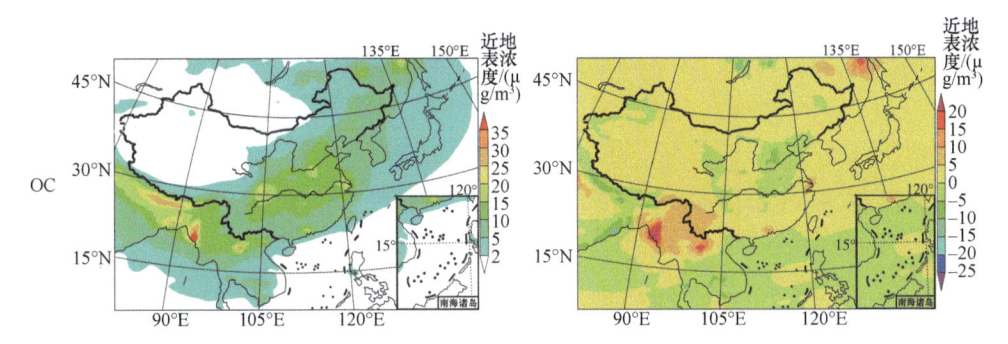

图 2-102　模式模拟的 2025～2030 年平均的 RCP2.6 情景下近地表 SO_4^{2-}、NO_3^-、NH_4^+、BC 和 OC 浓度的分布（左）以及 RCP2.6 情景与 2017 年气候条件下近地表 SO_4^{2-}、NO_3^-、NH_4^+、BC 和 OC 浓度的差异（右）

在长三角和珠三角降低了 5～10μg/m³。近地表 NH_4^+ 浓度基本都是减少的，在华北和西南地区减少得最多，为 10～15μg/m³，在中部、长三角地区降低了 5～10μg/m³。近地表 BC 浓度在华北地区减少 3～5μg/m³，在中部、西南地区降低了 1～3μg/m³，在长三角、珠三角以及东南沿海地区则增加 2～4μg/m³。近地表 OC 浓度的变化和 BC 类似，在华北地区减少 5～10μg/m³，在长三角和珠三角则增加 5～15μg/m³。

图 2-103 是模式模拟的 2025～2030 年平均的 RCP2.6 情景下近地表 SO_2、NO_x 和 O_3 浓度的分布以及 RCP2.6 情景与 2017 年气候条件下近地表 SO_2、NO_x 和 O_3 浓度的差异。如图 2-103 所示，在 RCP2.6 情景中，2025～2030 年，近地表 SO_2 浓度在长三角和珠三角地区最高，为 18～22 ppbv[①]，在华北、中部和西南地区为 8～18 ppbv，在其他地区为 4～8 ppbv。近地表 NO_x 浓度也是在长三角和珠三角最高，为 14～22ppbv，在华北、中部和西南地区为 8～14 ppbv，在其他区域为 4～8 ppbv。近地表 O_3 浓度在西南及东南沿海区域为 60～70 ppbv，在其他区域为 40～60 ppbv。在图 2-103 中可以看到，与 2017 年相比，RCP2.6 情景下，近地表 SO_2 浓度在我国大部分地区都是降低的，在华北和长三角降低得最多，减少量在 20～25ppbv，在中部和西南地区降低了 10～20 ppbv，在其他地区降低了 5～10 ppbv；近地表 NO_x 浓度也基本都是减少的，在华北和西南地区减少得最多，为 5～15ppbv，在中部、长三角地区降低了 0～10ppbv；近地表 O_3 浓度在大部分区域是增加的，在华北、长三角和西南地区增加得最多，增加了 5～15 ppbv，在中部、东南沿海增加了 5～10ppbv。

---

① 1 ppbv=4.46×10⁻⁸ mol/m³。

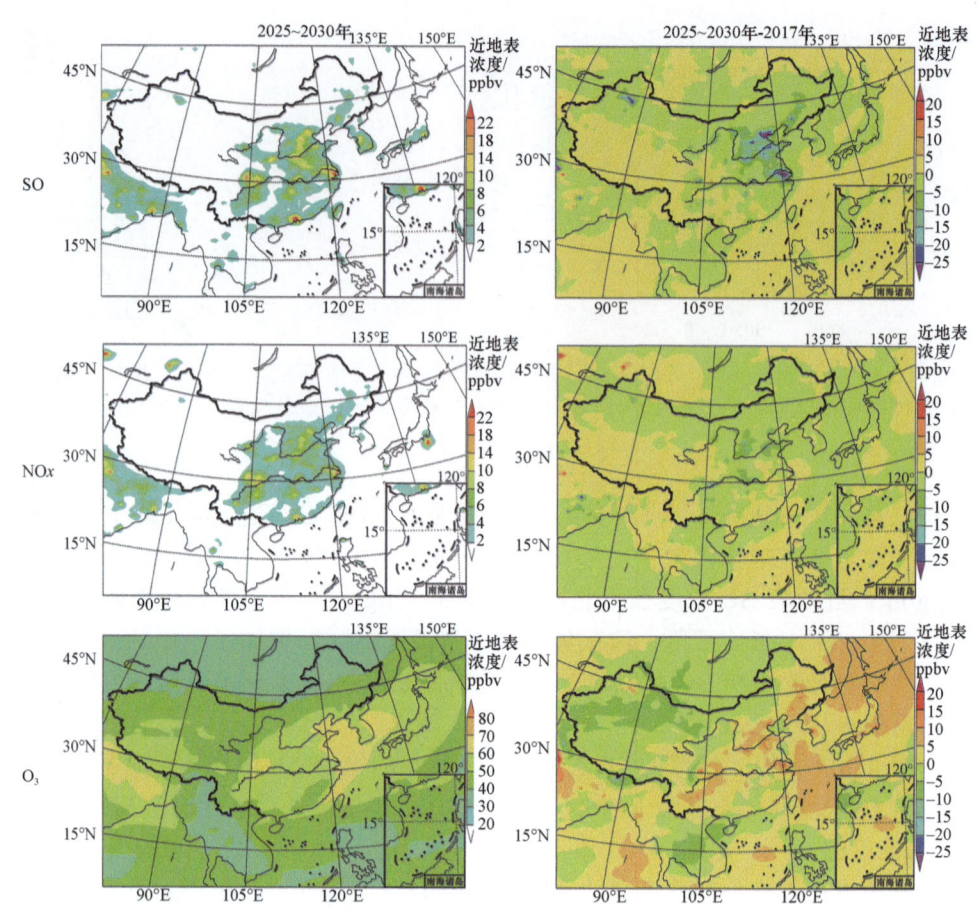

图 2-103　模式模拟的 2025～2030 年平均的 RCP2.6 情景下近地表 SO_2、NO_x 和 O_3 浓度的分布（左）以及 RCP2.6 情景与 2017 年气候条件下近地表 SO_2、NO_x 和 O_3 浓度的差异（右）

图 2-104～图 2-106 是模式模拟的华北、长三角和珠三角地区 2025～2030 年春、夏、秋、冬的 RCP2.6 情景与 2017 年气候条件下 SO_4^{2-}、NO_3^-、NH_4^+、BC、OC、$PM_{2.5}$ 近地表季节平均浓度的差异。其中，华北的范围是 32°N～40°N、114°E～121°E，长三角的范围是 28.5°N～33.5°N、118.5°E～123.5°E，珠三角的范围是 21.5°N～24°N、112°E～115.5°E。可以看到，在华北地区，2025～2030 年每种气溶胶近地表浓度的年际变化不大，但是季节变化很明显：对于 $PM_{2.5}$ 来说，在四个季节中，冬季 $PM_{2.5}$ 减少得最多，在每个年份都减少了 60μg/m³ 以上，减少量的主要贡献者为 NO_3^- 和 OC；在春季和秋季都是减少了 15～20μg/m³，减少量的主要贡献者为 NO_3^-，而 OC 在春季和秋季都是增加的；在夏季则是不同年份有增有减，但变化比较小，在 –5～5μg/m³，SO_4^{2-} 和 OC 的浓度都是增加的。

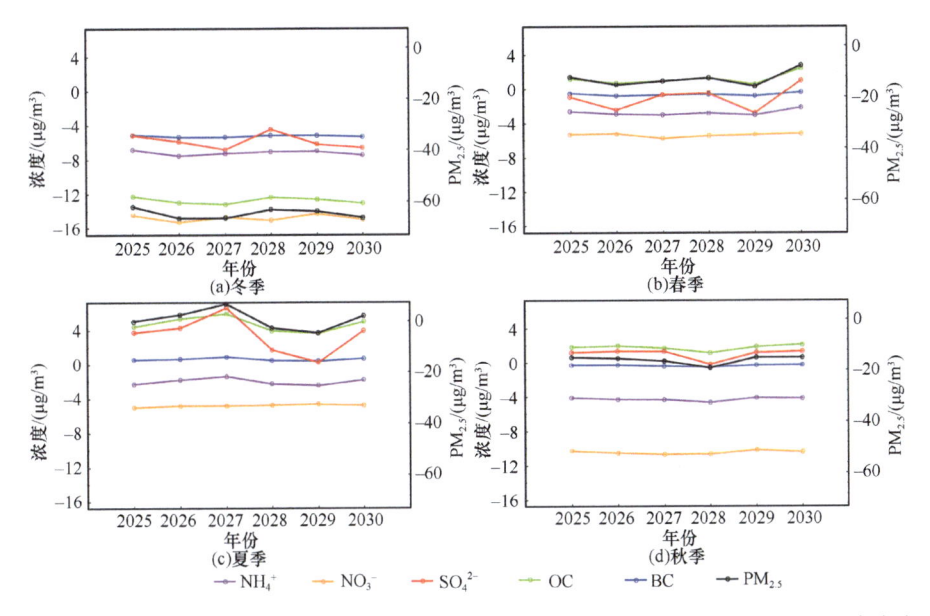

图 2-104　模式模拟的华北地区 2025～2030 年春、夏、秋、冬的 RCP2.6 情景与 2017 年气候条件下 SO_4^{2-}、NO_3^-、NH_4^+、BC、OC、$PM_{2.5}$ 近地表季节平均浓度的差异

图 2-105 中，可以看到，在长三角地区，与华北地区不同的是，在四个季节

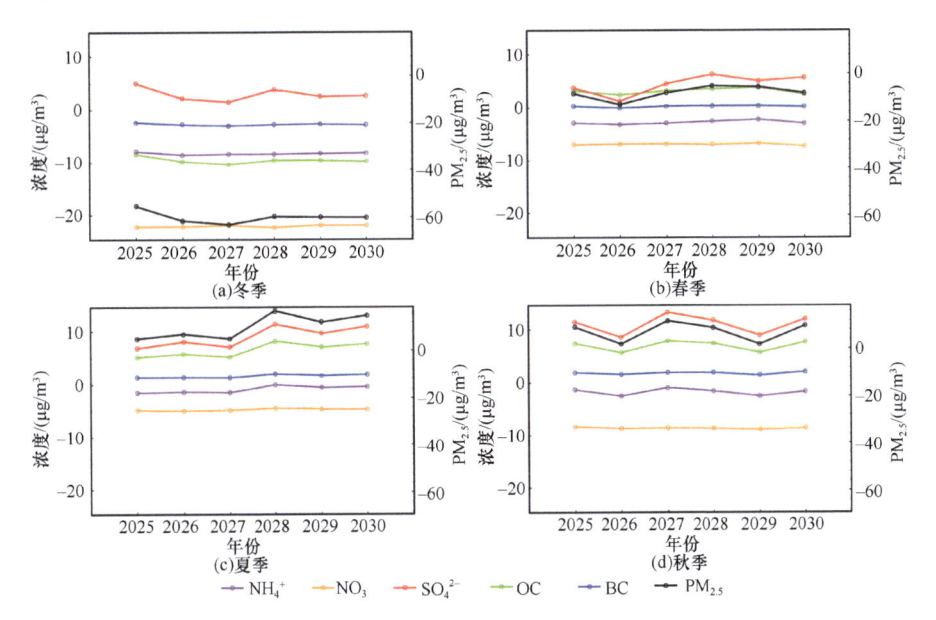

图 2-105　模式模拟的长三角地区 2025～2030 年春、夏、秋、冬的 RCP2.6 情景与 2017 年气候条件下 SO_4^{2-}、NO_3^-、NH_4^+、BC、OC、$PM_{2.5}$ 近地表季节平均浓度的差异

中，$PM_{2.5}$ 浓度在冬季减少的最多，在春季有轻微的减少，在夏秋季节都是增加的。冬季，$PM_{2.5}$ 浓度在每个年份都减少了 $60\mu g/m^3$ 左右，减少量的主要贡献者仍然为 NO_3^- 和 OC，并且其中 NO_3^- 的减少（$20\mu g/m^3$ 左右）要多于华北地区 NO_3^- 的减少。另外，SO_4^{2-} 浓度在冬季增加了 $2\sim5\mu g/m^3$。在春季，$PM_{2.5}$ 减少了约 $10\mu g/m^3$，减少量的主要贡献者为 NO_3^-，OC、BC 和 SO_4^{2-} 在春季都是增加的；在夏季和秋季的变化是非常类似的，$PM_{2.5}$ 增加了 $5\sim15\mu g/m^3$，增加量的主要贡献者为 SO_4^{2-}，另外 OC、BC 也有增加，减少量的贡献者为 NO_3^-。

图 2-106 中，可以看到，在珠三角地区，与长三角和华北地区不同的是，在四个季节中，$PM_{2.5}$ 浓度只在冬季是减少的，在其他三个季节都是增加或者很轻微的减少。冬季，$PM_{2.5}$ 浓度在每个年份都减少了 $30\mu g/m^3$ 左右，减少量的主要贡献者为 NO_3^-；在春季，$PM_{2.5}$ 在各年份增加 $1\sim10\mu g/m^3$，主要贡献者为 OC、BC 和 SO_4^{2-}；在夏季和秋季，$PM_{2.5}$ 在各年份增加比春季多，为 $5\sim15\mu g/m^3$，主要贡献者依然为 OC、BC 和 SO_4^{2-}，其中 OC 和 SO_4^{2-} 的增加约为 $5\mu g/m^3$，NO_3^- 的减少非常小。

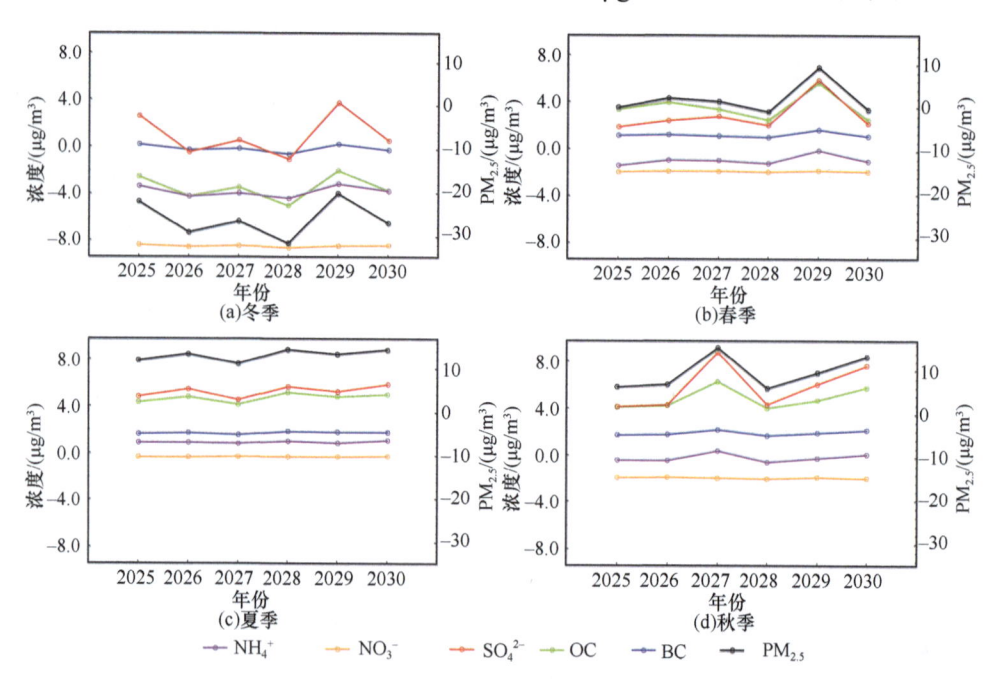

图 2-106 模式模拟的珠三角地区 2025～2030 年春、夏、秋、冬的 RCP2.6 情景与 2017 年气候条件下 SO_4^{2-}、NO_3^-、NH_4^+、BC、OC、$PM_{2.5}$ 近地表季节平均浓度的差异

图 2-107 是模式模拟的 2025～2030 年平均的 RCP4.5 情景下近地表 $PM_{2.5}$ 和 PM_{10} 浓度的分布以及 RCP4.5 情景与 RCP2.6 情景下近地表 $PM_{2.5}$ 和 PM_{10} 浓度的

差异。可以看到，在 RCP4.5 情景下，2025～2030 年，近地表 PM$_{2.5}$ 浓度在华北、长三角和西南地区最高，为 70～80μg/m^3，在中部地区为 50～70μg/m^3，在南部最低，为 10～30μg/m^3。在图 2-107（b）中可以看到，与 RCP2.6 情景相比，RCP4.5 情景下，近地表 PM$_{2.5}$ 浓度变化较小，除了在珠三角增加了 4～6μg/m^3，以及在东南沿海和西南沿海轻微增加 2～4μg/m^3，在其他地方的变化都是–2～2μg/m^3。PM$_{10}$ 与 PM$_{2.5}$ 的分布和差异都是类似的，只是在数值方面比 PM$_{2.5}$ 高一些。

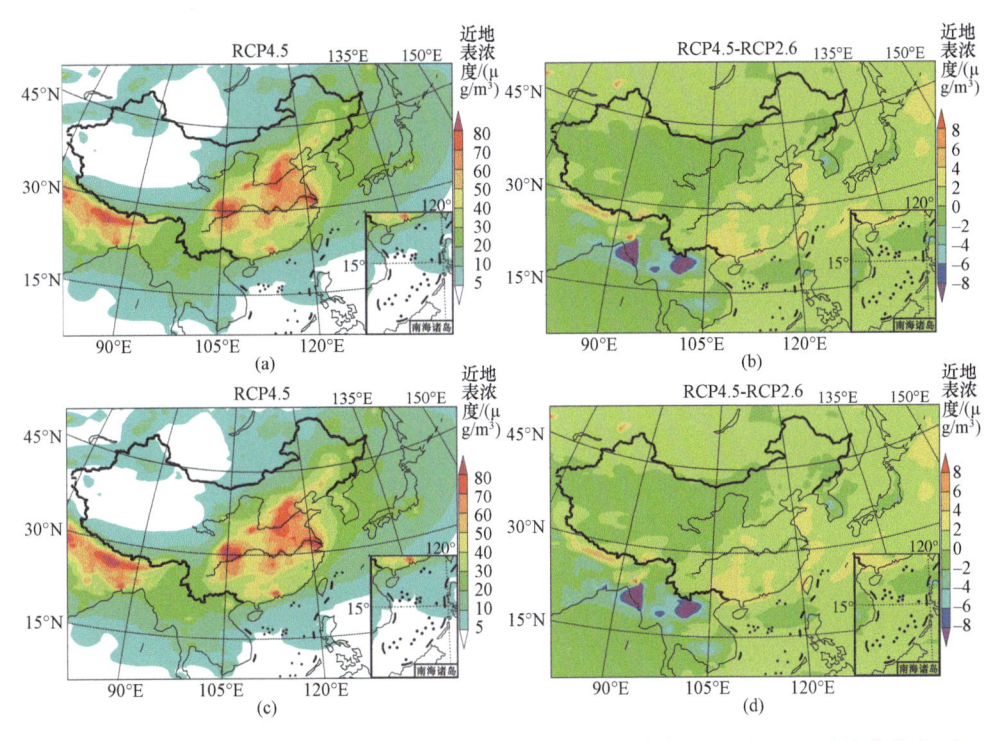

图 2-107　模式模拟的 2025～2030 年平均的 RCP4.5 情景下近地表 PM$_{2.5}$ 和 PM$_{10}$ 浓度的分布（左）以及 RCP4.5 情景与 RCP2.6 情景下近地表 PM$_{2.5}$ 和 PM$_{10}$ 浓度的差异（右）

图 2-108 是模式模拟的 2025～2030 年平均的 RCP4.5 情景下近地表 SO$_4^{2-}$、NO$_3^-$、NH$_4^+$、BC 和 OC 浓度的分布以及 RCP4.5 情景与 RCP2.6 情景下近地表 SO$_4^{2-}$、NO$_3^-$、NH$_4^+$、BC 和 OC 浓度的差异。可以看到，在 RCP4.5 情景下，2025～2030 年，近地表 SO$_4^{2-}$ 浓度在长三角地区最高，约为 35μg/m^3，在华北、中部、西南、珠三角地区为 25～35μg/m^3，在其他南部地区为 15～25μg/m^3。近地表 NO$_3^-$ 浓度在我国中部和西南地区最高，为 5～10μg/m^3，在其他区域为 2～5μg/m^3。近地表 NH$_4^+$ 浓度在华北和西南地区最高，为 10～15μg/m^3，在其他区域为 2～10μg/m^3。近地表 BC 浓度在华北、长三角、西南和珠三角地区最高，为 4～8μg/m^3，在其他

区域为 2~4μg/m³。近地表 OC 浓度在华北、长三角、西南和珠三角地区最高，为 10~20μg/m³，在其他区域为 5~10μg/m³。在图 2-108 中可以看到，与 RCP2.6 情景相比，在 RCP4.5 情景下，近地表 SO_4^{2-} 浓度在长三角地区增加最多，增加了 6~8μg/m³，在华北、中部、珠三角、西南地区增加了 4~6μg/m³，在其他地区增加了 2~4μg/m³；近地表 NO_3^- 浓度在 RCP4.5 情景中是要比 RCP2.6 情景下

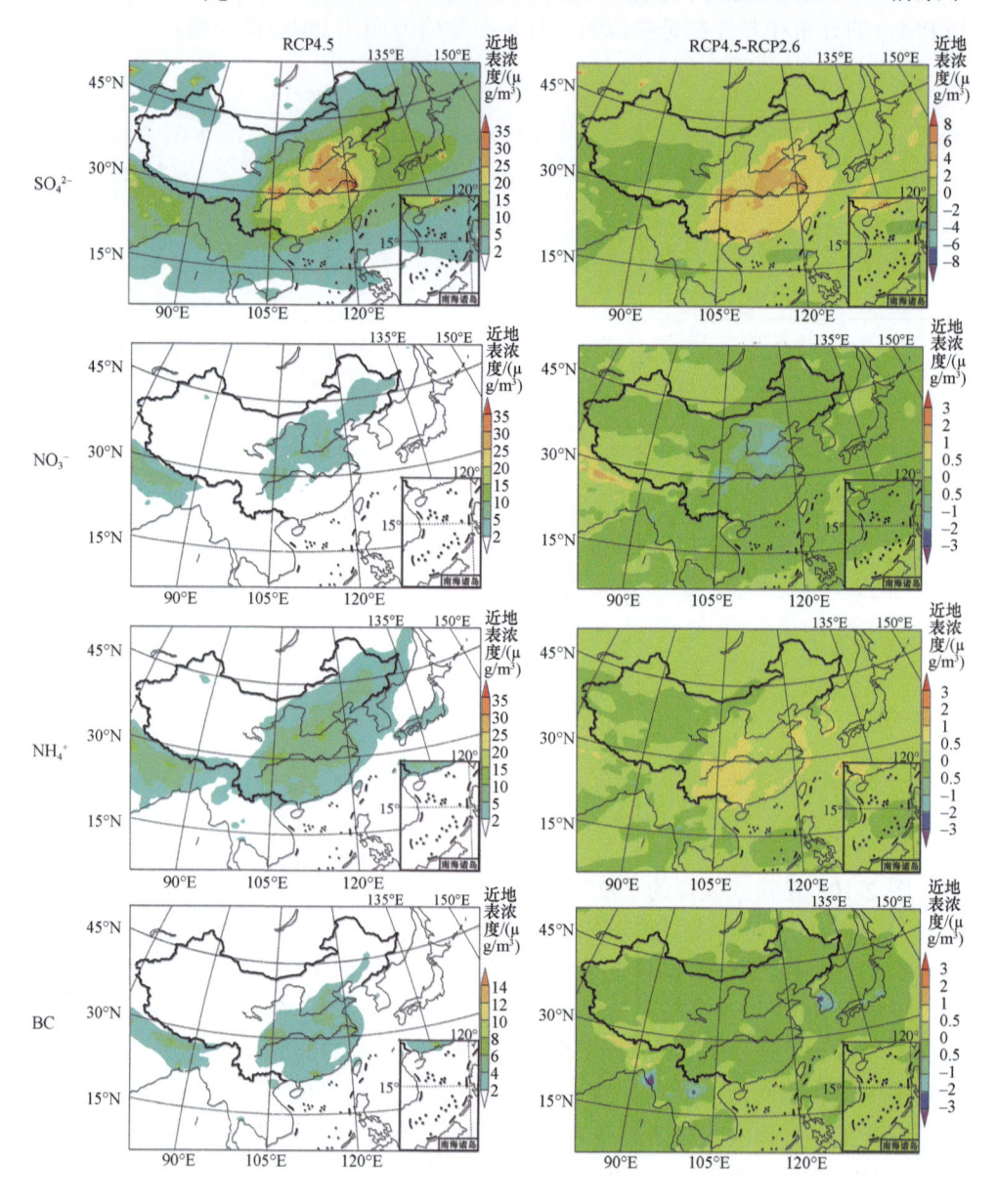

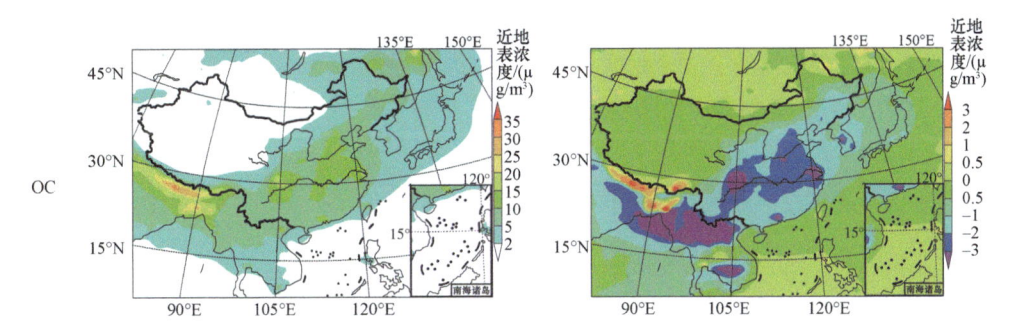

图 2-108　模式模拟的 2025～2030 年平均的 RCP4.5 情景下近地表 SO_4^{2-}、NO_3^-、NH_4^+、BC 和 OC 浓度的分布（左）以及 RCP4.5 情景与 RCP2.6 情景下近地表 SO_4^{2-}、NO_3^-、NH_4^+、BC 和 OC 浓度的差异（右）

轻微减少的，在中部和西南地区减少 1～2μg/m³，在其他区域变化很小，减少 0～1μg/m³；近地表 NH_4^+ 浓度在这两个情景之间变化不大，除了在西南地区和东部沿海增加了 0.5～1μg/m³，其他地区的变化都为 0～0.5μg/m³；近地表 BC 浓度在两个情景之间的差异也很小，减少 0～0.5μg/m³；近地表 OC 浓度在两个情景之间的差异比其他气溶胶明显一些，在长三角、珠三角和西南地区，RCP4.5 情景模拟的 OC 浓度减少了 3μg/m³ 以上，在华北、中部地区减少了 2～3μg/m³，在其他区域则减少了 1～2μg/m³。

图 2-109 是模式模拟的 2025～2030 年平均的 RCP4.5 情景下近地表 SO_2、NO_x 和 O_3 浓度的分布以及 RCP4.5 情景与 RCP2.6 情景下近地表 SO_2、NO_x 和 O_3 浓度的差异。如图 2-109 所示，在 RCP4.5 情景中，2025～2030 年，近地表 SO_2 浓度在长三角和珠三角地区最高，达到 18～22 ppbv，在华北、中部和西南地区为 8～18 ppbv，在其他地区为 4～8 ppbv。近地表 NO_x 浓度也是在长三角和珠三角最高，为 14～22 ppbv，在华北、中部和西南地区为 10～14 ppbv，在其他区域为 4～10ppbv。近地表 O_3 浓度在东部沿海区域为 60～80 ppbv，在华北、西南和中部为 60～70 ppbv，在其他区域为 50～60 ppbv。在图 2-109 中可以看到，与 RCP2.6 相比，RCP4.5 情景下，近地表 SO_2 浓度在我国大部分地区变化不大，除了在珠三角地区增加了约 3 ppbv 以及在北部地区减少 1～2ppbv 之外，在其他区域的变化在 –0.5～0.5 ppbv；RCP4.5 情景下模拟的近地表 NO_x 浓度比 RCP2.6 情景有所增加，在长三角和珠三角地区增加了 2～3ppbv，在华北、中部和西南地区增加了 1～3 ppbv，在其他区域变化较小；近地表 O_3 浓度在大部分区域是增加的，在东南部增加最多，增加了 3ppbv，在东南部增加了 2～3ppbv，在北部变化较小，为 –0.5～0.5ppbv。

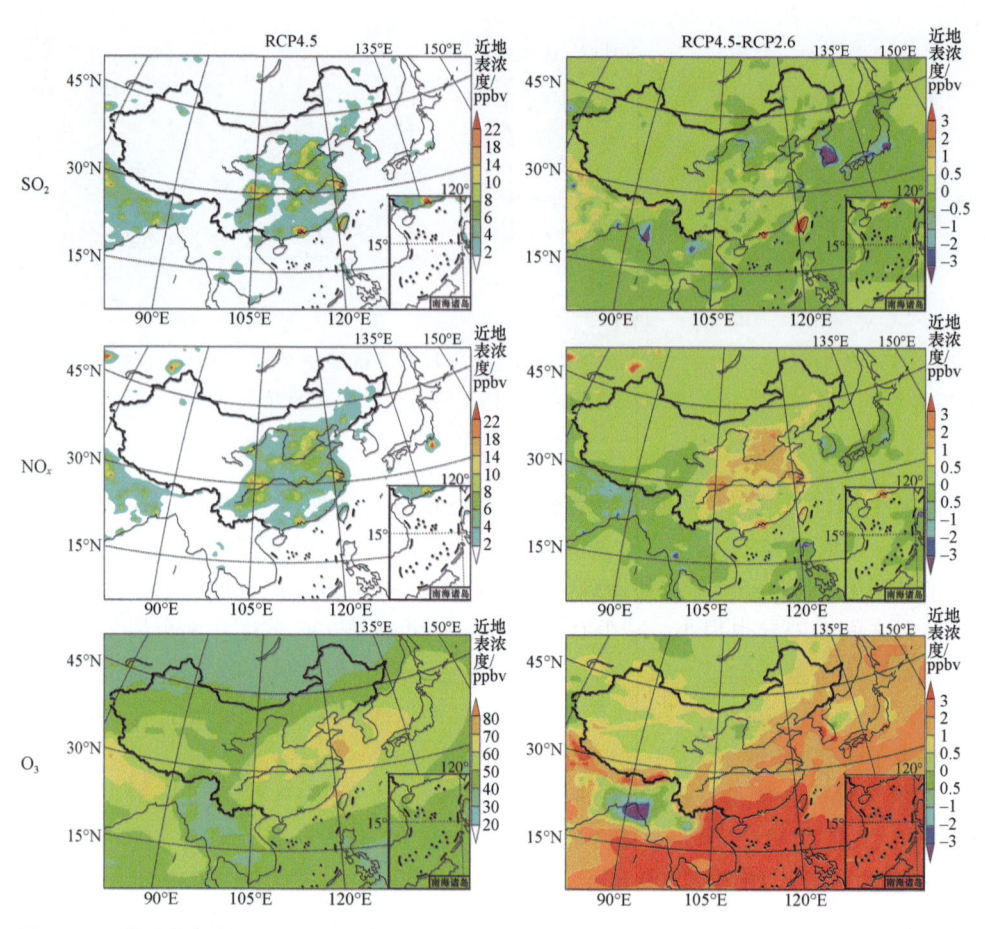

图 2-109　模式模拟的 2025～2030 年平均的 RCP4.5 情景下近地表 SO_2、NO_x 和 O_3 浓度的分布（左）以及 RCP4.5 情景与 RCP2.6 情景下近地表 SO_2、NO_x 和 O_3 浓度的差异（右）

此外，模拟了 2025～2030 年 RCP8.5 情景下和 2045～2050 年 RCP2.6 情景下未来空气质量。图 2-110 是模式模拟的 2025～2030 年平均的 RCP8.5 情景下近地表 $PM_{2.5}$ 和 PM_{10} 浓度的分布以及 RCP8.5 情景与 RCP2.6 情景下近地表 $PM_{2.5}$ 和 PM_{10} 浓度的差异。可以看到，在 RCP8.5 情景下，2025～2030 年，近地表 $PM_{2.5}$ 浓度在华北、长三角和西南地区最高，为 70～80μg/m³，在中部和珠三角部分地区为 40～70μg/m³，在南部最低，为 20～40μg/m³。在图 2-110 中可以看到，与 RCP2.6 情景相比，RCP8.5 情景下，近地表 $PM_{2.5}$ 浓度在大部分区域增加，在珠三角和华北沿海区域增加了 6～8μg/m³，在西南地区轻微增加 2～4μg/m³，在其他地方的变化都是 -2～2μg/m³。PM_{10} 与 $PM_{2.5}$ 的分布和差异都是类似的，只是在数值方面比 $PM_{2.5}$ 高一些。

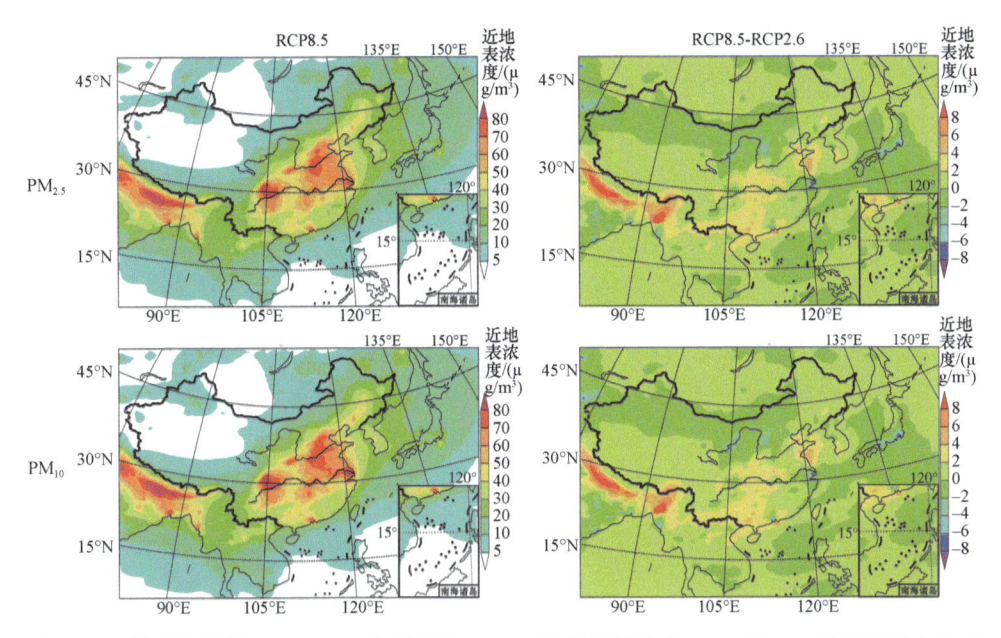

图 2-110　模式模拟的 2025～2030 年平均的 RCP8.5 情景下近地表 PM$_{2.5}$ 和 PM$_{10}$ 浓度的分布（左）以及 RCP8.5 情景与 RCP2.6 情景下近地表 PM$_{2.5}$ 和 PM$_{10}$ 浓度的差异（右）

图 2-111 是模式模拟的 2025～2030 年平均的 RCP8.5 情景下近地表 SO$_4^{2-}$、NO$_3^-$、NH$_4^+$、BC 和 OC 浓度的分布以及 RCP8.5 情景与 RCP2.6 情景下近地表 SO$_4^{2-}$、NO$_3^-$、NH$_4^+$、BC 和 OC 浓度的差异。可以看到，在 RCP8.5 情景中，2025～2030 年，近地表 SO$_4^{2-}$ 浓度在长三角地区最高，约为 35μg/m^3，在华北、中部、西南、珠三角地区为 25～35μg/m^3，在其他南部地区为 15～25μg/m^3。近地表 NO$_3^-$ 浓度在中部和西南地区最高，为 10～15μg/m^3，在其他区域为 2～10μg/m^3。近地表 NH$_4^+$ 浓度在我国中部和西南地区最高，为 10～15μg/m^3，在其他区域为 2～10μg/m^3。近地表 BC 平均浓度在华北地区、长三角、西南和珠三角地区最高，为 4～8μg/m^3，在其他区域为 2～4μg/m^3。近地表 OC 浓度在华北、长三角、西南和珠三角地区最高，为 10～20μg/m^3，在其他区域为 5～10μg/m^3。在图 2-111 中可以看到，与 RCP2.6 情景相比，RCP8.5 情景下，近地表 SO$_4^{2-}$ 浓度在长三角、华北、中部、珠三角、西南地区增加了 4～6μg/m^3，在其他地区增加了 2～4μg/m^3；近地表 NO$_3^-$ 浓度在这两个情景之间变化不大，在西南地区和东北部轻微增加了 1～2μg/m^3，在华北、中部、长三角和珠三角轻微下降了 0～2μg/m^3；近地表 NH$_4^+$ 浓度的变化和 NO$_3^-$ 类似，变化很小，在 –0.5～1μg/m^3；近地表 BC 浓度在两个情景之间的差异也很小，在 –0.5～0.5μg/m^3；近地表 OC 浓度在两个情景之间的差异比其他气溶胶明显一些，在华北、长三角、

珠三角和西南地区，RCP8.5 模拟的 OC 浓度减少了 3μg/m³ 以上，在华北部分区域，中部地区减少了 2～3μg/m³，在其他区域则减少了 1～2μg/m³。

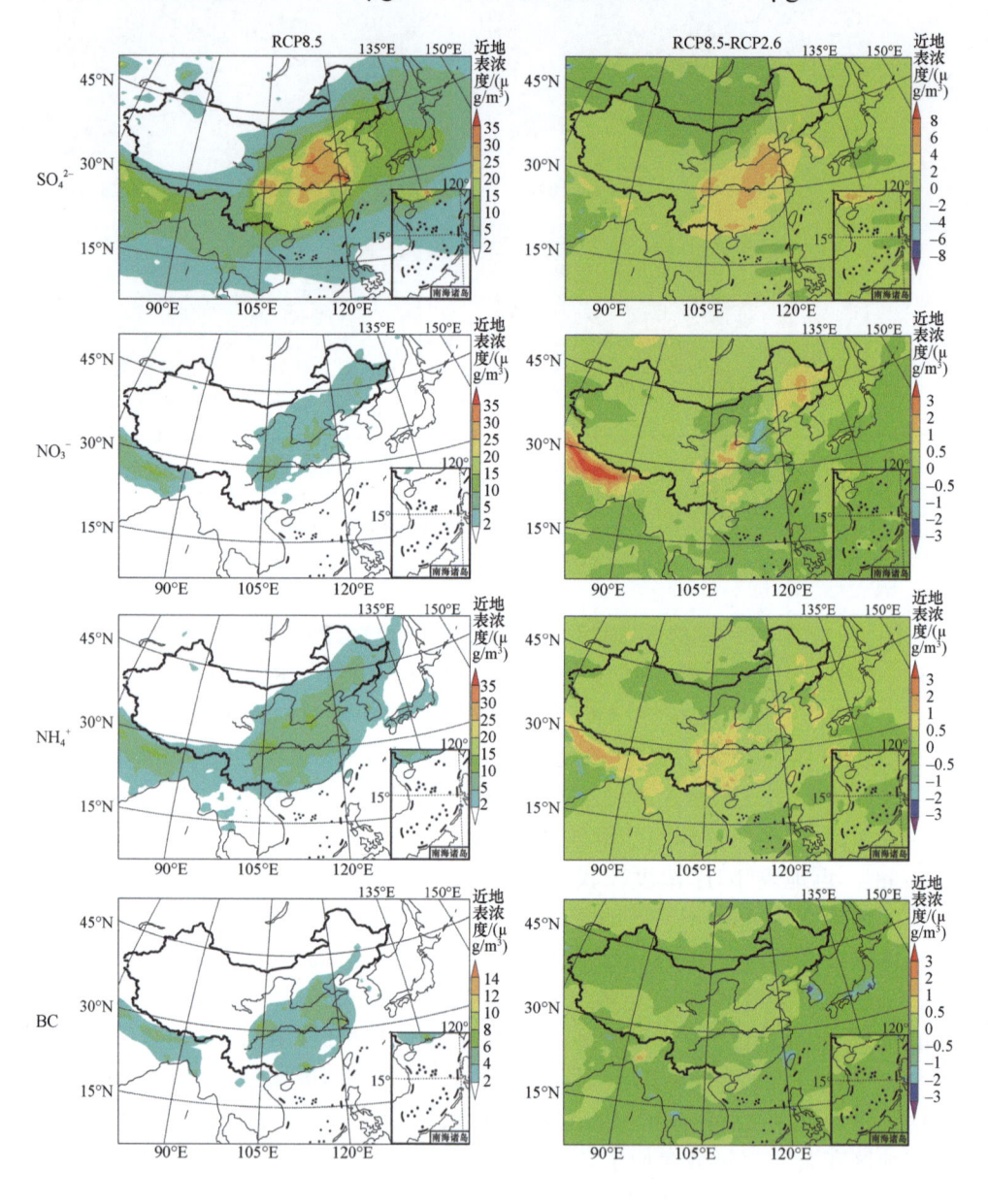

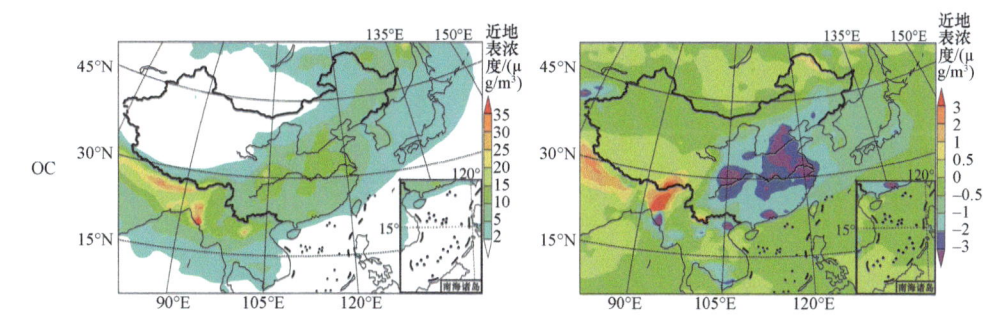

图 2-111 模式模拟的 2025～2030 年平均的 RCP8.5 情景下近地表 SO_4^{2-}、NO_3^-、NH_4^+、BC 和 OC 浓度的分布（左）以及 RCP8.5 情景与 RCP2.6 情景下近地表 SO_4^{2-}、NO_3^-、NH_4^+、BC 和 OC 浓度的差异（右）

图 2-112 是模式模拟的 2025～2030 年平均的 RCP8.5 情景下近地表 SO_2、NO_x 和 O_3 浓度的分布以及 RCP8.5 情景与 RCP2.6 情景中近地表 SO_2、NO_x 和 O_3 浓度的差异。如图 2-112 所示，在 RCP8.5 情景下，2025～2030 年，近地表 SO_2 浓度在长三角和珠三角地区最高，达到 18～22 ppbv，在华北、中部和西南地区为 8～18 ppbv，在其他地区为 4～8 ppbv。近地表 NO_x 浓度也是在长三角和珠三角最高，为 14～22 ppbv，在华北、中部和西南地区为 10～14 ppbv，在其他区域为 4～10 ppbv。近地表 O_3 浓度在东部沿海区域为 60～80 ppbv，在华北、西南和中部为 60～70 ppbv，在其他区域为 50～60 ppbv。在图 2-112 中可以看到，与 RCP2.6 相比，RCP8.5 情景下，近地表 SO_2 浓度在我国大部分地区变化不大，除了在珠三角地区增加了约 3 ppbv 以及在北部地区减少 1～2ppbv 之外，在其他区域的变化在–0.5～0.5 ppbv；RCP8.5 情景下模拟的近地表 NO_x 浓度比 RCP2.6 情景有所增加，在长三角和珠三角地区增加了 3ppbv，在华北、中部和西南地区增加了 1～3 ppbv，在其他区域变化较小；近地表 O_3 浓度在大部分区域是增加的，在东南部增加最多，增加了 3ppbv，在东南部增加了 2～3pbv，在北部变化较小，为–0.5～0.5ppbv。

图 2-113 是模式模拟的 2045～2050 年平均的 RCP2.6 情景下近地表温度、相对湿度和风速的分布、RCP4.5 情景与 RCP2.6 情景下近地表温度、相对湿度和风速的差异，以及 RCP8.5 情景与 RCP2.6 情景下近地表温度、相对湿度和风速的差异。从图 2-113 的第一行可以看出，在 RCP2.6 情景下，温度的分布为从南向北降低，在东南沿海和珠三角的温度为 295～300 K，在长三角、中部和西南部为 290～295 K，在华北平原以及东北和西北地区为 275～290 K。与 RCP2.6 情景下的近地表温度相比，在 RCP4.5 情景下，近地表温度在我国东

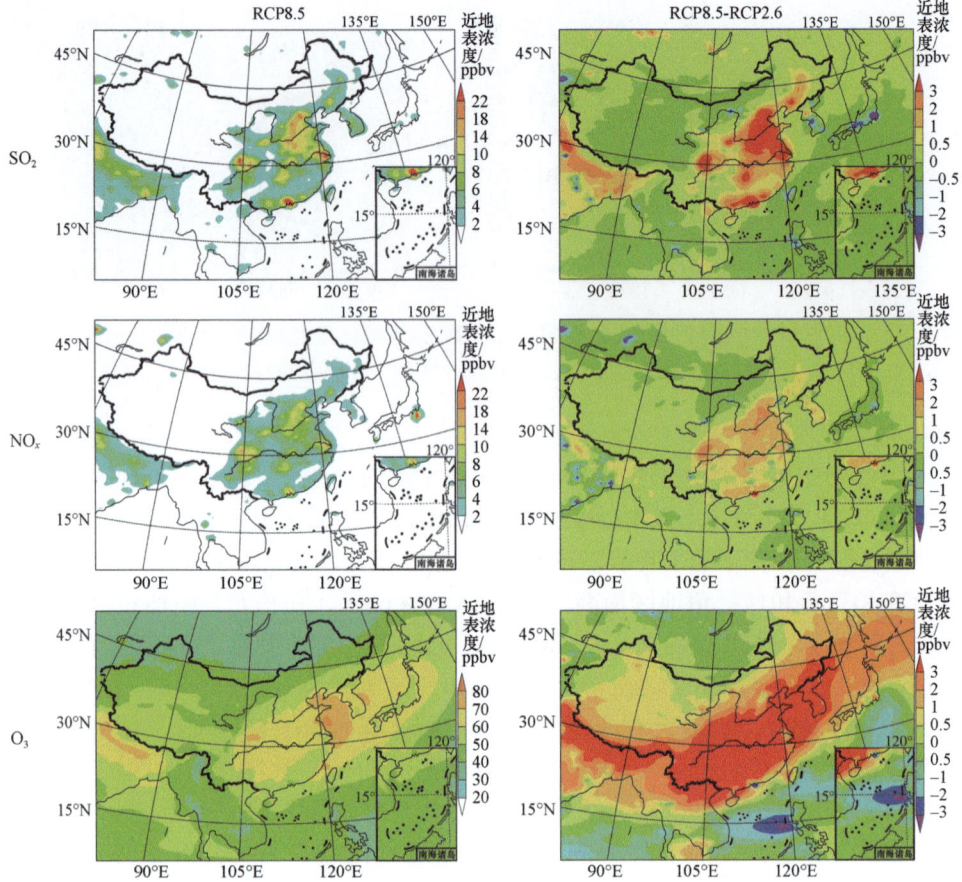

图 2-112　模式模拟的 2025～2030 年平均的 RCP8.5 情景下近地表 SO_2、NO_x 和 O_3 浓度的分布（左）以及 RCP8.5 情景与 RCP2.6 情景下近地表 SO_2、NO_x 和 O_3 浓度的差异（右）

北和西北地区增加了 0.9～1.2 K，在华北地区增加了 0.6～0.9 K，在长三角部分地区和中部地区增加了 0.3～0.6 K，在南部地区（包括部分长三角地区和珠三角地区）增加了 0～0.3K。在 RCP8.5 情景下，近地表温度在西北地区的升高超过 1.2 K，在东北地区、西北部的部分地区和东南地区的温度升高了 0.9～1.2 K，在其他地区的温度升高 0.3～0.6K。因此，与 RCP2.6 情景相比，在 RCP4.5 情景和 RCP8.5 情景下，特别是在 RCP4.5 情景下，我国南部和北部之间的近地表温度差异被减弱。RCP4.5 情景和 RCP8.5 情景之间的区别在于，在 RCP8.5 情景下，华南地区温度升高的幅度大于 RCP4.5 情景下温度升高的幅度。

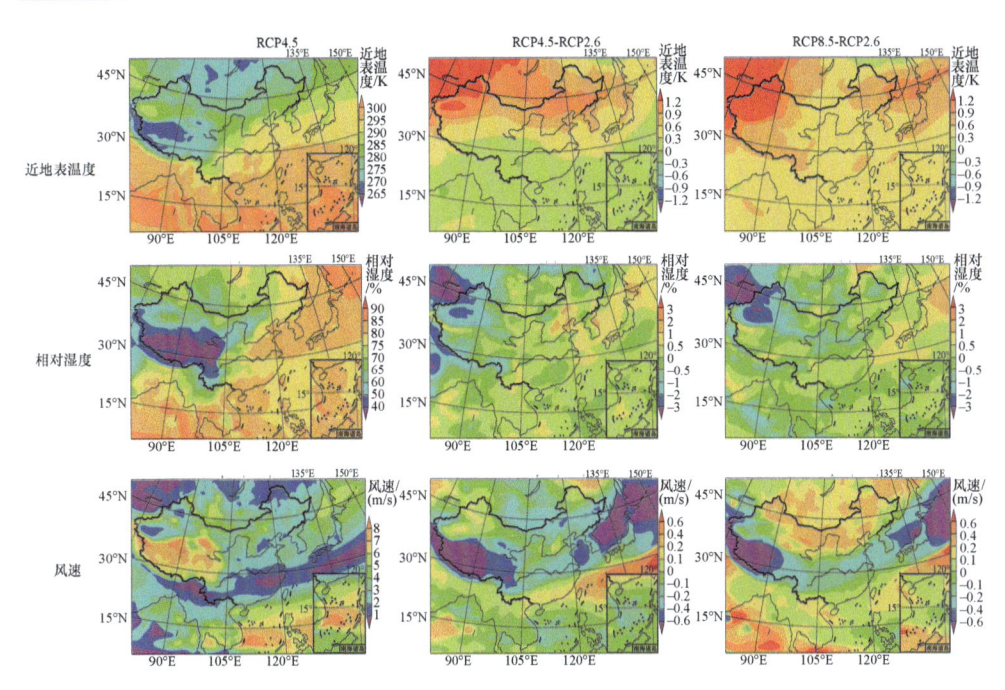

图 2-113 模式模拟的 2045~2050 年平均的 RCP2.6 情景下近地表温度、相对湿度和风速的分布（左）、RCP4.5 情景与 RCP2.6 情景下近地表温度、相对湿度和风速的差异（中），以及 RCP8.5 情景与 RCP2.6 情景下近地表温度、相对湿度和风速的差异（右）

从图 2-113 的第二行可以看出，RCP2.6 情景下的相对湿度从东向西降低，在我国南部沿海地区，包括长三角、珠三角的部分地区和中部地区，为 80%~85%，在东北地区、华北地区和部分长三角的地区为 70%~80%，在西北和西南地区为 50%~70%，而青藏高原地区则低于 50%。与 RCP2.6 情景下的近地表相对湿度相比，在 RCP4.5 情景下，相对湿度的变化为-2%~2%，是非常轻微的变化。具体而言，它仅在华北地区增加了 0.5%~2%，而在西北地区略微下降 1%~3%。与 RCP2.6 情景下相比，在 RCP8.5 情景下，相对湿度的下降幅度大于 RCP4.5 情景。具体而言，在西北地区下降了 2%~3%，在中部和北部地区下降了 0.5%~2%。总的来说，不同 RCP 情景之间相对湿度的变化不是很明显。

从图 2-113 的第三行可以明显看出，RCP2.6 情景下我国南部的风速比北部的风速低，为 1~2 m/s，而华北地区的风速则为 3~6 m/s。在青藏高原，风速最高，为 6~8 m/s。与 RCP2.6 情景相比，在 RCP4.5 情景下，在华北地区、华南和西北地区的风速增加了 0.1~0.2 m/s。同时，在中部和东北部下降了 0.2~0.4 m/s，在青藏高原下降了 0.6 m/s 以上。RCP8.5 情景和 RCP2.6 情景之间的风速变化类似于 RCP4.5 情景和 RCP2.6 情景之间的风速变化，但在华北和华中地区分别具有较大的增加和减少区域。与 RCP2.6 情景相比，在 RCP8.5 情景下，华南地区的风速增加幅度小于在 RCP4.5 情景下的增加幅度。

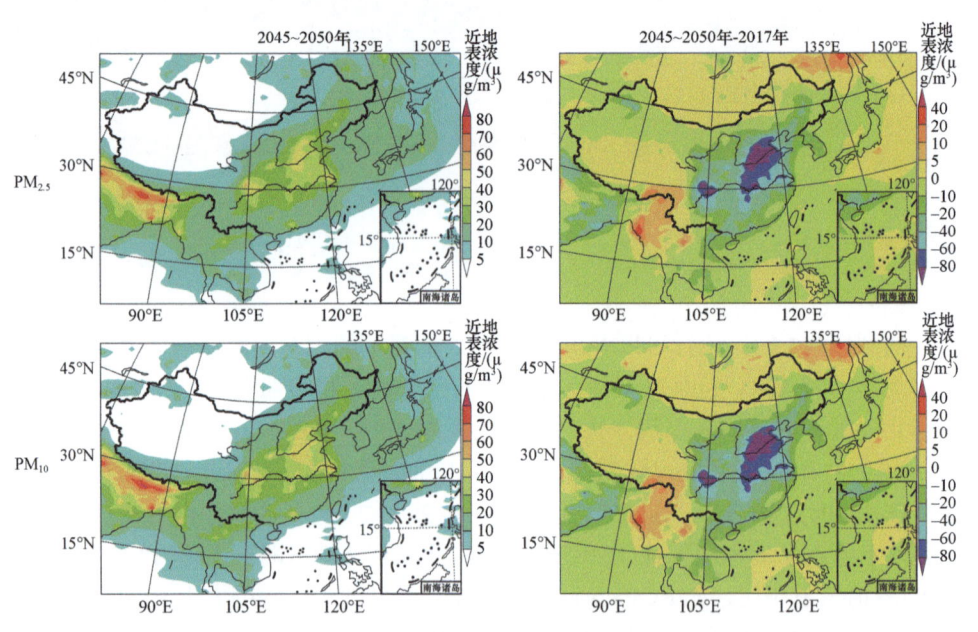

图 2-114 是模式模拟的 2045～2050 年平均的 RCP2.6 情景下近地表 $PM_{2.5}$ 和 PM_{10} 浓度的分布以及 RCP2.6 情景与 2017 年气候条件下近地表 $PM_{2.5}$ 和 PM_{10} 浓度的差异。可以看到，在 RCP2.6 情景中，2045～2050 年，近地表 $PM_{2.5}$ 浓度在华北地区、长三角地区和西南地区最高，为 40～60μg/m³，在中部地区为 30～40μg/m³，在南部最低，为 10～30μg/m³。在图 2-114 中可以看到，与 2017 年相比，RCP2.6 情景下，近地表 $PM_{2.5}$ 浓度在整个中国地区基本都是降低的，在华北地区、西南地区降低了约 80μg/m³，在中部地区降低了 60～80μg/m³，在长三角地区降低了 40～60μg/m³，在南部降低了 10～20μg/m³。PM_{10} 与 $PM_{2.5}$ 的分布和差异都是类似的，只是在数值方面比 $PM_{2.5}$ 高一些。

图 2-114　模式模拟的 2045～2050 年平均的 RCP2.6 情景下近地表 $PM_{2.5}$ 和 PM_{10} 浓度的分布（左）以及 RCP2.6 情景与 2017 年气候条件下近地表 $PM_{2.5}$ 和 PM_{10} 浓度的差异（右）

图 2-115 是模式模拟的 2045～2050 年平均的 RCP2.6 情景下近地表 SO_4^{2-}、NO_3^-、NH_4^+、BC 和 OC 浓度的分布以及 RCP2.6 情景与 2017 年气候条件下近地表 SO_4^{2-}、NO_3^-、NH_4^+、BC 和 OC 浓度的差异。可以看到，在 RCP2.6 情景中，2045～2050 年，近地表 SO_4^{2-} 浓度在华北、中部、西南、长三角地区为 10～20μg/m³，在其他地区为 2～5μg/m³。近地表 NO_3^- 和 NH_4^+ 浓度都是在华北和西南地区最高，

为 5~10μg/m³，在其他区域为 2~5μg/m³。近地表 BC 浓度是很低的，除了在长三角、西南和珠三角地区为 2~4μg/m³ 之外，其他区域都在 2μg/m³ 以下。近地表 OC 浓度在西南地区最高，为 10~15μg/m³，在华北、长三角、中部和珠三角地区等大部分地区，为 5~10μg/m³。从图 2-115 中可以看到，与 2017 年相比，RCP2.6 情景下，近地表 SO_4^{2-} 浓度在华北、长三角、珠三角和中部地区减少了 15~25μg/m³，在其他区域降低了 0~10μg/m³；近地表 NO_3^- 浓度在华北减少得最多，减少了 25μg/m³ 以上，在中部和西南降低了 15~20μg/m³，在其他地区降低了 5~15μg/m³；近地表 NH_4^+ 浓度也基本都是减少的，在华北和西南地区减少得最多，为 15~20μg/m³，在中部地区降低了 10~15μg/m³，在其他区域降低了 5~10μg/m³；近地表 BC 浓度在华北地区减少 6~8μg/m³，在中部、西南地区降低了 4~6μg/m³，在其他区域降低了 1~4μg/m³；近地表 OC 浓度在华北和西南地区减少 10~20μg/m³，在其他区域减少了 5~10μg/m³。

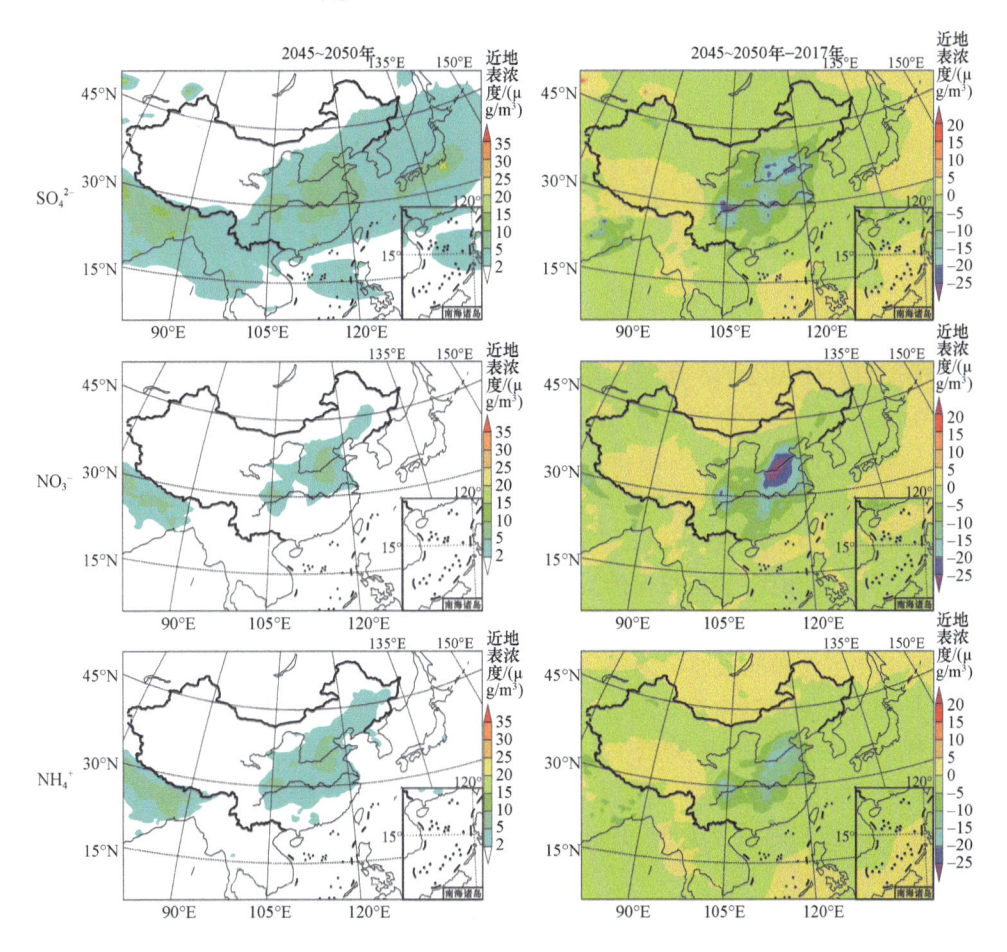

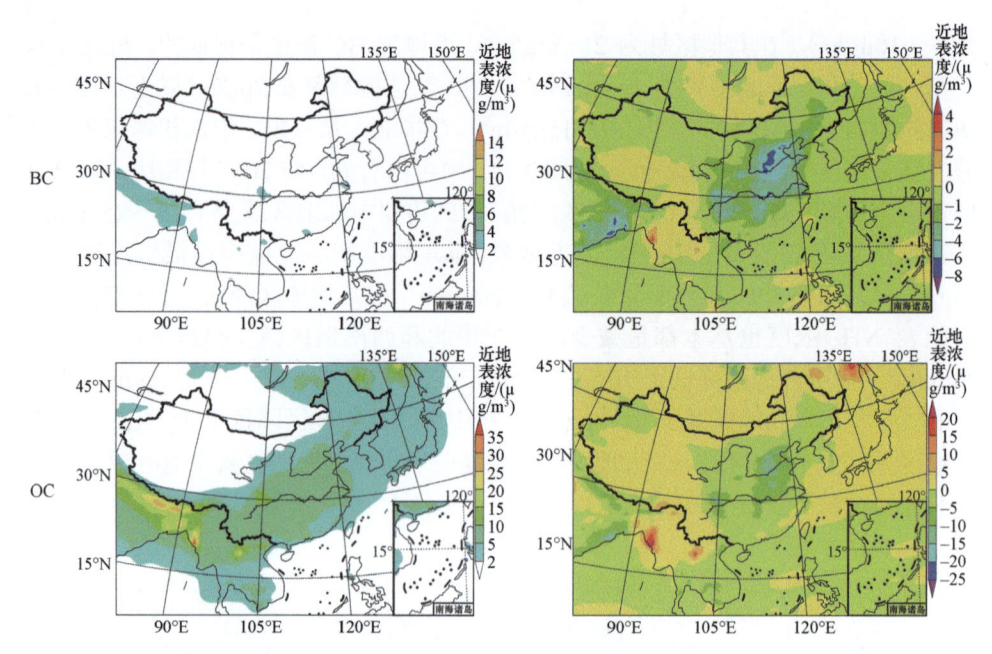

图 2-115　模式模拟的 2045～2050 年平均的 RCP2.6 情景下近地表 SO_4^{2-}、NO_3^-、NH_4^+、BC 和 OC 浓度的分布（左）以及 RCP2.6 情景与 2017 年气候条件下近地表 SO_4^{2-}、NO_3^-、NH_4^+、BC 和 OC 浓度的差异（右）

图 2-116 是模式模拟的 2045～2050 年平均的 RCP2.6 情景下近地表 SO_2、NO_x 和 O_3 浓度的分布以及 RCP2.6 情景与 2017 年气候条件下近地表 SO_2、NO_x 和 O_3 浓度的差异。如图 2-116 所示，在 RCP2.6 情景中，2045～2050 年，近地表 SO_2 浓度在长三角、珠三角和西南地区最高，为 10～18 ppbv，在华北、中部、长三角和珠三角的其他地区为 2～10 ppbv。近地表 NO_x 浓度很低，除了在长三角和珠三角为 2～4 ppbv，在其他地区都约为 2 ppbv。近地表 O_3 浓度在华北、中部、长三角和西南地区为 50～60 ppbv，在其他区域为 40～50 ppbv。从图 2-116 中可以看到，与 2017 年相比，RCP2.6 情景下，近地表 SO_2 浓度在我国大部分地区都是降低的，在华北和长三角以及西南和珠三角的部分地区降低得最多，减少量在 20～25ppbv，在中部和西南地区降低了 15～20 ppbv，在其他地区降低了 5～15 ppbv；近地表 NO_x 浓度也基本都是减少的，在华北、西南和长三角地区减少得最多，为 15～25ppbv，在其他地区降低了 5～15ppbv；近地表 O_3 浓度在大部分区域是增加的，在长三角增加得最多，增加了 10～15ppbv，其次是在华北、珠三角增加了 0～10 ppbv，在西北部减少了 5～10ppbv。

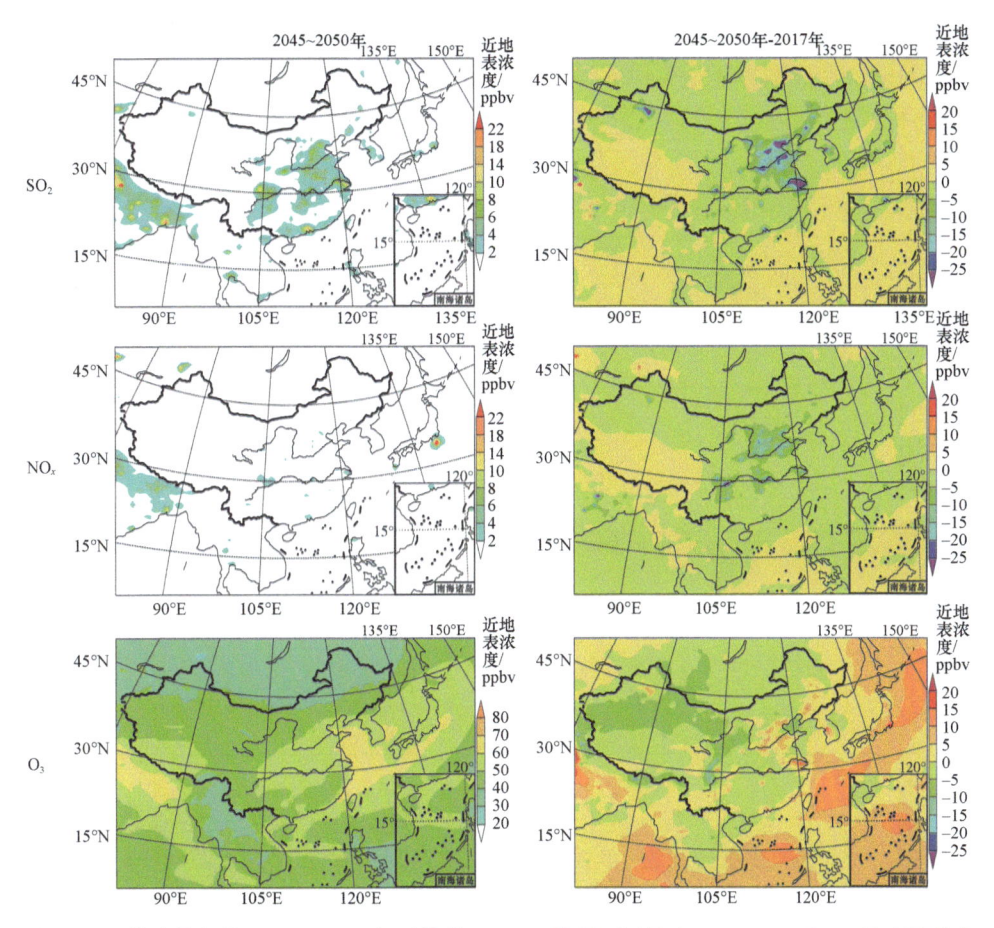

图 2-116 模式模拟的 2045~2050 年平均的 RCP2.6 情景下近地表 SO_2、NO_x 和 O_3 浓度的分布（左）以及 RCP2.6 情景与 2017 年气候条件下近地表 SO_2、NO_x 和 O_3 浓度的差异（右）

图 2-117～图 2-119 是模式模拟的华北、长三角和珠三角地区 2045~2050 年春、夏、秋、冬的 RCP2.6 情景与 2017 年气候条件下 SO_4^{2-}、NO_3^-、NH_4^+、BC、OC、$PM_{2.5}$ 近地表季节平均浓度的差异。其中，华北的范围是 32°N~40°N、114°E~121°E，长三角的范围是 28.5°N~33.5°N、118.5°E~123.5°E，珠三角的范围是 21.5°N~24°N、112°E~115.5°E。可以看到，在华北地区，2045~2050 年每种气溶胶近地表浓度的年际变化不大，但是季节变化很明显：对于 $PM_{2.5}$ 来说，在四个季节中，冬季 $PM_{2.5}$ 减少得最多，在每个年份都减少了 80μg/m³ 左右，主要减少量的贡献者为 NO_3^- 和 OC；在春季和夏季都是减少了 20μg/m³ 左右，主要减少量的贡献者为 SO_4^{2-}，OC 在夏季有轻微增加；在秋季则是减少了大约 40μg/m³，主要减少量的贡献者为 SO_4^{2-} 和 OC。

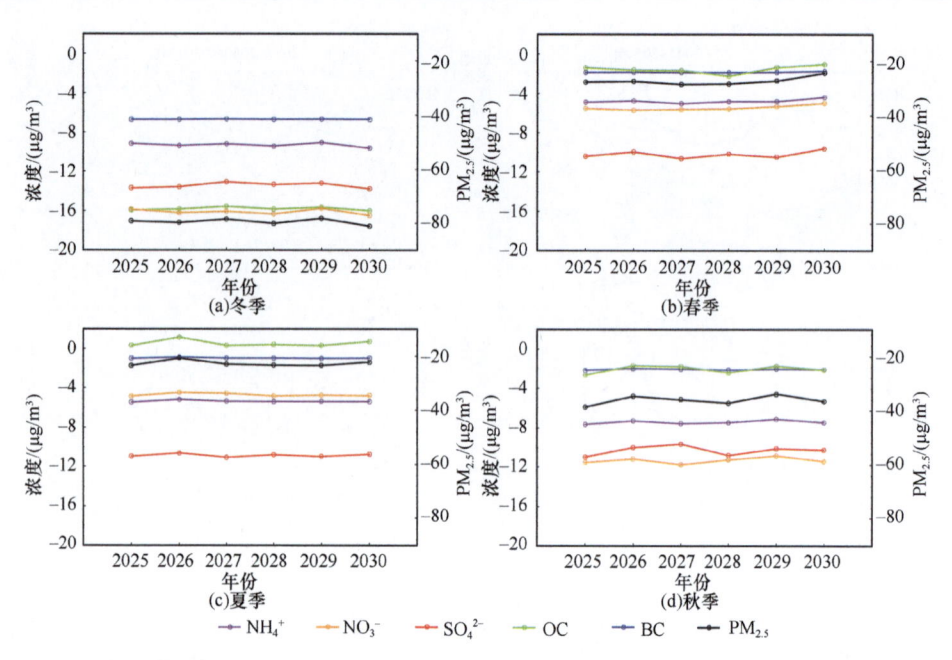

图 2-117 模式模拟的华北地区 2045~2050 年春、夏、秋、冬的 RCP2.6 情景与 2017 年气候条件下 SO_4^{2-}、NO_3^-、NH_4^+、BC、OC、$PM_{2.5}$ 近地表季节平均浓度的差异

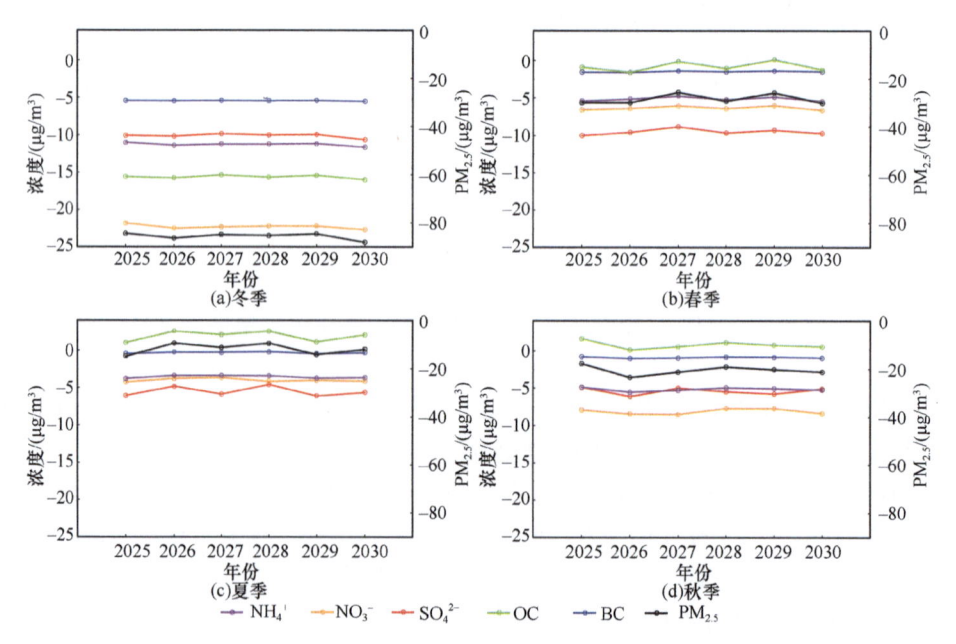

图 2-118 模式模拟的长三角地区 2045~2050 年春、夏、秋、冬的 RCP2.6 情景与 2017 年气候条件下 SO_4^{2-}、NO_3^-、NH_4^+、BC、OC、$PM_{2.5}$ 近地表季节平均浓度的差异

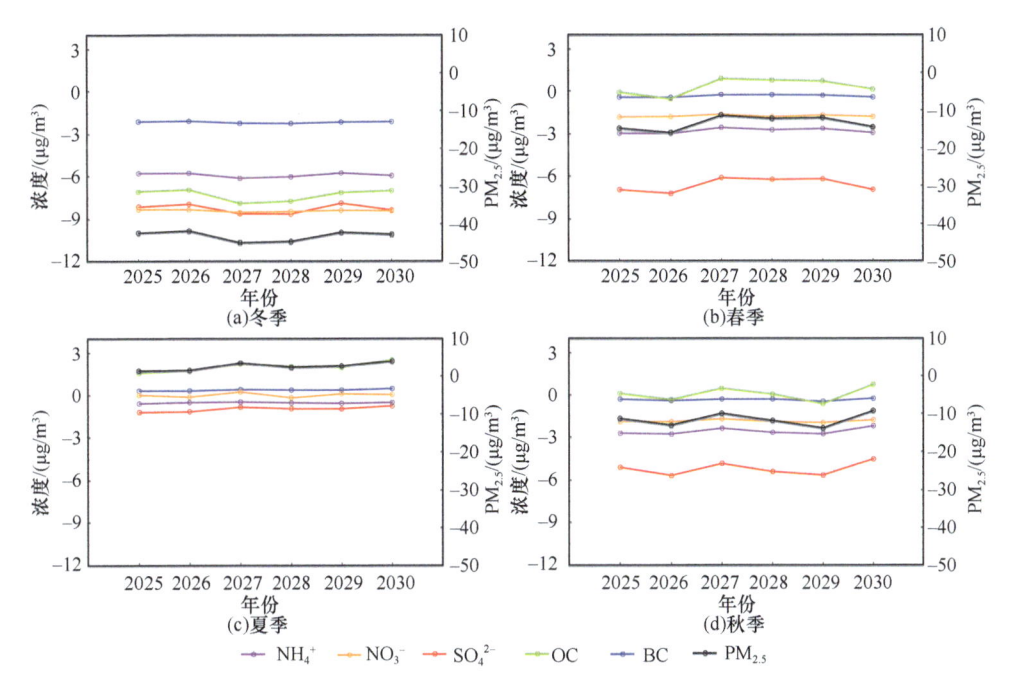

图 2-119 模式模拟的珠三角地区 2045~2050 年春、夏、秋、冬的 RCP2.6 情景与 2017 年气候条件下 SO_4^{2-}、NO_3^-、NH_4^+、BC、OC、$PM_{2.5}$ 近地表季节平均浓度的差异

从图 2-118 中可以看到，在长三角地区的四个季节中，$PM_{2.5}$ 浓度在冬季减少得最多，在夏季减少得最少。冬季，$PM_{2.5}$ 浓度在每个年份都减少了 80μg/m³ 左右，主要减少量的贡献者仍然为 NO_3^- 和 OC，并且其中 NO_3^- 的减少（22μg/m³ 左右）要多于华北地区 NO_3^- 的减少；在春季，$PM_{2.5}$ 减少了约 30μg/m³，主要的贡献者为 NO_3^- 和 SO_4^{2-}；$PM_{2.5}$ 在夏季减少了 10μg/m³ 左右，主要的贡献者为 SO_4^{2-}；$PM_{2.5}$ 在秋季减少了约 20μg/m³，主要的贡献者为 NO_3^- 和 SO_4^{2-}。

从图 2-119 中可以看到，在珠三角地区，与华北和长三角地区不同的是，在四个季节中，$PM_{2.5}$ 浓度在夏季有轻微的增加。冬季，$PM_{2.5}$ 浓度在每个年份都减少了 40μg/m³ 左右，主要减少量的贡献者为 NO_3^- 和 SO_4^{2-}；在春季，$PM_{2.5}$ 在各年份减少约 10μg/m³，主要贡献者为 SO_4^{2-}；在夏季，$PM_{2.5}$ 在各年份增加 0~5μg/m³，主要是 OC 和 BC 有轻微的增加，而 NO_3^- 的变化非常小；在秋季，$PM_{2.5}$ 在各年份减少 10μg/m³ 左右，主要贡献者为 SO_4^{2-}。

参 考 文 献

卞娟娟, 郝志新, 郑景云, 等. 2013.1951—2010 年中国主要气候区划界线的移动. 地理研究,

32(7): 1179-1187.

卜风贤. 2010. 农业时代的灾荒风险和粮食安全//倪根金. 梁家勉先生诞辰 100 周年纪念文集. 北京: 中国农业出版社.

曹树基. 2000. 中国人口史(第四卷, 明时期). 上海: 复旦大学出版社.

曹树基. 2001. 中国人口史(第五卷, 清时期). 上海: 复旦大学出版社.

巢清尘, 周波涛, 孙颖, 等. 2014. IPCC 气候变化自然科学认知的发展. 气候变化研究进展, 10(1): 7-13.

程维明, 高晓雨, 马廷, 等. 2018. 基于地貌分区的 1990—2015 年中国耕地时空特征变化分析. 地理学报, 73(9): 1613-1629.

邓辉, 李羿. 2018. 人地关系视角下明清时期京津冀平原东淀湖泊群的时空变化. 首都师范大学学报(社会科学版), (4): 95-105.

樊自立. 1993. 塔里木盆地绿洲形成与演变. 地理学报, 48(5): 421-427.

方修琦, 叶瑜, 张成鹏, 等. 2019. 中国历史耕地变化及其对自然环境的影响. 古地理学报, 21(1): 160-174.

封志明, 刘宝勤, 杨艳昭. 2005. 中国耕地资源数量变化的趋势分析与数据重建: 1949—2003. 自然资源学报, 20(1): 35-43.

葛剑雄. 1991. 中国人口发展史. 福州: 福建人民出版社.

葛全胜, 赵名茶, 郑景云. 2000.20 世纪中国土地利用变化研究. 地理学报, 55(6): 698-706.

龚胜生. 1994. 明清之际湘鄂赣地区的耕地结构及其梯度分布研究. 中国农史, 13(2): 19-31.

郭红, 靳润成. 2007. 中国行政区划通史-明代卷. 上海: 复旦大学出版社.

韩茂莉. 1999. 辽金农业地理. 北京: 社会科学文献出版社.

郝志新, 吴茂炜, 张学珍, 等. 2020. 过去千年中国年代和百年尺度冷暖阶段的干湿格局变化研究. 地球科学进展, 35(1): 18-25.

何炳棣. 1988. 中国古今土地数字的考释和评价. 北京: 中国社会科学出版社.

何凡能, 李美娇, 刘浩龙. 2016. 北宋路域耕地面积重建及时空特征分析. 地理学报, 71(11): 1967-1978.

何凡能, 李美娇, 杨帆. 2019. 近 70 年来中国历史时期土地利用/覆被变化研究的主要进展. 中国历史地理论丛, 34(4): 5-16.

黄传江, 乔方利, 宋亚娟, 等. 2014. CMIP5 模式对南海 SST 的模拟和预估. 海洋学报, 36(1): 38-47.

贾丹. 2017. 过去 2000 年中国北方古城分布与气候变化的关系. 北京: 北京师范大学.

李昆声. 1983. 南诏农业刍议. 思想战线, 9(5): 54-57, 93.

李美娇, 何凡能, 杨帆, 等. 2020. 明代省域耕地数量重建及时空特征分析. 地理研究, 39(2): 447-460.

李美娇. 2019. 过去千年东亚地区耕地变化数据重建及时空特征分析. 北京: 中国科学院大学.

李玉峰. 2015. 论西夏的农事信仰. 沧州师范学院学报, 31(2): 64-67.

李玉茹. 2016. 大理国农业发展概况探析. 新西部(理论版), (12): 78-79.

梁方仲. 2008. 中国历代户口、田地、田赋统计. 北京: 中华书局.

林珊珊, 郑景云, 何凡能. 2008. 中国传统农区历史耕地数据网格化方法. 地理学报, 63(1): 83-92.

刘纪远, 匡文慧, 张增祥, 等. 2014.20 世纪 80 年代末以来中国土地利用变化的基本特征与空间格局. 地理学报, 69(1): 3-14.

牛平汉. 1990. 清代政区沿革综表. 北京: 中国地图出版社.

牛平汉. 1997. 明代政区沿革综表. 北京: 中国地图出版社.

彭世奖. 2000. 从中国农业发展史看未来的农业与环境. 中国农史, 19(3): 86-90.

史志宏. 2011. 十九世纪上半期的中国耕地面积再估计. 中国经济史研究, (4): 85-97.

谭其骧. 1982. 中国历史地图集. 北京: 地图出版社.
谭其骧. 1991. 简明中国历史地图集. 北京: 中国地图出版社.
谭永忠, 何巨, 岳文泽, 等. 2017. 全国第二次土地调查前后中国耕地面积变化的空间格局. 自然资源学报, 32(2): 186-197.
王绍武, 黄建斌. 2006. 近千年中国东部夏季雨带位置的变化. 气候变化研究进展, 2(3): 117-121.
王毓瑚. 1981. 我国历史上农耕区的向北扩展//中国历史地理论丛(第一辑). 西安: 陕西人民出版社: 122-150.
魏学琼, 叶瑜, 崔玉娟, 等. 2014. 中国历史土地覆被变化重建研究进展. 地球科学进展, 29(9): 1037-1045.
杨绪红, 金晓斌, 林忆南, 等. 2016. 中国历史时期土地覆被数据集地理空间重建进展评述. 地理科学进展, 35(2): 159-172.
叶瑜, 方修琦, 任玉玉, 等. 2009. 东北地区过去300年耕地覆盖变化. 中国科学(D辑: 地球科学), 39(3): 340-350.
战继发, 王耘. 2017. 黑龙江屯垦史(第一卷). 北京: 社会科学文献出版社.
张弛. 2017. 龙山——二里头: 中国史前文化格局的改变与青铜时代全球化的形成. 文物, (6): 50-59, 1.
张东菊, 董广辉, 王辉, 等. 2016. 史前人类向青藏高原扩散的历史过程和可能驱动机制. 中国科学: 地球科学, 46(8): 1007-1023.
张居中, 陈昌富, 杨玉璋. 2014. 中国农业起源与早期发展的思考. 中国国家博物馆馆刊, (1): 6-16.
赵松乔. 1991. 中国农业(种植业)的历史发展和地理分布. 地理研究, 10(1): 1-11.
郑景云, 郝志新, 方修琦, 等. 2014a. 中国过去2000年极端气候事件变化的若干特征. 地理科学进展, 33(1): 3-12.
郑景云, 郝志新, 张学珍, 等. 2014b. 中国东部过去2000年百年冷暖的旱涝格局. 科学通报, 59(30): 2964-2971.
郑景云, 刘洋, 吴茂炜, 等. 2019. 中国中世纪气候异常期温度的多尺度变化特征及区域差异. 地理学报, 74(7): 1281-1291.
郑景云, 张学珍, 刘洋, 等. 2020. 过去千年中国不同区域干湿的多尺度变化特征评估. 地理学报, 75(7): 1432-1450.
中国科学院地理研究所经济地理研究室. 1980. 中国农业地理总论. 北京: 科学出版社.
Ahmed M, Anchukaitis K J, Asrat A, et al. 2013. Continental-scale temperature variability during the past two millennia. Nature Geoscience, 6: 339-346.
Allen R J, Landuyt W, Rumbold S T. 2016. An increase in aerosol burden and radiative effects in a warmer world. Nature Climate Change, 6: 269-274.
Avise J, Chen J, Lamb B, et al. 2009. Attribution of projected changes in summertime US ozone and $PM_{2.5}$ concentrations to global changes. Atmospheric Chemistry and Physics, 9 (4): 1111-1124.
Bruyère C L, Done J M, Holland G J, et al. 2014. Bias corrections of global models for regional climate simulations of high-impact weather. Climate Dynamics, 43: 1847-1856.
Chen J H, Chen F H, Feng S, et al. 2015. Hydroclimatic changes in China and surroundings during the medieval climate anomaly and little ice age: Spatial patterns and possible mechanisms. Quaternary Science Reviews, 107: 98-111.
Dawson J P, Adams P J, Pandis S N. 2007. Sensitivity of ozone to summertime climate in the Eastern USA: A modeling case study. Atmospheric Environment, 41(7): 1494-1511.
Fang K Y, Frank D, Gou X H, et al. 2013. Precipitation over the past four centuries in the Dieshan Mountains as inferred from tree rings: An introduction to an HHT-based method. Global and Planetary Change, 107: 109-118.
Fang Y Y, Fiore A M, Horowitz L W, et al. 2011. The impacts of changing transport and precipitation

on pollutant distributions in a future climate. Journal of Geophysical Research: Atmospheres, 116(D18): D18303.

Fu Y, Tai A P K, Liao H. 2016. Impacts of historical climate and land cover changes on fine particulate matter (PM$_{2.5}$) air quality in East Asia between 1980 and 2010. Atmospheric Chemistry and Physics, 16(16): 10369-10383.

Ge Q S, Liu H L, Ma X, et al. 2017. Characteristics of temperature change in China over the last 2000 years and spatial patterns of dryness/wetness during cold and warm periods. Advances in Atmospheric Sciences, 34(8): 941-951.

Ge Q, Hao Z, Zheng J, et al. 2013. Temperature changes over the past 2000 yr in China and comparison with the Northern Hemisphere. Climate of the Past, 9(3): 1153-1160.

Guo Y, Dong W J, Ren F M, et al. 2013. Surface air temperature simulations over China with CMIP5 and CMIP3. Advances in Climate Change Research, 4(3): 145-152.

Hao Z X, Zheng J Y, Ge Q S, et al. 2012. Spatial patterns of precipitation anomalies for 30-yr warm periods in China during the past 2000 years. Acta Meteorologica Sinica, 26(3): 278-288.

Hao Z X, Zheng J Y, Zhang X Z, et al. 2016. Spatial patterns of precipitation anomalies in Eastern China during centennial cold and warm periods of the past 2000 years. International Journal of Climatology, 36(1): 467-475.

He F N, Li S C, Zhang X Z. 2012. Reconstruction of cropland area and spatial distribution in the mid-Northern Song Dynasty (AD1004-1085). Journal of Geographical Sciences, 22(2): 359-370.

Hedegaard G B, Christensen J H, Brandt J. 2013. The relative importance of impacts from climate change vs. emissions change on air pollution levels in the 21st century. Atmospheric Chemistry and Physics, 13(7): 3569-3585.

Huang L, Shao X. 2005. Precipitation variation in Delingha, Qinghai and solar activity over the last 400 years. Quaternary Sciences, 25(2): 184-192.

IPCC. 2007. Climate Change 2007: The Physical Science Basis. Cambridge: Cambridge University Press.

IPCC. 2013. Climate Change 2013: The Physical Science Basis. Contribution of Working Group I to the Fifth Assessment Report of the Intergovernmental Panel on Climate Change. Cambridge: Cambridge University Press.

IPCC. 2019. Climate change and land: An IPCC special report on climate change, desertification, land degradation, sustainable land management, food security, and greenhouse gas fluxes in terrestrial ecosystems. https://www.ipcc.ch/srccl/[2024-10-08].

Jacob D J, Winner D A. 2009. Effect of climate change on air quality. Atmospheric Environment, 43(1): 51-63.

Jiang D B, Tian Z P. 2013. East Asian monsoon change for the 21st century: Results of CMIP3 and CMIP5 models. Chinese Science Bulletin, 58(12): 1427-1435.

Jiang H, Liao H, Pye H O T, et al. 2013. Projected effect of 2000–2050 changes in climate and emissions on aerosol levels in China and associated transboundary transport. Atmospheric Chemistry and Physics, 13(16): 7937-7960.

Joetzjer E, Douville H, Delire C, et al. 2013. Present-day and future Amazonian precipitation in global climate models: CMIP5 versus CMIP3. Climate Dynamics, 41(11): 2921-2936.

Li M J, He F N, Li S C, et al. 2018. Reconstruction of the cropland cover changes in Eastern China between the 10th century and 13th century using historical documents. Scientific Reports, 8(1): 13552.

Li M, He F, Yang F, et al. 2018. Reconstruction provincial cropland area in Eastern China during the early Yuan Dynasty (AD 1271-1294). Journal of Geographical Sciences, 28(12): 1994-2006.

Li Y K, Ye Y, Zhang C P, et al. 2019. A spatially explicit reconstruction of cropland based on expansion of polders in the Dongting Plain in China during 1750–1985. Regional Environmental Change, 19(8): 2507-2519.

Liu F G, Feng Z D. 2012. A dramatic climatic transition at ~4000 cal. yr BP and its cultural responses in Chinese cultural domains. The Holocene, 22(10): 1181-1197.

PAGES 2k Consortium. 2013. Continental-scale temperature variability during the past two millennia. Nature Geoscience, 6: 339-346.
PAGES 2k Consortium. 2019. Consistent multidecadal variability in global temperature reconstructions and simulations over the Common Era. Nature Geoscience, 12(8): 643-649.
Peng J F, Liu Y Z. 2013. Reconstructed droughts for the northeastern Tibetan Plateau since AD 1411 and its linkages to the Pacific, Indian and Atlantic Oceans. Quaternary International, 283: 98-106.
Racherla P N, Adams P J. 2006. Sensitivity of global tropospheric ozone and fine particulate matter concentrations to climate change. Journal of Geophysical Research: Atmospheres, 111(D24): D24103.
Sheppard P R, Tarasov P E, Graumlich L J, et al. 2004. Annual precipitation since 515 BC reconstructed from living and fossil juniper growth of Northeastern Qinghai Province, China. Climate Dynamics, 23(7): 869-881.
Tai A P K, Mickley L J, Jacob D J. 2012. Impact of 2000–2050 climate change on fine particulate matter ($PM_{2.5}$) air quality inferred from a multi-model analysis of meteorological modes. Atmospheric Chemistry and Physics, 12(23): 11329-11337.
Taylor K E, Stouffer R J, Meehl G A. 2012. An overview of CMIP5 and the experiment design. Bulletin of the American Meteorological Society, 93(4): 485-498.
von Schneidemesser E, Monks P S, Allan J D, et al. 2015. Chemistry and the linkages between air quality and climate change. Chemical Reviews, 115(10): 3856-3897.
Wang H L, Shao X M, Li M Q. 2019. A 2917-year tree-ring-based reconstruction of precipitation for the Buerhanbuda Mts., Southeastern Qaidam Basin, China. Dendrochronologia, 55: 80-92.
Wang J L, Yang B, Osborn T J, et al. 2018. Causes of East Asian temperature multidecadal variability since 850 CE. Geophysical Research Letters, 45(24): 13485-13494.
Yan Q, Zhang Z S, Wang H J, et al. 2015. Simulated warm periods of climate over China during the last two millennia: The Sui-Tang warm period versus the Song-Yuan warm period. Journal of Geophysical Research: Atmospheres, 120(6): 2229-2241.
Yang B, Qin C, Wang J L, et al. 2014. A 3500-year tree-ring record of annual precipitation on the Northeastern Tibetan Plateau. Proceedings of the National Academy of Sciences of the United States of America, 111(8): 2903-2908.
Yao Y, Luo Y, Huang J B, et al. 2013. Comparison of monthly temperature extremes simulated by CMIP3 and CMIP5 models. Journal of Climate, 26(19): 7692-7707.
Yin Z Y, Zhu H F, Huang L, et al. 2016. Reconstruction of biological drought conditions during the past 2847years in an alpine environment of the Northeastern Tibetan Plateau, China, and possible linkages to solar forcing. Global and Planetary Change, 143: 214-227.
Zhang C P, Ye Y, Fang X Q, et al. 2019. Synergistic modern global 1 km cropland dataset derived from multi-sets of land cover products. Remote Sensing, 11(19): 2250.
Zhang J, Li L, Zhou T J, et al. 2013. Evaluation of spring persistent rainfall over East Asia in CMIP3/CMIP5 AGCM simulations. Advances in Atmospheric Sciences, 30(6): 1587-1600.
Zheng J Y, Wu M W, Ge Q S, et al. 2017. Observed, reconstructed, and simulated decadal variability of summer precipitation over Eastern China. Journal of Meteorological Research, 31(1): 49-60.
Zhou X C, Jiang D B, Lang X M. 2019. A multi-model analysis of 'Little Ice Age' climate over China. The Holocene, 29(4): 592-605.
Zhu J L, Liao H, Li J P. 2012. Increases in aerosol concentrations over Eastern China due to the decadal-scale weakening of the East Asian summer monsoon. Geophysical Research Letters, 39(9): L09809.

第 3 章

美丽中国评价指标体系[①]

> **导读** 建立科学、合理的美丽中国评价指标体系，对于开展定量评估研究至关重要。目前，可持续发展研究对美丽中国建设的影响较大，学者借鉴联合国 2030 年可持续发展目标（SDGs）以及城市可持续发展、生态文明建设和 UNECE-Eurostat-OECD TFSD 等典型可持续发展评价指标体系，构建美丽中国评价指标体系，涉及生态、环境、资源和治理等多个方面。本章依据可持续发展及其相关研究内容，总结美丽中国评价指标体系的构建思路与原则，从"天蓝、地绿、水清、人和"四个维度出发，以 SDG 6、SDG 7、SDG 11、SDG 15 指标作为主体，融合其他 SDGs 及国内相关评价指标体系，构建美丽中国评价指标体系，并详细提出其评价指标计算方法，为政府和社会各界开展美丽中国定量评估的工作发挥积极的引导和推动作用。

3.1 可持续发展研究进展

3.1.1 可持续发展

18 世纪工业革命以来，生产力的发展和科技的进步给人类带来了前所未有的财富，但也造成了空气、水体和土壤污染等大量环境问题，经济发展与资源和环境之间的矛盾日益突出，促使人们开始关注环境和资源问题。1962 年，美国海洋生物学家蕾切尔·卡逊（Rachel Carson）发表的《寂静的春天》一书中，描述了过度使用化学药品和肥料而导致的环境污染、生态破坏，最终给人类带来不堪重负的灾难，

[①] 本章作者：黄春林、王鹏龙、王宝、赵雪雁、宋晓谕、徐冰鑫、俞啸、高峰。

该书给予人类强有力的警示,在全世界范围内引发了关于发展观念的争论。随后在1972年、1980年、1987年、1992年和2000年,可持续发展的现实必要性、正式概念、具体思想和行动措施相继推出,并获得全球人类的广泛认同。

改革开放以来,我国在国民经济和社会发展过程中始终坚定不移地走可持续发展道路。在1992年联合国环境与发展大会后,我国颁布《环境与发展十大对策》,首次提出在中国实施可持续发展战略。1994年,我国编制发布了世界上第一个国家级可持续发展战略——《中国21世纪议程》,该议程制定了可持续发展战略的近期、中期和远期目标,从社会、经济、资源和环境等领域,提出具体行动目标和政策措施,以此作为我国可持续发展总体战略、计划和对策方案。MDGs颁布以后,我国将MDGs作为约束性指标全面融入国家规划,并取得了令世界瞩目的成就。2015年发布的《中国实施千年发展目标报告(2000—2015年)》中指出,中国已经实现或基本实现了MDGs的具体指标,特别是在减贫方面,1990~2011年,中国贫困人口减少了4.39亿,成为全球最早实现MDGs减贫目标的发展中国家,为全球减贫事业作出了巨大的贡献。

自2015年SDGs通过以来,我国积极落实各项SDGs,于2016年在国际上率先发布了《中国落实2030年可持续发展议程国别方案》。近几年持续发布《中国落实2030年可持续发展议程进展报告》(2017年、2019年、2021年),对落实SDGs的举措、进展及面临的挑战进行梳理,并部署下一步的工作任务和具体实现路径。2016年12月,国务院印发《中国落实2030年可持续发展议程创新示范区建设方案》。2018年3月以来,国务院相继批复同意深圳市、太原市、桂林市、郴州市、临沧市、承德市、湖州市、徐州市、鄂尔多斯市、枣庄市、海南藏族自治州11个城市建设国家可持续发展议程创新示范区。这些城市将按照《2030年可持续发展议程》的要求,以习近平新时代中国特色社会主义思想为指引,遵循"创新理念、问题导向、多元参与、开放共享"的原则,以推动科技创新与社会发展深度融合为着力点,探索以科技为核心的可持续发展问题系统解决方案,为我国破解新时代社会主要矛盾、落实新时代发展任务做出示范并发挥带动作用,为全球可持续发展提供中国经验。

3.1.2 典型可持续发展评价指标体系

1. 联合国2030年可持续发展目标(SDGs)

2015年,联合国大会第七十届会议上通过的《2030年可持续发展议程》确定了由17个SDGs、169个具体目标和300多个技术指标组成的可持续发展目标(United Nations, 2015)。在联合国的倡导下,SDGs首次以具体的、可考量指标和完成期限为导向,在社会、经济和环境3个维度实现全球共同可持续发展,是全世界的总体发展框架。相较于 MDGs，《2030 年可持续发展议程》是联合国历史上通过的规模最宏大和最具雄心的发展议程，其确定的 17 个目标中，除了目标 1、2、5、6、10、15、17 外，其余 10 项目标均为新增目标，可以说是在 MDGs 基础上的深化和发展，且目标体系更为庞大和完善（表 3-1）。新设目标和具体目标相互紧密关联，有许多贯穿不同领域的要点，体现了统筹兼顾的做法。从安全保障层面来看，SDGs 涵盖五个方面，即粮食和食品安全，疾病防控及社会公平与人权，水资源安全，能源安全，土地安全，以及生态环境安全（魏彦强等，2018）。

表 3-1 联合国 17 个可持续发展目标（SDGs）及其与千年发展目标（MDGs）的对比

主要目标	具体发展目标	是否新增	对应的 MDG 目标
1.无贫穷	1.1 在全球所有人口中消除极端贫穷； 1.2 按各国标准界定的陷入各种贫困的各年龄段男女和儿童至少减半； 1.3 全民社会保障制度和措施在较大程度上覆盖穷人和弱势群体； 1.4 确保所有男女，特别是穷人和弱势群体，享有平等获取经济资源的权利，享有基本服务； 1.5 增强穷人和弱势群体的抵御灾害能力，降低其遭受极端天气事件和其他灾害的概率和易受影响程度	否	
2.零饥饿	2.1 消除饥饿，确保所有人全年都有安全、营养和充足的食物； 2.2 消除一切形式的营养不良，解决各类人群的营养需求； 2.3 实现农业生产力翻倍和小规模粮食生产者收入翻番； 2.4 确保建立可持续粮食生产体系并执行具有抗灾能力的农作方法，加强适应气候变化和其他灾害的能力； 2.5 通过在国家、区域和国际层面建立管理得当、多样化的种子和植物库，保持物种的基因多样性；公正、公平地分享利用基因资源	否	
3.良好健康与福祉	3.1 全球孕产妇每 10 万例活产的死亡率降至 70 人以下； 3.2 消除新生儿和 5 岁以下儿童可预防的死亡； 3.3 消除艾滋病、结核病、疟疾和被忽视的热带疾病等流行病，抗击肝炎、水传播疾病和其他传染病； 3.4 通过预防等将非传染性疾病导致的过早死亡减少 1/3； 3.5 加强对滥用药物包括滥用麻醉药品和有害使用酒精的预防和治疗； 3.6 全球公路交通事故造成的死伤人数减半； 3.7 确保普及性健康和生殖健康保健服务； 3.8 实现全民健康保障，人人享有基本保健服务、基本药品和疫苗； 3.9 大幅减少危险化学品以及空气、水和土壤污染导致的死亡和患病人数	是	MDG 1
4.优质教育	4.1 确保所有男女童完成免费、公平和优质的中小学教育； 4.2 确保所有男女童获得优质幼儿发展、看护和学前教育； 4.3 确保所有男女平等获得负担得起的优质技术、职业和高等教育； 4.4 大幅增加掌握就业、体面工作和创业所需相关技能； 4.5 消除教育中的性别差距，确保残疾人、土著居民和处境脆弱儿童等； 4.6 确保所有青年和大部分成年男女具有识字和计算能力； 4.7 确保所有进行学习的人都掌握可持续发展所需的知识和技能	是	MDG 2
5.性别平等	5.1 在世界各地消除对妇女和女孩一切形式的歧视； 5.2 消除公共和私营部门针对妇女和女童一切形式的暴力行为； 5.3 消除童婚、早婚、逼婚及割礼等一切伤害行为； 5.4 认可和尊重无偿护理和家务；	否	MDG 3

续表

主要目标	具体发展目标	是否新增	对应的MDG目标
5.性别平等	5.5 确保妇女全面有效参与各级政治、经济和公共生活的决策，并享有进入以上各级决策领导层的平等机会	否	MDG 3
6.清洁饮水和卫生设施	6.1 人人普遍和公平获得安全与负担得起的饮用水； 6.2 人人享有适当和公平的环境卫生与个人卫生； 6.3 改善水质； 6.4 所有行业大幅提高用水效率，确保可持续取用和供应淡水； 6.5 在各级进行水资源综合管理，包括酌情开展跨境合作； 6.6 保护和恢复与水有关的生态系统，包括山地、森林、湿地、河流、地下含水层和湖泊	否	MDG 7
7.经济适用的清洁能源	7.1 确保人人都能获得负担得起的、可靠的现代能源服务； 7.2 大幅增加可再生能源在全球能源结构中的比例； 7.3 全球能效改善率提高1倍	是	
8.体面工作和经济增长	8.1 维持人均经济增长率； 8.2 实现更高水平的经济生产力； 8.3 推行以发展为导向的政策支持生产性活动和创新； 8.4 逐步改善全球消费和生产的资源使用效率； 8.5 所有人实现充分和生产性就业； 8.6 大幅减少未就业和未受教育或培训的青年人比例； 8.7 根除强制劳动、现代奴隶制和贩卖人口，禁止和消除童工； 8.8 保护劳工权利，创造安全和有保障的工作环境； 8.9 制定和执行推广可持续旅游的政策，以创造就业机会； 8.10 加强国内金融机构的能力，扩大全民获得金融服务的机会	是	
9.产业、创新和基础设施	9.1 发展优质、可靠、可持续和有抵御灾害能力的基础设施； 9.2 大幅提高工业在就业和国内生产总值中的比例； 9.3 增加小型工业和其他企业获得金融服务的机会； 9.4 升级基础设施，改进工业以提升其可持续性； 9.5 提升工业部门的技术能力	是	
10.减少不平等	10.1 逐步实现和维持最底层40%人口的收入增长； 10.2 增强所有人的权能，促进他们融入社会、经济和政治生活； 10.3 确保机会均等，减少结果不平等现象； 10.4 采取财政、薪资和社会保障政策逐步实现更大的平等； 10.5 改善对全球金融市场和金融机构的监管和监测； 10.6 确保发展中国家在国际经济和金融机构决策过程中有更大的代表性和发言权； 10.7 促进有序、安全、正常和负责的移民与人口流动	否	MDG 8
11.可持续城市和社区	11.1 确保人人获得适当、安全和负担得起的住房及基本服务； 11.2 向所有人提供安全、负担得起的交通运输系统，改善道路安全； 11.3 加强包容和可持续的城市建设及管理能力； 11.4 努力保护和捍卫世界文化与自然遗产； 11.5 大幅减少各种灾害造成的死亡人数和受灾人数及损失； 11.6 减少城市的人均负面环境影响； 11.7 向所有人普遍提供安全、包容、无障碍、绿色的公共空间	是	
12.负责任消费和生产	12.1 落实《可持续消费和生产模式十年方案框架》； 12.2 实现自然资源的可持续管理和高效利用； 12.3 减少生产和供应环节的粮食损失，包括收获后的损失； 12.4 实现化学品和所有废物在整个存在周期的无害环境管理； 12.5 通过预防、减排、回收和再利用，大幅减少废物的产生；	是	

续表

主要目标	具体发展目标	是否新增	对应的MDG目标
12.负责任消费和生产	12.6 鼓励各个公司将可持续性信息纳入各自报告周期； 12.7 推行可持续的公共采购做法； 12.8 确保获取可持续发展及与自然和谐的生活方式的信息，并具有上述意识	是	
13.气候行动	13.1 加强各国抵御和适应气候相关的灾害和自然灾害的能力； 13.2 将应对气候变化的举措纳入国家政策、战略和规划； 13.3 加强气候变化减缓、适应、减少影响和早期预警等方面的教育与宣传	是	
14.水下生物	14.1 预防和大幅减少各类海洋污染； 14.2 可持续管理、保护海洋和沿海生态系统以免产生重大负面影响； 14.3 通过合作等方式减少和应对海洋酸化的影响； 14.4 有效规范捕捞活动，终止过度捕捞、非法捕捞； 14.5 根据国内和国际法保护至少10%的沿海和海洋区域； 14.6 禁止某些助长过剩产能和过度捕捞的渔业补贴； 14.7 增加小岛屿发展中国家和最不发达国家通过可持续利用海洋资源获得的经济收益	是	
15.陆地生物	15.1 保护、恢复和可持续利用陆地与内陆的淡水生态系统及其服务； 15.2 推动对所有类型森林进行可持续管理； 15.3 防治荒漠化，恢复退化的土地和土壤，包括受荒漠化、干旱和洪涝影响的土地； 15.4 保护山地生态系统及其生物多样性，加强山地生态系统的能力； 15.5 减少自然栖息地的退化，遏制生物多样性的丧失； 15.6 公正和公平地分享利用遗传资源产生的利益，促进适当获取这类资源； 15.7 终止偷猎和贩卖受保护的动植物物种； 15.8 防止引入外来入侵物种并大幅减少其对土地和水域生态系统的影响； 15.9 把生态系统和生物多样性价值观纳入国家和地方规划、发展进程、减贫战略和核算	否	MDG 7
16.和平、正义与强大机构	16.1 在全球大幅减少一切形式的暴力和相关的死亡率； 16.2 制止对儿童进行虐待、剥削、贩卖以及一切形式的暴力和酷刑； 16.3 促进法治，确保所有人都有平等诉诸司法的机会； 16.4 大幅减少非法资金和武器流动，打击一切形式的有组织犯罪； 16.5 大幅减少一切形式的腐败和贿赂行为； 16.6 在各级建立有效、负责和透明的机构； 16.7 确保各级的决策反应迅速，具有包容性、参与性和代表性； 16.8 扩大和加强发展中国家对全球治理机构的参与； 16.9 为所有人提供法律身份，包括出生登记； 16.10 依法确保公众获得各种信息，保障基本自由	是	
17.促进目标实现的伙伴关系	具体包括了筹资、技术、能力建设、贸易、政策和体制的一致性、多利益攸关方伙伴关系、数据/监测和问责制等方面19个具体目标	否	MDG 8

注：本表依据联合国可持续发展官网（http://unstats.un.org/sdgs/）整理。

联合国《2020年可持续发展目标报告》显示：到2020年底，169个具体目标中仅有21个目标可有序推进；按照目前趋势，到2030年将仅有一半可持续发展目标可以实现。构建本土化的SDGs指标体系，成为系统、科学评估SDGs进展的一种手段与可能。从SDGs实施进展来看，区域层面上，非洲总结了MDGs的执行情况，在此基础上发布《2063年议程》，并对接SDGs形成非洲综合监测指标（African Union，2015）；欧盟则根据 SDGs 发布了一系列计划，并制定了一个包含 99 个指标的指标集，每年发布进展报告。国家及地区层面上，Allen 等（2017）为阿拉伯地区 22 个国家制定了一套结合 SDGs 框架和符合区域实情的概念框架的指标，进行总体评估；瑞士将 17 个 SDGs 本土化为 9 个目标和 52 个子目标，利用 2003 年构建的用于可持续发展进展评估的指标体系评估瑞士选定目标和指标的执行情况，并根据全球指标框架的进展进行更新；加拿大发布了"Towards Canada's 2030 Agenda National Strategy"，并提出一套基于 SDGs 的评估指标体系，加拿大政府还将政府部门与 SDGs 进行匹配，明确与各部门相关的 SDGs；世界自然基金会与清华大学全球可持续发展研究院合作发布了《中国可持续发展目标的地方评价和展望研究报告》，构建了 2005~2016 年 14 个目标框架下涵盖 74 个指标的中国省级可持续发展目标，进行了测量、监测与展望（清华大学全球可持续发展研究院和 World Wide Fund for Nature，2020）。在城市层面上，纽约市以 SDGs 为框架，于 2015 年 12 月启动了全球愿景与城市行动计划，提出了一套面向 8 个大目标和 30 个倡议的 SDGs 监测指标体系，并于 2018 年 7 月发布全球首个城市层面的 SDGs 进展评估报告；2019 年，联合国可持续发展解决方案网络（UNSDSN）根据官方 SDGs 指标框架选择了 15 项目标和相关指标对美国、欧洲部分重点城市进行 SDGs 进展评估，探索了城市层面 SDGs 监测评估的基本方法体系（Lafortune et al.，2019）。

2. 城市可持续发展评价指标体系

联合国《2030 可持续发展议程》第 11 个目标（SDG 11）是"可持续城市和社区"，提出"建设包容、安全、有抵御灾害能力和可持续的城市和人类住区"，SDG 11 的各项指标系统地覆盖了城市住房、交通便利性、公平性、安全性、城市灾害弹性、清洁的空气、绿色和公共空间、公众参与等多个方面。

传统的城市可持续发展评价主要集中在综合指数和复合指标体系两方面（王鹏龙等，2018）。在综合指数方面，生态足迹（EF）、环境可持续性指数（ESI）、人类发展指数（HDI）、城市发展指数（CDI）、能值/有效能、绿色 GDP、真实进度指标（GPI）、地球生命力指数（LPI）、可持续性仪表板（DS）、国民幸福指数等经典指数均得到广泛应用（徐中民等，2000；张志强等，2002；程国栋等，2005）。相较于综合指数，构建复合指标体系成为城市可持续发展评价的主要方式，国内外学者多从社会、经济、环境、基础设施和制度等方面构建城市可持续发展评价指标体系，国外机构也提出众多著名的城市可持续发展指标体系。例如，美国城市可持续发展路径委员会提出环境、经济、社会、机构组织与管理 4 个维度的城市可持续性指标（National Academies of Sciences，Engineering，and Medicine，2016）；西门子和经济学人智库提出 8～9 个维度约 30 个指标的欧洲绿色城市指数（Economist Intelligence Unit，2009）；欧洲改善生活与工作条件基金会基于压力-状态-响应（PSR）模式，提出包括环境、经济和社会 3 个方面的城市可持续性指标（Mega and Pedersen，1998）；荷兰智库凯谛思（Arcadis）从宜居度、环境和商机 3 个层面选择 32 个指标建立了可持续城市指标（Arcadis，2017）；美国住房和城市发展部（HUD）的可持续城市发展指标体系分为社会福利、经济机会和环境质量 3 个维度，涵盖健康、安全、公民本地认同感、公共空间获取、交通获得性、资金和信贷、教育、工作和培训、土地利用效率、水资源污染与管理、多样自然环境与生态系统等领域（Amy et al.，2011）；中国国家重点研发计划"大数据支撑的城市发展状态动态认知与评估技术"课题组提出的城市可持续发展指标体系（深圳大学和腾讯，2022）等。此外，典型的指标体系还包括欧盟委员会的欧洲绿色资本奖（European Commission，2006）、经济合作与发展组织（OECD）的绿色城市项目（OECD，2013）、联合国人居署的城市指标指导方针（United Nations Human Settlements Programme，2004）。当前，国际上广泛使用的 4 种典型的城市可持续性评价指标体系（表 3-2）囊括了社会、经济、环境、基础设施和制度等城市发展的多个方面。

表 3-2 典型的城市可持续指标集

维度	一级	具体指标
环境指标	空气质量	空气质量指数（Ⅱ，Ⅳ）；氮氧化物的排放（Ⅰ）；二氧化硫排放量（Ⅰ）；$PM_{2.5}$ 排放（Ⅲ）；PM_{10} 排放（Ⅰ，Ⅲ）
	温室气体排放	住宅温室气体排放（Ⅰ）；商业温室气体（Ⅰ）；工业温室气体（Ⅱ）；总温室气体（CO_2，CH_4，N_2O 和氯氟烃）（Ⅱ，Ⅲ，Ⅳ）；单位用电量的 CO_2 排放（Ⅳ）；城市人均 CO_2 排放（Ⅳ）
	水	受损水道数量（Ⅳ）；配水系统中的水渗漏（Ⅰ）；水消耗总量（Ⅱ）；人均耗水量（Ⅰ，Ⅳ）；饮用水质量（Ⅲ）；用水量（Ⅳ）
	土地	绿地（Ⅰ，Ⅱ，Ⅲ）；植被覆盖（Ⅳ）；滑坡脆弱性（Ⅳ）；千人公园面积（Ⅳ）；城市扩展（蔓延）（Ⅰ，Ⅲ）
	废弃物	固体废物产量（Ⅳ）；城市固体废物回收比例（Ⅰ，Ⅳ）；废物管理指标（Ⅱ）；固体废物管理（Ⅲ）
	自然灾害	自然灾害脆弱性（Ⅳ）；自然灾难暴露（Ⅲ）
经济指标	收入	城市收入（Ⅱ）；人均 GDP（Ⅰ，Ⅲ）
	价格	消费物价指数（Ⅲ，Ⅳ）
	就业	失业（Ⅱ，Ⅳ）；商品就业（Ⅰ）；服务就业（Ⅰ）
	能源	能源消费量（Ⅱ，Ⅲ）；人均能源消费量（Ⅳ）；住宅能源强度（Ⅳ）；人均用电量（Ⅰ）；单位 GDP 用电量；能源效率（Ⅲ）；可再生能源消费（Ⅳ）；可再生能源份额
	金融健康	城市经济活力（Ⅱ）；城市财政赤字（Ⅱ）；社区信贷需求满足绩效指标（Ⅳ）；再投资法贷款人评级（Ⅳ）

续表

维度	一级	具体指标
经济指标	交通	交通运输方式共享（Ⅳ）；依靠公共交通工具、自行车或徒步的工人比例（Ⅰ，Ⅱ，Ⅳ）；人均年汽车里程（Ⅳ）；公共交通乘客平均数（Ⅳ）；工作平均通勤时间（Ⅰ，Ⅲ，Ⅳ）；公共交通乘客平均数（Ⅳ，Ⅴ）；步行点评（Ⅳ）；交通基础设施长度（Ⅰ，Ⅲ）
社会指标	人口统计	人口（Ⅰ）；人口密度（Ⅰ）
	教育	高中，大学，硕士学位（Ⅳ）；大学排名（Ⅲ）；读写能力（Ⅲ）
	公共健康	千名婴儿5岁以下死亡率（Ⅳ）；出生时预期寿命（Ⅲ）；具有健康保险人口的比例（Ⅳ）；受犯罪或交通事故影响的人口比例（Ⅱ，Ⅴ）；暴力犯罪率（Ⅳ）
	平等	基尼系数（Ⅲ，Ⅳ）；城市贫困人口（Ⅳ）；受贫困、失业与缺乏教育、信息、培训和休闲机会影响的人口比例（Ⅲ）；在邻里中心或公共交通站点1/4英里*内的低收入家庭的比例（Ⅱ）；经济活动人口与非经济活动人口的比例（Ⅳ）；贫困儿童（Ⅳ）
	住房和建筑物	住房负担能力（Ⅳ）；无家可归者比例（Ⅱ）；受恶劣住房条件影响的人口比例（Ⅱ，Ⅳ）；能源与环境设计领导力（LEED）认证的建筑物数量（Ⅰ）；认证机构认证为节能的房屋数量（Ⅳ）；房屋尺寸中位数（Ⅳ）
	公民参与	参与地方选举或作为城市改善和生活质量协会活跃成员的人数比例（Ⅱ，Ⅳ）；选民参与人口比例（Ⅳ）

*1英里=1.60934 km。

注：Ⅰ代表绿色城市指数，Ⅱ代表城市可持续性指标，Ⅲ代表可持续城市指标，Ⅳ代表可持续城市发展指标。

3. 生态文明建设评价指标体系

2022年6月1日，习近平总书记在《求是》杂志发表了重要文章《努力建设人与自然和谐共生的现代化》，强调了生态文明建设的发展方向与实现路径（习近平，2022）。生态文明建设是经济持续健康发展的关键保障，是民意所在、民心所向，是党提高执政能力的重要体现，是功在当代、利在千秋的事业，我国始终将生态文明建设摆在全局工作的突出位置。国内外著名的生态文明建设评价指标体系主要分为两大类（周宏春等，2019）：一类是含有资源效率、环境质量的主要评价指标体系，另一类则是包括绿色经济、绿色增长、可持续发展等的综合评价指标体系。资源效率、环境质量等方面的指标体系有世界自然保护联盟（IUCN）以物种濒危为重点的描述性评价；联合国环境规划署（UNEP）基于资源环境的评价指标；耶鲁大学和哥伦比亚大学的生态环境指数、联合国亚洲及太平洋经济社会委员会（ESCAP）的生态效率指标体系等。对绿色经济、绿色增长、可持续发展等的综合评价指标体系有UNEP测度绿色经济的指标体系；OECD监测绿色增长进展的指标体系；北京师范大学等提出的中国绿色发展指数体系等。

我国为规范生态文明建设目标评价考核工作，2016年，中共中央办公厅、国务院办公厅印发了《生态文明建设目标评价考核办法》，国家发展和改革委员会、国家统计局、环境保护部、中央组织部共同印发了《绿色发展指标体系》和《生态文明建设考核目标体系》(表 3-3，表 3-4)，作为生态文明建设评价

表 3-3　绿色发展指标体系

一级指标	二级指标	一级指标	二级指标
一、资源利用	1. 能源消费总量	三、环境质量	7. 近岸海域水质优良（一、二类）比例
	2. 单位 GDP 能源消耗降低		8. 受污染耕地安全利用率
	3. 单位 GDP 二氧化碳排放降低		9. 单位耕地面积化肥使用量
	4. 非化石能源占一次能源消费比重		10. 单位耕地面积农药使用量
	5. 用水总量	四、生态保护	1. 森林覆盖率
	6. 万元 GDP 用水量下降		2. 森林蓄积量
	7. 单位工业增加值用水量降低率		3. 草原综合植被覆盖度
	8. 农田灌溉水有效利用系数		4. 自然岸线保有率
	9. 耕地保有量		5. 湿地保护率
	10. 新增建设用地规模		6. 陆域自然保护区面积
	11. 单位 GDP 建设用地面积降低率		7. 海洋保护区面积
	12. 资源产出率		8. 新增水土流失治理面积
	13. 一般工业固体废物综合利用率		9. 可治理沙化土地治理率
	14. 农作物秸秆综合利用率		10. 新增矿山恢复治理面积
二、环境治理	1. 化学需氧量排放总量减少	五、增长质量	1. 人均 GDP 增长率
	2. 氨氮排放总量减少		2. 居民人均可支配收入
	3. 二氧化硫排放总量减少		3. 第三产业增加值占 GDP 比重
	4. 氮氧化物排放总量减少		4. 战略性新兴产业增加值占 GDP 比重
	5. 危险废物处置利用率		5. 研究与试验发展经费支出占 GDP 比重
	6. 生活垃圾无害化处理率	六、绿色生活	1. 公共机构人均能耗降低率
	7. 污水集中处理率		2. 绿色产品市场占有率（高效节能产品市场占有率）
	8. 环境污染治理投资占 GDP 比重		3. 新能源汽车保有量增长率
三、环境质量	1. 地级及以上城市空气质量优良天数比率		4. 绿色出行（城镇每万人口公共交通客运量）
	2. 细颗粒物（$PM_{2.5}$）未达标地级及以上城市浓度下降		5. 城镇绿色建筑占新建筑比重
	3. 地表水达到或好于Ⅲ类水体比例		6. 城市建成区绿地率
	4. 地表水劣Ⅴ类水体比例		7. 农村自来水普及率
	5. 重要江河湖泊水功能区水质达标率		8. 农村卫生厕所普及率
	6. 地级及以上城市集中式饮用水水源水质达到或优于Ⅲ类比例	七、公众满意程度	公众对生态环境质量满意程度

表 3-4　生态文明建设考核目标体系

一级目标	二级目标
一、资源利用	1. 单位 GDP 能源消耗降低 2. 单位 GDP 二氧化碳排放降低 3. 非化石能源占一次能源消费比重 4. 能源消费总量 5. 万元 GDP 用水量下降 6. 用水总量 7. 耕地保有量 8. 新增建设用地规模
二、生态环境保护	1. 地级及以上城市空气质量优良天数比率 2. 细颗粒物（$PM_{2.5}$）未达标地级及以上城市浓度下降 3. 地表水达到或好于Ⅲ类水体比例 4. 近岸海域水质优良（一、二类）比例 5. 地表水劣Ⅴ类水体比例 6. 化学需氧量排放总量减少 7. 氨氮排放总量减少 8. 二氧化硫排放总量减少 9. 氮氧化物排放总量减少 10. 森林覆盖率 11. 森林蓄积量 12. 草原综合植被覆盖度
三、年度评价结果	各地区生态文明建设年度评价的综合情况
四、公众满意程度	居民对本地区生态文明建设、生态环境改善的满意程度
五、生态环境事件	地区重特大突发环境事件、造成恶劣社会影响的其他环境污染责任事件、严重生态破坏责任事件的发生情况

考核的依据。其中，绿色发展指标体系包含考核目标体系中的主要目标，覆盖资源利用、环境治理、环境质量、生态保护、增长质量、绿色生活、公众满意程度 7 个方面，共 56 项，指标体系采用综合指数法测算生成绿色发展指数，以动态衡量地方每年的生态文明建设进展。生态文明建设考核目标体系在目标设计上，包括资源利用、生态环境保护、年度评价结果、公众满意程度、生态环境事件 5 个方面，23 项考核目标；在目标赋分上，对环境质量等体现人民获得感的目标赋予了较高分值，对约束性、部署性等目标依据其重要程度，分别赋

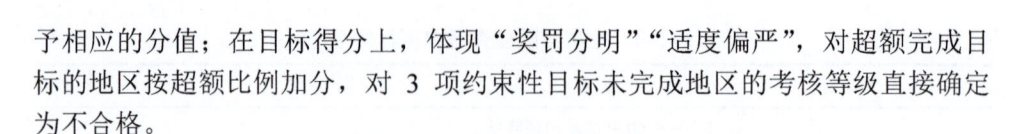

予相应的分值；在目标得分上，体现"奖罚分明""适度偏严"，对超额完成目标的地区按超额比例加分，对 3 项约束性目标未完成地区的考核等级直接确定为不合格。

4. UNECE-Eurostat-OECD TFSD 评价指标体系

2013 年，联合国欧洲经济委员会（UNECE）、欧洲统计局（Eurostat）和 OECD 衡量可持续发展特别小组（OECD TFSD）联合发布了《衡量可持续发展的框架和建议指标》报告（UNECE et al., 2013）。该框架旨在将目前由国家和国际统计组织编制的指标体系集连接起来，并根据一个合理的概念框架制定一份潜在的指标清单，便于与现有指标体系进行比较。该框架在人类福祉（human well-being，HWB）的 3 个层面上（张杰等，2020），即在一个特定国家的人类福祉、未来几代人的福祉和生活在其他国家的人民福祉的基础上，确立了包括主观幸福感、消费和收入、营养、健康、住房、教育、休闲、人身安全、信任、机构、能源资源、非能源资源、土地和生态系统、水、空气质量、气候、劳动力、有形资本、知识资本和金融资本在内的 20 个主题，涵盖了可持续发展的环境、社会和经济方面（表 3-5）。该框架下的指标体系提出了 3 种指标集，指标集一是基于概念基础选择的指标，以提供关于"此时此地"、"稍后"和"其他地方"的福祉信息；指标集二是基于 20 个主题选择了 90 项指标，其中有关于政策驱动因素的更详细的指标；指标集三是一组包含范围更小的指标集，可以更有效地向决策者和公众传达主要信息。

表 3-5 UNECE-Eurostat-OECD TFSD（2013 年）指标体系框架表

主题	聚合指标	离散指标
TH1. 主观幸福感	1.生活满意度	—
TH2. 消费和收入	2.最终消费开支；3.人均 GDP；4.劳动生产率；5.官方发展援助（ODA）；6.来自发展中国家的进口	7.收入不平衡 8.性别收入差距
TH3. 营养	9.肥胖率	
TH4. 健康	10.出生时预期寿命；11.出生时预期健康寿命；12.自杀死亡率；13.卫生经费支出；14.吸烟率	15.健康分布
TH5. 劳动力	16.就业率；17.工作时数；18.劳动力市场平均退出年龄；21.人力资本流动	19.女性就业率 20.青年就业率
TH6. 教育	22.受教育程度；23.教育经费；24.技能；25.辍学率；26.终身学习	27.教育分布
TH7. 住房	28.住房存量；29.房产投资；30.住房缺乏；31.住房支付能力	—
TH8. 休闲	32.业余时间	
TH9. 人身安全	33.攻击/谋杀致死率；34.安全支出	

续表

主题	聚合指标	离散指标
TH10. 土地和生态系统	35.土地资产；36.保护区；37.营养平衡；38.向土壤排放；39.鸟指数；40.濒危物种；41.土地足迹	—
TH11. 水	42.水资源；43.地表水和地下水开采；44.水质指数；45.向水体排放；46.水足迹	—
TH12. 空气质量	47.城市对颗粒物的暴露；48.颗粒物排放；49.城市对臭氧的暴露；50.臭氧前体的排放；51.酸化物质的排放	—
TH13. 气候	52.全球CO_2浓度；53.历史CO_2排放；54.温室气体排放；55.温室气体排放强度；56.碳足迹（国外部分）；57.臭氧层状况；58.氯氟碳化合物排放	—
TH14. 能源资源	59.能源资源；60.能源消费；61.能源强度；62.可再生能源；63.能源生产；64.能源依赖	—
TH15. 非能源资源	65.非能源资源；66.国内物资消费；67.资源生产率；68.废物产生；69.再循环率；70.非能源进口	—
TH16. 信任	71.普遍信任；72.跨越型社会资本；73.亲友联系；74.参与志愿工作	—
TH17. 机构	75.投票率；76.对政府机构的信任；78.对国际机构的贡献	77.妇女在议会中的比例
TH18. 有形资本	79.有形资本存量；80.资本形成总值；81.有形资本出口	—
TH19. 知识资本	82.研发资本存量；83.研发支出；84.知识溢出；85.知识资本的出口	—
TH20. 金融资本	86.资产减去负债；87.统一的政府债务；88.政府财政赤字/盈余；89.应领养恤金；90.外国直接投资（FDI）	—

3.2 评价指标体系的构建思路及原则

3.2.1 评价指标体系的构建思路

美丽中国的评价指标体系是其理论与内涵的具体化表征，也是其建设水平评价的主要依据（高卿等，2019）。当前，急需构建可获得、可考核、可落地的具有差异性、发展型指标体系，解决美丽中国"建什么"的问题。近年来，针对不同发展阶段存在的不同问题，国家和政府相继提出了生态文明建设考核目标体系、绿色发展指标体系、高质量发展指标体系、循环经济发展指标体系等，联合国也提出了2030年SDGs。这些指标体系为构建美丽中国评价指标体系提供了参考，但它们所处的阶段性、逻辑性及目标取向与美丽中国存在一定差别。因此，构建美丽中国评价指标体系时，一方面，要注重与国内相关评价指标体系及联合国SDGs的衔接，遴选出当前各个主要指标体系中与美丽中国评价目标相一致的具体指标；另一方面，要基于美丽中国的内涵，进一步补充能够反映全国及典型区"美丽中国"建设情况的特征化指标，从而形成全面综合的美丽中国评价指标体系。

1. 注重与国内相关评价指标体系的衔接

目前，与美丽中国相关的评价指标体系主要有生态文明建设考核目标体系、绿色发展指标体系、高质量发展指标体系、循环经济发展指标体系等。其中，生态文明建设考核目标体系从资源利用、生态环境保护、年度评价结果、公众满意程度和生态环境事件5个方面进行评价，考核目的性较强，以资源环境统计指标为主，生态监测指标较少；绿色发展指标体系在生态文明建设考核目标体系主要指标的基础上，增加了有关措施性、过程性的指标，包括资源利用、环境治理、环境质量、生态保护、增长质量、绿色生活、公众满意程度7个方面，用于衡量地方每年生态文明建设的动态进展，强调发展过程中的生态环境保护；高质量发展的主要内涵是推动发展从总量扩张向结构优化转变，强调经济发展模式的转型，其指标体系包括绿色发展、开放发展、共享发展、创新发展、协调发展、主观感受、综合质效7个方面；循环经济发展要求按照"减量化、再利用、资源化"原则，实现经济、环境和社会效益相统一，其指标体系主要从能源资源减量、过程及末端废弃物利用等角度制定指标，考察各领域的资源循环利用水平。

这些指标体系的关注点与美丽中国的某些维度相吻合，尤其是上述指标体系中关于生态保护、资源利用方面的指标在一定程度上刻画了狭义美丽中国的主要维度，因此，构建美丽中国评价指标体系时，要注重与上述相关指标体系的衔接。

2. 注重与联合国SDGs的衔接

美丽中国建设是关系中华民族永续发展的根本大计，也是2030年联合国SDGs在中国的实践。鉴于此，可将美丽中国评价指标与联合国SDGs相衔接，将SDGs的相关指标作为评价美丽中国建设成果的重要指标。这有助于增强评价指标的兼容性、评价结果的可比性，便于将美丽中国建设情况与其他国家的可持续发展水平进行比较，及时了解中国可持续发展建设在全球范围内的位置；同时，有助于将中国可持续发展建设经验介绍给世界其他国家，兑现中国助力全球可持续发展的庄严承诺。

狭义美丽中国主要包括天蓝、地绿、水清、人和四个维度，因此，构建美丽中国评价指标体系时，主要考虑与上述四个维度密切相关的SDG 7（确保人人获得负担得起的、可靠和可持续的现代能源）、SDG 15（保护、恢复和促进可持续利用陆地生态系统，可持续管理森林，防治荒漠化，制止和扭转土地退化，遏制生物多样性的丧失）、SDG 6（为所有人提供水和环境卫生并对其进行可持续管理)、SDG 11(建设包容、安全、有抵御灾害能力和可持续的城市和人类住区)中的指标。

3. 注重地球大数据驱动

传统评价主要依赖统计数据,导致评价结果的实时性差(时滞至少为1年),且空间解析能力十分有限(以行政区为单元),同时受调查范围和取样方法的局限,导致评价结果的准确性受到质疑。地球大数据作为大数据的重要组成部分,主要是指与地球相关的大数据,数据来源不仅包括空间对地观测数据,还包括陆地、海洋、大气及与人类活动相关的数据,它是地球科学、信息科学、空间科技等交叉融合形成的大数据(郭华东,2018)。地球大数据能够把大范围区域作为整体进行认知,美丽中国的诸多目标具有大尺度、周期变化的特点,地球大数据的宏观、动态监测能力可为美丽中国评价提供重要手段。鉴于此,融合遥感数据、地理信息数据、网络大数据、监测数据、统计数据等地球大数据,开展美丽中国建设水平综合评价,可为国家可持续发展目标国别报告及进展报告提供重要参考。其中,天蓝维度相关指标的数据源主要为监测数据、模拟数据及统计数据;地绿维度相关指标的数据源主要为遥感数据及地理信息数据;水清维度相关指标的数据源主要为遥感数据、监测数据及统计数据;人和维度相关指标的数据源主要为统计数据、网络大数据。

4. 注重高分辨率精准评价

精准评价是衡量美丽中国建设水平的标尺,是评判建设政策优劣的试金石,也是谋划美丽中国未来建设方向的重要科学基础。然而,传统评价方法的时空分辨率及准确性相对较低,难以满足当前美丽中国建设的需求。鉴于此,需要以地球大数据为依托,构建具有高时空分辨率的美丽中国评价方法体系,开展全国及重点区域美丽中国建设水平的动态性、高分辨率评价。其中,地绿与水清维度的部分指标可开展栅格及公里网格的年度高分辨率评价;天蓝维度的部分指标可开展公里网格的月值高分辨率评价。

5. 注重区域差异性

我国幅员辽阔,区域间资源禀赋、生态环境和社会经济发展水平差异明显。因此,美丽中国评价不仅要总结普遍问题,更要注重区域差异性,支撑区域的差异化发展。评价指标体系的构建应兼顾全国通用性和地区差异性,除了遴选全国通用的评价指标,还应在诊断区域问题的基础上,遴选能够刻画区域特征的关键指标(陈明星等,2019),构建典型区的美丽中国评价指标体系。具体评价中,不仅要注重指标的绝对值，更要注重状态指标的变化情况；确定评价标准时，需要综合考量不同区域的发展水平、资源环境禀赋等实际情况，科学合理地设置合理区间。

3.2.2 评价指标体系的构建原则

基于狭义美丽中国的基本内涵与主要维度，构建以地球大数据为支撑的，以推进生态文明建设为主体目标的，以本土化指标与联合国 SDGs 指标相融合的美丽中国评价指标体系，支撑全景美丽中国评价。

可持续发展与美丽中国的内涵同根同源、异曲同工，二者都希望通过努力实现国家、区域的资源、环境与社会经济协调发展，同时保障子孙后代的发展权益，全面提升人类福祉。基于此，遵循"思想概念化、概念指标化、指标计算化、计算精准化"的构建理念，从"天蓝、地绿、水清、人和"四个维度出发，将 SDG 6、SDG 7、SDG 11、SDG 15 指标作为主体，融合其他 SDGs 指标及国内相关评价指标体系，遵循综合性、全面性、系统性、针对性和精准性原则，构建美丽中国评价指标体系。

综合性：综合考虑国家现行的资源环境评价体系及联合国的 SDGs 框架；

全面性：将 SDGs 相关指标与国内外现有可持续发展评价指标充分融合；

系统性：注重指标体系的系统性，厘清指标体系的逻辑框架，辨明指标间的内在联系；

针对性：充分反映评价维度的核心特征、典型区的典型特征；

精准性：注重各类数据对指标评价的支撑，提升评价结果的精准程度。

3.3 评价指标体系的构成

3.3.1 "天蓝"评价指标体系

基于"天蓝"的概念界定，综合考虑 SDG 3、SDG 7、SDG 11、绿色发展指标体系、生态文明建设考核目标体系、高质量发展指标体系中与"天蓝"相关的各类指标，以及国内《大气污染防治行动计划》、《国务院关于国家应对气候变化规划（2014—2020 年）的批复》（国函〔2014〕126 号）、《关于推进山水林田湖生态保护修复工作的通知》（财建〔2016〕725 号）、《绿色发展指标体系》和《生态文明建设考核目标体系》、《中共中央 国务院关于全面加强生态环境保护 坚决打好污染防治攻坚战的意见》、《打赢蓝天保卫战三年行动计划》等一系列与空气污染防治、气候变化应对相关的政策措施，将"天蓝"评价指标体系划分为能源结构、空气质量和健康影响三个主要维度，选取 8 个评价指标（表 3-6，表 3-7）。

表 3-6　地球大数据支持的美丽中国"天蓝"评价指标

目标	具体目标	评价指标	指标解释	指标来源
天蓝	一、能源结构	清洁能源利用水平	清洁能源利用比重（或人均清洁能源使用量）	SDG 7.1
		煤炭消费比重	煤炭消费占能源消费总量的比重	英国《BP 世界能源展望》（2019 年）
	二、空气质量	城市细颗粒物	城市细颗粒物（$PM_{2.5}$ 年度均值）	SDG 11.6.2
		O_3 浓度	O_3 浓度	《环境空气质量标准》（GB 3095—2012）
		氮氧化物排放强度	单位 GDP 氮氧化物排放量	《环境空气质量标准》（GB 3095—2012）
		空气质量指数	空气质量指数	《环境空气质量标准》（GB 3095—2012）；国家生态文明建设示范市指标
	三、健康影响	严重空气污染程度	严重空气污染天数比例	国家生态文明建设示范市指标
		空气污染引起的人员健康损失	空气污染导致的发病率或死亡率	SDG 3.9.1

表 3-7　地球大数据支持的美丽中国"天蓝"评价指标属性

具体目标	评价指标	遥感数据	地理信息数据	统计数据	监测数据	网络大数据	数值模拟	时间	空间
一、能源结构	1.1.1 清洁能源利用水平			√				年值	市级
	1.1.2 煤炭消费比重			√				年值	市级
二、空气质量	1.2.1 城市细颗粒物				√			月值	1km
	1.2.2 O_3 浓度				√			月值	市级
	1.2.3 氮氧化物排放强度				√			月值	市级
	1.2.4 空气质量指数				√			月值	市级
三、健康影响	1.3.1 严重空气污染程度				√			月值	市级
	1.3.2 空气污染引起的人员健康损失			√				月值	市级

3.3.2 "地绿"评价指标体系

基于"地绿"的概念界定，综合考虑 SDG 11、SDG 15、绿色发展指标体系、生态文明建设考核目标体系、高质量发展指标体系中与"地绿"相关的各类指标，以及国内《国务院关于印发近期土壤环境保护和综合治理工作安排的通知》（国办发〔2013〕7 号）、《土壤污染防治行动计划》、《国务院办公厅关于健全生态保护补偿机制的意见》（国办发〔2016〕31 号）、《关于推进山水林田湖生态保护修复工作的通知》（财建〔2016〕725 号）、《关于划定并严守生态保护红线的若干意见》、《中共中央 国务院关于全面加强生态环境保护 坚决打好污染防治攻坚战的意见》

等一系列与土壤环境治理、生态系统保护相关的政策措施，将"地绿"指标体系划分为植被修复保护、土地退化防治和生物多样性保育三个主要维度，选取 9 个评价指标（表 3-8，表 3-9）。

表 3-8　地球大数据支持的美丽中国"地绿"评价指标

目标	具体目标	评价指标	指标解释	指标来源
地绿	一、植被修复保护	森林覆盖率	森林面积占陆地总面积的比例	SDG 15.1.1；中国省级绿色经济指标体系；绿色发展指标体系；生态文明建设考核目标体系
		草地覆盖度	草地综合植被覆盖度	绿色发展指标体系；生态文明建设考核目标体系
		净初级生产力	净初级生产力	
	二、土地退化防治	退化土地占国土面积比例	已退化土地占土地总面积的比例	SDG 15.3.1；绿色发展指标体系
		固废安全处理比例	定期收集并得到适当最终排放的城市固体废物占城市固体废物总量的比例，按城市分列	SDG 11.6.1；中国省级绿色经济指标体系；宜居城市评价指标体系；循环经济发展指标体系
		化肥施用强度	单位耕地面积化肥施用量	绿色发展指标体系
	三、生物多样性保育	自然保护区面积比例	保护区内陆地和淡水生物多样性的重要场地所占比例，按生态系统类型分列	SDG 15.1.2；中国省级绿色经济指标体系；绿色发展指标体系
		生态系统多样性指数	各类生态系统（生境）多样性	《区域生态质量评价办法》（生态环境部）
		生境质量指数	生境质量指数	

表 3-9　地球大数据支持的美丽中国"地绿"评价指标属性

具体目标	评价指标	遥感数据	地理信息数据	统计数据	监测数据	网络大数据	数值模拟	时间	空间
一、植被修复保护	2.1.1 森林覆盖率	√						年值	1km
	2.1.2 草地覆盖度	√			√			年值	1km
	2.1.3 净初级生产力	√						年值	1km
二、土地退化防治	2.2.1 退化土地占国土面积比例	√		√				年值	市级
	2.2.2 固废安全处理比例			√	√			年值	市级
	2.2.3 化肥施用强度			√				年值	市级
三、生物多样性保育	2.3.1 自然保护区面积比例		√	√				年值	市级
	2.3.2 生态系统多样性指数	√	√		√			年值	市级
	2.3.3 生境质量指数	√			√			年值	市级

3.3.3　"水清"评价指标体系

基于"水清"的概念界定，综合考虑 SDG 6、绿色发展指标体系、生态文明建设考核目标体系、高质量发展指标体系中与"水清"相关的各类指标，以及国内《国务院关于实行最严格水资源管理制度的意见》（国发〔2012〕3号）、《关于加快推进水生态文明建设工作的意见》、《国务院关于全国水土保持规划（2015—2030年）的批复》（国函〔2015〕160号）、《水污染防治行动计划》、《关于在湖泊实施湖长制的指导意见》、《中共中央 国务院关于全面加强生态环境保护 坚决打好污染防治攻坚战的意见》等一系列与水资源管理、水污染防治相关的政策措施，将"水清"指标体系划分为水资源利用、水环境治理和水生态保护三个主要维度，选取10个评价指标（表3-10，表3-11）。

表3-10 地球大数据支持的美丽中国"水清"评价指标

目标	具体目标	评价指标	指标解释	指标来源
水清	一、水资源利用	安全饮用水人口比例	使用得到安全管理的饮用水服务的人口比例	SDG 6.1.1；绿色发展指标体系
		用水紧缺度	淡水汲取量占区域用水控制总量指标的比例	SDG 6.4.2
		人均用水量	总用水量除以总人口	《城市居民生活用水量标准》（GB/T 50331）
	二、水环境治理	废污水达标处理率	安全处理废水的比例	SDG 6.3.1；生态文明建设考核目标体系；绿色发展指标体系
		氨氮超排率	氨氮排放量超出环境容量的幅度	生态文明建设考核目标体系；绿色发展指标体系
		COD超排率	COD排放量超出环境容量的幅度	生态文明建设考核目标体系；绿色发展指标体系
	三、水生态保护	涉水生态系统面积变化	与水有关的生态系统（湿地、河流、湖泊）范围随时间的变化	SDG 6.6.1；生态文明建设考核目标体系；绿色发展指标体系
		水质良好的陆地水体比例	陆地环境水质良好的水体比例	SDG 6.3.2；生态文明建设考核目标体系；绿色发展指标体系
		新增水土流失治理面积	区域年内新增的水土流失治理面积	绿色发展指标体系
		再生水利用率	再生水利用量与污水排放总量的比值	《节约用水术语》（GB/T 21534）

表3-11 地球大数据支持的美丽中国"水清"评价指标属性

具体目标	评价指标	数据来源						分辨率	
		遥感数据	地理信息数据	统计数据	监测数据	网络大数据	数值模拟	时间	空间
一、水资源利用	3.1.1 安全饮用水人口比例		√	√	√	√		月值	市级
	3.1.2 用水紧缺度			√				年值	市级
	3.1.3 人均用水量			√				年值	市级

续表

具体目标	评价指标	数据来源 遥感数据	地理信息数据	统计数据	监测数据	网络大数据	数值模拟	分辨率 时间	空间
二、水环境治理	3.2.1 废污水达标处理率			√				年值	市级
	3.2.2 氨氮超排率			√	√			年值	市级
	3.2.3 COD 超排率			√	√			年值	市级
三、水生态保护	3.3.1 涉水生态系统面积变化		√					年值	1km
	3.3.2 水质良好的陆地水体比例	√		√			√	月值	市级
	3.3.3 新增水土流失治理面积	√		√			√	年值	市级
	3.3.4 再生水利用率			√				年值	市级

3.3.4 "人和"评价指标体系

基于"人和"的概念界定，综合考虑 SDG 6、SDG 7、SDG 15、绿色发展指标体系、生态文明建设考核目标体系、高质量发展指标体系中与"人和"相关的各类指标，以及国内《宜居城市科学评价标准》、《美丽宜居乡村建设指南》（GB/T 32000—2024）、《国务院办公厅关于改善农村人居环境的指导意见》（国办发〔2014〕25 号）、《中共中央 国务院关于打赢脱贫攻坚战的决定》、《"十三五"脱贫攻坚规划》、《乡村振兴战略规划（2018～2022 年）》等一系列与和谐社会、美丽乡村、宜居城市评价和脱贫攻坚相关的政策措施，将"人和"指标体系划分为资源利用、环境管理、公众满意度三个主要维度，选取 7 个评价指标（表 3-12，表 3-13）。

表 3-12 地球大数据支持的美丽中国"人和"评价指标

目标	具体目标	评价指标	指标解释	指标来源
人和	一、资源利用	万元 GDP 水耗	水资源利用量/GDP	绿色发展指标体系；生态文明建设考核目标体系；高质量发展指标体系；循环经济发展指标体系
		万元 GDP 能耗	能源消耗量/GDP	
	二、环境管理	生态环境管理人员投入	资源环境管理从业人员占城镇从业人员的比重	SDG 6.5.1；绿色发展指标体系
		生态环境保护经费投入	生态环境保护投入经费占 GDP 的比重（环保投入经费比重）	SDG 6.a.1；SDG 15.a.1；绿色发展指标体系
	三、公众满意度	天蓝满意度	公众对空气质量的满意度	高质量发展指标体系；绿色发展指标体系；生态文明建设考核目标体系
		水清满意度	公众对水质及用水紧缺的满意度	
		地绿满意度	公众对居住环境绿化程度、天然植被保护与修复的满意度	

第 3 章 美丽中国评价指标体系

表 3-13 地球大数据支持的美丽中国"人和"评价指标属性

具体目标	评价指标	遥感数据	地理信息数据	统计数据	监测数据	网络大数据	数值模拟	时间	空间
一、资源利用	4.1.1 万元 GDP 水耗			√				年值	市级
	4.1.2 万元 GDP 能耗			√				年值	市级
二、环境管理	4.2.1 生态环境管理人员投入			√				月值	1km
	4.2.2 生态环境保护经费投入			√				月值	市级
三、公众满意度	4.3.1 天蓝满意度					√		月值	市级
	4.3.2 水清满意度					√		月值	市级
	4.3.3 地绿满意度					√		月值	市级

综上所述，从"天蓝、地绿、水清、人和"四大目标出发，构建美丽中国综合评价指标体系，共包含 12 个具体目标，34 个具体评价指标（表 3-14）。

表 3-14 地球大数据支持的美丽中国综合评价指标体系

目标	具体目标	评价指标	指标解释	指标来源
天蓝	一、能源结构	清洁能源利用水平	清洁能源利用比重（或人均清洁能源使用量）	SDG 7.1
		煤炭消费比重	煤炭消费占能源消费总量的比重	英国《BP 世界能源展望》（2019 年）
	二、空气质量	城市细颗粒物	城市细颗粒物（$PM_{2.5}$ 年度均值）	SDG 11.6.2
		O_3 浓度	O_3 浓度	《环境空气质量标准》(GB 3095—2012)
		氮氧化物排放强度	单位 GDP 氮氧化物排放量	《环境空气质量标准》(GB 3095—2012)
		空气质量指数	空气质量指数	《环境空气质量标准》(GB 3095—2012)；国家生态文明建设示范市指标
	三、健康影响	严重空气污染程度	严重空气污染天数比例	国家生态文明建设示范市指标
		空气污染引起的人员健康损失	空气污染导致的发病率或死亡率	SDG 3.9.1
地绿	一、植被修复保护	森林覆盖率	森林面积占陆地总面积的比例	SDG 15.1.1；中国省级绿色经济指标体系；绿色发展指标体系；生态文明建设考核目标体系
		草地覆盖率	草地综合植被覆盖度	绿色发展指标体系；生态文明建设考核目标体系
		净初级生产力	净初级生产力	
	二、土地退化防治	退化土地占国土面积比例	已退化土地占土地总面积的比例	SDG 15.3.1；绿色发展指标体系
		固废安全处理比例	定期收集并得到适当最终排放的城市固体废物占城市固体废物总量的比例，按城市分列	SDG 11.6.1；中国省级绿色经济指标体系；宜居城市评价指标体系；循环经济发展指标体系
		化肥施用强度	单位耕地面积化肥用量	绿色发展指标体系

续表

目标	具体目标	评价指标	指标解释	指标来源
地绿	三、生物多样性保育	自然保护区面积比例	保护区内陆地和淡水生物多样性的重要场地所占比例，按生态系统类型分列	SDG 15.1.2；中国省级绿色经济指标体系；绿色发展指标体系
		生态系统多样性指数	各类生态系统（生境）多样性	
		生境质量指数	生境质量指数	《区域生态质量评价办法》（生态环境部）
水清	一、水资源利用	安全饮用水人口比例	使用得到安全管理的饮用水服务的人口比例	SDG6.1.1；绿色发展指标体系
		用水紧缺度	淡水汲取量占区域用水控制总量指标的比例	SDG6.4.2
		人均用水量	总用水量除以总人口	《城市居民生活用水量标准》（GB/T 50331）
	二、水环境治理	废污水达标处理率	安全处理废水的比例	SDG 6.3.1；生态文明建设考核目标体系；绿色发展指标体系
		氨氮超排率	氨氮排放量超出环境容量的幅度	生态文明建设考核目标体系；绿色发展指标体系
		COD 超排率	COD 排放量超出环境容量的幅度	生态文明建设考核目标体系；绿色发展指标体系
	三、水生态保护	涉水生态系统面积变化	与水有关的生态系统（湿地、河流、湖泊）范围随时间的变化	SDG 6.6.1；生态文明建设考核目标体系；绿色发展指标体系
		水质良好的陆地水体比例	陆地环境水质良好的水体比例	SDG 6.3.2；生态文明建设考核目标体系；绿色发展指标体系
		新增水土流失治理面积	区域年内新增的水土流失治理面积	绿色发展指标体系
		再生水利用率	再生水利用量与污水排放总量的比值	《节约用水 术语》（GB/T 21534）
人和	一、资源利用	万元 GDP 水耗	水资源利用量/GDP	绿色发展指标体系；生态文明建设考核目标体系；高质量发展指标体系；循环经济发展指标体系
		万元 GDP 能耗	能源消耗量/GDP	
	二、环境管理	生态环境管理人员投入	资源环境管理从业人员占城镇从业人员的比重	SDG 6.5.1；绿色发展指标体系
		生态环境保护经费投入	生态环境保护投入经费占 GDP 的比重（环保投入经费比重）	SDG 6.a.1；SDG 15.a.1；绿色发展指标体系
	三、公众满意度	天蓝满意度	公众对空气质量的满意度	高质量发展指标体系；绿色发展指标体系；生态文明建设考核目标体系
		水清满意度	公众对水质及用水紧缺的满意度	
		地绿满意度	公众对居住环境绿化程度、天然植被保护与修复的满意度	

3.4 评价指标计算方法

3.4.1 天蓝指标的计算方法

1. 清洁能源利用水平

1）概念

清洁能源利用水平指某一区域单位时间内人均清洁能源使用量（Alex，2014；李建平等，2014；中国科学院可持续发展战略研究组，2015）。

2）计算方法

清洁能源利用水平的计算公式为

$$P_{ce} = (ng_m + lpg_m + e_m) / P_m \tag{3-1}$$

式中，P_{ce} 为清洁能源利用水平；ng_m 为天然气使用量；lpg_m 为液化石油气使用量；e_m 为电使用量；P_m 为区域常住人口数量（表 3-15）。

表 3-15 清洁能源利用水平的计算参数

参数代码	参数名称	概念	数据源	更新频率与方法
ng_m	天然气使用量	天然蕴藏在地层中的烃类和非烃类的混合气体使用量	《中国城市统计年鉴》和《中国城市建设统计年鉴》	每年更新一次
lpg_m	液化石油气使用量	由天然气或石油加工形成的气体使用量	《中国城市统计年鉴》和《中国城市建设统计年鉴》	每年更新一次
e_m	电使用量	电使用数量	《中国城市统计年鉴》	每年更新一次
P_m	区域常住人口数量	在居住地停留 6 个月以上的人口数量	《中国统计年鉴》、各地统计年鉴	每年更新一次

3）相关指标

与清洁能源利用水平相关的指标有：清洁能源消耗占能源消耗总量比重；可再生能源使用率；新能源和可再生能源比例；能源消费总量；天然气在一次能源消费结构中的比重；农村能源结构（煤电气占农村能源比例）；非可再生能源消耗量；每公顷能源消耗和人均能源消耗；能源使用密度等。

2. 煤炭消费比重

1）概念

煤炭消费比重一般用煤炭消费总量与区域能源消费总量的比值来衡量，在很大程度上反映着一个国家和地区的能源消费结构（英国石油公司，2019）。

2）计算方法

煤炭消费比重的计算公式为

$$R_c = C / E_w \times 100\% \tag{3-2}$$

式中，R_c 为煤炭消费比重；C 为地区煤炭消费总量；E_w 为地区能源消费总量（表3-16）。

表3-16　煤炭消费比重的计算参数

参数代码	参数名称	概念	数据源	更新频率与方法
C	地区煤炭消费总量	国家或区域消费的煤炭总量	《中国能源统计年鉴》及各地统计年鉴	每年更新一次
E_w	地区能源消费总量	国家或区域消费的能源总量	《中国能源统计年鉴》及各地统计年鉴、夜间灯光数据反演	每年更新一次

3）相关指标

与煤炭消费比重相关的指标有：能源使用强度；能源使用密度；单位工业增加值能耗等。

3. 城市细颗粒物

1）概念

城市细颗粒物指城市地区空气中 $PM_{2.5}$ 的年度颗粒物浓度均值（张文忠等，2006；李建平等，2014；康宝荣，2019）。

2）计算方法

城市细颗粒物的计算公式为

$$W_p = \frac{1}{n}\sum_{i=1}^{n} W_{pm} \tag{3-3}$$

式中，W_p 为某城市细颗粒物（$PM_{2.5}$）的年平均值；W_{pm} 为某城市细颗粒物（$PM_{2.5}$）的月均值；n 为全年观测月份（表3-17）。

表3-17　城市细颗粒物的计算参数

参数代码	参数名称	概念	数据源	更新频率与方法
W_{pm}	某城市细颗粒物（$PM_{2.5}$）的月均值	直径小于或等于 2.5μm 的大气颗粒物	中华人民共和国生态环境部网站、地级以上（含地级）环境保护行政主管部门或其授权的环境监测站发布数据	实时更新

3) 相关指标

与城市细颗粒物相关的指标有：PM$_{2.5}$平均暴露量；PM$_{2.5}$的超标率；细颗粒物未达标地级市及以上城市浓度；细颗粒物年均浓度下降比例等。

4. O$_3$浓度

1) 概念

O$_3$浓度指单位体积气体中所含O$_3$的质量数（United Nations Statistics Division，1994；Allin，2017；环境保护部和国家质量监督检验检疫总局，2012）。

2) 计算方法

O$_3$浓度监测应按照《环境空气质量监测规范（试行）》等规范性文件的要求进行。首先，应按照规范的要求设置监测点位；其次，监测时的采样环境、采样高度及采样频率等，应按《环境空气气态污染物（SO$_2$、NO$_2$、O$_3$、CO）连续自动监测系统安装验收技术规范》（HJ 193—2013）、《环境空气质量手工监测技术规范》（HJ 194—2017）的规定执行；最后，采用紫外荧光法、差分吸收光谱分析法等分析 O$_3$浓度（表3-18）。

表3-18　O$_3$浓度的计算参数

参数代码	参数名称	概念	数据源	更新频率与方法
O$_3$	O$_3$浓度	单位体积气体中所含O$_3$的质量数	中华人民共和国生态环境部网站、地级以上（含地级）环境保护行政主管部门或其授权的环境监测站发布数据	实时更新

3) 相关指标

与O$_3$浓度相关的指标有：O$_3$损耗成本；城市大气污染物浓度等。

5. 氮氧化物排放强度

1) 概念

氮氧化物排放强度指单位GDP的氮氧化物（NO$_x$）排放量，可反映随经济发展造成的环境污染程度（李建平等，2014；环境保护部，2015）。

2) 计算方法

氮氧化物排放强度的计算公式为

$$E_N = \frac{C_N}{GDP} \tag{3-4}$$

式中，E_N 为某区域单位 GDP 氮氧化物排放量；C_N 为某区域单位时间内的氮氧化物排放总量；GDP 为国内生产总值（表 3-19）。

表 3-19　氮氧化物排放强度的计算参数

参数代码	参数名称	概念	数据源	更新频率与方法
C_N	氮氧化物排放总量	在一定时期内，某一区域因人类活动直接或间接排放的碳氧化物（包括 CO_2、CO 等）的总质量	《中国环境统计年鉴》、各地统计年鉴、统计公报	每年更新一次
GDP	国内生产总值	指国家（或地区）所有常住单位在一定时期内生产的全部最终产品和服务价值的总和	《中国统计年鉴》、各地统计年鉴、统计公报	每年更新一次

3）相关指标

与氮氧化物排放强度相关的指标有：氮氧化物排放量；人均生活氮氧化物排放量；氮氧化物人均排放量；人均机动车氮氧化物排放量；单位机动车辆氮氧化物排放量等。

6. 空气质量指数

1）概念

空气质量指数是指一定时间和一定区域内，空气中所含有的各项检测物达到一个恒定不变的检测值，是表征环境健康和适宜居住的重要指标（WHO，2015；李建平等，2014；环境保护部，2015）。

2）计算方法

空气质量指数的计算公式为

$$Q = W_1 \times S + W_2 \times N + W_3 \times C + W_4 \times O + W_5 \times T \tag{3-5}$$

式中，Q 为某区域的空气质量指数；W_1、W_2、W_3、W_4、W_5 分别为 SO_2 浓度、NO_2 浓度、CO 浓度、O_3 浓度、总悬浮微粒（TSP）浓度的权重；S 为区域 SO_2 浓度；N 为区域 NO_2 浓度；C 为区域 CO 浓度；O 为区域 O_3 浓度；T 为区域 TSP 浓度（表 3-20）。

3）相关指标

与空气质量指数相关的指标有：室内空气污染指数。

表 3-20 空气质量指数的计算参数

参数代码	参数名称	概念	数据源	更新频率与方法
S	SO_2 浓度	指区域单位体积空气中所含 SO_2 的质量数	各地环境监测部门 SO_2 监测数据	每月更新,通过收集、录入环境监测部门公布的 SO_2 数据
N	NO_2 浓度	指区域单位体积空气中所含 NO_2 的质量数	各地环境监测部门 NO_2 监测数据	每月更新,通过收集、录入环境监测部门公布的 NO_2 数据
C	CO 浓度	指区域单位体积空气中所含 CO 的质量数	各地环境监测部门 CO 监测数据	每月更新,通过收集、录入环境监测部门公布的 CO 数据
O	O_3 浓度	指区域单位体积空气中所含 O_3 的质量数	各地环境监测部门 O_3 监测数据	每月更新,通过收集、录入环境监测部门公布的 O_3 数据
T	TSP 浓度	指区域单位体积空气中粒径小于100μm固体颗粒物的质量数,TSP 本身是一种污染物,同时又是其他污染物的载体	各地环境监测部门 TSP 监测数据	每月更新,通过收集、录入环境监测部门公布的 TSP 数据

7. 严重空气污染程度

1)概念

严重空气污染程度指区域内城市严重空气污染以上的监测天数占全年监测总天数的比例(Alex,2014;李建平等,2014)。

2)计算方法

严重空气污染程度的计算公式为

$$Q = \frac{t}{T} \times 100\% \tag{3-6}$$

式中,Q 为城市严重空气污染程度(%);t 为城市严重空气污染天数;T 为全年监测的总天数(表 3-21)。

表 3-21 严重空气污染程度的计算参数

参数代码	参数名称	概念	数据源	更新频率与方法
t	城市严重空气污染天数	空气质量指数(AQI)大于 300 以上天数	中华人民共和国生态环境部网站、地级以上(含地级)环境保护行政主管部门或其授权的环境监测站发布数据	每日更新

3)相关指标

与严重空气污染程度相关的指标有:城市严重空气污染天数。

8. 空气污染引起的人员健康损失

1）概念

空气污染引起的人员健康损失指空气污染引发的人员发病率或死亡率（WHO，2015；United Nations，2015）。

2）计算方法

空气污染引起的人员健康损失的计算公式为

$$S = P_q / P \times 100\% \qquad (3\text{-}7)$$

式中，S 为空气污染引起的人员发病率或死亡率（%）；P_q 为城市空气污染引起的发病人数或死亡人数；P 为城市总人数（表3-22）。

表3-22　空气污染引起的人员健康损失的计算参数

参数代码	参数名称	概念	数据源	更新频率与方法
P_q	城市空气污染引起的发病人数或死亡人数	城市空气污染引起的发病人数或死亡人数	统计数据	每年更新一次
P	城市总人数	城市总人数	统计数据	每年更新一次

3）相关指标

与空气污染引起的人员健康损失相关的指标有：城市严重空气污染天数比重。

3.4.2　地绿指标的计算方法

1. 森林覆盖率

1）概念

森林覆盖率指森林面积占陆地总面积的比例（Allin，2017；Hsu and Zomer，2016；李建平等，2014；方创琳，2014；李闽榕，2014；张文忠等，2016；中国科学院可持续发展战略研究组，2012）。

2）计算方法

森林覆盖率的计算公式为

$$L = \frac{m}{p} \times 100\% \qquad (3\text{-}8)$$

式中，L 为森林覆盖率；m 为森林面积；P 为陆地总面积（表3-23）。

表 3-23　森林覆盖率的计算参数

参数代码	参数名称	概念	数据源	更新频率与方法
m	森林面积	森林面积是指树木高度最少 5m，树冠在地面上产生密集阴影所覆盖的区域达 10%，且不小于 0.5 公顷的土地面积。不论是否有生产，并且不包括农业生产系统中的树林（如水果种植园和农林系统）以及城市公园和花园中的树木	《中国统计年鉴》、《中国生态环境状况公报》	每年更新一次
p	陆地总面积	国家的总面积减去内陆水域面积	中华人民共和国自然资源部	每年更新一次

3）相关指标

与森林覆盖率相关的指标有：建成区森林覆盖率；草原综合植被覆盖度；森林覆盖率变化；使用可再生森林资源的强度；本地森林面积的年均变化百分比；森林采伐强度；受管理的森林面积；受管理的森林面积占总森林面积的百分比。

2. 草地覆盖度

1）概念

草地覆盖度指草地总面积占陆地总面积的百分比（中国科学院可持续发展战略研究组，2015）。

2）计算方法

草地覆盖度的计算公式为

$$\eta = \frac{\text{Grassland}}{N} \times 100\% \quad (3\text{-}9)$$

式中，η 为草地覆盖度；Grassland 为草地面积；N 为陆地总面积（表 3-24）。

表 3-24　草地覆盖度的计算参数

参数代码	参数名称	概念	数据源	更新频率与方法
Grassland	草地面积	基于植被分类系统提取的草地总面积	遥感影像	每年更新一次
N	陆地总面积	除去水域的总陆地面积	遥感影像	每年更新一次

3）相关指标

与草地覆盖度相关的指标有：山地绿色覆盖度；林草地覆盖率；草地综合植被覆盖度；人均草地面积；人均牧草地面积；牧草地面积；草场面积占国土面积的比例等。

3. 净初级生产力

1）概念

净初级生产力指绿色植物在初级生产过程中，单位时间和单位面积内积累的有机物质总量（WWF，2016；中国科学院可持续发展战略研究组，2015）。

2）计算方法

净初级生产力的计算公式为

$$NPP = APAR \times \varepsilon \quad (3\text{-}10)$$

式中，NPP 为净初级生产力；APAR 为植被实际吸收的光合有效辐射；ε 为实际光能利用率（表 3-25）。

表 3-25 净初级生产力的计算参数

参数代码	参数名称	概念	数据源	更新频率与方法
APAR	植被实际吸收的光合有效辐射	太阳辐射中对植物光合作用有效的光谱成分为光合有效辐射	基于 CASA 模型，结合遥感影像和气象等数据	随着遥感信息和气象数据的更新而随之更新
ε	实际光能利用率	单位土地面积上一定时间内植物光合作用积累的有机物所含能量与同期照射到该地面上的太阳辐射量的比率	基于 CASA 模型，结合遥感影像和气象等数据	随着遥感信息和气象数据的更新而随之更新

3）相关指标

与净初级生产力相关的指标有：人均净初级生产力；单位土地面积净初级生产力；土地综合生产力；土地生产力指数等。

4. 退化土地占国土面积比例

1）概念

退化土地占国土面积比例指荒漠化、石漠化、土壤盐渍化及洪水侵蚀的土地退化面积占国土面积的比例（United Nations Statistics Division，1994；Allin，2017；UN Department of Economic and Social Affairs，2004；李建平等，2014；中国科学院可持续发展战略研究组，2015）。

2）计算方法

退化土地占国土面积比例的计算方法为

$$\eta = \frac{D+K+S+F}{N} \times 100\% \qquad (3\text{-}11)$$

式中，η 为退化土地占国土面积比例；D 为荒漠化土地面积；K 为石漠化土地面积；S 为土壤盐渍化土地面积；F 为洪水侵蚀土地面积；N 为总国土面积减去水域面积（陆地面积）（表 3-26）。

表 3-26 退化土地占国土面积比例的计算参数

参数代码	参数名称	概念	数据源	更新频率与方法
D	荒漠化土地面积	其他用地转为沙漠的土地面积	遥感数据	随着遥感数据更新而更新
K	石漠化土地面积	土地转为石漠的土地面积	遥感数据	随着遥感数据更新而更新
S	土壤盐渍化土地面积	其他用地转为盐渍化土地的面积	遥感数据	随着遥感数据更新而更新
F	洪水侵蚀土地面积	被洪水侵蚀的土地面积	遥感数据	随着遥感数据更新而更新
N	陆地面积	总国土面积减去水域面积	遥感数据	随着遥感数据更新而更新

3）相关指标

与退化土地占国土面积比例相关的指标有：已退化土地占土地总面积比例；荒漠化率；水土流失面积比例；水土流失恢复治理率；水土流失治理面积；新增水土流失治理面积；水土流失率；沙化面积占土地总面积比例；可治理沙化土地治理率；旱涝盐碱治理率；受沙漠化影响的土地面积等。

5. 固废安全处理比例

1）概念

固废安全处理比例指城市居民日常生活或为城市居民日常生活提供服务时产生的被定期收集并得到最终排放的城市固体废物占城市固体废物总量的比例（Eurostat，2013；方创琳，2014；李建平等，2014；中国科学院可持续发展战略研究组，2015；张文忠等，2016）。

2）计算方法

固废安全处理比例的计算方法为

$$A = \frac{P}{N} \times 100\% \qquad (3\text{-}12)$$

式中，P 为回收的城市固体废物（按照电子固体废物与非电子固体废物分类）；N 为城市固体废物总量（表 3-27）。

表 3-27　固废安全处理比例的计算参数

参数代码	参数名称	概念	数据源	更新频率与方法
P	回收的城市固体废物	定期收集并得到最终排放的城市固体废物	《全国大、中城市固体废物污染环境防治年报》、全国固体废物和化学品管理信息系统	每年更新一次
N	城市固体废物总量	生产、生活和其他活动过程中产生的丧失原有利用价值或虽未丧失利用价值但被抛弃或者放弃的固体、半固体和置于容器中的气态物品、物质，以及法律、行政法规规定纳入废物管理的物品、物质	《全国大、中城市固体废物污染环境防治年报》、《中国环境统计年鉴》、全国固体废物和化学品管理信息系统	每年更新一次

3）相关指标

与固废安全处理比例相关的指标有：垃圾填埋场转移的城市固体废物百分比；固体废物管理；万元产值工业固体废弃物排放量；固体废弃物排放强度；工业固体废弃物综合利用率；工业固体废弃物资源化比率；工业固体废弃物排放密度；工业固体废弃物排放量；城市固体废弃物排放强度；一般工业固体废物综合利用率；工业固体废物处置量；工业固体废物处置利用率；单位工业增加值固体废弃物排放量；人均工业固体废弃物排放量等。

6. 化肥施用强度

1）概念

化肥施用强度指本年内单位播种面积上实际用于农业生产的化肥数量。化肥施用量按折纯量进行计算（李建平等，2014；UN Department of Economic and Social Affairs，2004；中国科学院可持续发展战略研究组，2015）。

2）计算方法

化肥施用强度的计算公式为

$$I_\mathrm{f} = \frac{P_\mathrm{f}}{S} \times 100\% \qquad (3\text{-}13)$$

式中，I_f 为化肥施用强度；P_f 为农作物总的化肥施用折纯量；S 为农作物播种面积（表 3-28）。

3）相关指标

与化肥施用强度相关的指标有：化肥施用量；人均化肥施用量；单位农林牧渔总产值化肥施用量。

表 3-28 化肥施用强度的计算参数

参数代码	参数名称	概念	数据源	更新频率与方法
P_f	农作物总的化肥施用折纯量	折纯量是指将氮肥、磷肥、钾肥分别按含氮、含五氧化二磷、含氧化钾的百分之百成分进行折算后的数量	《全国农产品成本收益资料汇编》、《中国农村统计年鉴》和《中国统计年鉴》	每年更新一次
S	农作物播种面积	可以用来种植农作物、经常进行耕锄的田地	《全国农产品成本收益资料汇编》、《中国农村统计年鉴》和《中国统计年鉴》	每年更新一次

7. 自然保护区面积比例

1）概念

自然保护区面积比例指官方公布的有确定边界的自然保护区与国土总面积的比例（李建平等，2013，2014；中国科学院可持续发展战略研究组，2012，2015）。

2）计算方法

自然保护区面积比例的计算公式为

$$\eta = \frac{p}{N} \times 100\% \qquad (3\text{-}14)$$

式中，η 为自然保护区面积比例；p 为某一地区内自然保护区总面积；N 为某一地区国土总面积（表 3-29）。

表 3-29 自然保护区面积比例的计算参数

参数代码	参数名称	概念	数据源	更新频率与方法
p	自然保护区总面积	某区域内各类自然保护区的总面积	《中国城市统计年鉴》、各地统计年鉴及其环境状况公报	每年更新一次
N	国土总面积	指一个国家或地区的国土面积（包括水域面积）	遥感影像、《中国城市统计年鉴》、各地统计年鉴及其环境状况公报	每年更新一次

3）相关指标

与自然保护区面积比例相关的指标有：自然保护区占辖区面积比例；自然保护区个数；陆地保护区占国土面积比重；海洋保护区占领海面积比重；海洋保护区面积。

8. 生态系统多样性指数（香农多样性指数）

1）概念

生态系统多样性指数是用于调查植物群落局域生境内多样性的指数，可反映景观异质性，对景观中各拼块类型非均衡分布状况较为敏感（IUCN，1997；李建平等，2013）。

2）计算方法

生态系统多样性指数的计算公式为

$$H = -\sum_{i=1}^{S} P_i \ln P_i \quad (3-15)$$

式中，H 为生态系统多样性指数；P_i 为景观类型 i 所占面积的比例；S 为景观类型数目。$H=0$ 表明整个景观仅由一个拼块组成；H 增大，说明拼块类型增加或各拼块类型在景观中呈均衡化趋势分布（表 3-30）。

表 3-30 生态系统多样性指数的计算参数

参数代码	参数名称	概念	数据源	更新频率与方法
P_i	景观类型 i 所占面积的比例	区域景观类型 i 占总面积的比例	中国陆地生态系统类型空间分布数据集	每年更新一次
S	景观类型数目	区域景观类型数目	中国陆地生态系统类型空间分布数据集	每年更新一次

3）相关指标

与生态系统多样性指数相关的指标有：辛普森多样性指数；α 多样性指数；β 多样性指数；γ 多样性指数。

9. 生境质量指数

1）概念

生境质量指数指区域内生物栖息地质量，用单位面积上不同生态系统类型在生物物种数量上的差异表示（环境保护部，2015）。

2）计算方法

生境质量指数的计算公式为

$$\mathrm{HQ} = A_{\mathrm{bio}} \times (0.35 \times f + 0.21 \times g + 0.28 \times w + 0.11 \times l + 0.04 \times c + 0.01 \times u) / s \quad (3-16)$$

式中，HQ 为生境质量指数；A_{bio} 为生境质量指数的归一化系数；f 为林地面积；g 为草地面积；w 为水域湿地面积；l 为耕地面积；c 为建设用地面积；u 为未利用地面积；s 为区域面积（表 3-31）。

表 3-31　生境质量指数的计算参数

参数代码	参数名称	数据源	更新频率与方法
A_{bio}	生境质量指数的归一化系数	《生态环境状况评价技术规范》（HJ 192—2015）	每年更新一次

3）相关指标

与生境质量指数相关的指标有：森林覆盖率；草原综合植被覆盖度；生物多样性；土地覆盖类型及面积。

3.4.3　水清指标的计算方法

1. 安全饮用水人口比例

1）概念

安全饮用水人口比例指区域内能够安全、便捷、稳定地获取饮用水的人口占区域总人口的比例（UN Department of Economic and Social Affairs，2004；OECD，2011；WHO，2015；Allin，2017；贾绍凤等，2014；李建平等，2014）。

2）计算方法

安全饮用水人口比例的计算公式为

$$W_{pc} = P_w \times S_w \times (1 - R_w) \qquad (3-17)$$

式中，W_{pc} 为区域安全饮用水人口比例；P_w 为区域自来水普及率；S_w 为区域饮用水水源水质达标率；R_w 为区域水安全风险事件影响系数（表 3-32）。

表 3-32　安全饮用水人口比例的计算参数

参数代码	参数名称	概念	数据源	更新频率与方法
P_w	区域自来水普及率	自来水入户率，反映区域用水普及便捷程度	《中国城市建设统计年鉴》《中国县城建设统计年鉴》	每年一次
S_w	区域饮用水水源水质达标率	集中饮用水水源水质达标率，反映区域水源地水质情况	各地环境监测部门水源地水质监测数据	每年一次
R_w	区域水安全风险事件影响系数	区域因发生水安全风险事件而导致无法安全供水的时间占总供水时间的比例，反映突发水安全事件对水安全的影响程度	网络舆情数据	每年一次

3）相关指标

与安全饮用水人口比例相关的指标有：可持续获得安全饮用水的人口；获得安全用水和卫生设施的人口百分比；可获得改善的饮用水供应的人口比例；城市

符合饮用水水质标准的供水人口占总人口的比例；农村人口获得改善水源的百分比；水质安全人口比例；饮用水水源达标率；城镇自来水供水水质达标率等。

2. 用水紧缺度

1）概念

用水紧缺度指淡水汲取量占区域总的可用水资源量的比例（Esty et al.，2005；Allin，2017；OECD，2011；贾绍凤等，2014；中国科学院可持续发展战略研究组，2015）。

2）计算方法

用水紧缺度的计算公式为

$$SW = \frac{TWW}{TRWR} \times 100\% \qquad (3\text{-}18)$$

式中，SW 用水紧缺度；TWW 为淡水汲取量；$TRWR$ 为区域总的可用水资源量（表 3-33）。

表 3-33　用水紧缺度的计算参数

参数代码	参数名称	概念	数据源	更新频率与方法
TWW	淡水汲取量	从其源头（河流、湖泊、含水层）中提取的淡水，用于农业、工业和城市	《中国统计年鉴》《中国城市建设统计年鉴》	每年更新一次
TRWR	区域总的可用水资源量	区域内每年可取用的水资源总量（实际计算中以水利部三条红线考核中的水资源总量考核指标替代）	三条红线考核指标	每年更新一次

3）相关指标

与用水紧缺度相关的指标有：水压力；取水量占内部可再生水源供应的百分比；可利用的淡水资源和相关的提取率；生活供水量占标准需水量的比重；水资源开发利用程度；累计地下水超采量占多年平均地下水资源量的比例；水资源过度开发率；地下水超采率；水资源开发利用总强度；缺水时用于诊断缺水性质的判别指标；水资源紧缺状态等。

3. 人均用水量

1）概念

人均用水量指在一个地区内某一时期平均每人所用的水资源量（Esty et al.，2008；李建平等，2014；中国科学院可持续发展战略研究组，2015）。

2）计算方法

人均用水量的计算公式为

$$W_p = \frac{W_t}{P_t} \qquad (3\text{-}19)$$

式中，W_p 为人均用水量；W_t 为地区总用水量；P_t 为地区总人口（表 3-34）。

表 3-34　人均用水量的计算参数

参数代码	参数名称	概念	数据源	更新频率与方法
W_t	地区总用水量	地区总用水量	国家统计局《中国统计年鉴》、各区域统计年鉴	每年更新一次
P_t	地区总人口	地区人口总数	国家统计局《中国统计年鉴》、各区域统计年鉴	每年更新一次

3）相关指标

与人均用水量相关的指标有：人均水资源量；供水量；用水量；居民人均生活用水量等。

4. 废污水达标处理率

1）概念

废污水达标处理率指废污水达标排放量占废污水排放总量的百分比（Social Progress Imperative，2017；UNESCAP，2009；UN Department of Economic and Social Affairs，2004；Arcadis，2017；中国科学院可持续发展战略研究组，2012；李建平等，2014；张文忠等，2016；方创琳，2014）。

2）计算方法

废污水达标处理率的计算公式为

$$P_w = \frac{W_d}{W_s} \times 100\% \qquad (3\text{-}20)$$

式中，P_w 为废污水达标处理率；W_d 为废污水排放达标量；W_s 为废污水排放总量（表 3-35）。

表 3-35　废污水达标处理率的计算参数

参数代码	参数名称	概念	数据源	更新频率与方法
W_d	废污水排放达标量	废污水达到标准的排放总量	《中国环境统计年鉴》	每年更新一次
W_s	废污水排放总量	农业、工业、第三产业和居民生活等用水户排放的废污水总量	《中国环境统计年鉴》《中国城市建设统计年鉴》	每年更新一次

3）相关指标

与废污水达标处理率相关的指标有：废水处理率；废水排放强度；工业废水达标排放率；工业企业废水排放处理率；工业废水排放强度等。

5. 氨氮超排率

1）概念

氨氮超排率指氨氮排放量超出环境纳污能力的幅度（环境保护部，2015；李建平等，2014）。

2）计算方法

氨氮超排率的计算公式为

$$C = \frac{Q-X}{X} \times 100\% \qquad (3-21)$$

式中，C 为氨氮超排率；Q 为氨氮排放量；X 为区域环境纳污能力（水体能够容纳和代谢氨氮的能力）（表 3-36）。

表 3-36 氨氮超排率的计算参数

参数代码	参数名称	概念	数据源	更新频率与方法
Q	氨氮排放量	水（废水）中氨氮含量	《中国生态环境状况公报》《中国环境统计年鉴》	每月更新一次
X	环境纳污能力	区域水体能够容纳和代谢的氨氮的最大量（实际计算中以水利部三条红线中区域氨氮排放考核量为计算依据）	水利部三条红线环境纳污红线中的区域氨氮排放考核量	每年更新一次

3）相关指标

与氨氮超排率相关的指标有：氨氮排放密度；氨氮排放量；人均氨氮排放量；单位工业氨氮排放量；工业污染源氨氮排放量等。

6. COD 超排率

1）概念

COD 超排率指 COD 排放量超出环境纳污能力的幅度（环境保护部，2015；李建平等，2014）。

2）计算方法

COD 超排率的计算公式为

$$S = \frac{E-T}{T} \times 100\% \tag{3-22}$$

式中，S 为 COD 超排率；E 为 COD 排放量；T 为区域环境纳污能力（水体能够容纳和代谢 COD 的能力）（表 3-37）。

表 3-37 COD 超排率的计算参数

参数代码	参数名称	概念	数据源	更新频率与方法
E	COD 排放量	废水中 COD 排放量与生活污水中 COD 排放量之和	生态环境部	每月更新一次
T	环境纳污能力	区域水体能够容纳和代谢的 COD 的最大量（实际计算中以水利部三条红线中区域 COD 排放考核量为计算依据）	水利部三条红线环境纳污红线中的区域 COD 排放考核量	每年更新一次

3）相关指标

与 COD 超排率相关的指标有：COD 排放密度；COD 排放量；人均 COD 排放量；单位工业 COD 排放量；废水中 COD 排放量；工业污染源 COD 排放量；制造业 COD 排放强度等。

7. 涉水生态系统面积变化

1）概念

涉水生态系统面积变化指在一定的空间和时间范围内，水域环境中栖息的各种生物和它们周围的自然环境在人为干扰和自然影响下随着时间发生的生态系统的面积变化（UNEP and UNU-IHDP，2012）。

2）计算方法

利用过程模型、经验模型以及地面调查和卫星遥感数据，我们可以监测湿地、河流、湖泊等涉水生态系统面积随时间的变化，这种监测可以通过遥感影像中的单一指标（或指数）提取算法来完成（表 3-38）。

表 3-38 涉水生态系统面积变化的计算参数

参数代码	参数名称	概念	数据源	更新频率与方法
SWE	涉水生态系统面积	在一定的空间和时间范围内，水域环境中栖息的各种生物和它们周围的自然环境所共同构成的基本功能单位的面积	高时空分辨率的遥感数据、自然资源部土地调查数据	每月更新一次

3）相关指标

与涉水生态系统面积变化相关的指标有：湿地、河流、湖泊等面积；湿地保护区面积；海洋保护区面积；流域面积；沼泽面积等。

8. 水质良好的陆地水体比例

1）概念

水质良好的陆地水体比例指以陆地为边界的天然水域，包括河流、湖泊、水库等陆地水体中水质良好的水体占比。按照《地表水环境质量标准》（GB 3838—2002）中的描述，将地表水质达到Ⅰ、Ⅱ、Ⅲ类的水体定义为良好水质水体。评价中按照监测断面水质反映水体水质（UNEP and UNU-IHDP，2012；北京师范大学等，2011）。

2）计算方法

水质良好的陆地水体比例计算公式为

$$C = \frac{n}{N} \times 100\% \tag{3-23}$$

式中，C 为水质良好的陆地水体比例；n 为水质良好的监测断面的总数；N 为区域国控、省控水质监测断面总数（表3-39）。

表3-39 水质良好的陆地水体比例的计算参数

参数代码	参数名称	概念	数据源	更新频率与方法
n	水质良好的监测断面的总数	某地区年均水质达到Ⅰ、Ⅱ、Ⅲ类的国控、省控监测断面的数量	《中国生态环境状况公报》《地表水水质月报》	每年更新一次
N	水质监测断面总数	某区域国控、省控水质监测断面的总数	《中国生态环境状况公报》《地表水水质月报》	每年更新一次

3）相关指标

与水质良好的陆地水体比例相关的指标有：良好或高等级的地表水体比例；重要江河湖泊水功能区水质达标率；地表水达到或好于Ⅲ类水体比例；地表水功能区达标率等。

9. 新增水土流失治理面积

1）概念

新增水土流失治理面积指某区域特定时间（一年）内新增的水土流失治理面积。

2）计算方法

新增水土流失治理面积利用区域内新增水土保持综合治理面积表征，具体数据可参考各地区水土保持公报中的综合治理面积（表 3-40）。

表 3-40 新增水土流失治理面积的计算参数

参数代码	参数名称	概念	数据源	更新频率与方法
S_c	新增水土流失治理面积	水土流失面积经适当综合治理后可利用的总量	水土保持公报	每年更新一次

3）相关指标

与新增水土流失治理面积相关的指标有：水土保持量；水土流失面积；水土保持累计治理面积；重点小流域治理面积等。

10. 再生水利用率

1）概念

再生水利用率指再生水利用量占污水排放总量的比例（Esty et al.，2005；李建平等，2014；中国科学院可持续发展战略研究组，2015）。

2）计算方法

再生水利用率的计算公式为

$$P = \frac{R}{S} \times 100\% \tag{3-24}$$

式中，P 为再生水利用率；R 为再生水利用量；S 为污水排放总量（表 3-41）。

表 3-41 再生水利用率的计算参数

参数代码	参数名称	概念	数据源	更新频率与方法
R	再生水利用量	污水经适当处理后可利用总量	《中国城市建设统计年鉴》	每年更新一次
S	污水排放总量	污水排放量的总和	《中国城市建设统计年鉴》	每年更新一次

3）相关指标

与再生水利用率相关的指标有：城市再生水利用率；城镇污水再生水利用率；国内人均可再生水资源；使用可再生水资源的强度等。

3.4.4 人和指标的计算方法

1. 万元 GDP 水耗

1）概念

万元 GDP 水耗是指年末地区水资源利用总量与 GDP 的比值（方创琳，2014；中国科学院可持续发展战略研究组，2015）。

2）计算方法

万元 GDP 水耗的计算公式为

$$I = \frac{T_w}{\text{GDP}} \tag{3-25}$$

式中，I 为万元 GDP 水耗；T_w 为水资源利用总量；GDP 为国内生产总值（表 3-42）。

表 3-42　万元 GDP 水耗的计算参数

参数代码	参数名称	概念	数据源	更新频率与方法
T_w	水资源利用总量	地区水资源利用总量	《中国统计年鉴》	每年更新一次
GDP	国内生产总值	按市场价格计算的一个国家（或地区）所有常住单位在一定时期内生产活动的最终成果	《中国统计年鉴》	每年更新一次

3）相关指标

与万元 GDP 水耗相关的指标有：万元 GDP 能耗；节水量；用水总量；用水消耗量；耗水率。

2. 万元 GDP 能耗

1）概念

万元 GDP 能耗是指年末地区能源消耗总量与 GDP 的比值（国家发展和改革委员会等，2016）。

2）计算方法

万元 GDP 能耗的计算公式为

$$I_e = \frac{T_e}{\text{GDP}} \tag{3-26}$$

式中，I_e 为万元 GDP 能耗；T_e 为能源消耗总量；GDP 为国内生产总值（表 3-43）。

表 3-43　万元 GDP 能耗的计算参数

参数代码	参数名称	概念	数据源	更新频率与方法
T_e	能源消耗总量	地区能源消耗总量	《中国能源统计年鉴》及各地统计年鉴、夜间灯光数据反演	每年更新一次
GDP	国内生产总值	一个国家（或地区）所有常住单位在一定时期内生产活动的最终成果	《中国能源统计年鉴》及各地统计年鉴	每年更新一次

3）相关指标

与万元 GDP 能耗相关的指标为：单位 GDP 总能源消费；能源使用强度；能源使用密度；单位 GDP 能耗；单位 GDP 水耗。

3. 生态环境管理人员投入

1）概念

生态环境管理人员投入是指水利、环境和公共设施管理从业人员（生态环境管理方面的从业人员数）占城镇从业人员的比重。

2）计算方法

生态环境管理人员投入的计算公式为

$$P_i = \frac{E_e}{P_u} \tag{3-27}$$

式中，P_i 为生态环境管理人员投入占城镇从业人员的比重；E_e 为水利、环境和公共设施管理从业人员数；P_u 为城镇从业人员数（表 3-44）。

表 3-44　生态环境管理人员投入的计算参数

参数代码	参数名称	概念	数据源	更新频率与方法
E_e	水利、环境和公共设施管理从业人员数	水利、环境和公共设施管理从业人员数	《中国城市统计年鉴》、各地统计年鉴、统计公报	每年更新一次
P_u	城镇从业人员数	城镇单位从业人员期末人数	《中国城市统计年鉴》、各地统计年鉴、统计公报	每年更新一次

3）相关指标

与生态环境管理人员投入相关的指标有：每千人拥有的环境保护工作人员数、企业专业环保人数。

4. 生态环境保护经费投入

1）概念

生态环境保护经费投入指某地区的生态环境污染治理投资总额占该地区GDP的比重（中国科学院可持续发展战略研究组，2012，2015）。

2）计算方法

生态环境保护经费投入的计算公式为

$$P = \frac{E_i}{GDP} \times 100\% \tag{3-28}$$

式中，P为生态环境污染治理投资总额占GDP的比重；E_i为生态环境污染治理投资总额；GDP为国内生产总值（表3-45）。

表3-45 生态环境保护经费投入的计算参数

参数代码	参数名称	概念	数据源	更新频率与方法
E_i	生态环境污染治理投资总额	用于生态环境污染治理的投资总额	《中国环境统计年鉴》	每年更新一次
GDP	国内生产总值	一个国家（或地区）所有常住单位在一定时期内生产活动的最终成果	各地统计年鉴	每年更新一次

3）相关指标

与生态环境保护经费投入相关的指标有：人均环境污染治理投资额；工业污染治理投资占工业增加值比重。

5. 天蓝满意度

1）概念

天蓝满意度为主观调查指标，指公众对空气质量等指标的满意程度，可通过全国范围的抽样调查获取数据。调查采取分层多阶段抽样调查方法，随机抽取城镇和农村居民进行问卷调查，根据调查结果综合计算各省（自治区、直辖市）公众对天蓝的满意度。

2）计算方法

天蓝满意度的计算公式为

$$S = \frac{1}{n}\sum_{i=1}^{n} S_{id} \qquad (3\text{-}29)$$

式中，S 为某区域的天蓝满意度；S_{id} 为第 i 个调查者对 d 问题的满意程度赋值；n 为某地区被调查者的数量（表 3-46）。

表 3-46　天蓝满意度的计算参数

参数代码	参数名称	概念	数据源	更新频率与方法
S_{id}	第 i 个调查者对 d 问题的满意程度赋值	指被调查者对空气质量等指标的满意程度赋值	问卷调查	每年更新一次
n	某地区被调查者的数量	指某地区被调查者的总数	问卷调查	每年更新一次

3）相关指标

与天蓝满意度相关的指标有：公众对生态文明建设、生态环境改善的满意度；对灰霾污染的满意度；对交通污染的满意度；公众对空气质量的关注度等。

6. 地绿满意度

1）概念

地绿满意度为主观调查指标，指公众对居住绿化程度、天然植被保护与修复等指标的满意程度，可通过全国范围的抽样调查获取数据。调查采取分层随机抽样法选取城镇和农村居民进行调查，根据调查结果综合计算各省（自治区、直辖市）公众对地绿的满意度。

2）计算方法

地绿满意度的计算公式为

$$L = \frac{1}{2n}\left(\sum_{i=1}^{n} L_{ij} + \sum_{i=1}^{n} L_{ik}\right) \qquad (3\text{-}30)$$

式中，L 为地绿满意度；L_{ij} 第 i 位受访者对居住绿化程度满意度 j 的赋值；L_{ik} 为第 i 位受访者对天然植被保护与修复满意度 k 的赋值；n 为某地区受访者数量（表 3-47）。

3）相关指标

与地绿满意度相关的指标有：公众对植被覆盖的关注度；公众对居住区周边绿化的满意度及关注度等。

表 3-47 地绿满意度的计算参数

参数代码	参数名称	概念	数据源	更新频率与方法
L_{ij}	对居住绿化程度满意度的赋值	某受访者对本地区居住绿化程度的满意度	问卷调查	每年更新一次
L_{ik}	对天然植被保护与修复满意度的赋值	某受访者对本地区天然植被保护与修复程度的满意程度	问卷调查	每年更新一次
n	受访者数量	某地区受访者数量	问卷调查	每年更新一次

7. 水清满意度

1）概念

水清满意度为主观调查指标，是指公众对水质及用水紧缺的满意度，可通过全国范围的抽样调查获取数据。调查采用分层抽样法，随机抽取城镇和乡村居民进行调查，根据调查结果综合计算各省（自治区、直辖市）公众对水清的满意度。

2）计算方法

水清满意度的计算公式为

$$F_{\text{wac}} = \frac{1}{2n}\left(\sum_{i=1}^{n} S_{ij} + \sum_{i=1}^{n} S_{ik}\right) \quad (3-31)$$

式中，F_{wac} 为水清满意度；S_{ij} 为第 i 个调查者对水质满意度 j 的赋值；S_{ik} 为第 i 个调查者对用水紧缺满意度 k 的赋值；n 为某地区被调查者的数量（表 3-48）。

表 3-48 水清满意度的计算参数

参数代码	参数名称	概念	数据源	更新频率与方法
S_{ij}	对水质满意度的赋值	被调查者对本地区水质的满意程度	问卷调查	每年更新一次
S_{ik}	对用水紧缺的满意度的赋值	被调查者对本地区用水紧缺的满意程度	问卷调查	每年更新一次
n	被调查者的数量	指某地区被调查者的总数	问卷调查	每年更新一次

3）相关指标

与水清满意度相关的指标有：公众对水清的关注度。

参 考 文 献

北京师范大学科学发展观与经济可持续发展研究基地，西南财经大学绿色经济与经济可持续发展研究基地，国家统计局中国经济景气监测中心. 2010. 2010 中国绿色发展指数年度报告——省际比较. 北京: 北京师范大学出版社.
北京师范大学科学发展观与经济可持续发展研究基地, 西南财经大学绿色经济与经济可持续发展研究基地, 国家统计局中国经济景气监测中心. 2011. 2011 中国绿色发展指数报告——区域比较. 北京: 北京师范大学出版社.
陈明星, 梁龙武, 王振波, 等. 2019. 美丽中国与国土空间规划关系的地理学思考. 地理学报, 74(12): 2467-2481.
程国栋, 徐中民, 徐进祥. 2005. 建立中国国民幸福生活核算体系的构想. 地理学报, 60(6): 883-893.
方创琳. 2014. 中国新型城镇化发展报告. 北京: 科学出版社.
高卿, 骆华松, 王振波, 等. 2019. 美丽中国的研究进展及展望. 地理科学进展, 38(7): 1021-1033.
郭华东. 2018. 科学大数据——国家大数据战略的基石. 中国科学院院刊, 33(8): 768-773.
国家发展和改革委员会, 财政部, 环境保护部, 等. 2016. 关于印发《循环经济发展评价指标体系(2017 年版)》的通知. https://www.ndrc.gov.cn/fggz/hjyzy/zyzhlyhxhjj/201701/t20170105_1314963.html[2024-10-08].
环境保护部, 国家质量监督检验检疫总局. 2012. 环境空气质量标准(GB 3095—2012). 北京: 中国环境科学出版社.
环境保护部. 2015. 生态环境状况评价技术规范(HJ 192—2015). 北京: 中国环境科学出版社.
贾绍凤, 吕爱锋, 韩雁, 等. 2014. 中国水资源安全报告. 北京: 科学出版社.
康宝荣, 刘立忠, 刘焕武, 等. 2019. 关中地区细颗粒物碳组分特征及来源解析. 环境科学, 40(8): 3431-3437.
李建平, 李闽榕, 王金南, 等. 2013. 全球环境竞争力报告(2013). 北京: 社会科学文献出版社.
李建平, 李闽榕, 王金南. 2014. "十二五" 中期中国省域环境竞争力发展报告. 北京: 社会科学文献出版社.
李闽榕. 2014. "十二五" 中期各省经济竞争力评价. 中国经济报告, (5): 89-95.
清华大学全球可持续发展研究院, World Wide Fund for Nature. 2020. 中国可持续发展目标的地方评价和展望研究报告: 基于 2004-2017 年省级数据的测算. http://wwfchina.org/content/press/publication/2020/%E4%B8%AD%E5%9B%BD%E5%8F%AF%E6%8C%81%E7%BB%AD%E5%8F%91%E5%B1%95%E7%9B%AE%E6%A0%87%E7%9A%84%E5%9C%B0%E6%96%B9%E8%AF%84%E4%BB%B7%E5%92%8C%E5%B1%95%E6%9C%9B%E7%A0%94%E7%A9%B6%E6%8A%A5%E5%91%8A-0518.pdf[2024-10-08].
深圳大学, 腾讯. 2022. 深圳市可持续发展评估报告(2016-2021 年). https://www.sznews.com/news/content/2022-04/26/content_25088595.htm[2024-10-08].
王鹏龙, 高峰, 黄春林, 等. 2018. 面向 SDGs 的城市可持续发展评价指标体系进展研究. 遥感技术与应用, 33(5): 784-792.
魏彦强, 李新, 高峰, 等. 2018. 联合国 2030 年可持续发展目标框架及中国应对策略. 地球科学进展, 33(10): 1084-1093.
习近平. 2022. 努力建设人与自然和谐共生的现代化. 求是, (11): 4-9.
徐中民, 张志强, 程国栋. 2000. 可持续发展定量研究的几种新方法评价. 中国人口·资源与环境, 10(2): 61-65.
张杰, 刘清芝, 石隽隽, 等. 2020. 国际典型可持续发展指标体系分析与借鉴. 中国环境管理, 12(4): 89-95.
张文忠, 尹卫红, 张锦秋, 等. 2006. 中国宜居城市研究报告(北京). 北京: 社会科学文献出版社.
张文忠, 余建辉, 湛东升, 等. 2016. 中国宜居城市研究报告. 北京: 科学出版社.
张志强, 程国栋, 徐中民. 2002. 可持续发展评估指标、方法及应用研究. 冰川冻土, 24(4): 344-360.
中国科学院可持续发展战略研究组. 2012. 2012 中国可持续发展战略报告. 北京: 科学出版社.

中国科学院可持续发展战略研究组. 2015. 2015 中国可持续发展报告. 北京: 科学出版社.
周宏春, 宋智慧, 刘云飞, 等. 2019. 生态文明建设评价指标体系评析、比较与改进. 生态经济, 35(8): 213-222.
英国石油公司. 2019. BP Energe Outlook (2019 edition). https://www.bp.com/content/dam/bp/business-sites/en/global/corporate/pdfs/energy-economics/energy-outlook/bp-energy-outlook-2019.pdf.[2025-04-06].
African Union. 2015. Agenda 2063: The Africa We Want. https://au.int/sites/default/files/documents/36204-doc-agenda2063_popular_version_en.pdf. [2024-10-08].
Alex C M. 2014. Encyclopedia of Quality of Life and Well-Being Research. https://link.springer.com/referencework/10.1007/978-94-007-0753-5[2024-10-08].
Allen C, Nejdawi R, El-Baba J, et al. 2017. Indicator-based assessments of progress towards the sustainable development goals (SDGs): A case study from the Arab Region. Sustainability Science, 12(6): 975-989.
Allin P. 2017. The Well-Being of Nations. https://onlinelibrary.wiley.com/doi/10.1002/9781118445112.stat07926[2024-10-08].
Amy J L, Stuart A, Theodore E, et al. 2011. Sustainable Urban Development Indicators for the United States. https://penniur.upenn.edu/uploads/media/sustainable-urban-development-indicators-for-the-united-states.pdf[2024-10-08].
Arcadis. 2017. Sustainable Cities Mobility Index 2017. https://www.arcadis.com/campaigns/scmi/index.html[2024-10-08].
Economist Intellgence Unit. 2009. European Green City Index. https://assets.new.siemens.com/siemens/assets/api/uuid:9b197a0a-13a4-4a08-8818-23807a5c1909/egci-report-en.pdf.[2025-04-06].
Esty D C, et al. 2005. Environmental Sustainability Index. New Haven: Yale Center for Environmental Law & Policy.
Esty D C, Levy M, Kim C H. 2008. Environmental Performance Index. New Haven: Yale Center for Environmental Law & Policy.
European Commission. 2006. European Green Capital Award. https://environment.ec.europa.eu/topics/urban-environment/european-green-capital-award_en.[2025-04-06].
Eurostat, 2013. Key figures on Europe-2013 Digest of the Online Eurostat Year-Book. https://ec.europa.eu/eurostat/documents/3930297/5969538/KS-EI-13-001-EN.PDF.pdf/98fe7e02-d76a-45b9-9c72-7af791c672c2?t=1415007747000.[2025-04-06].
Hsu A, Zomer A. 2016. 2016Environmental Performance Index. https://www.researchgate.net/publication/309417857_2016_Environmental_Performance_Index_EPI[2024-10-08].
IUCN. 1997. An approach to assessing progress toward sustainability: Tools and training series for institutions, field teams and collaborating agencies. https://portals.iucn.org/library/node/7321[2024-10-08].
Lafortune G, Fuller G, Schmidt-Traub G, et al. 2019. 2019 SDG Index and Dashboards Report for European Cities (prototype version). https://s3.amazonaws.com/sustainabledevelopment.report/2019/2019_sdg_index_euro_cities.pdf[2024-10-08].
Mega V, Pedersen J. 1998. Urban Sustainability Indicators. https://edz.bib.uni-mannheim.de/www-edz/pdf/ef/98/ef9807en.pdf.[2025-04-06].
National Academies of Sciences, Engineering, and Medicine. 2016. Pathways to Urban Sustainability: Challenges and Opportunities for the United States. https://nap.nationalacademies.org/read/23551/chapter/1[2024-10-08].
OECD. 2011. Towards Green Growth: Monitoring Progress. https://read.oecd-ilibrary.org/environment/towards-green-growth-monitoring-progress_9789264111356-en[2024-10-08].
OECD. 2013. Green Growth in Cities. https://read.oecd-ilibrary.org/urban-rural-and-regional-development/green-growth-in-cities_9789264195325-en[2024-10-08].
Social Progress lmperative. 2017. Social Progress lndex 2017.https://www.readkong.com/page/social-progress-index-2017-social-by-michael-e-porter-9786360.[2025-04-06].
UN Department of Economic and Social Affairs. 2004. CSD Indicators of Sustainable Developm

ent-3rd Edition. https://www.un.org/esa/sustdev/natlinfo/indicators/factsheet.pdf[2024-10-08].

UNECE J. Eurostat, OECD. 2013. Framework and suggested indicators to measure sustainable development. https://unece.org/DAM/stats/documents/ece/ces/2013/SD_framework_and_ indicators_final.pdf.[2025-04-06].

UNEP, UNU-IHDP. 2012. Inclusive Wealth Report 2012: Measuring progress toward sustainability. https://wedocs.unep.org/handle/20.500.11822/32228[2024-10-08].

Uhece J. Eurostat, OECD. 2013. Framework and suggested indicators to measure sustainable development. https://unece.org/DAM/stats/documents/ece/ces/2013/SD_framework_and_indicators_final.pdf.[2025-04-06].

United Nations Human Settlements Programme. 2004. Urban Indicators Guidelines. https://unhabitat.org/sites/default/files/download-manager-files/Urban%20Indicators.pdf.[2025-04-06].

United Nations Statistics Division. 1994. Framework for Indicators of Sustainable Development (FISD). https://www.unescwa.org/sd-glossary/framework-indicators-sustainable-development-fisd.[2025-04-06].

United Nations. 2015.Transforming Our World: the 2030 Agenda for Sustainable Development. https://sdgs.un.org/2030agenda.[2025-04-06].

United Nations. 2016. Progress Towards the Sustainable Development Goals. https://digitallibrary.un.org/ record/833184.[2025-04-06].

United Nations. 2020. The Sustainable Development Goals Report 2020. https://unstats.un.org/sdgs/report/2020/The-Sustainable-Development-Goals-Report-2020.pdf[2024-10-08].

WHO. 2015. EN Features: Environmental Health Index. https://www.who.int/health-topics/environmental-health#tab=tab_1[2024-10-08].

WWF. 2016. Living Planet Report 2016. https://www.worldwildlife.org/pages/living-planet-report-2016[2024-10-08].

第 4 章

美丽中国评估系统建设[①]

导读 随着大数据时代的到来，信息化系统为管理、监测、模拟和展示美丽中国的本底数据提供新型基础设施，为美丽中国的数字化和现代化的治理提供支撑环境。在现代信息技术发展以前，对中国进行历史纵向、区域横向和多现象的综合分析存在时效性差、敏感度低、针对性弱和应用性差等问题。如今，信息化系统广泛应用于政务服务、国防科工和国土空间规划等领域，迈入"集约整合、全面互联、协同共治、共享开放、安全可信"的新阶段。本章重点介绍美丽中国建设下的旅游资源与展示系统、大气健康环境模拟系统和"三生"空间统筹优化模拟系统的设计思路和功能应用。

4.1 旅游资源与展示系统

4.1.1 总体设计

旅游资源与展示系统，能够为决策者和管理者提供包含旅游景观数据管理、旅游资源可视化展示、专题地图绘制、景区或景点演化分析和旅游资源数据分析等服务，实现对旅游景区的资源管理和行业监测，有利于提升相关人员的决策分析能力、管理运营水平和公共服务质量。中国旅游资源数据展示与分析系统体系架构分为三个层次：数据层、业务层、应用层（图4-1）。

[①] 本章作者：廖小罕、王自发、王勇、江东、王黎明、付晶莹、杨婷、林刚、李杰。

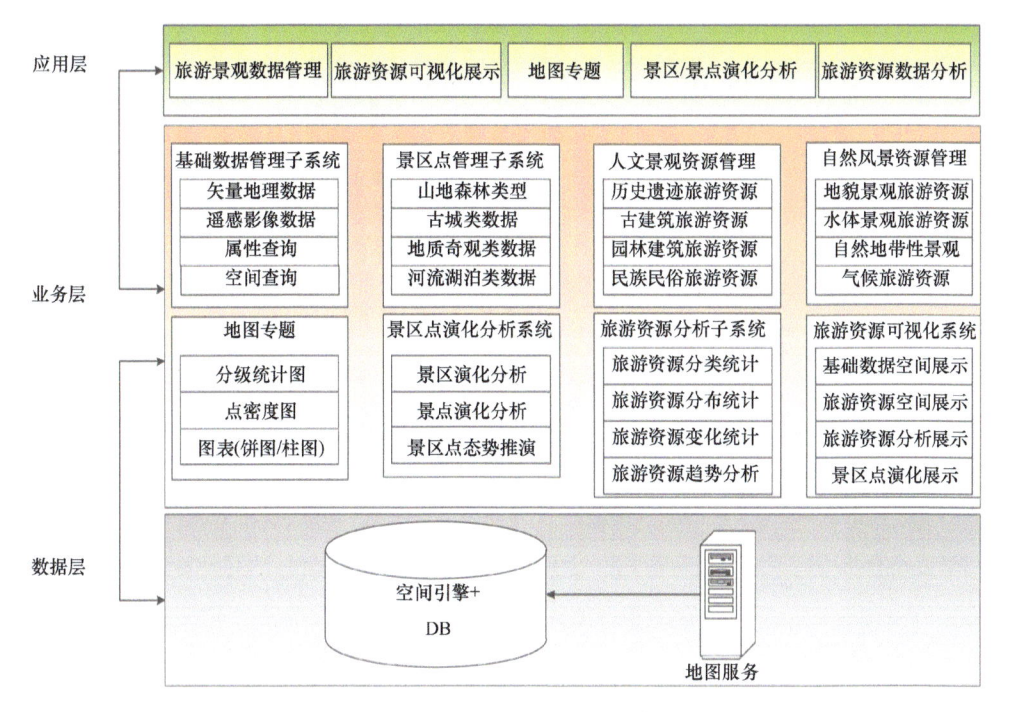

图 4-1 中国旅游资源数据展示与分析系统体系架构

4.1.2 模块设计

1. 系统管理设计

系统管理模块负责系统的基本运行和配置服务等，主要功能包括系统用户管理、角色管理、权限管理、数据服务配置、消息服务、日志管理（图4-2）。

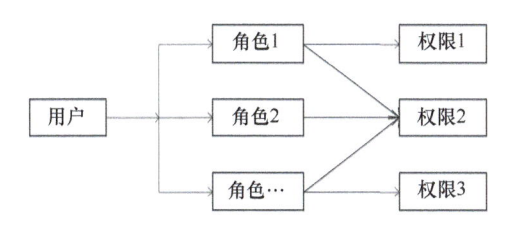

图 4-2 系统用户、角色、权限三者的关系

1）用户管理设计

用户管理主要包括编辑用户信息、设置用户权限、查看用户日志等功能，如图 4-3 和图 4-4 所示。

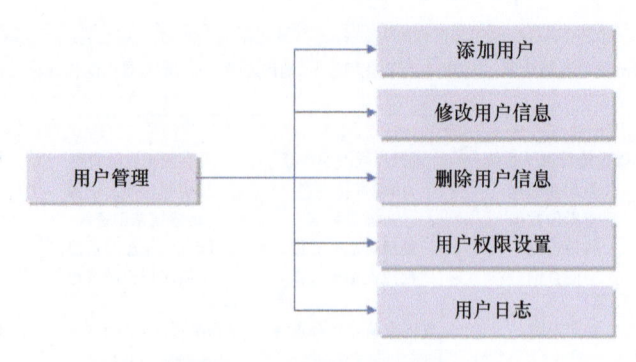

图 4-3 用户管理设计图

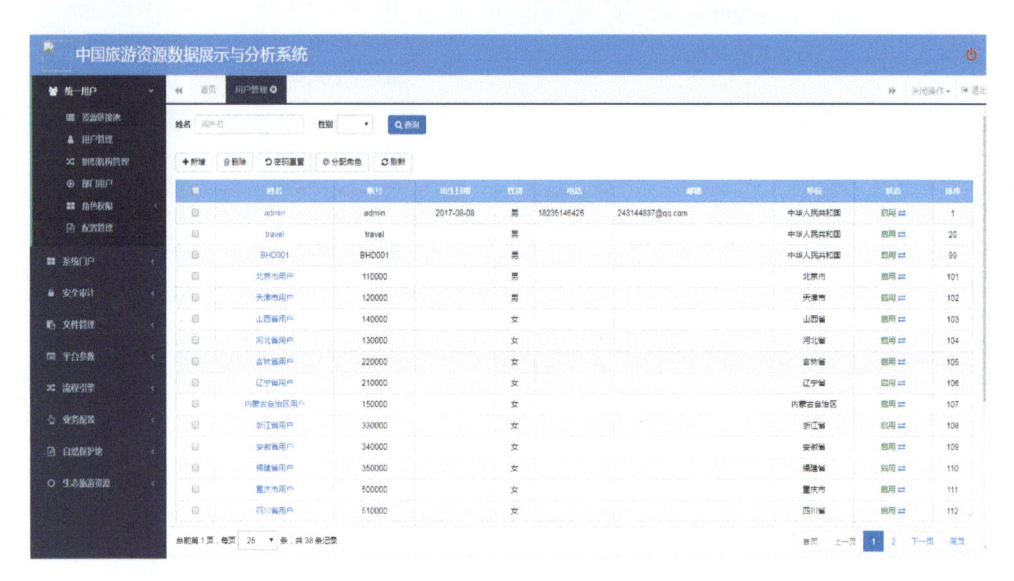

图 4-4 用户管理列表页

2）角色管理设计

根据系统功能与任务执行的权限，系统配置了以下角色，如管理员角色、普通角色等，不同的角色具有相应的权限。角色管理包含角色列表的显示、创建角色、删除角色、修改角色、角色授权及对角色的条件查询等功能，如图 4-5 所示。

3）权限管理设计

根据系统功能模块的划分可设置权限分配，权限管理包含添加模型权限、删除模型权限、执行模型权限等功能，如图 4-6 和图 4-7 所示。

	角色名称	管理范围	备注	类型	所属单位	排序	操作
□	开发人员角色	中华人民共和国	开发角色	管理员角色	中华人民共和国	1	授权
□	超级管理员	中华人民共和国	平台超级管理员	管理员角色	中华人民共和国	1	授权
□	生态旅游地环境状况		生态旅游地环…	普通角色	中华人民共和国	5	授权
□	生态旅游科教		生态旅游科教	普通角色	中华人民共和国	6	授权
□	生态旅游发展动态		生态旅游发展…	普通角色	中华人民共和国	7	授权
□	生态旅游法规		生态旅游法规	普通角色	中华人民共和国	8	授权
□	生态资源管理			普通角色	中华人民共和国	10	授权
□	旅游资源管理			普通角色	中华人民共和国	20	授权
□	保护地资源管理			普通角色	中华人民共和国	30	授权
□	保护地测试1			普通角色	中华人民共和国	99	授权
□	旅游资源录入			普通角色	中华人民共和国	200	授权
□	保护地资源录入			普通角色	中华人民共和国	300	授权
□	旅游资源查询			普通角色	中华人民共和国	2000	授权
□	保护地资源查询			普通角色	中华人民共和国	3000	授权

图 4-5　角色管理列表页

图 4-6　权限分配效果图

图 4-7 模型资源列表效果图

4）日志管理设计

日志管理主要包括用户操作日志、系统异常日志、登录日志功能。

操作日志：包括通过条件筛选将信息以列表形式进行分页显示、删除日志、清空日志等功能；

登录日志：包括通过条件选择将日志信息以列表形式进行分页显示、删除日志等功能。操作日志列表和登录日志列表如图 4-8 和图 4-9 所示。

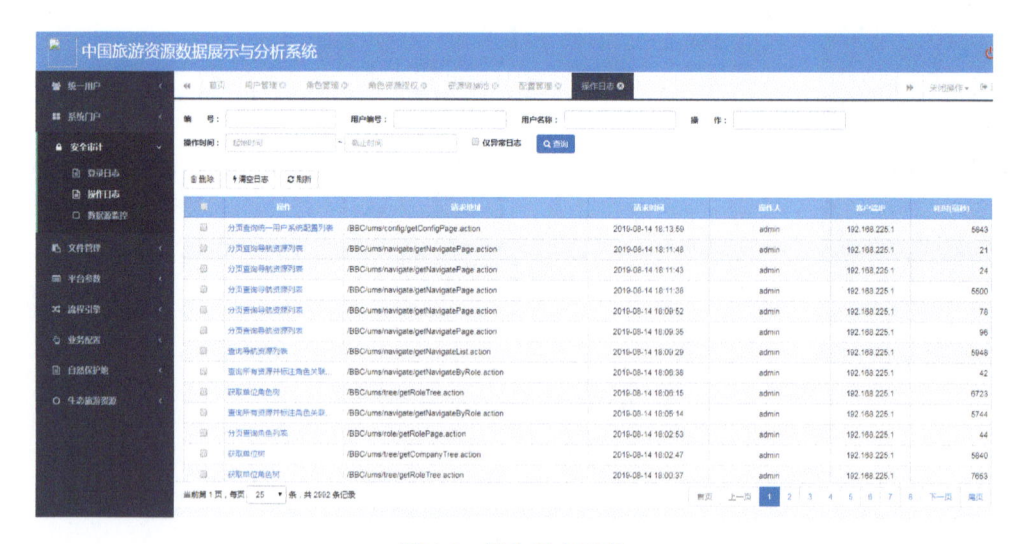

图 4-8 操作日志列表

图 4-9 登录日志列表

2. 旅游资源可视化设计

1）景点、景区地图显示

景点、景区资源按照类型与位置在地图上符号化显示，如图 4-10～图 4-12 所示。

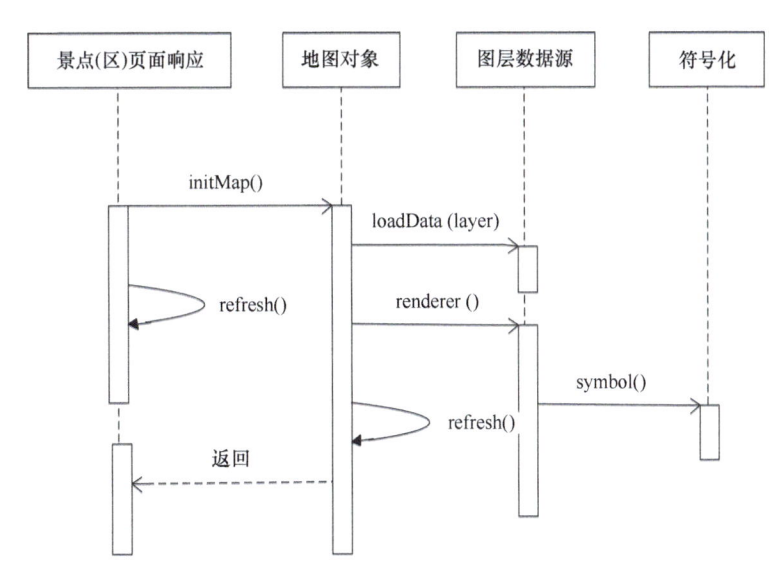

图 4-10 景点（区）符号化流程图

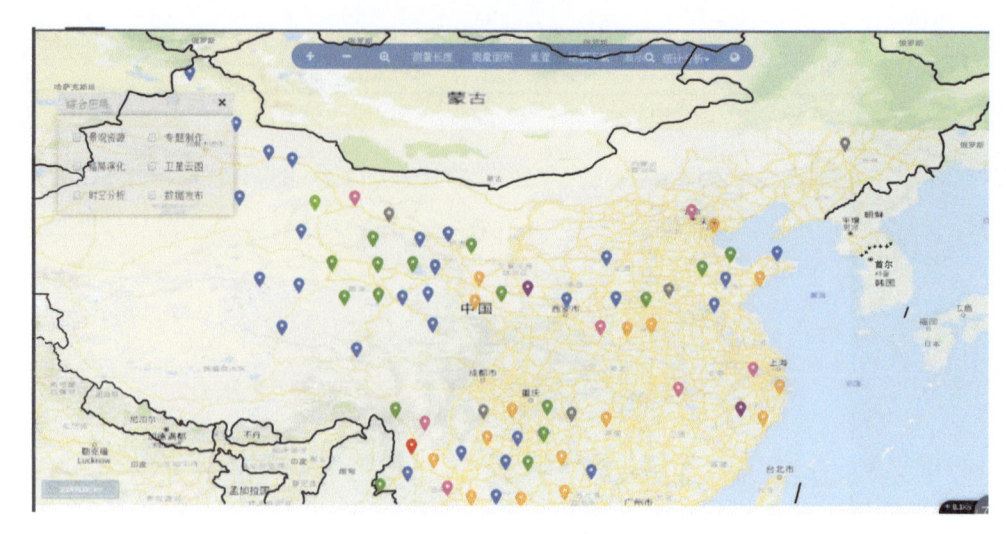

图 4-11 景点符号化效果图

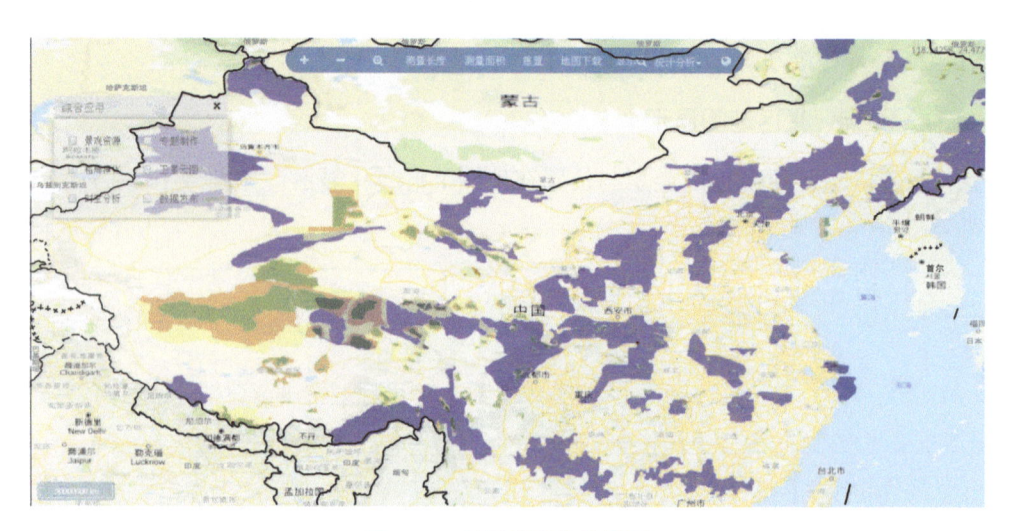

图 4-12 景区符号化效果图

2）空间查询

在地图上可对景点、景区进行空间查询，包括点选、设置范围选择。

单选可以弹出景点或景区的信息提示框，显示资源名称、资源图片及资源详情链接；多选可以统计区域内景点或景区的数量；划定点、线、区域，对其他缓冲区范围进行查询（图 4-13~图 4-15）。

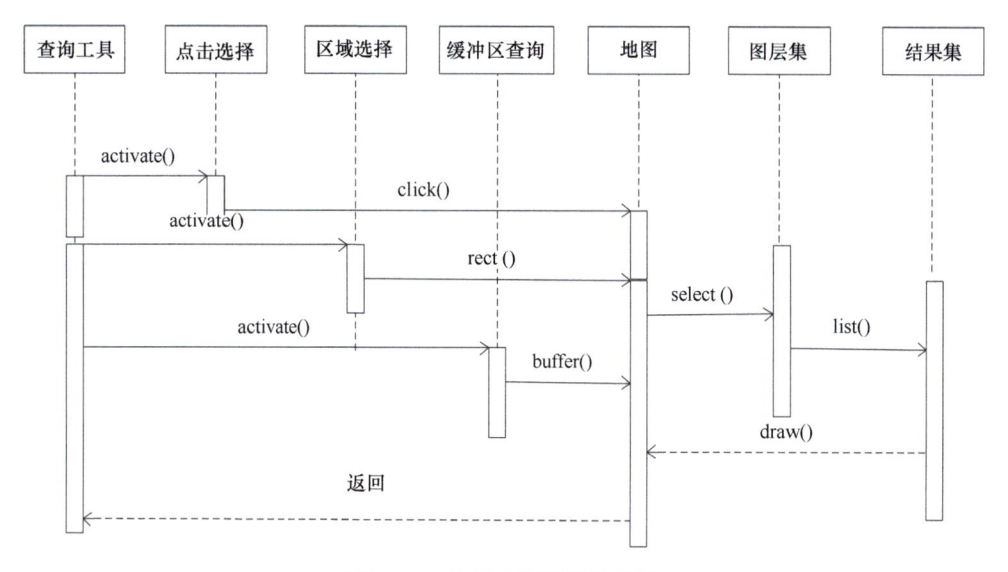

图 4-13　空间查询逻辑流程图

图 4-14　景点信息展示效果图

3）属性查询

通过景点景区的属性值，进行属性查询，如名称、区域、类型等，并在地图上显示（图 4-16）。

图 4-15　旅游资源详情页

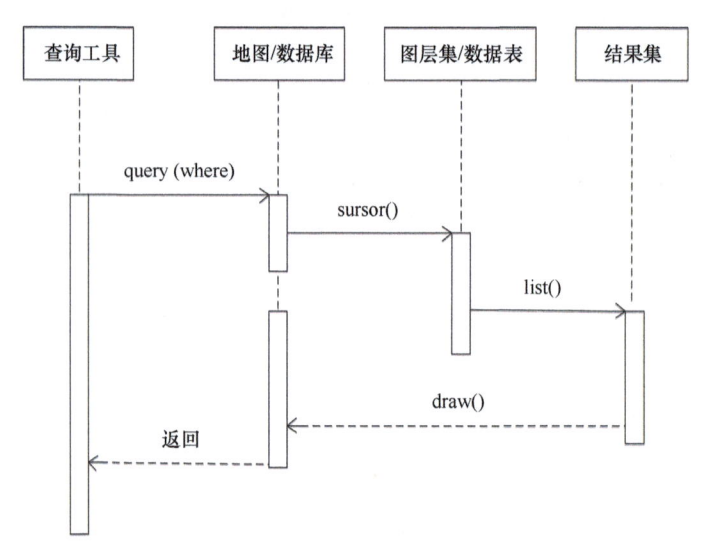

图 4-16　属性查询逻辑流程图

3. 景点资源管理设计

1）景点资源分类

对资源进行分类，包含旅游购品、地文景观、水域景观、生物景观、天象与气候景观、建筑与设施、历史遗迹、人文活动八大类型（图 4-17 和图 4-18）。

第 4 章　美丽中国评估系统建设

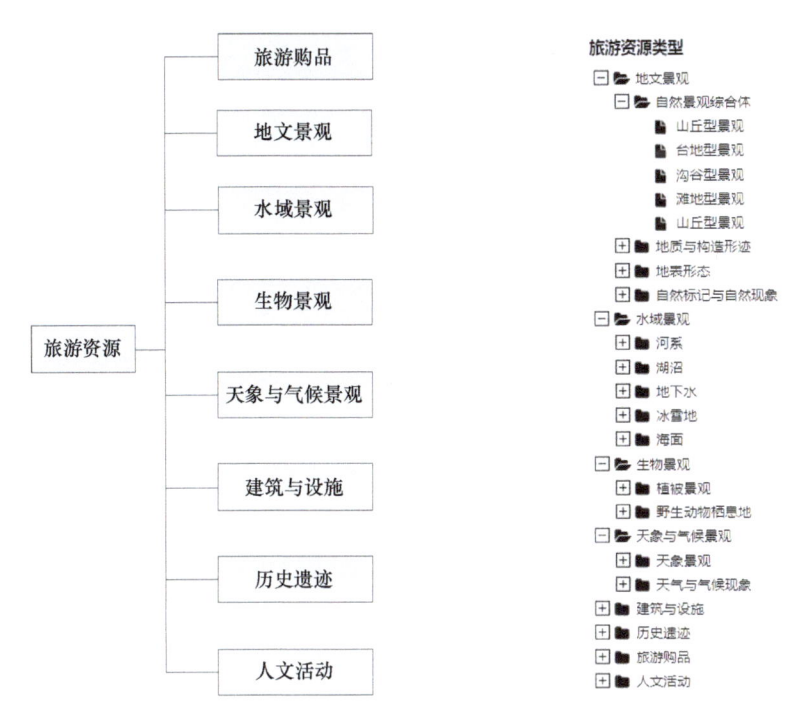

图 4-17　旅游资源类型图　　　图 4-18　旅游资源类型展示

2）景点资源数据编辑

景点资源数据编辑可以实现将景点资源数据以列表形式进行分页显示、添加数据、删除数据、修改数据及多条件对数据进行查找等操作，如图 4-19 和图 4-20 所示。

图 4-19　资源单体列表显示效果图

— 203 —

图 4-20　资源单体详情及编辑效果图

4. 旅游资源分析设计

1) 旅游资源分布统计分析

对全国旅游资源进行数量统计及计算各省旅游资源所占比例，以柱状图及圆饼图显示，如图 4-21 所示。

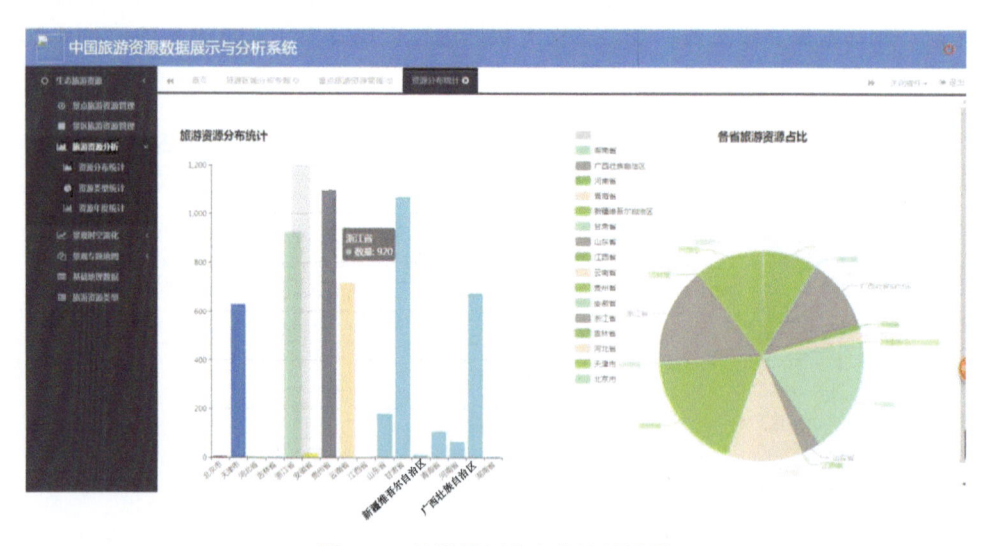

图 4-21　旅游资源分布统计效果图

2）旅游资源类型统计分析

对全国数据按类型以柱状图及圆饼图进行显示，如图 4-22 所示。

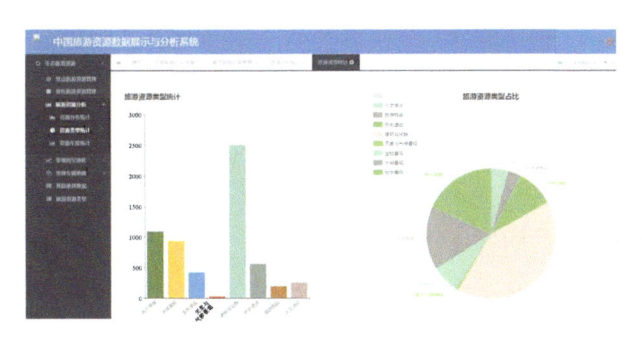

图 4-22 旅游资源类型统计效果图

3）旅游资源年度统计分析

可根据资源类型、省、市多条件对资源数量进行年度统计，并对横坐标范围进行设置，如图 4-23 所示。

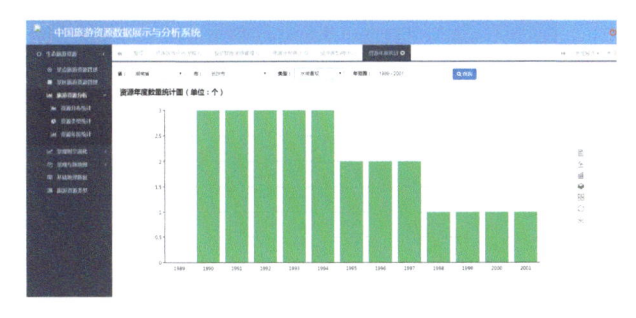

图 4-23 旅游资源年度数量统计效果图

5. 专题地图设计

选定某区域（通常按照等级指定全国—省—市—县）资源类型。对旅游资源进行分析统计，通过图表与专题地图形式来表达资源的空间分布状况。具体展现方式如下：

分级统计图：反映资源分散分布的现象，如反映区域内景点密度、景区的占地面积比。此法因常用色级表示，亦称色级统计图法。

说明：可通过不同颜色在地图上表示数量，如等值线图中使用的颜色。例如，可使用深蓝色的阴影来表示较大的降水量。

使用分级色彩绘制要素时，定量值将被分为多个类，每个类都通过特定的颜色加以标识。

统计地图：按照各区域单元属性值的区际比例，调整每个区域单元的几何面积，同时保持各个区域单元的空间邻接关系。以这种方式制作的地图被称为变形地图、扭曲地图。

点密度图：基于每个面的字段值将字段的定量值表示为一系列图案填充。不对数据进行分类，而是基于字段值用点来填充各个面。每个点都代表一个特定值（如地图上的每一个点代表 50 个资源景点）。

图表可以使用条形图或柱状图。

圆饼：如果要显示各个部分与整体之间的关系，可使用饼图。例如，可使用饼图显示每个县资源的百分比。

柱状图：可显示各分类的数据量统计（图 4-24～图 4-26）。

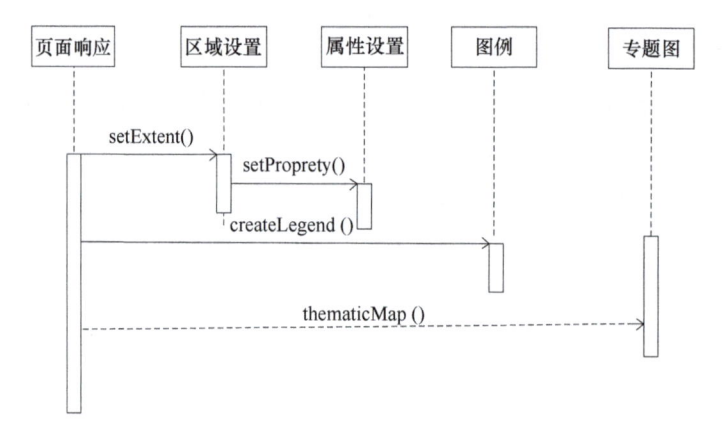

图 4-24　专题生成时序图

图 4-25　旅游资源分布专题图

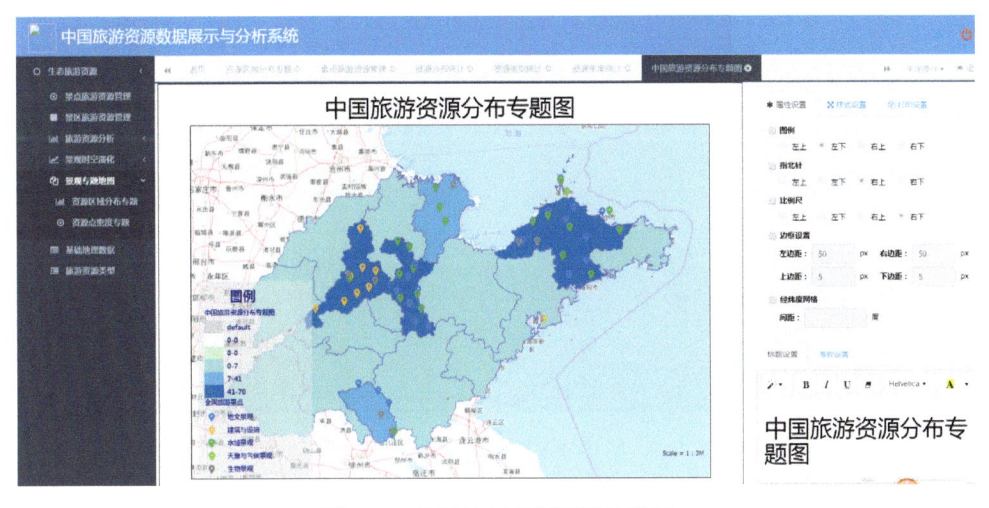

图 4-26 旅游资源专题图属性设置

6. 景区、景点时空演化设计

1）旅游资源时空静态展示

旅游资源时空静态展示主要是通过地图分屏与卷帘的方式来表达不同时期旅游资源空间分布的演变情况。

2）景区、景点时空格局演化展示

景点旅游资源空间分布，包括动态时空演化展示、景点旅游资源格局演化统计展示、景点旅游资源格局演化对比统计展示（图 4-27～图 4-30）。

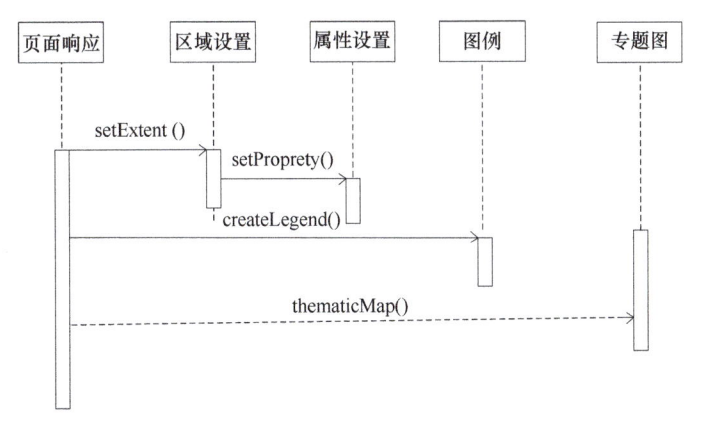

图 4-27 景区动态时空演化时序图

图 4-28　时空演化效果图

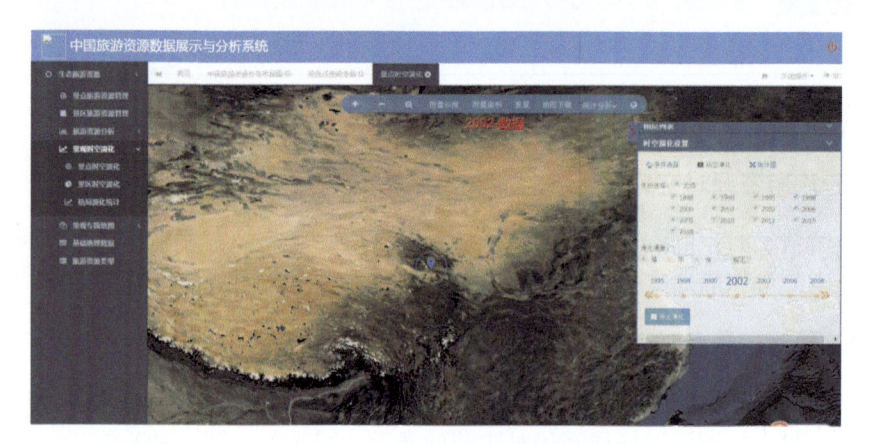

图 4-29　旅游资源时空演化效果图

图 4-30　旅游资源格局演化统计效果图

4.2 大气健康环境模拟系统

4.2.1 基于 NAQPMS 的长时间序列空气质量模拟

1. NAQPMS 模式配置

空气质量模拟采用的是嵌套网格空气质量预报模式系统（Nested Air Quality Prediction Modeling System，NAQPMS）。NAQPMS 是由中国科学院大气物理研究所自主研发（王自发等，2006）的一个具有地形跟随坐标的三维欧拉化学输运模型（Li et al., 2017），能完整描述污染物在大气中的实时排放、平流、扩散、干湿沉积和化学反应（Wang et al., 2001），同时集成了示踪标记、过程分析、数据同化等先进技术，目前被广泛应用于研究酸雨、粉尘和二次污染物（臭氧和 $PM_{2.5}$）的形成和远程输运，模拟结果良好。

模拟区域以四川省（31°N，102°E）为中心，水平格距是 5km×5km，999×1069 个网格。区域包括整个中国地区，主要关注区域分别为北京、上海、广州、成都和沈阳（图 4-31）。逐小时气象场（如风场、温度、气压、相对湿度、降水）由 WRF v3.3 模式输出提供，WRF 分为 28 个垂直层，顶高 10hPa。

人为排放源基于中国多尺度排放清单模型（MEIC），并由清华大学计算为 0.25°×0.25°的网格清单，基准年为 2013 年。其中，MEIC 提供了约 700 个人为排放源的 10 种主要空气污染物和温室气体（SO_2、NO_x、CO、NMVOC、NH_3、CO_2、$PM_{2.5}$、PM_{10}、BC 和 OC）的排放。生物排放源排取自自然源气体和气溶胶排放模型（MEGAN）（Guenther et al., 2006）。

2. 空气质量模拟结果评估

为了评估基于 NAQPMS 和 WRF 气象背景场的空气质量模拟结果，将 2013~2015 年作为评估时段，针对北京、上海、广州、成都和沈阳 5 座城市，以中国环境监测总站（CNEMC）和位于这 5 座城市的美国领事馆获取的 $PM_{2.5}$ 每小时的平均浓度为观测对比资料，对模拟结果进行评估。

1）两种 $PM_{2.5}$ 浓度观测数据的可信度和一致性

作为对照组数据，$PM_{2.5}$ 浓度观测数据的可信度和准确度十分重要。5 座城市均有美国领事馆的数据，因此将美国领事馆的 $PM_{2.5}$ 浓度数据与其附近的 CNEMC 站点的 $PM_{2.5}$ 浓度数据进行对比分析，确定两者的可信度和一致性后，才可用于进行空气质量模拟结果的评估。分析结果表明，这两套数据集高度一致。

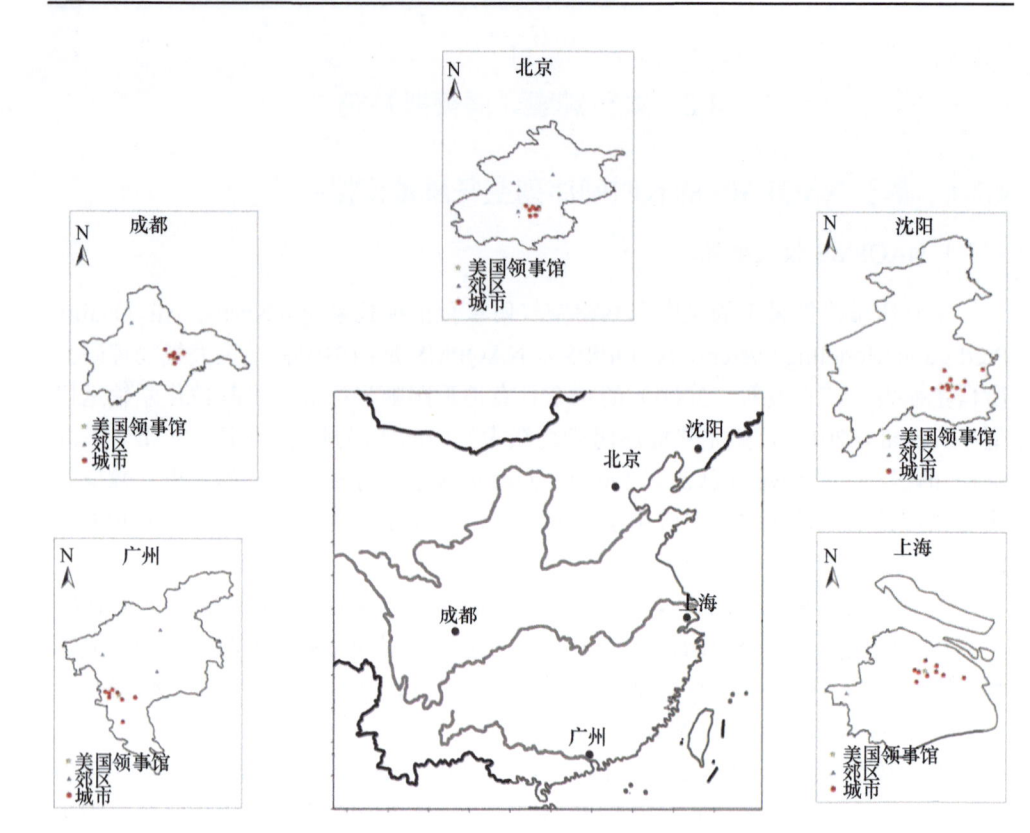

图 4-31 主要研究地区监控站点和城市选择分布图

箱线图是一种用于描述数据集的离散度和偏斜度,并能直观地识别异常值的图像。图 4-32 即是 2013～2015 年美国领事馆(黑色)和 CNEMC 城市站点(红色)的 $PM_{2.5}$ 每小时的平均浓度的箱线图。如图 4-32 所示,两套数据集的分布非常接近,大部分数据集中在第 25 个和第 75 个百分位之间。对于这两套数据集,异常值均为较大的值,意味着数据分布呈现出右偏态。在广州和沈阳,美国领事馆数据集的异常值多于 CNEMC 城市站点的异常值,在低浓度范围内尤其明显。

综合其他补充资料,这两套数据集总体上表现得较为一致,且 CNEMC 城市站点数据相较于美国领事馆更为可靠,因此,后续评估分析中均采用 CNEMC 城市站点数据作为观测对照组资料。

2)空气质量数据集性能评估

为了评估 NAQPMS 对地面层 $PM_{2.5}$ 浓度的再现能力,本研究主要分析了 $PM_{2.5}$ 浓度的变化特征。

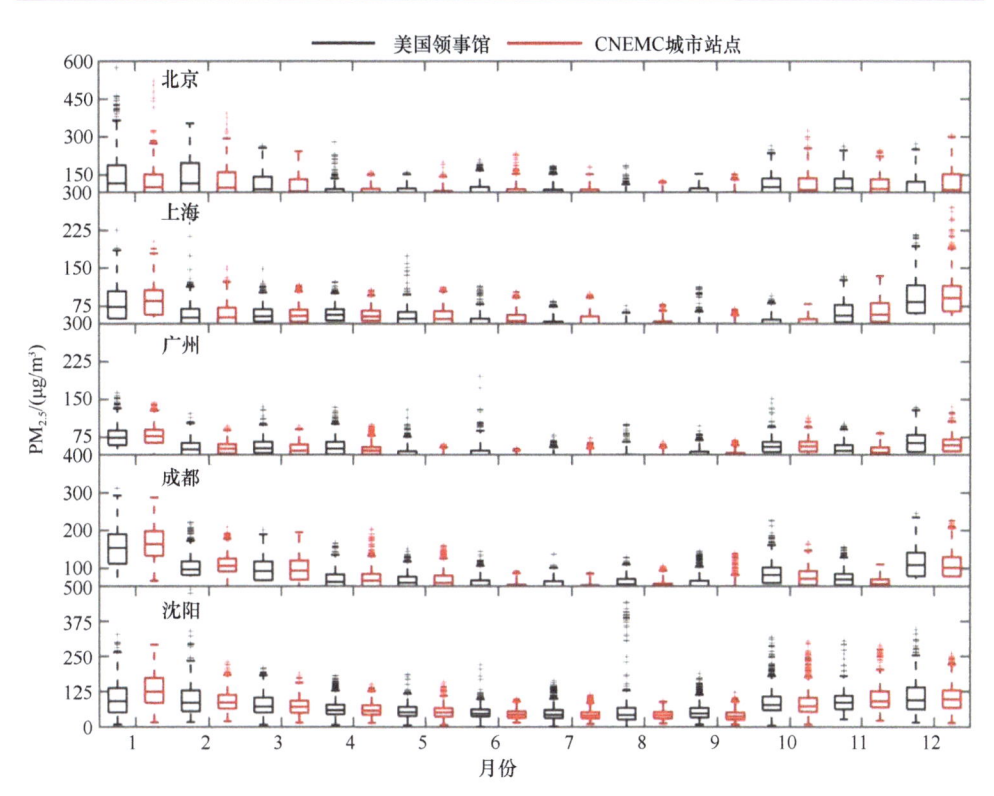

图 4-32　2013~2015 年 5 座城市的美国领事馆（黑色）和 CNEMC 城市站点（红色）PM$_{2.5}$ 每小时的平均浓度的箱线图

图 4-33 展示了 2013~2015 年 5 座城市模拟和观测的 PM$_{2.5}$ 浓度日平均值的月变化。如图 4-33 所示，北京、成都和沈阳的 PM$_{2.5}$ 浓度观测值明显高于上海和广州。PM$_{2.5}$ 浓度的季节变化明显，冬季和春季较高，夏季和秋季较低。NAQPMS 的模拟结果很好地再现了这些变化特征。模拟结果的准确度随时间和城市的变化而变化。在北京，PM$_{2.5}$ 浓度模拟结果在整个研究期间都低于浓度观测值，冬季和春季尤为明显。北京冬季供暖季所引起的煤炭等能源消耗增加或其他不利的气象条件可能是造成这种现象的原因。在上海，PM$_{2.5}$ 浓度模拟值与观测值较为吻合。而在广州，PM$_{2.5}$ 在春季和秋季模拟结果偏低，但与其他季节的观测结果较为一致。在成都，PM$_{2.5}$ 浓度的模拟值高于观测值，尤其是在夏季和秋季。排放清单的不确定性可能会造成这种模拟偏差。排放清单的基准年是 2013 年，无法代表这些城市在所有模拟时段内，尤其是模拟时段后期的所有减排措施，如已经关闭的小型工厂和已经脱硫的工业企业与电厂。在沈阳，模拟出的 PM$_{2.5}$ 浓度在冬季和秋季偏低，但与其他月份的观测结果较为一致。这些现象表明，当前 PM$_{2.5}$ 排放在时间和空间上都存在不确定性。

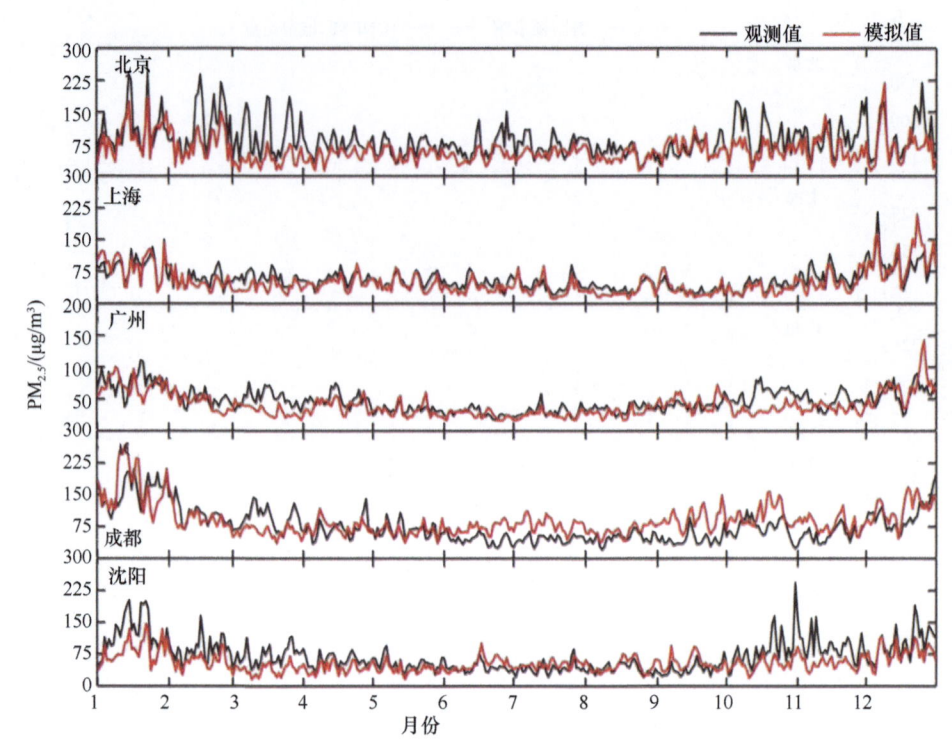

图 4-33　2013～2015 年 5 座城市模拟和观测的 PM$_{2.5}$ 浓度日平均值的月变化对比图

图 4-34 给出了 2013～2015 年 5 座城市模拟和观测的 PM$_{2.5}$ 浓度日平均值的箱线图。对于箱线图，主要关注元素为最大值、第 75 个百分位、中值、第 25 个百分位和最小值。在北京和沈阳，模拟结果的所有元素均低于观测值，这种现象在 2～3 月和 10～12 月尤为明显。在上海，除了 12 月，模拟结果的分布与观测值非常相似；12 月的最大值明显高于其他月份。在广州，3 月和 10 月的模拟结果明显低于观测值，但其他月份两者分布较为相似。而在成都，除了 2～3 月，模拟结果均高于观测值，这种形势与北京正好相反。异常值一般出现在上海、广州和沈阳的夏季月份。

散点图是使用坐标点分布来反映模拟结果和观测数据之间关系的图。图 4-35 为 2013～2015 年 5 座城市不同月份下模拟和预测的 PM$_{2.5}$ 浓度日平均值的散点图。总体而言，模拟结果和观测结果较为一致：大部分模拟值是观测值的 50%～200%，FAC2[①]值超过 80%，冬季 PM$_{2.5}$ 浓度明显高于其他季节。其中，上海地区的模拟效果高于其他城市，FAC2 值高达 95%；对于北京、广州和沈阳，

---

① FAC2 为评估模式性能的一种统计指标，其定义是满足 0.5≤观测值/模拟值≤2.0 条件的数据比例。

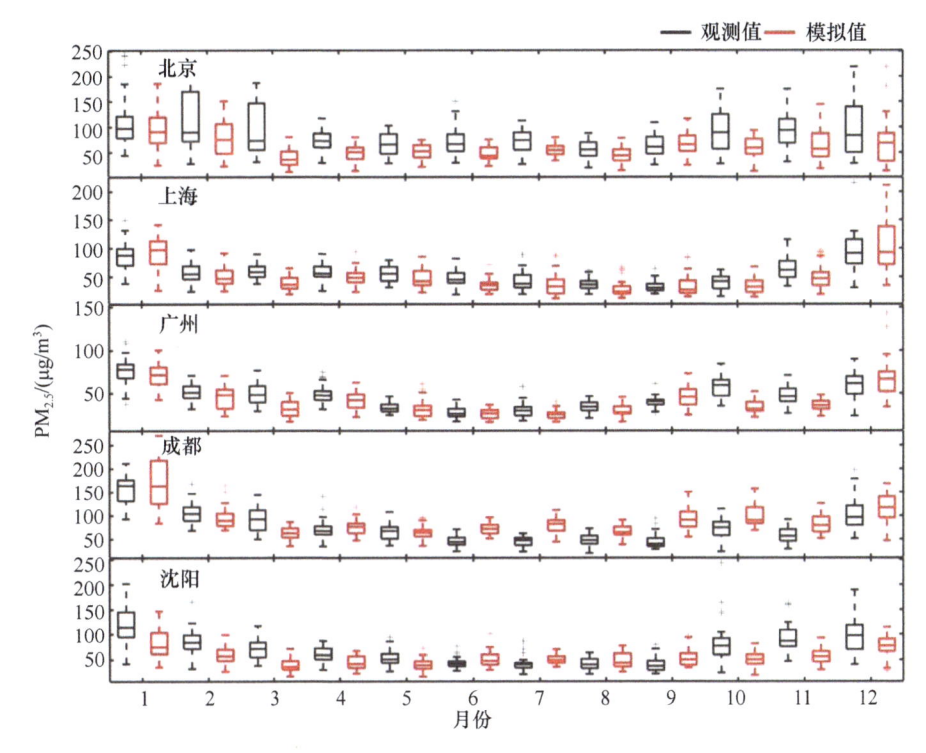

图 4-34　2013~2015 年 5 座城市模拟和观测的 $PM_{2.5}$ 浓度日平均值的箱线图

部分模拟值低于观测值的 50%；在北京（FAC2=82%）地区，偏低值主要集中在冬季和春季；在广州（FAC2=92%）地区，偏低值多发生在 3 月和 10 月；而在沈阳（FAC2=90%）地区，这种情况主要发生在秋季和冬季。然而，由于排放清单的不确定性等原因，成都夏季的部分模拟值比观测值高出 2 倍有余，使得 FAC2 仅为 87%。

4.2.2　大气污染省市间跨界输送量化传输贡献量模拟研究

1. 发展污染物来源在线解析与追踪模块的研发

针对污染物区域输送的定量评估，传统的敏感性分析方法低估了目标污染源对二次污染物的实际贡献，这主要是由于化学反应的非线性特征，即两次模拟中二次污染物的生成效率有明显变化。本研究发展污染物来源和过程追踪技术并将其耦合入 NAQPMS，用于定量评估区域输送的影响。该方法可以保证在评估的过程中，二次污染物的生成效率没有发生变化；同时可在一次模拟中解析多个目标区域的贡献，大大节约了计算时间。

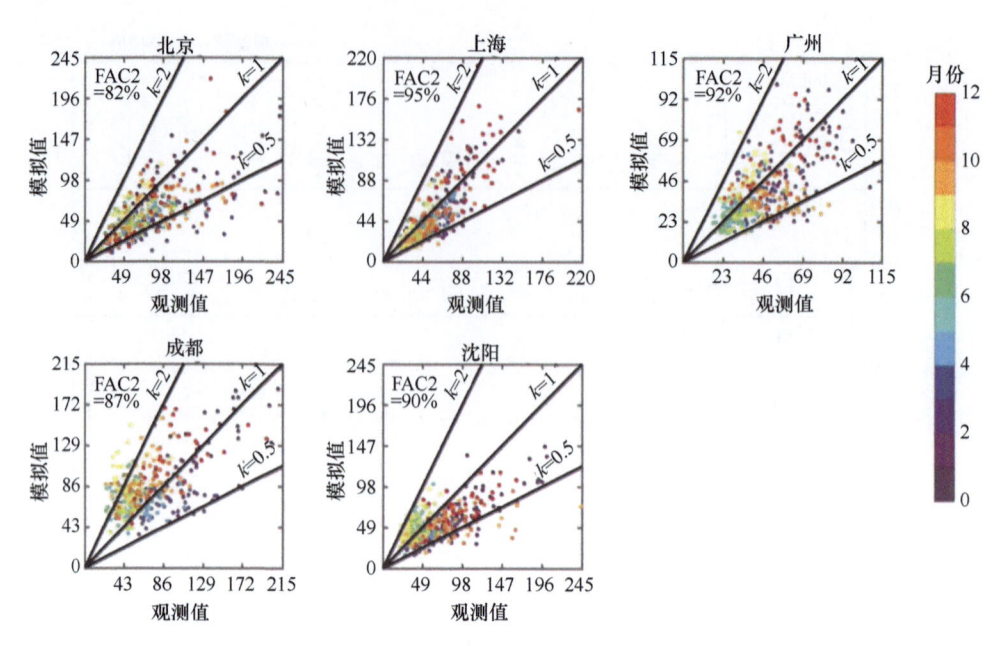

图 4-35　2013～2015 年 5 座城市不同月份下模拟和观测的 PM$_{2.5}$ 浓度日平均值的散点图

在化学输送模式中，污染物浓度通过输送方程计算。而在具体的计算中，计算方案会将各物理化学过程分解为两个部分，即污染物浓度增加和减少过程。因此计算方程可表示为

$$\frac{\partial C}{\partial t} = F^{in}_{(adv+conv+diff)} + P_{chem} + E_{emis} - F^{out}_{(adv+conv+diff)} - L_{chem} - L_{dry+wet} \quad (4-1)$$

式中，C 为污染物的体积混合比浓度；$F^{in}_{(adv+conv+diff)}$ 表示来自其他格点通过平流、对流和扩散过程流入目标格点的通量所导致的单位时间内目标污染物浓度的变化；$F^{out}_{(adv+conv+diff)}$ 则为目标格点污染物的流出通量导致污染物浓度的变化；P_{chem} 和 L_{chem} 分别为目标格点污染物的化学生成速率和消耗速率；E_{emis} 为污染源排放项；$L_{dry+wet}$ 为干湿沉降导致的污染物浓度的变化。以上各项的单位为体积混合比/秒。化学输送模式通过计算方程［式（4-1）］的各个部分，最终得出目标格点污染物的浓度。

基于式（4-1），在第 i 个地区上空生成污染物对目标格点的贡献可由式（4-2）计算：

$$\frac{\mathrm{d}(C \cdot \mathrm{Fr})}{\mathrm{d}t} = \mathrm{F}_{(\mathrm{adv+conv+diff})}^{\mathrm{in}} \cdot \mathrm{Fr}_i' + P_{\mathrm{chem}}^i \\ - \left[\mathrm{F}_{(\mathrm{adv+conv+diff})}^{\mathrm{out}} - L_{\mathrm{chem}} - L_{\mathrm{dry+wet}} \right] \cdot \mathrm{Fr}_i \quad (4\text{-}2)$$

式中，Fr_i 为第 i 个标识区域的源贡献在目标格点占污染物浓度的百分比；Fr_i' 为平流、湍流和对流流入量（即目标格点的相应过程的上游格点）中第 i 个标识源贡献占污染物浓度的百分比；$\mathrm{F}_{(\mathrm{adv+conv+diff})}^{\mathrm{in}} \cdot \mathrm{Fr}_i'$ 为单位时间内第 i 个标识区域生成的污染物通过平流、对流和扩散过程由其他格点流入目标格点的量。

对于第 i 个地区上空污染物的生成速率 P_{chem}^i，可由式（4-3）计算：

$$P_{\mathrm{chem}}^i = \begin{cases} P_{\mathrm{chem}}, & \text{目标格点在标识区域}i\text{内} \\ 0, & \text{目标格点在标识区域}i\text{外} \end{cases} \quad (4\text{-}3)$$

即被标识的污染物只在该标识区域生成，在其他区域的化学生成量为 0。

通过上述研究可以发现，目标格点在标识区域 i 内，该地区上空生成污染物对目标格点的贡献主要由光化学反应和输送过程决定；反之，则其贡献的改变来自输送过程。还可以发现，污染物的前体物浓度均取自原模式计算结果，其污染物生成效率和原模拟保持一致，因此，估算的化学生成污染物的贡献避免由污染物生成效率变化所导致的误差。

对于区域模式来讲，来自上边界、侧边界以及初始条件的污染物也是污染物的主要来源。对这些污染物来源进行解析之后发现，与光化学产生的污染物贡献所不同的是，这些标识的污染物只经历了输送过程以及在输送过程中的沉降和化学消耗过程。

上述分析表明，污染物来源和过程追踪技术可以定量评估在任一格点任一时刻来自模拟区域外的输送（侧边界输入和平流层-对流层交换）和模拟区域内不同地区光化学产生的污染物对总污染物浓度的贡献（Fr_i），与敏感性分析相比，避免了由两次模拟导致的污染物生成效率的变化所引起的偏差，利于有针对性地制定区域污染控制措施。

2. 典型时期大气气溶胶源受体关系的数值模拟

嵌套网格空气质量预报模式系统（NAQPMS）是由中国科学院大气物理研究所自主研发的多物种、多尺度模拟系统。模拟区域设置如图 4-36 所示，水平格距是 10km×10km，包括整个中国地区。在垂直方向上 NAQPMS 有 20 层，其中最下面 7 层位于距地面 1km 的范围，模式顶高度为海拔 20km。

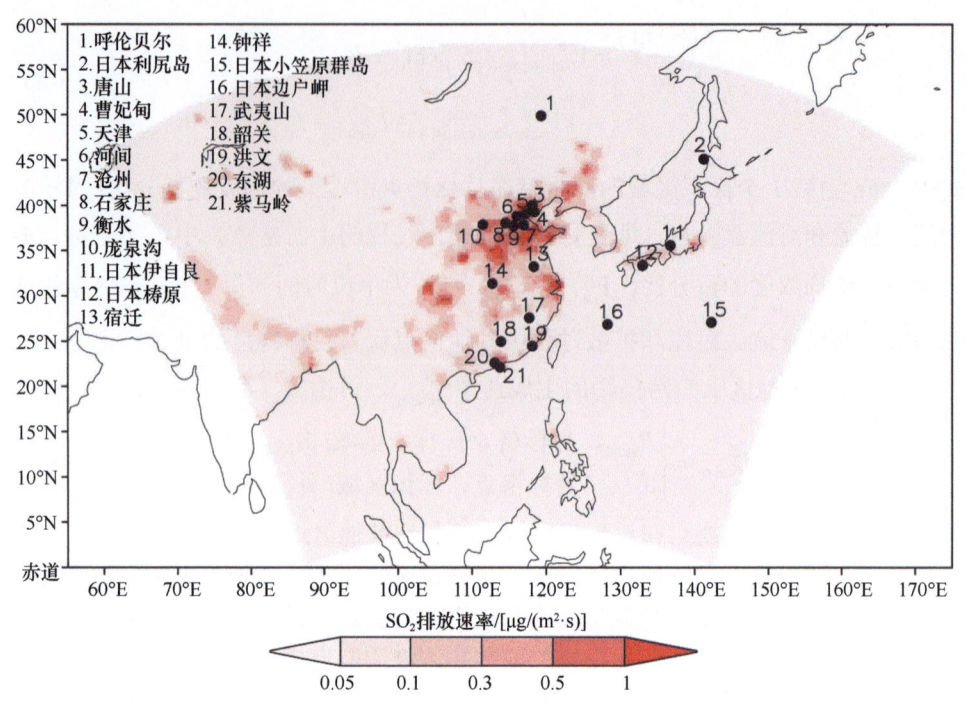

图 4-36 NAQPMS 的模拟区域、观测台站和 SO$_2$ 的排放速率

采用中尺度气象模式 WRF v3.6 模拟实际的天气过程，为 NAQPMS 提供逐时的气象场输入，包括气压场、风场、温度场、湿度场和云量等。

人为排放源取自联合国半球大气污染传输计划（Hemispheric Transport of Air Pollution，HTAP）和亚洲区域排放清单（Regional Emission inventory in Asia，REAS），其分辨率为 0.25°×0.25°，基准年为 2000~2009 年，排放源物种包括 SO$_2$、NO$_x$、VOCs、黑碳（BC）、有机物（OM）和直接排放的气溶胶（即一次气溶胶）。生物质燃烧取自曹国良等（2005）的研究，并利用中分辨率成像光谱仪（MODIS）卫星的火点资料，将污染排放量由年均值细化为日均值和 0.25°×0.25° 的时空分辨率。此外，碳氢化合物的自然源排放取自全球排放清单活动（global emission inventory activity，GEIA）。

模拟的气溶胶包括硫酸盐、硝酸盐、铵盐、黑碳、有机物、一次气溶胶、沙尘和海盐等。NAQPMS 模式的初始条件和边界条件来源于全球大气化学输送模式 MOZART v2.4 的模拟结果。

1）与地面台站观测结果的对比

为了避免气溶胶垂直分布对模拟评估的影响，模拟值选取与观测台站同一海拔的结果。研究结果显示气溶胶的模拟结果与观测值较为吻合，相关系数达到 0.95，合理地再现了其空间分布特征。例如，中纬度地区（25°N～45°N）气溶胶浓度明显高于亚热带和高纬度地区，以及我国大陆气溶胶浓度是东海等地区的几倍，这些特征在模拟结果得到再现。观测值与模拟值的绝对值也有相当好的一致性，所有台站的模拟值均在观测值的 2 倍范围内。需要指出的是，模拟结果略微低估了华北气溶胶浓度（10～30μg/m^3），高估了长江沿岸的气溶胶浓度（5～15μg/m^3），这可能与模式较粗的分辨率（80km）以及排放清单的不确定性有关。

2）与卫星遥感结果的对比

研究结果显示，NAQPMS 模式很好地再现了气溶胶光学厚度（AOD）的时空分布特征。例如，夏季华北地区较高的 AOD 以及春季长江中下游地区、四川盆地和华南地区的低值区，均被模式较好地再现。需要指出的是，模式对华南地区夏季、秋季和冬季的模拟结果高于观测结果，这可能与云的分布以及观测样本较少有关。

3）气溶胶源–受体关系的年均特征

图 4-37 展示了模拟的地面气溶胶年均浓度的分布特征及中国和西北太平洋上空生成的人为气溶胶对气溶胶浓度的贡献。其中，对西北太平洋的影响主要来自于中国、日本和韩国气溶胶前体物在海洋上空生成的人为气溶胶，代表输送过程中气粒转化或化学反应的影响。

如图 4-37 所示，受到中尺度天气系统影响，中纬度地区盛行强西（北）风，极易出现人为污染物的跨界输送，对东亚气溶胶的区域分布造成重要的影响。在中国东部地区，区域内产生的人为颗粒物的贡献达到 30～150 μg/m^3，占总可吸入颗粒物浓度的 60%～90%（其余为沙尘气溶胶和海洋等自然气溶胶）。在中国东海和黄海地区，中国产生的颗粒物为 10～50 μg/m^3。随着距亚洲大陆距离的增加，中国产生颗粒物跨界输送的影响呈逐渐下降的趋势。

4）气溶胶源–受体关系的季节变化特征

图 4-38～图 4-41 分别展示了污染物输送过程中气粒转化过程对四季气溶胶的贡献。在中国、朝鲜半岛和日本，不同季节均显示区域内自身产生颗粒物的贡献最为显著。值得注意的是，在春季，沙尘气溶胶对颗粒物的影响最显著，在中国，

其贡献达到 78.6%，是人为气溶胶的 4 倍以上。在朝鲜半岛和日本，沙尘气溶胶的贡献是自身人为气溶胶贡献的 2~3 倍。

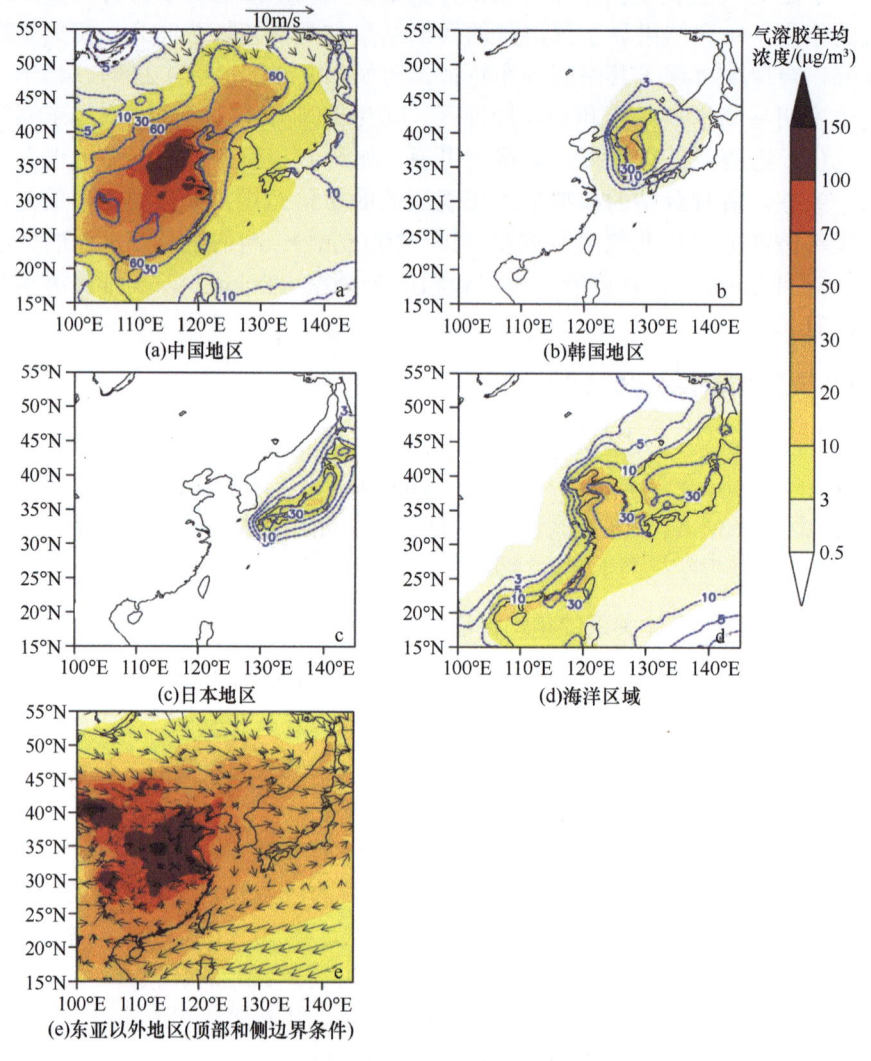

图 4-37　气溶胶年均浓度的分布及不同地区的贡献
等值上的数字表示跨界传输对气溶胶浓度贡献的百分比，单位为%

来自中国、朝鲜半岛和日本的气溶胶前体物（SO_2、NO_x 和 VOCs 等）在海洋上的输送过程中，经历气粒转化和非均相化学等化学过程生成大气颗粒物。这些颗粒物对东亚地区的颗粒物浓度产生重要的影响，呈现出夏季最大值和冬季最小

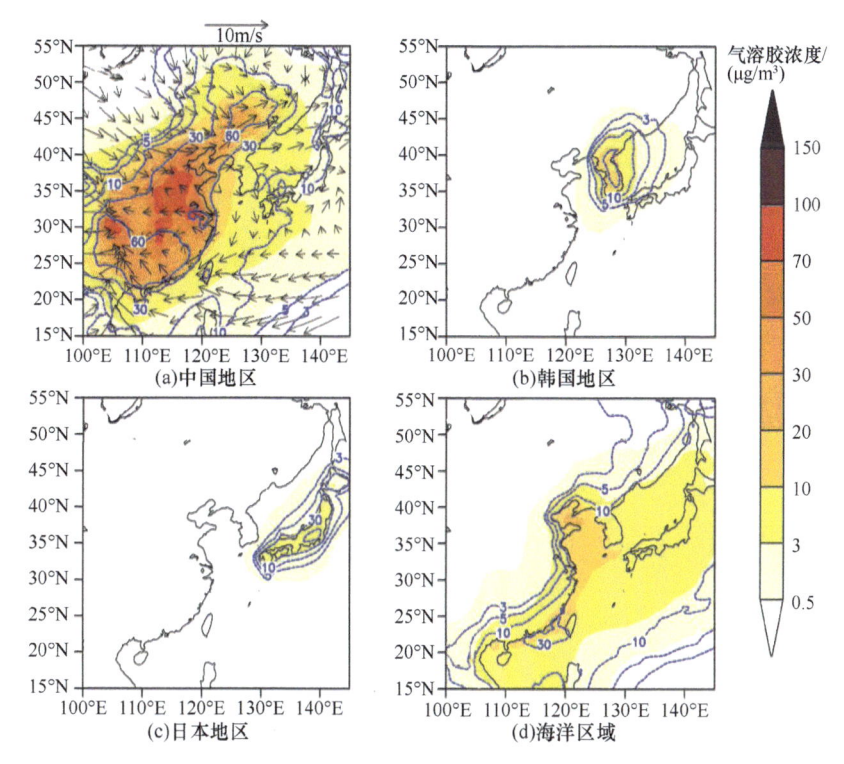

图 4-38 污染物输送过程中气粒转化过程对春季气溶胶的贡献
等值线上的数字表示气粒转化过程对气溶胶浓度贡献的百分比,单位为%,下同

值的特征。在夏季,这种贡献在渤海、东海以及日本海达到总颗粒物浓度的 30%;在春季,其贡献仅为 10%。这种明显的季节特征与东亚季风气候有关。受到夏季太阳辐射增强的影响,东亚光化学反应强度增加,大气氧化性升高,有利于二次有机气溶胶、无机盐等二次颗粒物的生成。

5)中国不同区域气溶胶源–受体关系的特征

华东地区(ECHN)是我国最大的人为气溶胶净输出地区,冬季偏北风和夏季偏南风可将华东地区的气溶胶输送至邻近地区[华南地区(SCHN)、华中地区(CCHN)和华北地区(NCHN)],其长距离输送对华南地区、华中地区和华北地区的年均贡献分别达到当地气溶胶浓度的 13.2%、10.0%和 9.0%。在冬季,气溶胶对华中地区的贡献甚至超过了 15%(21.8μg/m³)。

华中地区是另外一个重要的气溶胶净输出地区,其对华南地区、华北地区和华东地区的贡献占当地浓度的 15.4%、11.4%和 7.9%。春季,其输送地区主要是华南地区;夏季,受西南季风的影响,华中地区的气溶胶向北输送至华北地区,贡献达到 13.4μg/m³（17.1%）。

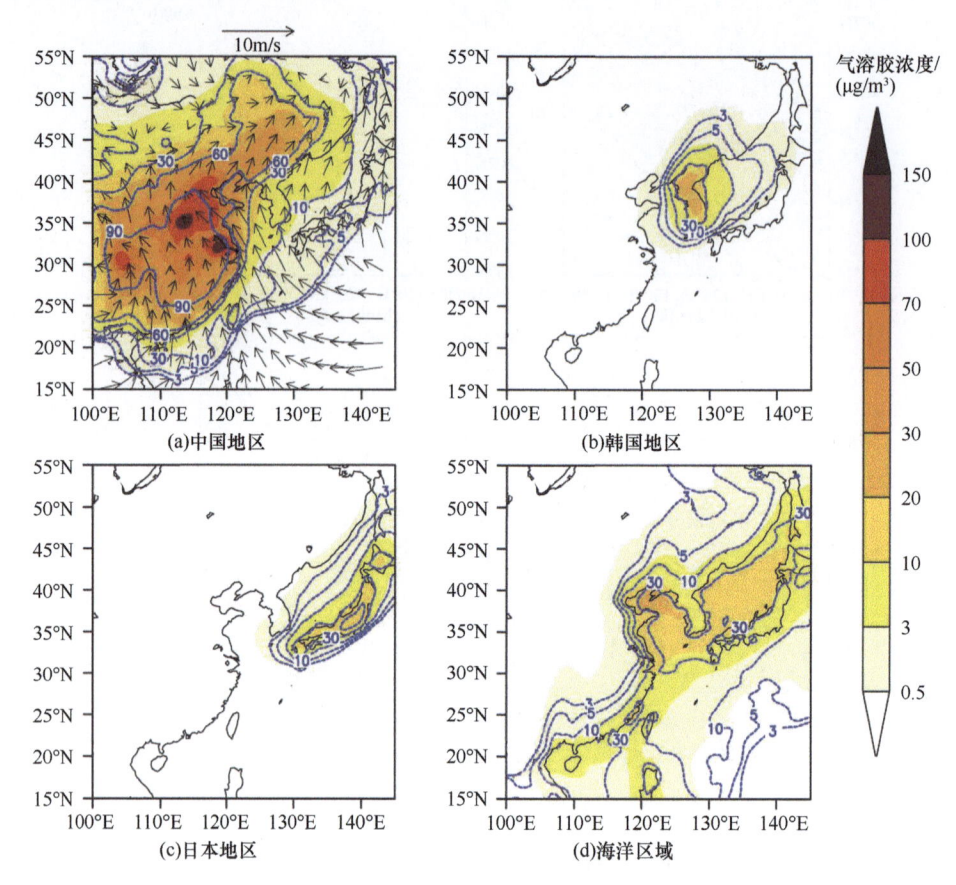

图 4-39　污染物输送过程中气粒转化过程对夏季气溶胶的贡献

华南地区和华北地区是气溶胶的净输入区，对其他地区的贡献小于 5%，而来自我国其他地区的贡献分别达到 30% 和 27.5%（华东地区来自其他地区输送的贡献为 13%），在冬季，除华南地区和华北地区以外的我国其他地区的贡献甚至达到 40%。华东地区和华北地区是最主要的两个源区。

与上述地区不同，西北地区和西南地区与其他地区相互影响，人为气溶胶较少，其对周边地区的贡献小于 5%，周边地区对其贡献小于 20%。

4.2.3　大气环境容量与承载力预报系统

大气环境容量及承载力的历史演变量化了过去空气质量改善中环境容量与排放源对污染物下降的贡献，而其未来的演变预测则能为大气污染防治提供指向。基于

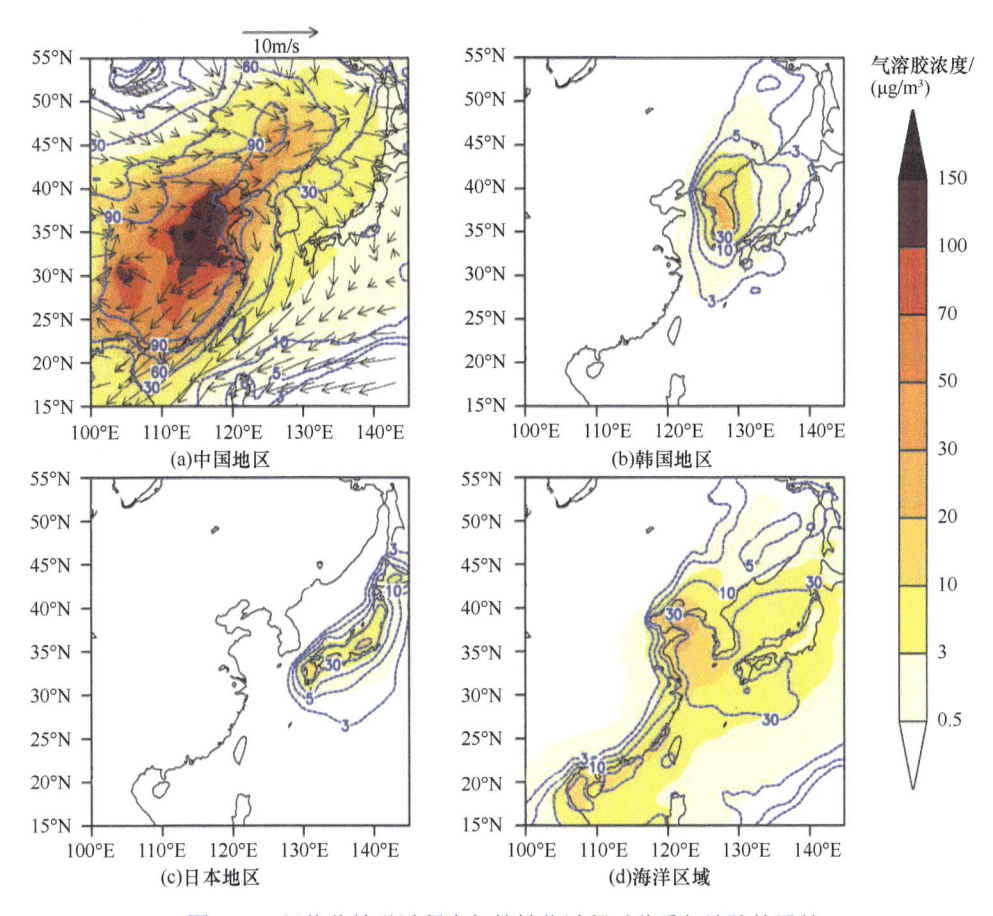

图 4-40　污染物输送过程中气粒转化过程对秋季气溶胶的贡献

此目的，依托中国科学院大气物理研究所自主研发的大气化学输送模式 NAQPMS 和全球环境大气输送模式（Global Environmental Atmospheric Transport Model，GEATM）发展而来的全球嵌套式空气质量预报模式系统（Global Nested Air Quality Prediction Modeling System，GNAQPMS）建立了环境科学大数据大气球系统，并在系统中实现大气环境容量和承载力未来一周预报，且将逐小时预报结果在美丽中国平台进行展示（图 4-42，图 4-43）。其中，大气环境容量的计算原理为在目标区域和时段内，给定气象条件和污染物浓度限值，综合考虑目标区域污染物的输出量、沉降量和扩散量，最终计算出目标区域具有时空动态特征的大气环境容量。大气环境承载力则由目标区域的大气环境容量减去该区域的本地排放量以及区域输入量得到。《环境空气质量标准》（GB 3095—2012）中将 $PM_{2.5}$ 的日均二级标准设为 75μg/m³，因此预报平台中所计算的每日环境容量均以 75μg/m³ 为限制浓度。

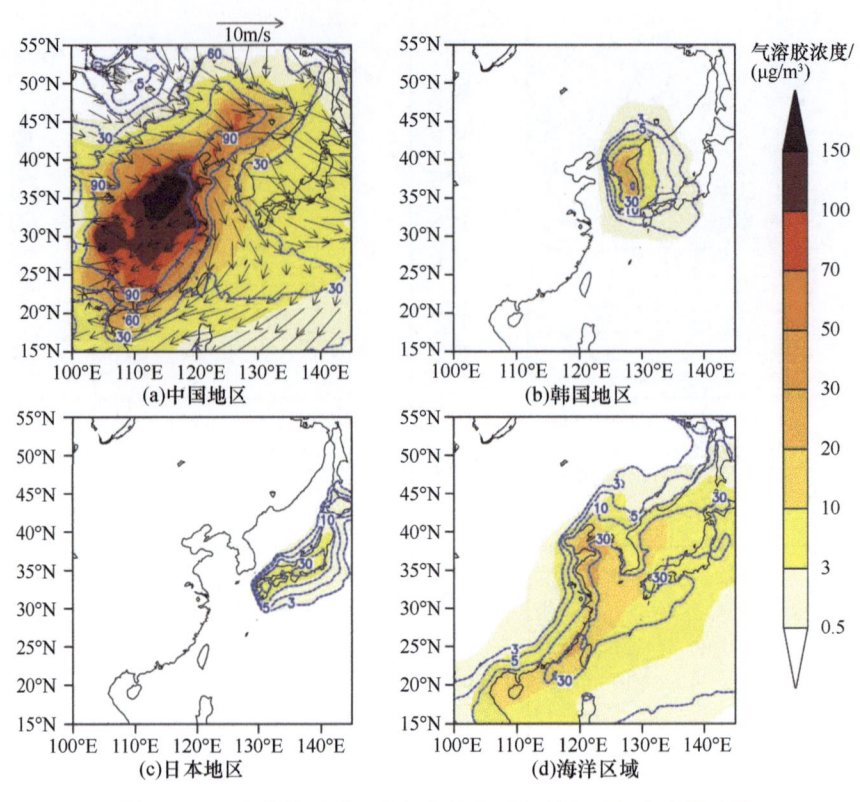

图 4-41 污染物输送过程中气粒转化过程对冬季气溶胶的贡献

图 4-42 展示平台：大气环境容量

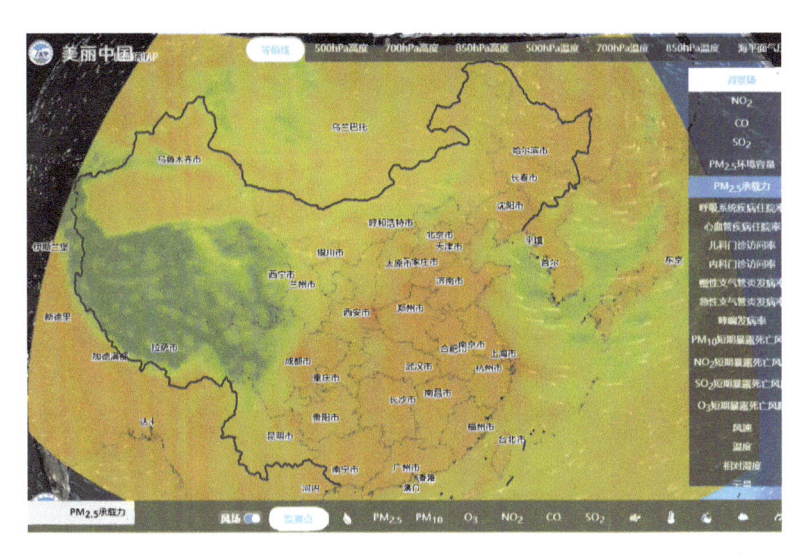

图 4-43　展示平台：大气环境承载力

4.3　"三生"空间统筹优化模拟系统

4.3.1　"三生"空间统筹优化与决策支持系统

1. 概述

党的十八大报告将优化国土空间开发格局作为生态文明建设的首要举措，并提出"促进生产空间集约高效、生活空间宜居适度、生态空间山清水秀"，由此构成的"三生"空间成为构建空间规划体系、完善国土空间开发保护制度和各类尺度空间落实主体功能区规划的重要基础（许伟，2022）。而党的二十大报告则更是强调中国式现代化是人与自然和谐共生的现代化，坚定不移走生产发展、生活富裕、生态良好的文明发展道路，实现中华民族永续发展。

"三生"空间统筹优化与决策支持系统以国土空间优化和区域可持续发展为目标，紧紧围绕"三生"空间的数量配比和空间配置两个科学问题，按照精度深化和尺度细化的要求，集中在"三生"功能分类、空间识别、空间优化等内容，从而勾勒出"三生"空间研究的框架体系，促进各尺度适宜性评价的统一和整合，响应"多规合一"的实践需求，最终服务于国土空间格局优化。该系统是集"三生"功能区空间分布、耦合协调度分析、可持续发展分析、"三生"空间统筹优化以及应用示范于一体的可视化综合信息系统，为我国研究"三生"空间统筹优化的相关人员提供了一套可视化决策分析系统。"三生"空间统筹优化与决策支持系统提供的相关优化决策和服务，在一定程度上约束生产、生活空间的发展规模和方向。

2. 技术框架

为满足"三生"空间统筹优化研究的迫切需求，该系统基于地理信息框架和 WebGL 技术，在"三生"空间统筹优化与决策支持系统的总体构架方案的约束下，建立了面向我国土地利用情况的基础数据库以及专题数据库，以"三生"空间格局分析、"三生"空间统筹优化和应用示范三个应用场景实现了从"三生"功能区空间分布、耦合协调度分析、空间冲突分析到空间统筹优化的功能，建立了一个三维地球场景的"三生"空间统筹优化与决策支持系统（梁磊等，2022）。

1）总体架构

在总体架构方案下，该系统主要包含用户管理、数据管理、"三生"空间格局分析、"三生"空间统筹优化、"三生"空间应用示范五个模块以及四个子系统。以资源–生态–环境为具体实施对象，开展"三生"空间统筹优化技术攻关与集成，在全国、区域和市县三个尺度进行应用示范（Fu et al.，2021）。

"三生"空间统筹优化与决策支持系统采用 B/S 架构，分为基础设施层、数据层、支撑层、应用层和表现层 5 层架构（图 4-44）。

A. 基础设施层

基础设施层为"三生"空间统筹优化可视化智能决策平台提供了设施基础保障，是整个平台的基础。其中，外部设施利用遥控无人机、便携式光谱成像仪等为平台提供高时效的监测数据；采用高性能计算机以及存储设备，为模拟、优化和评估的复杂运算提供支持；总体上平台采用私有云架构，为数据的安全提供保障。

B. 数据层

数据层主要是存储和管理各类"三生"空间统筹优化与决策支持事件要素。平台数据主要包括基础数据、专题数据、成果数据和模型数据等。

C. 支撑层

支撑层主要是"三生"空间统筹优化与决策支持系统所采用的"平台+插件"的技术架构模式，利用应用程序开发框架和接口及一系列模型方法和功能插件，为该系统提供技术支持。

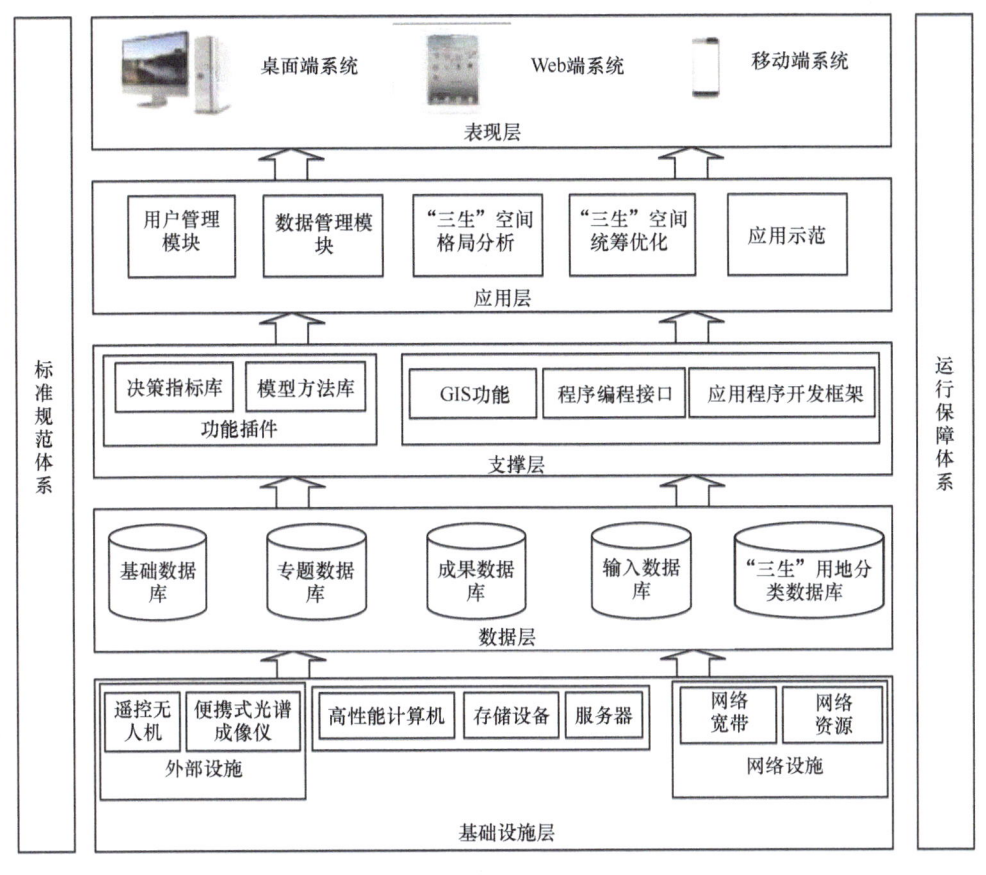

图 4-44 "三生"空间统筹优化与决策支持系统总体设计

D. 应用层

应用层主要将平台分为用户管理、数据管理、"三生"空间格局分析、"三生"空间统筹优化和应用示范 5 个功能模块以及基础功能模块。

E. 表现层

表现层直接面向用户设计，提供可利用桌面端、Web 端和移动端访问的平台，为用户提供可跨平台的"三生"空间统筹优化可视化智能决策平台，进而为"三生"空间统筹优化研究提供数据支撑与决策支持。

2）功能结构

"三生"空间统筹优化与决策支持系统的具体功能模块包括"三生"空间格局分析、"三生"空间综合利用效率、"三生"空间冲突识别、"三生"空间统筹优化以及典型应用示范，该系统功能模块结构如图 4-45 所示。

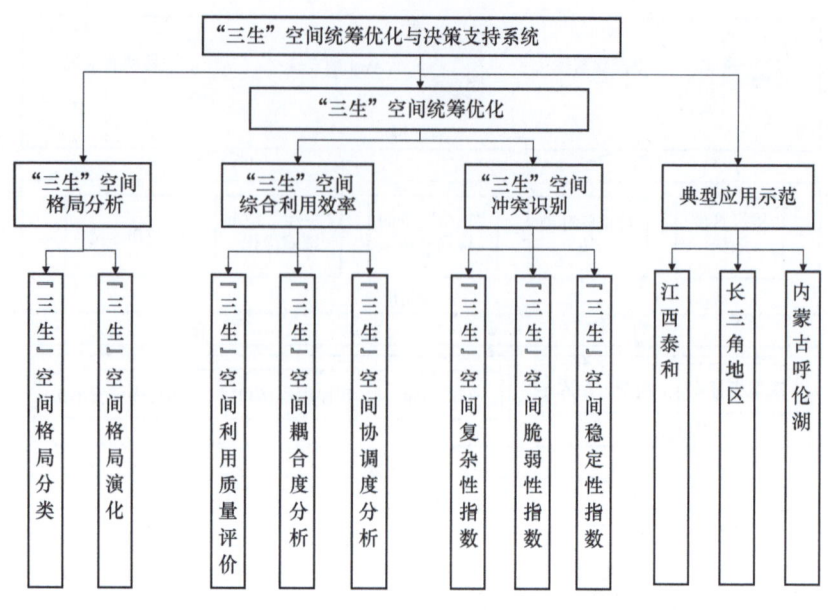

图 4-45 "三生"空间统筹优化与决策支持系统功能模块结构

3）业务生产流程

"三生"空间决策支持系统的主要业务是对"三生"空间数据进行读取、存储、分析和展示。业务主要围绕"三生"数据产品生产开展，从数据管理平台读取和调度所需数据，从模型库调度模型算法进行数据产品生产。对典型区域的案例进行可视化展示，以及对数据平台中的专题数据进行可视化展示。

"三生"空间统筹优化系统通过内部各类核算的数据要求（内容、格式）提供数据输入功能，数据保存在大数据管理平台；通过各类模型方法核算出的结果，同样保存在大数据平台（陈宗成，2021）；最后通过应用示范和可视化实现空间分布分析、评价及可视化功能。"三生"空间统筹优化与决策支持系统的业务生产流程如图 4-46 所示。

4）数据处理与服务流程

基于多源遥感数据的"三生"空间统筹优化与决策支持系统的数据处理与服务流程如图 4-47 所示。

3. 技术路线

开发面向"三生"空间的统筹优化与决策支持系统，需要开展一系列的关键技术研发和系统集成。在资源环境与社会经济大数据平台的基础上，集成数据融

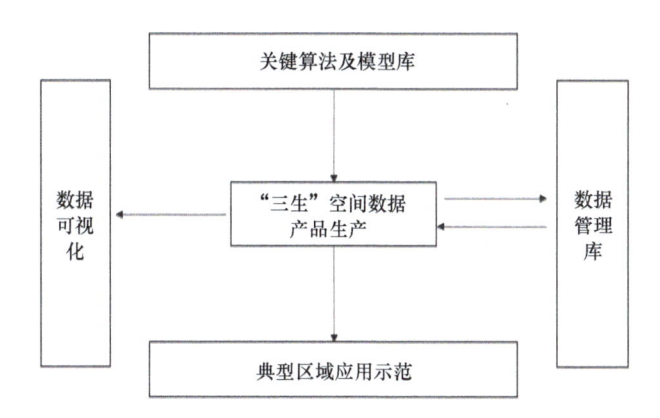

图 4-46 "三生"空间统筹优化与决策支持系统的业务生产流程

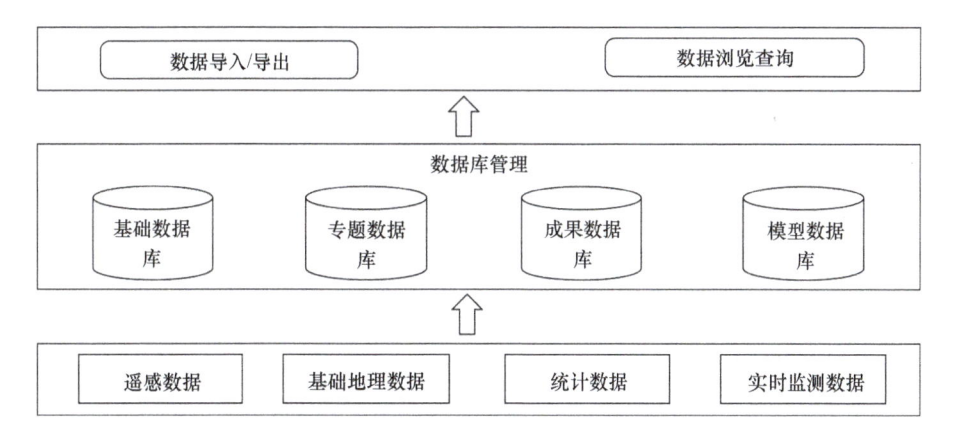

图 4-47 基于多源遥感数据的"三生"空间统筹优化与决策支持系统的数据处理与服务流程

合、挖掘等关键技术及关键地理要素相互作用分析与阈值检测方法；采用"云"的思想整合数据与知识、专家智慧及云计算、高性能计算等计算资源，最大化地提高这些资源的利用效率，建设"三生"空间统筹优化与决策支持系统。

该系统的技术路线如图 4-48 所示。

1）多源数据整合

集中获取研究区（中国范围内的典型地区，如京津冀、长三角等）的国内外卫星遥感数据，如高分（GF）卫星数据、资源（ZY）系列卫星数据、Landsat、MODIS 数据等，气象数据、行政数据、统计数据以及监测站点的实时传输数据，并存储于云端。

2）关键模型算法集成

在大数据平台基础之上，集成数据融合、挖掘等关键技术及关键地理要素相互作用分析与阈值检测方法，进行"三生"空间格局的认知与分析；构建统一的"三生"空间技术方法体系，实现"三生"空间要素结构、统筹优化以及多情景预测的时空分析技术集成；建立"三生"空间多功能权衡分析方法与模型，以"三生"空间统筹优化为出发点，建立完整的技术方法体系，可视化呈现与发布。

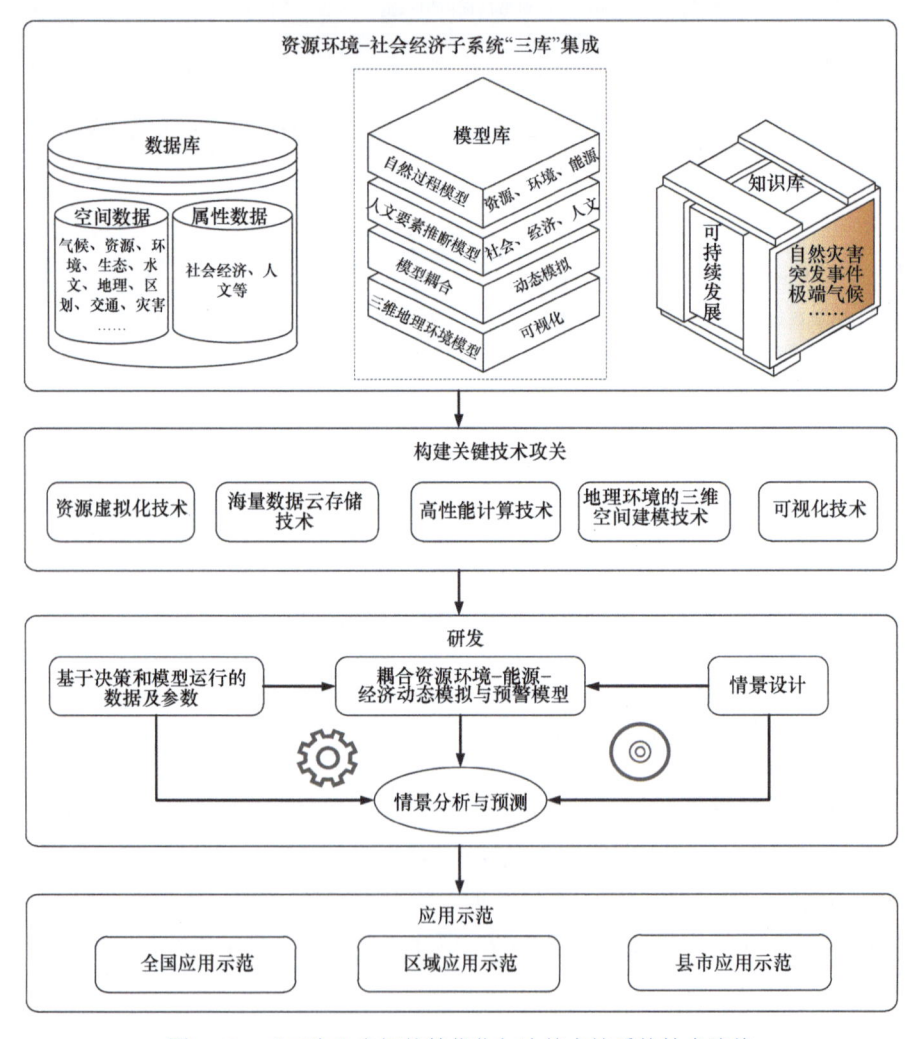

图 4-48 "三生"空间统筹优化与决策支持系统技术路线

3）典型应用示范案例展示

通过多源数据的整合与关键算法和技术（Hulot et al., 2021）的研究，以中国典型应用示范地区为案例进行"三生"空间格局的认知与分析、"三生"空间要素结构、统筹优化以及多情景预测的时空分析。

针对基础地理、资源环境、社会经济和人文发展时空信息来源的多样化、形式的多样性、多尺度、多维度和海量等特性，袁刚等（2021）和江东等（2021）研究了多尺度多维度之间、相同尺度和维度与不同单元之间、多源异构的地理信息与资源环境空间结构模型融合技术，从而得到区域内"三生"空间精确的、完整的格局，为"三生"空间统筹优化提供科学支撑。

4.3.2 "三生"空间统筹优化与决策支持系统功能模块

"三生"空间统筹优化与决策支持系统的目标用户是从事"三生"空间相关研究的学者和决策者，目标是建设成一套集"三生"空间要素结构、统筹优化以及多情景预测于一体的可视化综合信息平台，为相关研究人员提供集生态安全与资源安全评估、土壤与水环境安全评估、农业可持续生产与消费以及重大自然灾害风险评估四大子系统于一体的可视化分析系统，提高对"三生"空间统筹优化的科学决策能力。

在总体架构方案的约束下，该系统主要包含数据管理、"三生"空间格局分析、"三生"空间统筹优化、应用示范以及子系统5个功能模块及一些基础功能模块，具体功能模块见图4-49。其中，"三生"空间格局分析模块主要以资源–生态–环境为具体实施对象（王威等，2020），应用示范模块主要以全国、区域和市县三个尺度进行示范。

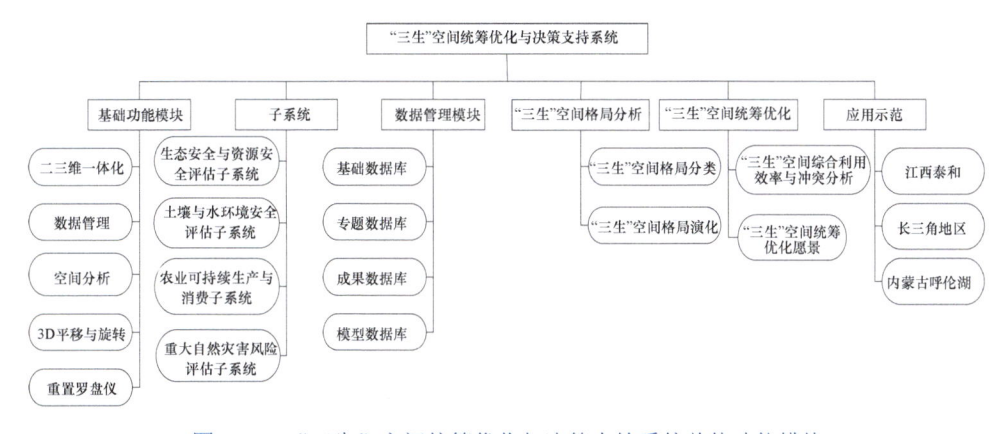

图4-49 "三生"空间统筹优化与决策支持系统总体功能模块

1. 基础功能模块

基础功能模块通过重写 ArcGIS 控件，实现了二三维一体化、数据管理、空间分析、3D 平移与旋转和重置罗盘仪五项基本功能，以满足"三生"空间统筹优化与决策支持系统的可视化需求，为三维数据的可视化与可视分析提供基础的功能保障。

1）二三维一体化

此功能是"三生"空间统筹优化与决策支持系统的基础功能，主要完成在同一页面相同数据的三维立体地图和二维平面地图的同步展示（图 4-50），也提供了单一展示形式按钮，用户可根据需求选择。二三维一体化功能可全方位多视角展现数据特征，更好地为"三生"空间的模拟与预测提供支撑，同时也为其他功能模块实现提供数据可视化保障。

图 4-50　二三维一体化页面展示

2）重置罗盘仪

此功能可以让旋转过的二三维地图重新回到垂直方向，使用户在切换方向后可以迅速回正方向。

2. 数据管理模块

数据管理模块可以实现对系统的基础数据库、专题数据库、成果数据库和模型数据库的管理与展示。

其中，专题数据库中集成了全球生态与资源综合评估、我国土壤重金属时空格局、我国重点区域黑臭水体时空格局、农业时空格局以及重大自然灾害等生产、生活和生态三方面的多源异构数据，形成了一套针对"三生"空间研究的完整基础数据库，是进一步进行"三生"空间统筹优化研究的数据源。

此功能通过响应鼠标点击事件，调用 ArcGIS Web 地图服务，进而加载图层到 WebScene（网络场景）显示。此处以全球归一化植被指数（NDVI）数据为例（图 4-51），点击该模块可在地球表面二三维一体化显示全球植被的分布情况。

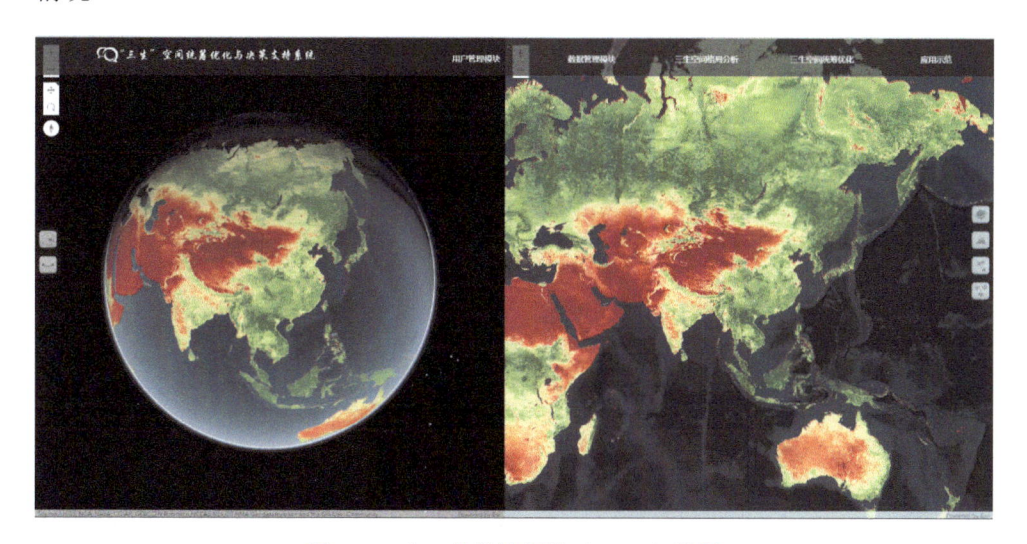

图 4-51 归一化植被指数（NDVI）数据

3. "三生"空间格局分析模块

该模块主要实现以下功能："三生"空间分类指标体系的构建与系统化；"三生"空间时空格局演化特征分析，对"三生"空间分类的输入数据，包括土地利用类型、核心生态功能区（水源涵养用地、土壤保持用地、防风固沙用地以及洪水调蓄用地等六类核心功能区）、重点放牧区等约束条件进行集成可视化，实现"三生"空间按用地类型进行分类，分析其不同时期"三生"空间格局演化特征，并对不同空间的转移面积矩阵和转移概率矩阵进行分析测度。

设计方案：该模块主要包括"三生"空间格局分类和"三生"空间格局演化两个功能。

1）“三生”空间格局分类的实现方法

“三生”空间分类体系制定原则如下。

（1）突出主体功能，充分考虑多功能组合。任何空间类型都具有不同的生态、生态和生产功能，根据主体功能的差异和多功能重要性与组合，来划定不同的空间类型。

（2）强调分类体系中生态空间的地位。根据对维护生态系统安全的能力大小进行细分类，以区分不同生态空间类型能够提供生态服务功能的差异性。

（3）考虑多尺度“三生”空间制图的可能性。根据不同尺度和“三生”功能落实到空间的科学性划分类型，避免细分多功能交错镶嵌的空间。

全国尺度的“三生”空间分类体系结果见表 4-1。

表 4-1　全国尺度的“三生”空间分类体系（Lin et al.，2020）

一级	二级		三级
生态用地	重点调节用地	水源涵养用地	林地、草地、湿地、冰川
		土壤保持用地	林地、草地、湿地
		防风固沙用地	林地、草地、湿地
		洪水调蓄用地	林地、草地、湿地
		河岸防护用地	林地、草地、湿地
		生物多样性保护用地	林地、草地、湿地、冰川
	一般调节用地		林地、草地、湿地、冰川
	生态容纳用地		沙地、盐碱地、裸地、戈壁、高寒荒漠、苔原
生态生产用地	牧草地		草地
	用材林地		林地
	渔业养殖地		水域
生产生态用地	耕地		耕地
	园地		林地
生活生产用地	城镇建成区用地		城镇用地
	农村生活用地		农村居民点
	工商生产用地		工矿建设用地

使用分区叠置和分功能归类方法，按照生态功能、生态生产功能、生产生态功能和生活生产功能依次提取“三生”用地。

“三生”空间格局分类技术流程如图 4-52 所示。

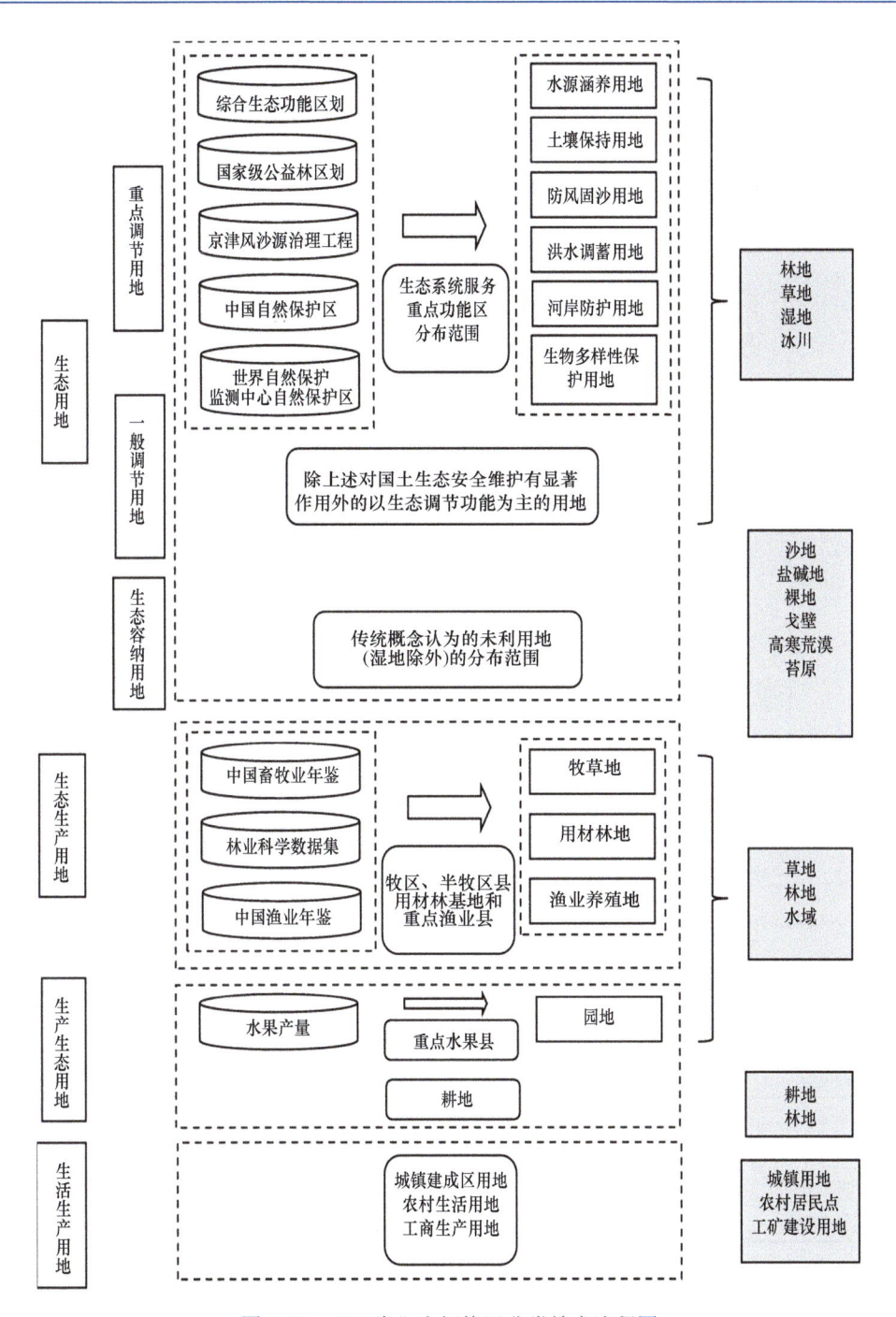

图 4-52 "三生"空间格局分类技术流程图

"三生"空间格局分类结果图如图 4-53 所示。

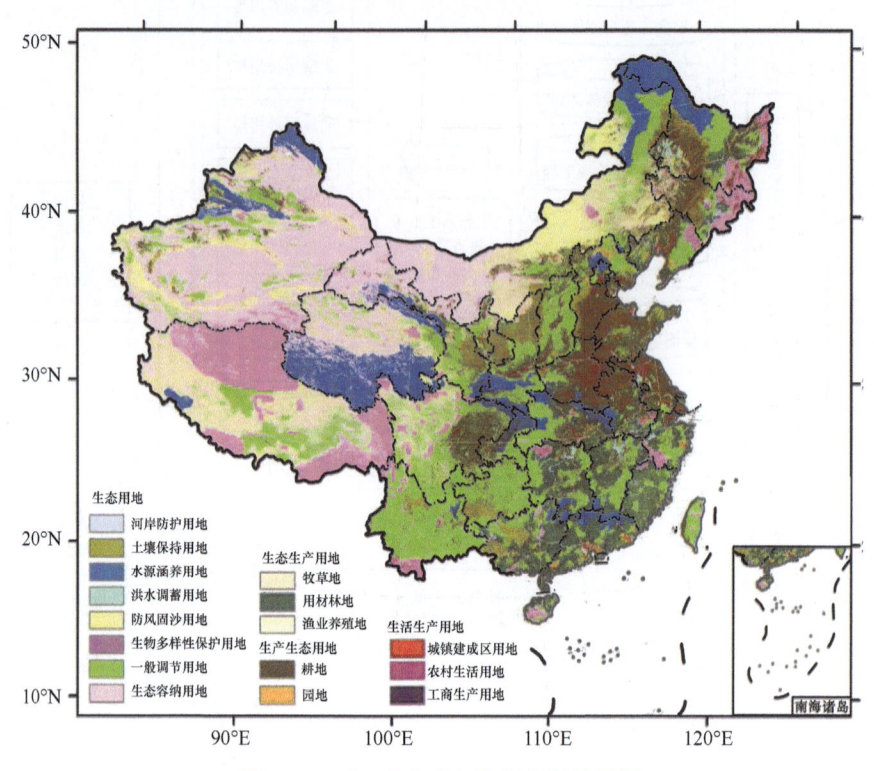

图 4-53 "三生"空间格局分类结果图

2)"三生"空间格局演化的实现方法

研究以土地利用的主导功能为主,并结合土地利用的多功能性质,根据研究区实际情况进行"三生"空间的分类(于婧等,2020),具体分类如表 4-2 所示。

表 4-2 长三角地区"三生"空间分类体系

空间类型	具体对应的土地利用类型
生态空间	生态容纳用地、河岸防护用地、水源涵养用地、洪水调蓄用地、生物多样性保护用地、一般调节用地
生态生产空间	渔业养殖地、用材林地
生产生态空间	园地、耕地
生活生产空间	城镇建成区用地、农村生活用地、工商生产用地

杨清可等(2018)对"三生"空间各个空间的面积进行统计,得到各类型结构的面积和占比以及土地利用转移矩阵,见表 4-3 和表 4-4。

表 4-3 "三生"空间类型结构的面积和占比

年份	生态空间 面积/km²	生态空间 占比/%	生态生产空间 面积/km²	生态生产空间 占比/%	生产生态空间 面积/km²	生产生态空间 占比/%	生活生产空间 面积/km²	生活生产空间 占比/%
2000	47408.81	22.97	29353.82	14.22	113171	54.83	16463.94	7.98
2005	49721.07	24.09	29502.28	14.29	113969	55.22	13205.35	6.4
2010	48300.13	23.39	30218.68	14.63	106690	51.67	21281.95	10.31
2015	42808	20.73	34498.62	16.71	110283	53.41	18900.83	9.15

表 4-4 2000～2005 年长三角地区"三生"空间转移矩阵 （单位：km²）

	类型	2005 年 生态空间	2005 年 生态生产空间	2005 年 生产生态空间	2005 年 生活生产空间
2000 年	生态空间	46454.45	258.69	672.31	23.35
	生态生产空间	101.05	29012.40	235.81	4.56
	生产生态空间	2974.69	147.28	109747	302.39
	生活生产空间	190.87	83.91	3314.10	12875.05

4. "三生"空间综合利用效率模块

该模块包含"三生"空间利用质量评价与多维度耦合协调度分析，主要从国土空间的现实状态以及经济发展、社会和谐的保障作用和支撑能力等方面构建"三生"空间利用质量评价指标体系，Lin 等（2021）对"三生"空间利用质量及其耦合协调度的时空分异特征进行评价和分析，以全面准确地把握国土空间利用质量状况。

"三生"空间耦合协调度处理流程如图 4-54 所示。

耦合–协调度计算方法如式（4-4）所示：

$$\mathrm{CY}_i = \sum_{j=1}^{n} Y_{ij} W_{ij} \ (i=1,\cdots,m; j=1,\cdots,n) \tag{4-4}$$

式中，i 为不同城市的评价对象；j 为生产空间、生活空间、生态空间相应的评价指标；Y_{ij} 为第 i 个评价对象第 j 项指标标准化数值；W_{ij} 为第 i 个评价对象第 j 项指标的权重；CY_i 为第 i 个评价对象的国土空间利用质量作用分值。

$$C = \left[\frac{V_1 V_2 V_3}{(V_1+V_2)(V_1+V_3)(V_2+V_3)} \right]^{\frac{1}{3}} \tag{4-5}$$

式中，V_1、V_2、V_3 分别为国土生产空间、生活空间、生态空间利用质量作用分值。

$$D = \sqrt{CT}, T = \alpha V_1 + \beta V_2 + \gamma V_3 \tag{4-6}$$

式中，C 为耦合度；D 为耦合协调度；T 为区域国土空间综合利用质量作用分值；α、β、γ 为"三生"空间对应权重。

图 4-54　"三生"空间耦合协调度处理流程图

5. "三生"空间冲突识别模块

该模块包含"三生"空间格局冲突分析，主要基于景观生态指数方法构建"三生"空间复杂性指数、"三生"空间脆弱性指数以及"三生"空间稳定性指数，系统分析国土"三生"空间抗人类活动干扰能力、空间格局破碎化程度、空间景观单元稳定性以及区域生态系统稳定性。王检萍等（2021）度量"三生"空间利用单元对来自外部压力和土地利用过程的响应程度，进而完成"三生"空间冲突的综合分析测度。

该模块的设计方案如下。

土地利用系统具有复杂性、脆弱性及动态性等特点，土地利用空间冲突分析需要从系统复杂性、脆弱性及稳定性三个方面加以考虑。

选择 1km×1km 空间网格作为评估单元，对研究区边界地区未布满整个方格面积的空间斑块按一个完整方格参与计算，以此计算各空间单元内的相关景观生态指数，以定量评估其空间冲突程度。参考以往研究，城市化过程中空间冲突综合水平可表示为

$$SCCI = CI + FI - SI \tag{4-7}$$

式中，SCCI 为空间冲突综合指数；CI、FI、SI 分别为"三生"空间复杂性指数、"三生"空间脆弱性指数以及"三生"空间稳定性指数。

1）"三生"空间复杂性指数计算

快速城市化扩张使土地利用变得更加复杂与破碎，导致土地利用效率低下与空间冲突加剧。面积加权平均拼块分形指数（AWMPFD）在一定程度上反映了人类活动对空间景观格局的影响。一般来说，受人类活动干扰小的自然景观的分形值高，而受人类活动影响大的人为景观的分形值较低。借鉴景观生态指数中的 AWMPFD 来表征"三生"空间复杂性指数，用以测量空间斑块的形状复杂性。

$$AWMPFD = \sum_{i=1}^{m}\sum_{j=1}^{n}\left[\frac{2\ln(0.25P_{ij})}{\ln a_{ij}}\left(\frac{a_{ij}}{A}\right)\right] \tag{4-8}$$

式中，P_{ij} 为斑块周长；a_{ij} 为斑块面积；A 为空间单元总面积；i、j 为第 i 个空间单元格内第 j 种空间类型；m 为研究区总的空间评价单元数；n 为"三生"空间类型总数。为下一步测算方便，将其结果线性标准化到 0~1。

2）"三生"空间脆弱性指数计算

土地利用系统的脆弱性主要来自外部压力的影响，在不同的阶段，土地利用类型对外界干扰的抵抗能力也不同。景观脆弱性指数可用来表示土地利用系统脆弱度——"三生"空间脆弱性指数（FI），是度量土地利用空间单元对来自外部压力和土地利用过程的响应程度的指标。

$$\mathrm{FI} = \sum_{i=1}^{n} F_i \cdot \frac{a_i}{S} \tag{4-9}$$

式中，F_i 为 i 类空间类型的脆弱性指数；n 为空间类型总数，$n=4$；a_i 为单元内各类景观面积；S 为空间单元总面积。为下一步测算方便，将各空间单元的脆弱性指数计算结果标准化到 0~1。

3）"三生"空间稳定性指数计算

土地利用稳定性可用景观破碎度指数来衡量（Wang，2022）：

$$\mathrm{SI} = 1 - \mathrm{PD} \tag{4-10}$$

$$\mathrm{PD} = \frac{n_i}{A} \tag{4-11}$$

式中，PD 为斑块密度；n_i 为各空间单元内第 i 类空间类型的斑块数目；A 为空间单元总面积。PD 值越大，表明空间破碎化程度越高，而其空间景观单元稳定性则越低，对应区域生态系统稳定性亦越低，并将各空间单元的稳定性指数计算结果标准化到 0~1。

6. "三生"空间统筹优化愿景可视化模块

该模块实现典型区域的"三生"空间未来愿景设计与可视化展示，具体实现方法如下。

1）"三生"空间优化愿景设计

基于联合国 SDGs 框架和 IPCC 影响评估中的共享社会经济路径（SSPs），尹昌霞等（2021）进行居民生计、农产品供给、水资源保障、荒漠化防治、气候变化适应和生物多样性等"三生"空间愿景设计与量化。

2)"三生"空间权衡优化模型

权衡优化模型的核心在于以机会成本作为量化"三生"功能的愿景差异比较以及权衡曲线,并考虑社会经济、生态补偿政策及其价格对机会成本的影响(王艳婷等,2019),计算公式如式(4-12)所示:

$$\omega(r,s,p_e) = v(r,s,a) - v(r,s,b) - p_e \tag{4-12}$$

式中,ω 为机会成本;v 为土地利用方式的愿景计算值;a 和 b 为两种不同"三生"空间类型;p_e 为指定"三生"空间类型 b 的生态补偿价格。

考虑经济社会活动及生态维育对"三生"功能的需求、国土空间对各种功能的供给、不同利益相关者对"三生"功能愿景的观点、"三生"空间多功能的时空关联,以及未来多情景导向,基于多目标约束与协同的"三生"空间优化的数量配比与空间配置,构建"三生"空间统筹管理模式。

3)以江西省泰和县为例

"三生"空间统筹优化愿景可视化如图 4-55 所示。

图 4-55 "三生"空间统筹优化愿景可视化

7. 应用示范模块

该模块主要实现典型应用示范区域(如江西泰和、长三角地区以及内蒙古呼伦湖)的实时数据监测和无人机影像采集等功能,具体实现方式如下。

1）江西泰和生态保护约束产业发展示范

泰和县坚持"绿水青山就是金山银山"的理念，立足县情，把惠民利民作为根本出发点，加快推动建设成果向经营成果转化，努力打造由内而外的美丽乡村建设升级版。然而，泰和县经济发展总体水平较全国相对较低，工业基础薄弱，企业层次低、规模小，经济发展矛盾突出。该系统采用情景模拟仿真技术，以2035年和2050年愿景为依托，面向"三生"的基本要求，形成泰和县生态保护约束产业发展规划路线，并重点动态展示泰和县"三生"空间变迁、"三生"空间冲突水平测度与统筹优化，以及"三生"产业发展规划路线（图4-56）。

图4-56 应用示范——泰和县

2）长三角地区扬子江城市群生态空间动态监测示范

扬子江城市群是长三角城市群核心区的北翼部分，是未来江苏多个城市协同发展最主要的增长极，同时也肩负着守护长江生态屏障的重任。在大数据平台支持下，围绕岸线管理、"三生"空间演变与统筹优化等应用需求，该系统的主要功能集中在沿江区域"三生"空间布局、岸线开发等级评估、产业布局分析等，图4-57展示了扬子江城市群沿岸动态变化情况。

3）内蒙古呼伦湖区域"三生"空间动态监测示范

内蒙古呼伦湖区域是我国重要的草原湿地区，在区域生态环境保护中具有特殊地位，对维系呼伦贝尔草原生物多样性和丰富动植物资源具有重要意义。该系统采用"星机地"一体化动态监测体系，实时接入遥感卫星、无人机以及地面监测站等多源传感器数据，对区域内"三生"空间变化进行动态监测，主要包含传感器网络集成、"三生"空间动态变迁、"三生"空间动态监测等功能（图 4-58）。

图 4-57　应用示范——长三角地区扬子江城市群

图 4-58　应用示范——呼伦湖

8. 专题数据可视化模块

该模块主要实现生态、土壤与水环境、农业和自然灾害等专题数据的可视化展示。

专题地图是一种按地域分布模式展现数据的有效方法，针对分级专题地图中区域大小与数据分布不对称的数据点重叠问题和多维数据展现问题，本研究设计了一种基于扩散统计地图的具有地理属性数据的可视化方法。该方法基于扩散算法生成变形专题统计地图，采用变形专题统计地图与常规分级专题统计地图对比展现数据分布，优势互补。从数学表达来讲，变形地图是寻求一个转换，将传统地图的坐标转换成另外一个坐标，从而满足地图的基本要求，即转换函数 $T: g \to T(g)$ 能够满足其雅可比矩阵与属性密度 $\rho(g)$ 成比例，即

$$\frac{\partial(T_x, T_y)}{\partial(x, y)} \equiv \frac{\partial T_x}{\partial x}\frac{\partial T_y}{\partial y} - \frac{\partial T_x}{\partial y}\frac{\partial T_y}{\partial x} = \frac{\rho(g)}{\bar{\rho}} \qquad (4\text{-}13)$$

该方法为"三生"空间数据可视化提供了一种新的方式，能够在一定程度上满足"三生"空间数据面域展示不平衡问题，从而帮助用户更好地理解"三生"数据，发现数据中隐含的规律，反映信息模式、数据关联或趋势，让决策者可以更加直观地观察和分析数据。

4.4 全景美丽中国大数据综合集成平台

4.4.1 平台概述

1. 平台建设目标

全景美丽中国大数据综合集成平台的建设目标，是将地球大数据科学工程项目四"全景美丽中国"内的数据资源、分析模型、应用系统等进行综合集成，并支撑基于大数据的全景美丽中国进程定制化评估展开的综合应用。

2. 开发及运行环境

系统开发与运行环境如表 4-5 所示。

表 4-5 系统开发与运行环境

名称	开发环境	运行环境
VUE 前端开发	Node.js	Chrome V8 引擎的 JavaScript 运行环境
SpringCloud 后台开发	Spring Tools 4 for Eclipse	JDK1.8 以上

3. 主要基础技术

1) Cesium

系统使用 Cesium 进行三维地理信息可视化展示。Cesium 是一个跨平台、跨浏览器的展示三维地球和地图的 JavaScript 库，使用 WebGL 来进行硬件加速图形，

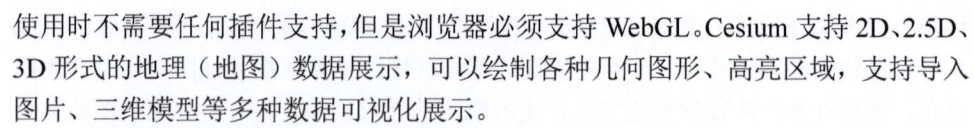

使用时不需要任何插件支持，但是浏览器必须支持 WebGL。Cesium 支持 2D、2.5D、3D 形式的地理（地图）数据展示，可以绘制各种几何图形、高亮区域，支持导入图片、三维模型等多种数据可视化展示。

Cesium 支持的数据格式，包括以下几种。

影像数据：必应（Bing）、天地图、ArcGIS、开放街道地图（OSM）、网络地图瓦片服务（WMTS）、瓦片地图服务（WMS）等；

地形数据：ArcGIS、谷歌、STK 等；

矢量数据：锁眼标记语言（KML）、压缩锁眼标记语言（KMZ）、GeoJSON、TopoJSON、CZML；

三维模型：图形语言传输格式（GLTF）、GLB（GLTF 文件的二进制版本）。

2）微服务框架 SpringCloud

SpringCloud 是一系列框架的有序集合。它利用 SpringBoot 的开发便利性巧妙地简化了分布式系统基础设施的开发，如服务发现注册、配置中心、消息总线、负载均衡、断路器、数据监控等，都可以用 SpringBoot 的开发风格做到一键启动和部署。通过 SpringBoot 进行再封装，屏蔽掉复杂的配置和实现原理，最终保留一套简单易懂、易部署和易维护的分布式系统开发工具包。

Spring Cloud Config 就是通常意义上的配置中心，把应用原本放在本地文件的配置抽取出来放在中心服务器，本质是配置信息从本地迁移到云端，从而能够提供更好的管理、发布功能。

Spring Cloud Config 分为服务端和客户端，服务端负责将版本控制系统中存储的配置文件发布成 REST 接口，客户端可以从服务端的 REST 接口获取配置。但客户端并不能主动感知到配置的变化，从而主动去获取新的配置，这需要每个客户端通过 POST 方法触发各自的刷新。

3）GeoServer

GeoServer 是一个开源的地图服务器，功能强大，支持多种数据源，如 postgis、shapefile，支持多种地图服务发布，如 WMS、WFS。全景美丽中国大数据综合集成平台系统数据集使用 GeoServer 发布地图数据。

4）对象存储服务

全景美丽中国大数据综合集成平台系统大量的音视频文件存储采用阿里云对象存储服务（object storage service，OSS），OSS 是阿里云提供的海量、安全、低成本、高可靠的云存储服务。

OSS 可以被理解成一个即开即用、无限大空间的存储集群。相较于传统服务器存储，OSS 在可靠性、安全性、成本和数据处理能力方面都有着突出的优势。使用 OSS，可以通过网络随时存储和调用包括文本、图片和视频等在内的各种非结构化数据文件。

OSS 将数据文件以对象/文件的形式上传到存储空间中。OSS 提供的是一个键值对（key-value）形式的对象存储服务。用户可以根据对象/文件的名称唯一地址获取该对象/文件的内容。

4.4.2 架构设计

1. 平台架构

如图 4-59 所示，全景美丽中国大数据综合集成平台系统总体分为 5 层，自上而下分别为展示层、应用服务层、中台服务层、数据层和基础云平台。

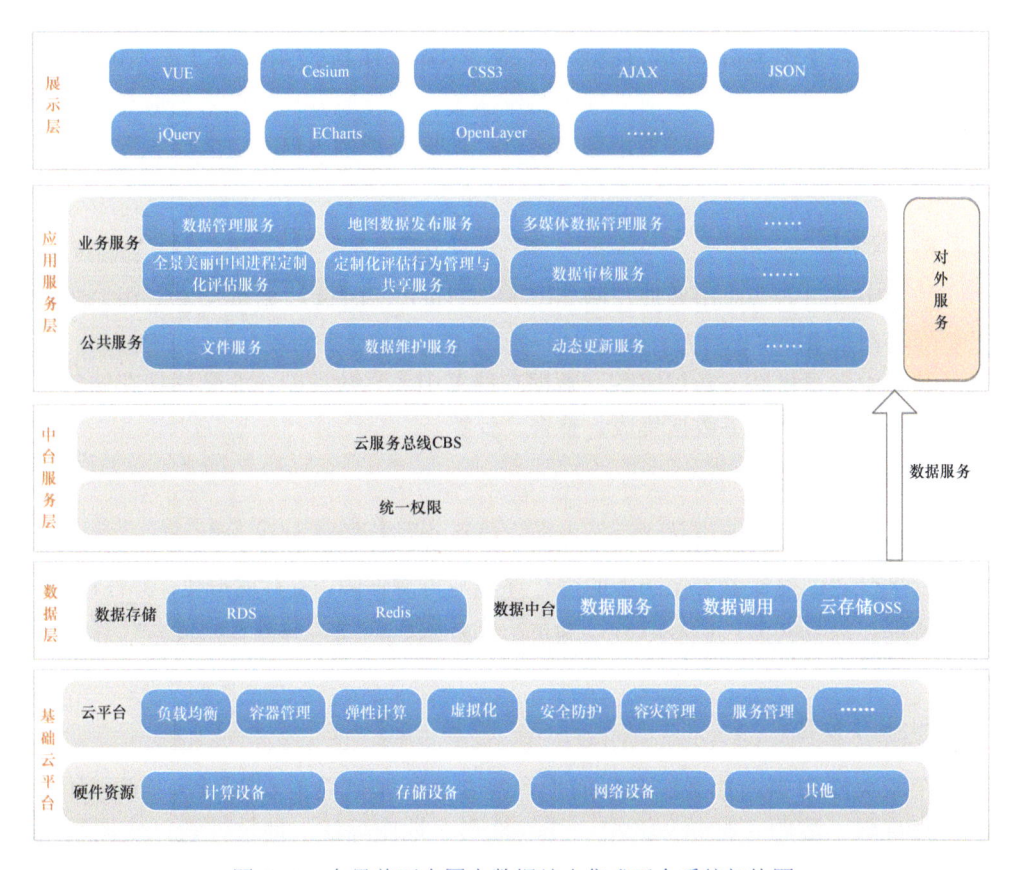

图 4-59　全景美丽中国大数据综合集成平台系统架构图

1）展示层

业务应用前端展现层，使用 VUE 2.0 及以上微应用框架和前端公共组件，采用了 VUE、Cesium、HTML5、CSS3、JSON、AJAX、jQuery、JavaScript、Node.js、ECharts 等技术，实现业务应用前端展现与后端应用服务的前后端分离，并支持适配移动端应用展示。

2）应用服务层

应用服务层基于技术中台、数据中台等中台服务能力进行构建，以微服务、组件化技术架构，构建数据维护、文件管理等基础服务组件和数据采集、统计分析、决策支持、评估模拟、预测预警、上报管理等业务服务，为业务应用展现层提供应用服务支撑。

3）中台服务层

项目中台使用 SpringCloud 微服务框架、SpringBoot 应用框架以及公共组件，分布式服务总线统一接入，对外提供基础服务、业务服务；提供采集信息展示、上报、审核、导出、分析等数据管理服务，通过服务调用模式，支撑监控、统计分析等业务应用。

4）数据层

技术中台与业务应用数据存储采用关系数据库（RDS），数据缓存采用云平台数据缓存组件 Redis。

数据中台提供统一数据服务，数据存储采用关系数据库、非结构化存储等中台技术组件，实现业务数据集成、整合、计算。

5）基础云平台

硬件资源层提供通用的计算、存储、网络等硬件资源服务。

云平台通过提供容器化部署的运行环境与资源保障，支持虚拟化、弹性计算、容器管理、负载均衡、消息服务、安全防护、容灾管理、服务管理等云计算环境服务，保障系统稳定、弹性运行。

2. 平台功能

全景美丽中国大数据综合集成平台包含系统基础功能（指南针、全球范围、中心点旋转、测距、测面、清空、开启地形、地图标注、地址搜索、底图切换等）、系统模块配置功能（可根据需要自行定义系统目录界面）、系统核心功能

［数据集成、系统集成、模型集成以及综合集成（全景美丽中国故事讲述）］（图 4-60）。

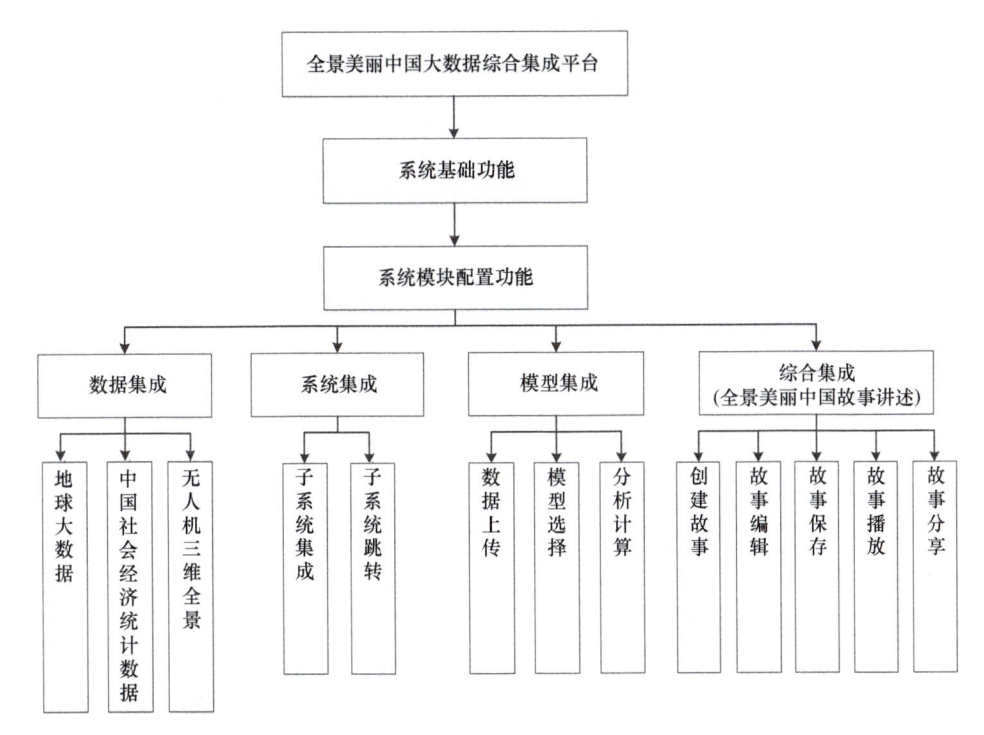

图 4-60　全景美丽中国大数据综合集成平台功能分布图

4.4.3　全景美丽中国大数据综合集成平台功能模块

1. 系统基础模块

1）指南针

该平台提供地球方向指示功能（图 4-61）。

2）全球范围

点击"全球范围"按钮，系统自动缩放至全球范围（图 4-62）。

3）中心点旋转

点击"中心点旋转"按钮，地球围绕中心点进行旋转。

— 245 —

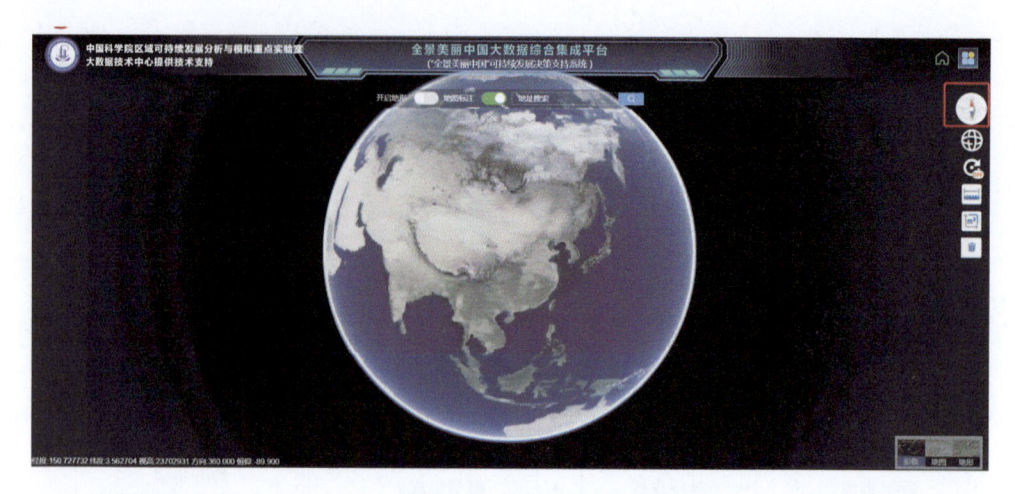

图 4-61　指南针功能

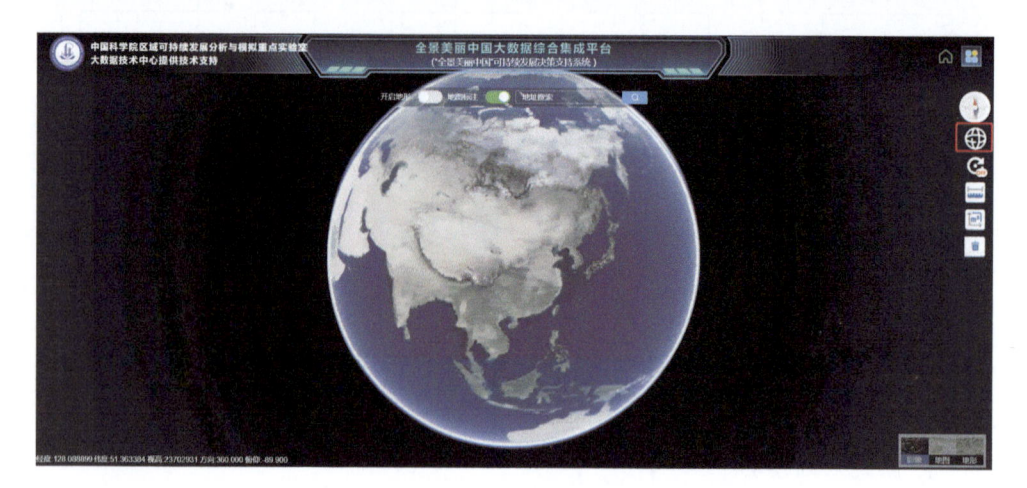

图 4-62　全球范围功能

4）测距

点击"测距"按钮,在地图上点选位置、划定线段测量距离。

5）测面

点击"测面"按钮,在地图上点选位置形成多边形,测定多边形面积。

6）清空

点击"清空"按钮,清空地球上的展示及操作。

7）开启地形

点击"开启地形"按钮，控制地图是否显示地形效果（图 4-63）。

图 4-63　开启地形功能

8）地图标注

点击"地图标注"按钮，控制地图是否显示标注内容（图 4-64）。

图 4-64　开启标注功能

9）地址搜索

在"地址搜索"框，输入搜索地址，点击搜索按钮，即显示对应的搜索结果（图 4-65）。

图 4-65　地址搜索功能

选择某一搜索结果，自动切换地图中心至该地址，并自动缩放地图大小。

10）底图切换

默认地图底图为"影像"地图，可切换至地图和地形。点击"地图"，可切换底图至二维地图；点击"地形"，可切换底图至地形。

2. 系统目录模块

系统目录模块分为数据集成、系统集成、模型集成以及综合集成，界面如图 4-66 所示。

3. 数据集成模块

数据集成模块包含地球大数据、中国社会经济统计数据、无人机三维全景（图 4-67）。

1）地球大数据

该平台集成了项目四"全景美丽中国"汇交数据，数据分类有 SDGs 和地球大数据，可按照标签、文件格式等进行数据检索，功能模块界面如图 4-68 所示。

图 4-66　系统四大功能模块

图 4-67　数据集成模块

图 4-68　地球大数据科学数据集成

可持续发展视角下的全景美丽中国建设研究

检索并展示数据的操作步骤如下。

（1）查找数据（图 4-69）。

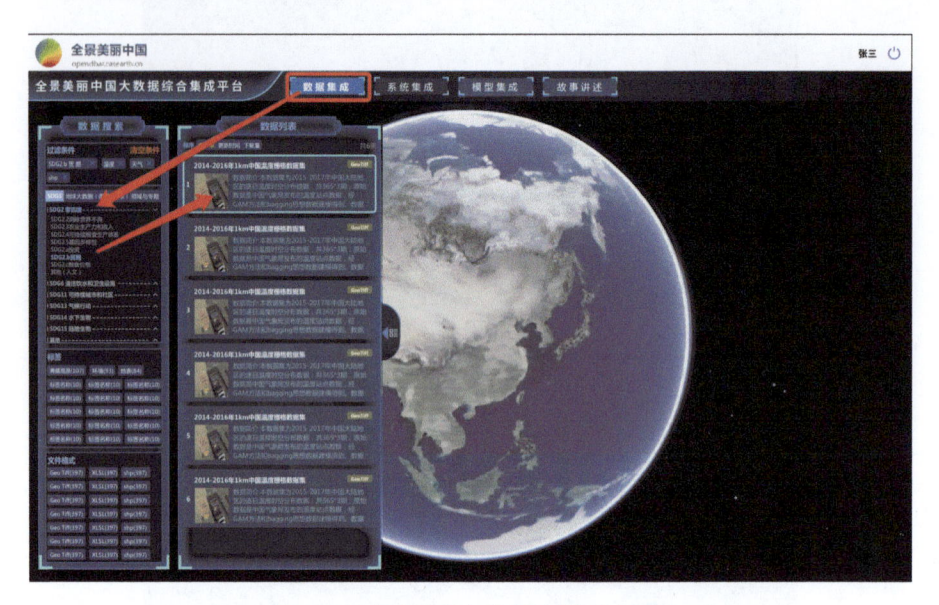

图 4-69　查找地球大数据科学数据内容

（2）选中数据并选择地图展示（图 4-70 和图 4-71）。

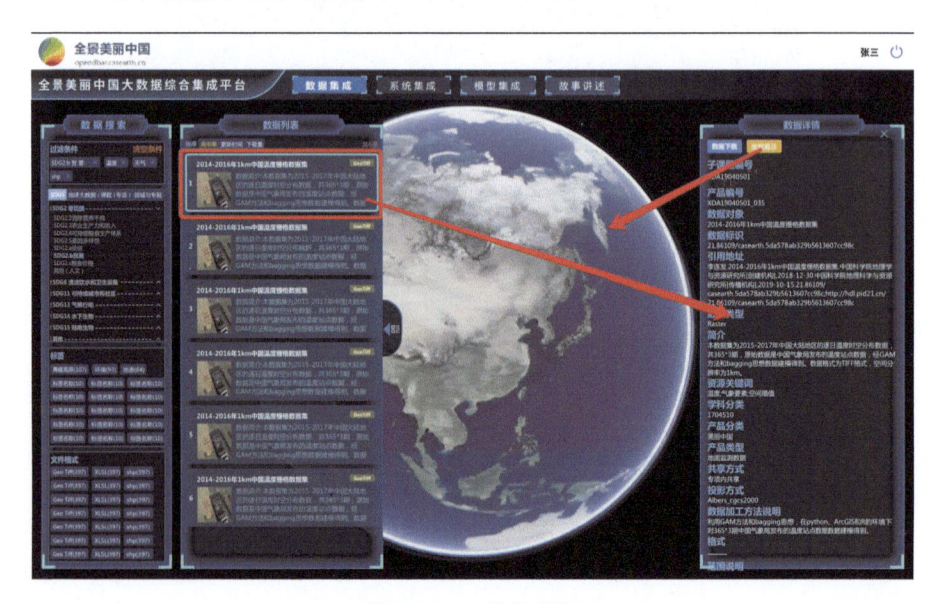

图 4-70　元数据查询

图 4-71 数据的地图展示

（3）根据"标签""文件格式"进行数据筛选（图 4-72）。

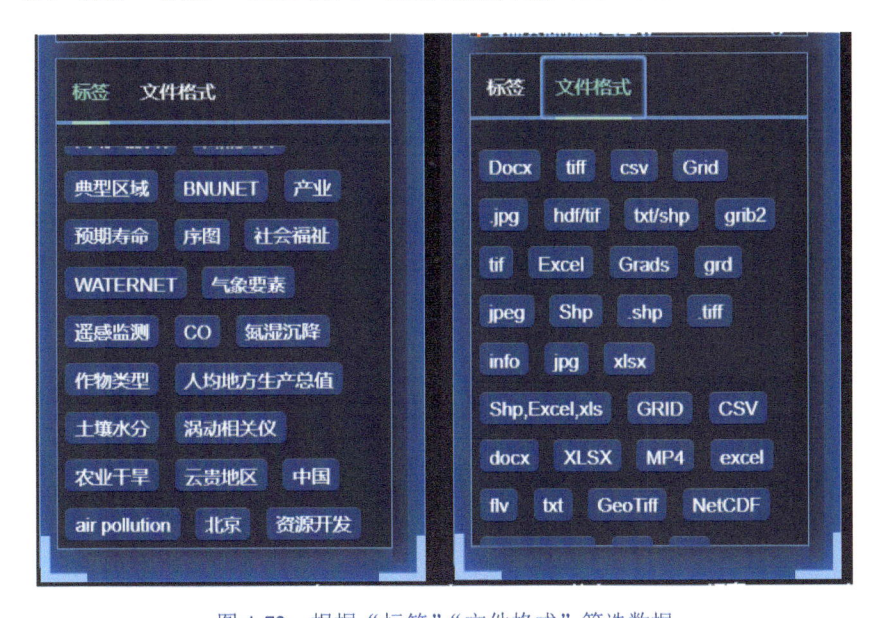

图 4-72 根据"标签""文件格式"筛选数据

2）中国社会经济统计数据

该平台集成了历年中国各项社会经济统计数据，可按分类进行筛选展示。中国统计数据查询界面如图 4-73 所示。

可持续发展视角下的全景美丽中国建设研究

图 4-73　中国统计数据查询界面

3）无人机三维全景

该平台集成了 150 个区域的无人机三维全景数据，见表 4-6。

表 4-6　集成 150 个区域无人机三维全景列表

序号	地区
1	安徽省广德市
2	安徽省黄山市黄山区
3	安徽省黄山市歙县
4	安徽省六安市霍山县
5	安徽省滁州市来安县
8	北京市房山区青龙湖
9	北京市通州区
11	北京市朝阳区
12	广东省东莞市
13	广东省佛山市
14	广东省广州市番禺区
15	广东省广州市黄埔区新龙镇
17	广东省潮州市饶平县
18	广东省茂名市

续表

序号	地区
19	广东省深圳市
21	广西壮族自治区南宁市西乡塘区
24	海南省儋州市
25	海南省文昌市
27	河北省沧州市沧县
28	河北省石家庄市无极县
30	河北省唐山市滦州市
31	河北省张家口市崇礼区
32	河南省焦作市武陟县
33	河南省郑州市城区
34	黑龙江哈尔滨市南岗区
35	湖北省宜昌市点军区
36	湖南省岳阳市汨罗市
37	湖南省岳阳市湘阴县
38	湖南省长沙市望城区
39	湖南省株洲市天元区
41	江苏省苏州市吴江区
42	江苏省宿迁市宿城区
43	江苏省徐州市铜山区
44	江苏省扬州市仪征市
45	江苏省扬州市邗江区
47	江西省抚州市临川区
48	江西省九江市共青城市
49	江西省上饶市弋阳县
50	辽宁省大连市
51	辽宁省阜新市
52	内蒙古自治区阿拉善盟
53	内蒙古自治区乌海市海南区
54	内蒙古自治区乌兰察布市集宁区
55	内蒙古自治区鄂尔多斯市
56	青海省海南藏族自治州共和县
57	山东省济宁市兖州区
58	山东省临沂市沂水县
59	山东省青岛市莱西市
60	山东省潍坊市

续表

序号	地区
61	山西省晋城市泽州县
62	山西省吕梁市兴县
63	山西省太原市小店区
64	山西省长治市郊区
65	陕西省咸阳市兴平市
67	上海市静安区
68	四川省阿坝藏族羌族自治州理县
69	四川省成都市都江堰市
70	四川省成都市锦江区
71	四川省德阳市旌阳区
73	四川省甘孜藏族自治州稻城县
74	四川省乐山市峨边彝族自治县
76	四川省凉山彝族自治州
77	四川省眉山市仁寿县
78	天津市武清区
79	天津市西青区
81	云南省丽江市
82	云南省昆明市官渡区
84	浙江省杭州市萧山区
85	浙江省杭州市临平区（余杭区）
86	浙江省杭州市富阳区
87	浙江省湖州市德清县
89	浙江省嘉兴市海盐县
90	浙江省绍兴市柯桥区
91	浙江省台州市温岭市
92	浙江省温州市文成县
93	浙江省金华市东阳市横店
95	重庆市奉节县
96	重庆市万州区
97	重庆市合川区
103	广东省中山市
104	山东省青岛市平度市
105	海南省海口市龙华区
106	海南省海口市秀英区
109	贵州省遵义市红花岗区

续表

序号	地区
116	广东省深圳市南山区
117	广东省深圳市福田区
118	广东省深圳市罗湖区
119	广东省深圳市龙岗区
120	广东省深圳市龙华区
121	广东省深圳市坪山区
122	天津市北辰区
123	天津市红桥区
124	天津市南开区
125	天津市和平区
126	天津市河北区
127	天津市河西区
128	天津市河东区
129	天津市东丽区
130	天津市津南区
132	山东省青岛市黄岛区
133	北京市丰台区
134	河南省鹤壁市淇滨区
135	河南省鹤壁市山城区
136	河南省鹤壁市鹤山区
137	江西省九江市湖口县
140	四川省乐山市五通桥区
141	安徽省芜湖市繁昌区
142	湖北省黄石市
143	江西省赣州市南康区
144	江西省赣州市宁都县
145	江苏省无锡市梁溪区
146	黑龙江省黑河市
147	江苏省南京市江宁区
149	山东省济南市奥林匹克体育中心
150	四川省南充市

在此平台上可以选择城市，展示对应城市的实景三维全景影像（图 4-74 和图 4-75）。

图 4-74　无人机数据列表

图 4-75　无人机数据展示

4. 系统集成模块

系统集成了项目四"全景美丽中国"7 个系统，点击进入系统可跳转到相应系统，系统集成界面如图 4-76 所示。

图 4-76　系统集成界面

选中系统并点击进入系统。

系统 1：全球大气监测与预报系统（图 4-77）。

图 4-77　全球大气监测与预报系统界面

系统 2：中国生态旅游数据库信息管理系统（图 4-78）。

图 4-78　中国生态旅游数据库信息管理系统界面

系统 3：可视化模拟与决策支持系统（图 4-79）。

图 4-79　可视化模拟与决策支持系统界面

系统 4：京津冀都市圈可持续发展展示系统（图 4-80）。

图 4-80　京津冀都市圈可持续发展展示系统界面

系统 5：巢湖蓝藻水华监测预警与模拟分析平台（图 4-81）。

图 4-81　巢湖蓝藻水华监测预警与模拟分析平台界面

系统 6：美丽中国可持续发展决策支持系统（图 4-82）。

图 4-82　美丽中国可持续发展决策支持系统界面

系统 7："三生"空间统筹优化与决策支持系统（图 4-83）。

图 4-83 "三生"空间统筹优化与决策支持系统界面

5. 模型集成模块

通过计算模型对用户上传的数据进行数据分析，分析结果可在地图上进行展示，功能模块如图 4-84～图 4-86 所示。具体操作步骤如下。

1）数据上传

点击"添加数据"按钮，弹出添加数据处理框（图 4-84）。

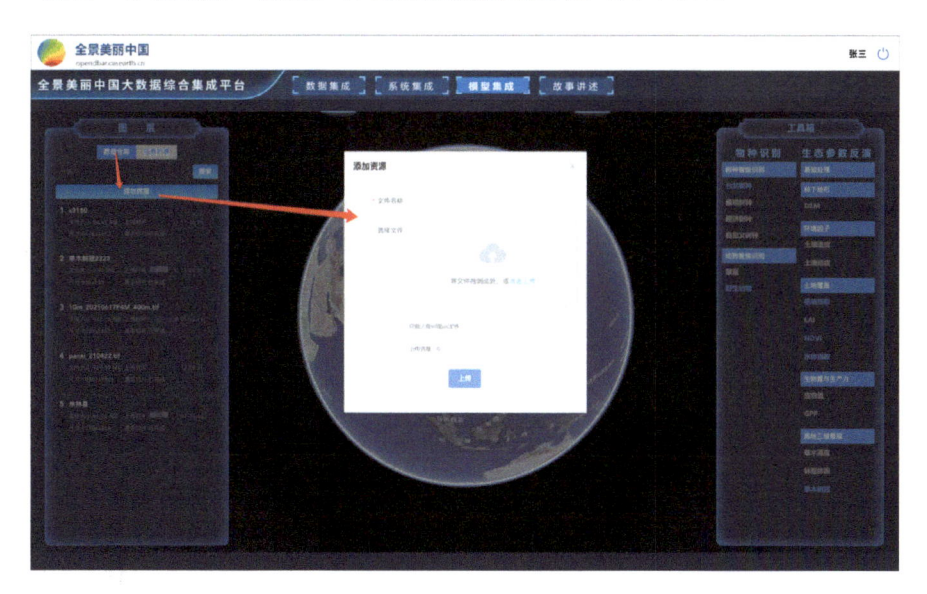

图 4-84 上传模型分析数据

2）模型选择

工具箱中选择数据计算模型，并选择要分析的数据源（图4-85）。

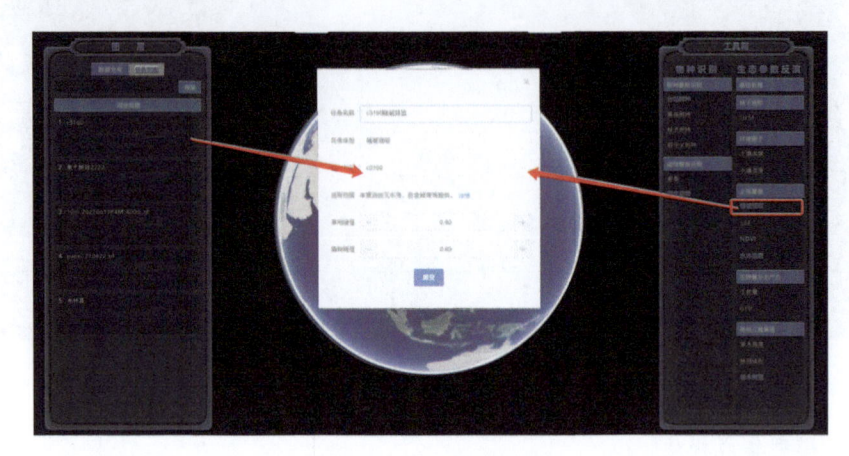

图4-85 选择计算模型

3）分析计算

点击任务列表，可以看到数据正在计算（图4-86）。

图4-86 查询模型计算结果

4.4.4 综合集成（全景美丽中国故事讲述）

1. 创建故事

创建故事：点击"新建故事"，并填写故事名称与故事简介，点击保存（图4-87）。

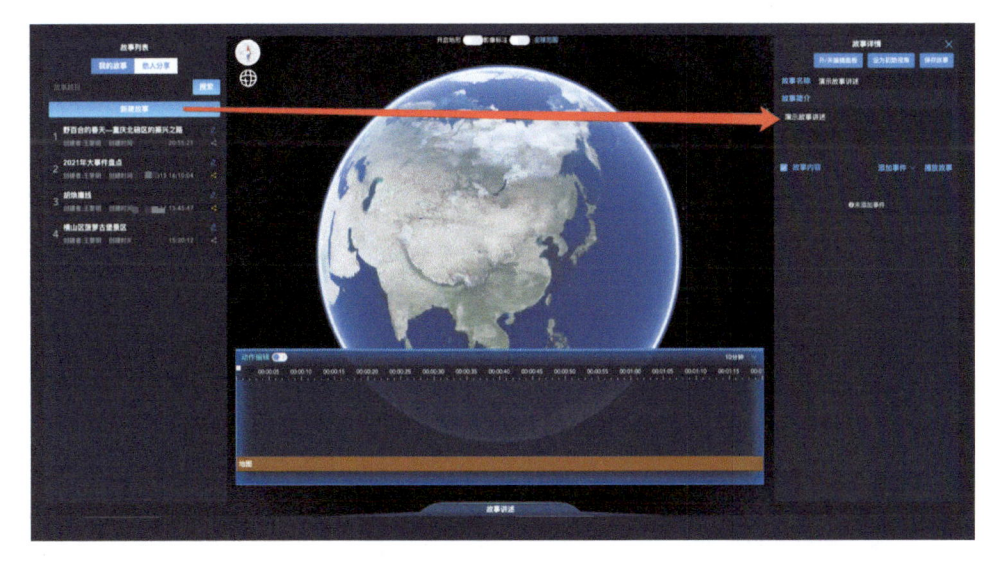

图 4-87　创建故事界面

2. 故事编辑

用户基于三维地形地图讲述地图故事，目前支持地图动作控制、空间要素（GeoJSON）渲染、媒体数据（照片、视频、音频）展示、图形绘制及字幕，功能模块界面如图 4-88 所示。

图 4-88　故事编辑界面

1）图片事件

点击添加图片事件（图4-89）。

图 4-89　添加图片事件

2）音频事件

点击添加音频事件（图4-90）。

图 4-90　添加音频事件

3）视频事件

点击添加视频事件：视频可在地图上固定点位进行播放（图4-91），也可按时间进行播放。

图 4-91　添加视频事件

4）图形事件

点击添加图形事件，可在三维地图上绘制图形，包含多种形式（图 4-92）。

图 4-92　添加图形事件

5）图层事件

点击添加地图图层（图 4-93）。系统预置多种图层以供选择，也可自己填入服务地址。

图 4-93　添加图层事件

6）天气事件

点击添加天气事件（图 4-94）。该平台上包含多种天气，如图 4-95 所示。

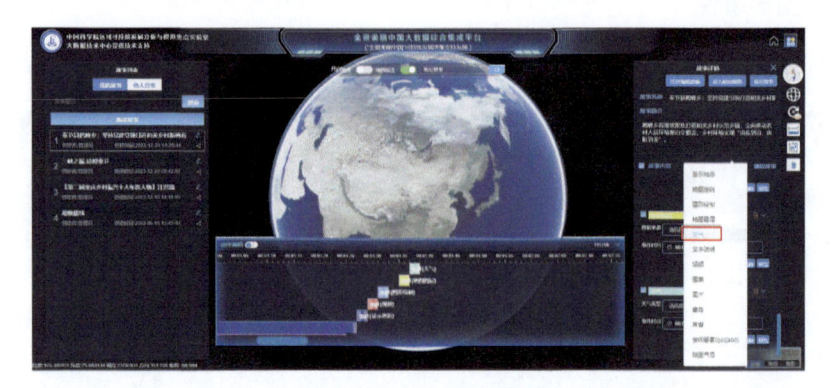

图 4-94　添加天气事件

图 4-95　多种天气事件

7）文本事件

点击添加文本（字幕）事件（图4-96）。

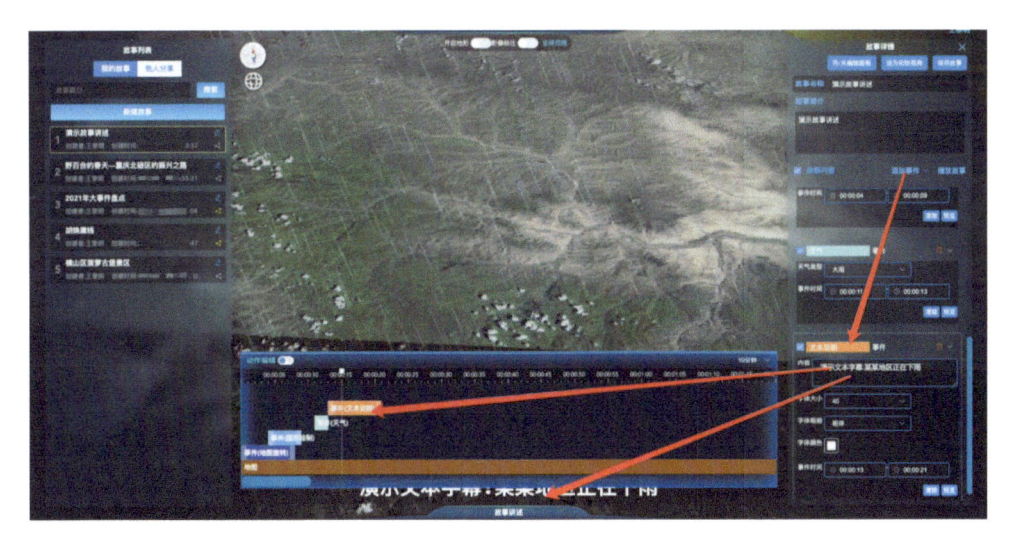

图4-96　添加文本事件

收起窗口进行播放预览（图4-97）。

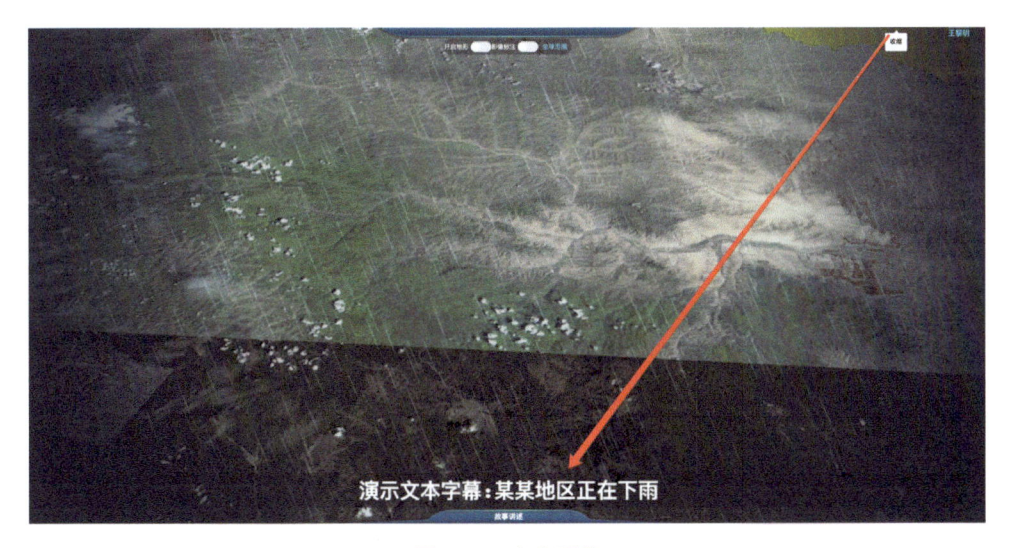

图4-97　文本预览

8）空间要素事件

点击添加空间要素事件（图 4-98）。

图 4-98 添加空间要素事件

系统预置全国各省级行政区划，用户也可以自己上传文件进行渲染，支持点线面展示（GeoJSON 文件）（图 4-99）。

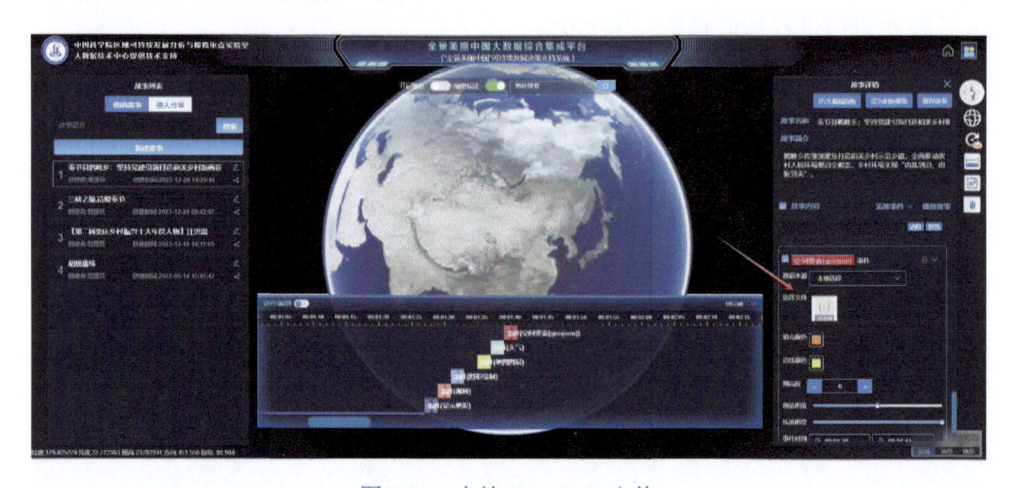

图 4-99 支持 GeoJSON 文件

9）地图气泡事件

点击添加地图气泡（图 4-100），地图气泡标注地图地点名称。

第4章 美丽中国评估系统建设

图 4-100 添加地图气泡事件

10）地图旋转事件

点击添加地图旋转事件（图 4-101）。在地图上选取中心点，点击预览后地图绕中心点旋转，在时间轴上控制地图旋转的开始时间与结束时间。

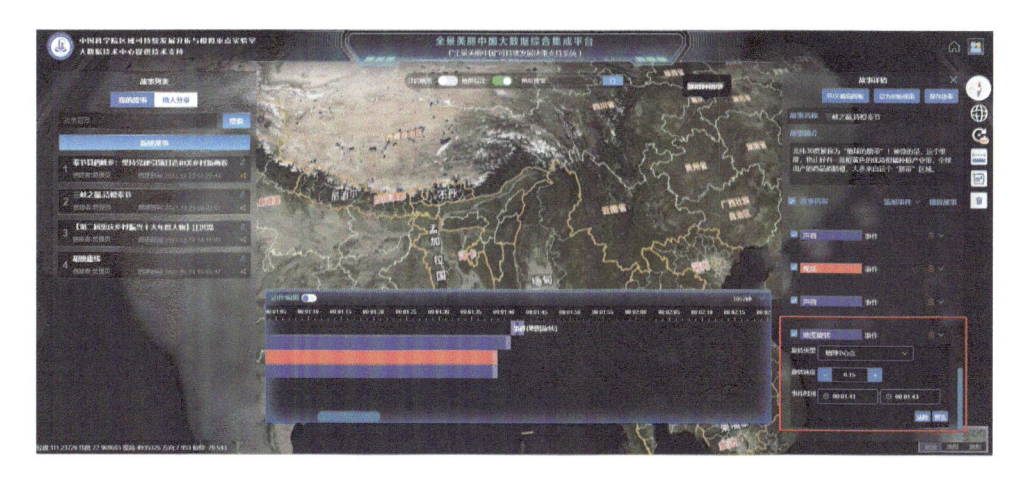

图 4-101 添加地图旋转事件

11）地图动画事件

地图动画事件：点击动作编辑开关将地图动作编辑打开（图 4-102）。

— 267 —

图 4-102　打开地图动作编辑

打开后鼠标挪动地图将自动记录地图数据，可实现在不同时间下记录地图的动作。点击动作点并按下键盘删除键可执行删除动作（图 4-103）。

图 4-103　地图动作编辑

3. 故事保存

故事编辑完成后，点击"保存故事"按钮，完成故事保存（图 4-104）。

图 4-104　保存故事

4. 故事播放

保存故事后点击"播放故事"即可播放全部事件。所有事件按时间顺序进行播放，可形成连续的地图故事（图 4-105）。

图 4-105　播放地图故事

5. 故事共享

编辑好的故事可分享给各系统内的其他用户，也可分享给单个用户或多个用户，分享后其他用户即可进行查看（图 4-106）。

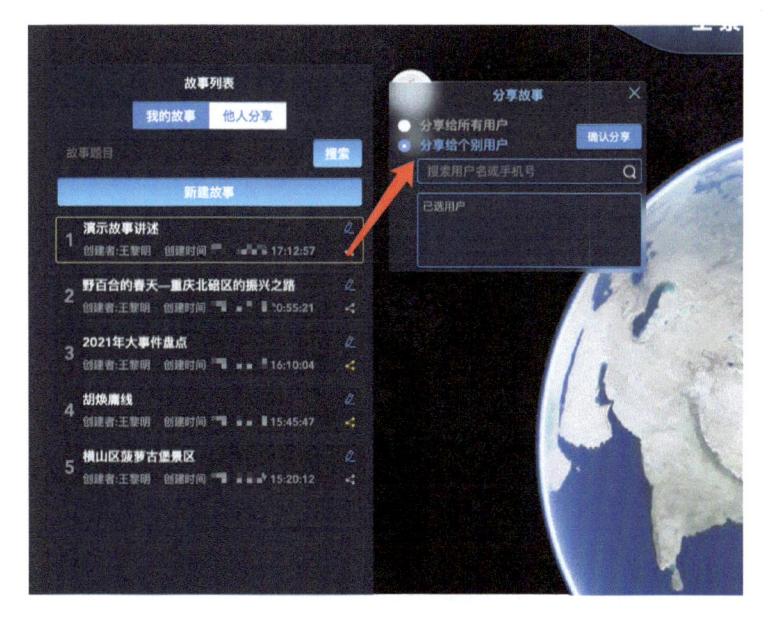

图 4-106　故事共享

4.4.5　系统登录及安全

1. 系统地址与系统登录

全景美丽中国大数据综合集成平台系统包含 PC 端平台、后台管理系统。

1）系统地址

系统网址：http：//39.106.20.138/panochina_web/#/。
云环境地址：http：//60.245.211.154/#/。

2）系统登录

（1）自有登录。使用用户名和密码登录，界面如图 4-107 所示。

图 4-107　系统自有登录界面

（2）中国科技云通行证登录。使用中国科技云通行证账户登录，界面如图 4-108 所示。

图 4-108　中国科技云通行证登录

2. 系统安全设计

使用用户鉴权机制，通过鉴权接口进行系统安全控制，保障系统安全。

1）系统自有权限管理机制

系统设置了严格有效的权限控制系统。

2）统一认证管理机制

```
https:
//aai.cstcloud.net/oidc/authorize?response_type=code&client_id=xxxxxxxxxxxxx&scope
=openid&redirect_uri=xxxxxxxxxxxxx&nonce=xxxxxxxxxxxxx&state=xxxxxxxxxxxxx
```

参数说明如下。

client_id：必填，oidc 客户端 id；

redirect_uri：必填，申请时的回调地址；

nonce：推荐，随机字符串，用来减缓重放攻击；

state：推荐，防止 CSRF、XSRF。

参 考 文 献

陈宗成. 2021. 基于多源遥感数据的第三次国土调查内业信息提取方法. 北京测绘, 35(11):1394-1399.

江东, 林刚, 付晶莹. 2021. "三生空间"统筹的科学基础与优化途径探析. 自然资源学报, 36(5):1085-1101.

梁磊, 习晓环, 王成, 等. 2022. 基于 B/S 架构的激光雷达电力巡线可视化管理与分析系统. 中国科学院大学学报, 39(2):201-207.

王检萍, 余敦, 卢一乾, 等. 2021. 基于"三生"适宜性的县域土地利用冲突识别与分析. 自然资源学报, 36(5): 1238-1251.

王威, 胡业翠, 张宇龙. 2020. 三生空间结构认知与转化管控框架. 中国土地科学, 34(12):25-33.

王艳婷, 何正文, 郑维博. 2019. 随机动态环境下项目前摄性与反应性调度权衡优化. 工业工程与管理, 24(4):88-95.

王自发, 谢付莹, 王喜全, 等. 2006. 嵌套网格空气质量预报模式系统的发展与应用. 大气科学, 30(5): 778-790.

许伟. 2022. "三生空间"的内涵、关系及其优化路径. 东岳论丛, 43(5): 126-134.

杨清可, 段学军, 王磊, 等. 2018. 基于"三生空间"的土地利用转型与生态环境效应：以长江三角洲核心区为例. 地理科学, 38(1): 97-106.

尹昌霞, 马仁锋, 毛菁旭. 2021. 滨海地区三生空间冲突的时空评测及优化. 上海国土资源, 42(2):78-84.

于婧, 陈艳红, 唐业喜, 等. 2020. 基于国土空间适宜性的长江经济带"三生空间"格局优化研究. 华中师范大学学报(自然科学版), 54(4): 632-639.

袁刚, 陈文波, 于少康, 等. 2021. 县域三生空间多尺度划定与功能主导性研究. 江西农业大学学报, 43(4): 931-941.

Fu X X, Wang X F, Zhou J T, et al. 2021. Optimizing the production-living-ecological space for reducing the ecosystem services deficit. Land, 10(10):1001.

Guenther A, Karl T, Harley P, et al. 2006. Estimates of global terrestrial isoprene emissions using MEGAN (Model of Emissions of Gases and Aerosols from Nature). Atmospheric Chemistry and Physics, 6(11): 3181-3210.

Hulot A, Laloë D, Jaffrézic F. 2021. A unified framework for the integration of multiple hierarchical clusterings or networks from multi-source data. BMC Bioinformatics, 22(1): 392.

Li J, Du H Y, Wang Z F, et al. 2017. Rapid formation of a severe regional winter haze episode over a mega-city cluster on the North China Plain. Environmental Pollution, 223: 605-615.

Lin G, Fu J Y, Jiang D. 2021. Production-living-ecological conflict identification using a multiscale integration model based on spatial suitability analysis and sustainable development evaluation: A case study of Ningbo, China. Land, 10(4): 383.

Lin G, Jiang D, Fu J Y, et al. 2020. Spatial conflict of production-living-ecological space and sustainable-development scenario simulation in Yangtze River Delta agglomerations. Sustainability, 12(6): 2175.

Wang X. 2022. Changes in cultivated land loss and landscape fragmentation in China from 2000 to 2020. Land, 11(5): 684.

Wang Z, Maeda T, Hayashi M, et al. 2001. A nested air quality prediction modeling system for urban and regional scales: Application for high-ozone episode in Taiwan. Water, Air, and Soil Pollution, 130(1): 391-396.

第 5 章

美丽中国建设典型示范集成研究[①]

> **导读** 美丽中国是可持续发展理论中国本土化的结果与深化，勾画了生产空间集约高效、生活空间宜居适度、生态空间山清水秀的"三生"空间发展愿景。为挖掘典型，进一步营造高质量建设新时代美丽中国的良好舆论氛围和实干氛围，推进生态文明建设迭代升级，动员全社会聚力打造美丽中国示范区。本章在前面章节的基础上，介绍一些相关案例在模拟系统、评估方法和多尺度多要素数据上的典型示范研究，以浙江省宁波市、云南省临沧市和河北省雄安新区为例，分别从"三生"空间、可持续发展评估和科学规划示范角度，探讨美丽中国建设的地方试验。

5.1 宁波示范区研究

"三生"空间基本涵盖了人类社会生活的空间活动范围，是人类经济和社会发展的基本载体，三者既相互独立，又相互关联，具有共生融合、制约效应，"三生"功能协作共赢会产生总体功能大于部分功能之和的协同效应。统筹"三生"空间联动下的空间功能和用地结构，促进"三生"空间在数量结构和空间布局上的协调发展，综合考虑人口分布、经济发展布局、国土空间利用、生态环境保护等因素，制定科学合理的"三生"空间布局方案，是推进美丽中国建设、加快国家生态文明建设总体布局下生产生活方式"绿色化"转变的关键举措，更是推动实现以人民为中心的高质量发展和高品质生活的重要手段，这既具有现实的必要性，又具有时代的紧迫性。

---

① 本章作者：江东、黄春林、孙威、赵雪雁、付晶莹、朱会义、林刚、宋晓谕。

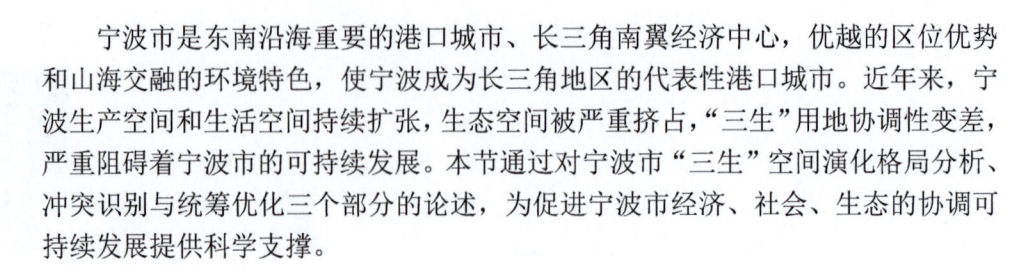

宁波市是东南沿海重要的港口城市、长三角南翼经济中心，优越的区位优势和山海交融的环境特色，使宁波成为长三角地区的代表性港口城市。近年来，宁波生产空间和生活空间持续扩张，生态空间被严重挤占，"三生"用地协调性变差，严重阻碍着宁波市的可持续发展。本节通过对宁波市"三生"空间演化格局分析、冲突识别与统筹优化三个部分的论述，为促进宁波市经济、社会、生态的协调可持续发展提供科学支撑。

5.1.1 宁波市"三生"空间演化格局分析

以《土地利用现状分类》（GB/T 21010—2017）为基础（Xu et al., 2018），将不同的土地利用类型所表现出的优势功能作为识别其"三生"功能的依据，构建用于识别"三生"空间类型的评价体系表（表5-1）。

表5-1 "三生"空间类型与土地利用类型对应表

"三生"空间分类		基于遥感监测的中国土地利用/覆盖分类体系
生产空间	农业生产空间	水田、旱地
	工业生产空间	工矿用地、交通建设用地
生活空间	城镇生活空间	城镇用地
	农村生活空间	农村居民点
生态空间	林地生态空间	有林地、灌木林、疏林地、其他林地
	草地生态空间	高、中、低覆盖度草地
	水域生态空间	河渠、湖泊、水库坑塘、永久冰川雪地、滩涂、滩地
	其他生态空间	沙地、戈壁、盐碱地、沼泽地、裸土地、裸岩石质地、其他未利用地

图5-1展示了2010年和2018年宁波市"三生"空间格局。总体而言，近年来，由于经济的快速发展和城市化进程的加快，宁波市大量的生产空间和生态空间转化为生活空间，导致生产空间和生态空间的用地面积分别下降了1.68%和1.89%，而生活空间增加了14.4%（表5-2）。

从数量和空间分布上看，宁波市"三生"空间主要类型首先为林地生态空间，2010年和2018年的占比分别达到了46.10%和45.81%（表5-2），且多分布于宁波市南部的高海拔地区（图5-1），难以实现生产、生活空间扩张，土地利用仅维持着其固有的生态空间功能。例如，余姚、鄞州和奉化的西南部，鄞州和北仑的东南部，以及宁海、象山等地。其次是农业生产空间，2010年和2018年的占比分别为35.72%和34.26%，主要分布于宁波市北部和中部地区，主要包括慈溪、余姚、江北、镇海、奉化北部和鄞州西部。这得益于宁波中部和北部地区地势平坦，土地质量较好，农业生产便捷性高，但这些地区仍存在土地集约利用水平低的问题。随着城市化

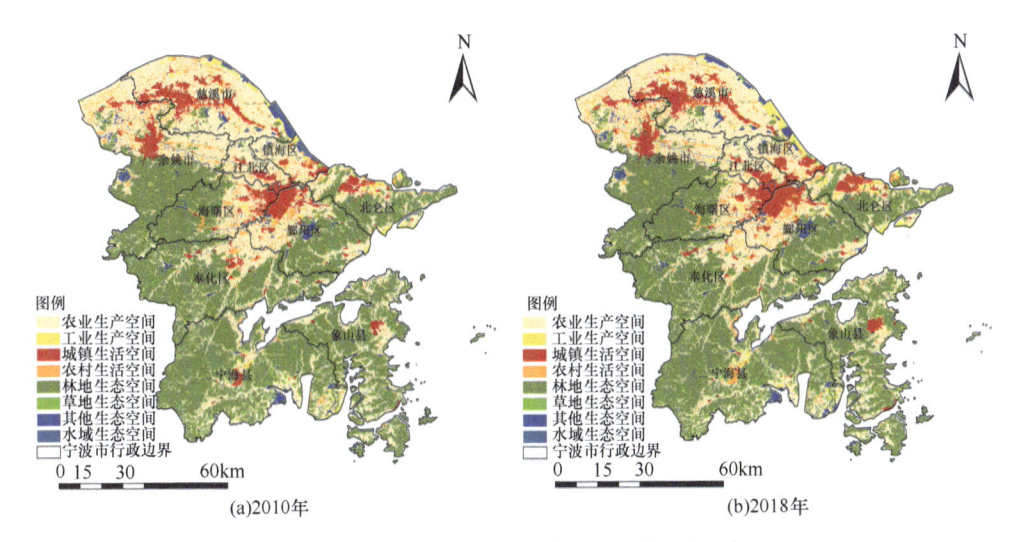

图 5-1　2010 年和 2018 年宁波市"三生"空间格局

表 5-2　宁波市"三生"用地数量结构分布

空间类型	2010 年面积/km²	占比/%	2018 年面积/km²	占比/%	变化面积/km²
农业生产空间	3047.09	35.72	2922.20	34.26	−124.89
工业生产空间	205.77	2.41	264.33	3.10	58.56
城镇生活空间	542.52	6.36	606.47	7.11	63.94
农村生活空间	424.69	4.98	458.13	5.37	33.45
林地生态空间	3932.67	46.10	3907.90	45.81	−24.76
草地生态空间	103.31	1.21	107.32	1.26	4.00
水域生态空间	245.31	2.88	261.46	3.07	16.15
其他生态空间	28.96	0.34	2.51	0.03	−26.45

进程的推进，2010~2018 年，城镇生活空间面积扩张明显，面积占比由 6.36%增加至 7.11%，主要表现为在原有基础上向周边辐射发展，尤其是镇海、江北、慈溪、北仑和象山，存在以侵占农业生产空间为代价的大面积扩张现象（图 5-2）。农村生活空间分散分布于宁波市各地，主要邻近城镇生活空间和农业生产空间（具有密集和通达度较高的交通路网设施）。2010~2018 年，工业生产空间增加了 58.56km²，主要在慈溪和镇海东部沿海地区。草地生态空间零落分布于林地生态空间之间。水域生态空间主要为较大的地表河流和湖泊水面，以及分布在农业生产空间和城镇生活空间聚集区域的用于农业灌溉和生活饮用的小型水库与河流。此外，宁波市还有少量的其他生态空间，主要为沿海地区滩涂空间，但已逐渐被工业生产空间占据。

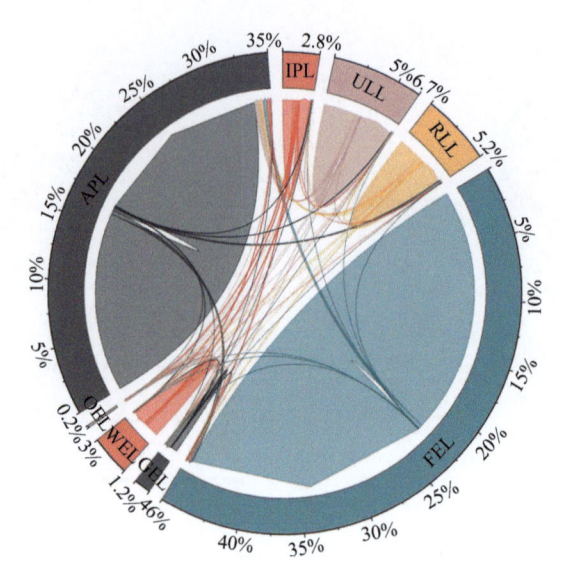

图 5-2　2010~2018 年宁波市"三生"空间桑基图

APL 为农业生产空间，IPL 为工业生产空间，ULL 为城镇生活空间，RLL 为农村生活空间，FEL 为林地生态空间，
GEL 为草地生态空间，WEL 为水域生态空间，OEL 为其他生态空间

图中百分比为转移之后用地类型面积占总面积的比例

5.1.2　宁波市"三生"空间冲突识别

1. 宁波市土地利用适宜性评价

对不同土地利用类型、植被覆盖度较高的县域土地进行适宜性评价。生产适宜性指植被覆盖度高的县级地区为人类提供有形农产品或工业产品或无形产品的适宜性，主要受自然气候、土地适宜性和开发便利性的影响；生活适宜性指具有便利设施、住房、公共活动等居住条件和植被覆盖度高的县级地区的适宜性，主要受公共设施、地形和社会经济的影响；生态适宜性指研究区域为人类提供直接或间接生态产品和生态服务的适宜性，主要受环境质量和社会环境的影响（Samie et al., 2017）。"三生"空间适宜性评价指标体系如表 5-3。

表 5-3　"三生"空间适宜性评价指标体系

目标层	指标	因子分级及分值			
		100	80	60	40
生产适宜性	年均气温/℃	≥21	18~21	15~18	≤15
	年降水量/mm	≥1800	1700~1800	1600~1700	≤1600
	海拔/m	≤150	150~300	300~500	≥500

续表

目标层	指标	因子分级及分值			
		100	80	60	40
生产适宜性	土地利用类型	旱地、水田、其他建设用地	农村居民点、城镇用地	高覆盖度草地	其他
	坡度/(°)	≤3	3~8	8~15	15~25
	与道路距离/m	500	1500	3000	5000
生活适宜性	年均气温/℃	≥21	18~21	15~18	≤15
	年降水量/mm	≥1800	1700~1800	1600~1700	≤1600
	地形位指数	≤0.54	0.54~0.62	0.62~0.72	≥0.72
	与城镇中心距离/m	500	1500	3000	5000
	与道路基础设施距离/m	500	1500	3000	5000
	土地利用类型	农村居民点、城镇用地	其他建设用地	不适用	其他
生态适宜性	土地利用类型	疏林地、高覆盖度草原、沼泽地	灌木地、河渠、湖泊	旱地，水田，林地，灌木林，其他林地，中、低覆盖度草地，水库坑塘	农村居民点、城镇用地、其他建设用地等
	景观破碎度	规律性好	规律性较好	规律性一般	规律性差
	NDVI	≥0.5	0.25~0.5	0.15~0.25	≤0.15
	与水体距离/m	5000	3000	1500	500

从"三生"空间适宜性评价结果（图 5-3）可以看出，2010~2018 年，宁波市生态空间不适宜区和弱适宜区面积增加，中适宜区、较适宜区和强适宜区面积减少。不适宜区在宁波市零星分布，2010 年主要集中在宁波市北部，至 2018 年，在北部大幅增加，显现出聚集趋势，并且扩散到南部。这种现象是因为城市化进程的加快和居住空间的不断扩大，导致越来越多的生态空间被占用。弱适宜区在北部不断扩大，且逐渐向南部扩展。2010~2018 年，宁波生活空间的不适宜区、中适宜区和较适宜区面积减少，而弱适宜区和强适宜区的面积增加，表明大量不适宜区受到周边城市的影响，基础设施条件逐步优化，人口密度逐步提高，发展适宜性逐步提高。宁波市生产空间适宜性最低的地区主要分布在宁波市中部和南部的林地和草地。这些地区通常海拔较高、坡度较高、交通不便、工农业生产成本较高。生产空间的较适宜区和强适宜区主要分布在宁波市北部，与生活空间的较适宜区和强适宜区分布相近。此外，适宜度较高的地区主要分布在具有一定农业生产和发展基础的耕地范围内。

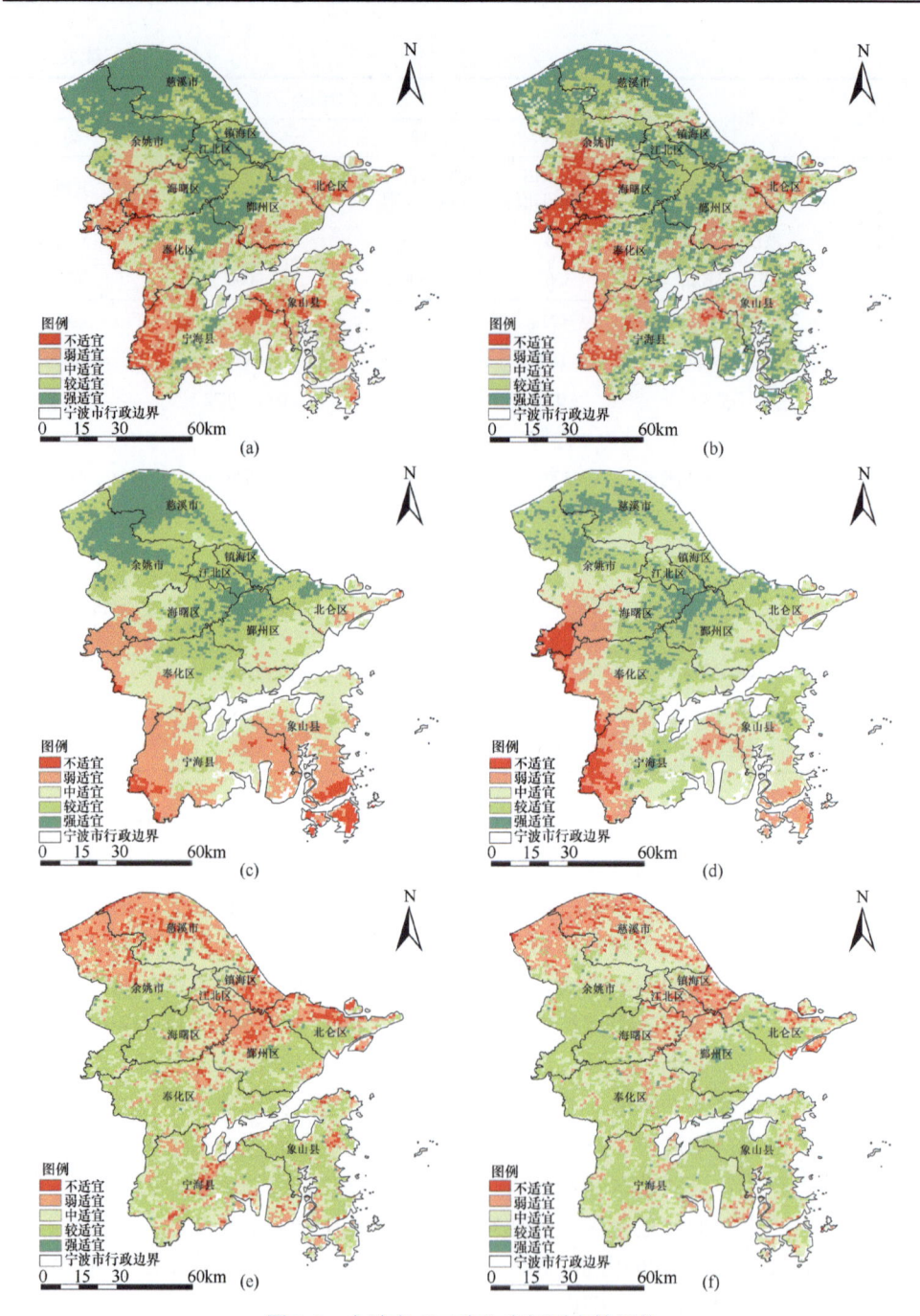

图 5-3 宁波市"三生"空间适宜性评价

（a）2010 年生产空间适宜性；（b）2010 年生活空间适宜性；（c）2010 年生态空间适宜性；（d）2018 年生产空间适宜性；（e）2018 年生活空间适宜性；（f）2018 年生态空间适宜性

2. 宁波市"三生"空间可持续性评价

首先，我们通过耦合协调度模型进行"三生"空间耦合协调度计算；其次，利用计算结果进行"三生"空间可持续性评价。

1）耦合协调度模型建立

在对"三生"空间的功能分别进行评价的基础上，运用物理学中的耦合协调度模型进一步探讨"三生"空间系统或要素彼此间相互作用和相互影响的程度（Lu et al., 2017）。耦合度协调度模型为如式（5-1）~式（5-4）所示：

$$C = \sqrt[n]{(U_1 \times U_2 \times \cdots \times U_n) / \left(\frac{U_1 + U_2 + \cdots + U_n}{n}\right)^n} \quad (5\text{-}1)$$

$$U = \sum_{i=1}^{n} \omega_i \times x_i \quad (5\text{-}2)$$

$$T = \alpha \times U_1 + \beta \times U_2 + \cdots + \gamma \times U_n \left(\alpha = \beta = \gamma = \frac{1}{n}\right) \quad (5\text{-}3)$$

$$D = \sqrt{C \times T} \quad (5\text{-}4)$$

式中，U 为各区县，U_n 为第 n 个区县；D 为"三生"空间的耦合协调度，$D \in (0, 1)$；ω_i 为指标 i 的权重值；x_i 为各子系统中指标 i 的标准值。

将其应用在"三生"空间耦合协调度测算中，构建"三生"空间耦合协调度模型：

$$C = \sqrt[n]{(U_p \times U_1 \times U_e) / \left(\frac{U_p \times U_1 \times U_e}{3}\right)^3} \quad (5\text{-}5)$$

$$T = \alpha \times U_p + \beta \times U_1 + \gamma \times U_e \quad (5\text{-}6)$$

式中，C 为"三生"空间的耦合度，$C \in [0, 1]$，C 越大，表明耦合度越高；U_p、U_1、U_e 分别为生产、生活、生态功能的测度指标；T 反映各子系统的整体效果和水平；α、β、γ 为生产、生活、生态空间质量贡献率的待定系数，由于三者对经济社会发展的贡献同等重要，故分别赋值为1/3。

2）可持续性评价指标建立与结果分析

基于可持续发展目标（SDG 1、SDG 2、SDG 3、SDG 6、SDG 11、SDG 12、SDG 13、SDG 15），以"集约生产""宜居生活""美丽生态"为指导，建立了"三生"空间耦合协调度评价指标体系，见表5-4（冉娜，2018；刘勇，2020；王淑英等，2021；Wang et al.，2020；郭湖，2018；谭伟平，2018；Gao et al.，2019；王建英等，2019；王静和范馨月，2020；Lin et al.，2020，2021）。

表 5-4 可持续发展目标下"三生"空间耦合协调度评价指标体系

目标层	SDGs	一级指标	二级指标
生产空间（集约生产）	SDG 2、SDG 12	生产空间规模	农业用地规模
			工业用地规模
		生产空间结构	产业结构提升
		生产空间效率	粮食产出率
			土地产量
			工业效率
生活空间（宜居生活）	SDG 1、SDG 11	生活空间规模	居住空间规模
		生活质量	绿地覆盖率
			城市居民恩格尔系数
		生活便利度	交通便捷度
			交通可达性
生态空间（美丽生态）	SDG 3、SDG 6、SDG 13、SDG 15	生态空间规模	生态空间规模
			NDVI
		生态环境质量	空气质量
			污水处理率
			居民健康水平

经过耦合协调度计算，2010~2018 年宁波市的失调区面积基本保持不变，濒临失调区面积增加了 75.82%，高度协调区面积增加了 4.56%。濒临失调区面积的大量增加，表明近年来宁波城市发展不协调趋势明显。失调区和濒临失调区主要分布在宁波市西南部，这些地区生态价值难以开发；高度协调区和基本协调区主要分布在宁波市南部，不仅具有开发生产空间和生活空间的基础，而且具备较高的生态功能开发能力。

通过行政单元尺度下"三生"空间可持续发展评价结果（图 5-4）可知，2010年江北区、奉化区的"三生"空间可持续发展评价为失调状态，其他县（市、区）处于濒临失调状态。江北区是宁波市中心城区，第二产业的发展促进了经济增长，但抑制了生活空间与生态空间的协调发展；奉化区位于宁波市西部，高海拔和高坡度的地理条件是制约该地区生活空间发展的主要因素。2018 年，宁波市各县（市、区）的可持续发展评价均高于 2010 年，但各县（市、区）均处于濒临失调状态。其中，江北区和奉化区在 2010 年以后更加重视"三生"空间的协调发展，与 2010 年相比，2018 年协调指数分别提高了 0.15 和 0.11，其他县（市、区）协调指数的提升幅度均小于 0.10。值得一提的是，虽然 2010 年宁海县和象山县可持续发展评价高于其他地区，但由于"三生"空间协调发展不足以及地理条件的影响，其生产空间、生活空间、生态空间的发展水平差距逐渐拉大，2018 年协调指数仅分别增加 0.04 和 0.02，是宁波市可持续发展水平最低的县。

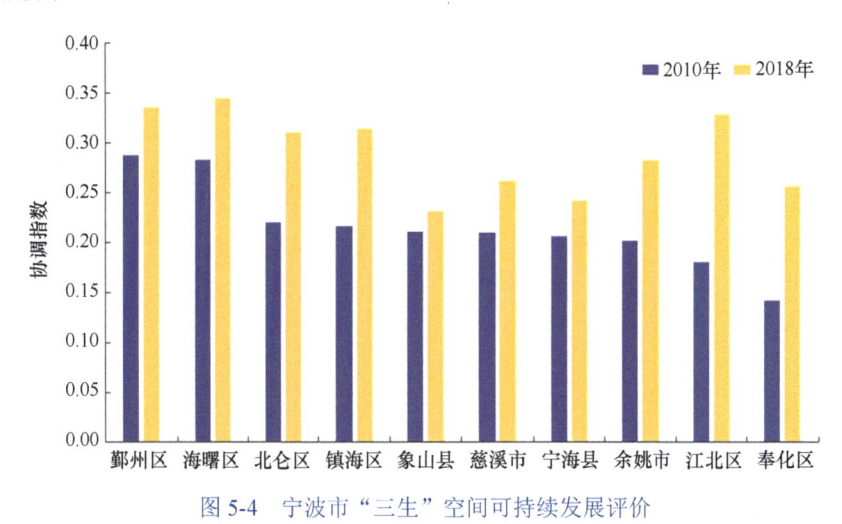

图 5-4 宁波市"三生"空间可持续发展评价

3. "三生"空间冲突识别

采用迭代法建立不同尺度空间关系，根据各功能评价因子在不同尺度上的得分和权重，建立多尺度"三生"空间冲突权重数学模型（Cui et al., 2021；Zou et al., 2019）。

$$C_{p,l,e} = (1-\alpha) \times f_{p,l,e} + \alpha \sum_{i=1}^{m} f_i \times \beta \quad (5-7)$$

式中，$C_{p,l,e}$ 为多尺度整合下"三生"空间冲突权重（p 为生产，l 为生活，e 为生态）的综合评价值；α 为行政单位尺度评价结果的权重；$f_{p,l,e}$ 为网格尺度上"三生"空间适宜性的评价指标；f_i 和 β 分别为行政单位尺度上"三生"空间可持续发展的评价因子和相应的指标权重。利用多尺度综合评价模型对宁波市的"三生"空间冲突进行诊断，并将冲突类型平均分为 5 个层次，即用地适宜区、冲突微弱区、冲突一般区、冲突中度区和冲突激烈区。

由宁波市"三生"空间多尺度冲突识别结果（图 5-5）可知，2010 年和 2018

年，宁波市"三生"空间总体上处于协调状态。但随着经济的发展，宁波市"三生"空间的耦合协调度受到破坏，并向失调方向发展。2010年，宁波"三生"空间冲突激烈区的面积约为2.42%，主要集中在镇海区，2018年上升至4.01%，并向宁波西部和余姚南部转移。通过对适宜性评价和可持续发展评价结果的分析可以看出，2010年镇海区等地发生冲突的主要原因是生活空间发展有限。2018年，宁波市的快速城市化促进了镇海等地区居住空间的发展，空间利用率的提高促进了"三生"空间协调均衡发展。宁波西部、余姚南部地区，受地形条件的影响，土地惯有的生态功能导致生产、生活空间开发严重受阻，"三生"空间冲突加剧。此外，宁海县由于生态空间规模大，居住空间规模较小，人口密度低，基础设施条件差，经济发展受到限制，导致生产、生活、生态空间的协调发展程度逐渐减弱，冲突程度逐渐增加。而江北区地处宁波市中心，地理位置优越，在工业化、城市化等推动下，经济、人口规模和环境质量不断提高，"三生"空间发展逐渐趋于协调，冲突程度逐渐降低。

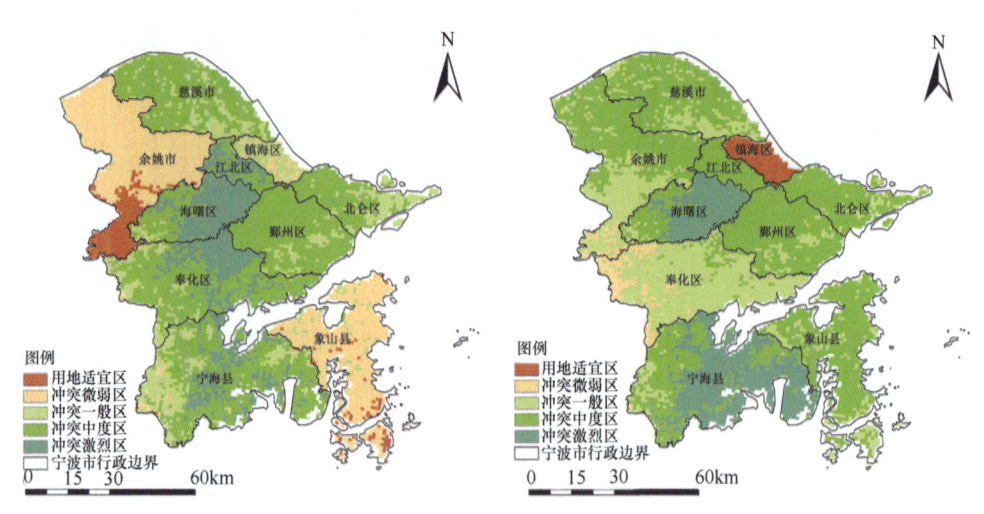

图5-5 宁波市"三生"空间多尺度冲突识别

5.1.3 宁波市"三生"空间统筹优化

1. 遗传算法（GA）

"三生"空间数量结构优化是一个多目标优化的问题，而遗传算法（Liang et al., 2020）作为一种多目标优化算法，通过设定决策变量、目标函数和约束条件等要素，进行适应度计算、选择计算、交叉运算和变异运算等步骤，能较好地应用于"三生"空间数量结构优化研究。遗传算法的构建过程如下。

1）决策变量的选取

该模型的决策变量是以宁波市"三生"空间现状为依据,根据宁波市的社会发展情况和土地资源的利用特点,以及城市规划发展方向,共设置8个决策变量,包括农业生产空间(X_1)、工业生产空间(X_2)、城镇生活空间(X_3)、农村生活空间(X_4)、林地生态空间(X_5)、草地生态空间(X_6)、水域生态空间(X_7)、其他生态空间(X_8)。关于决策变量的约束值,主要参考《中华人民共和国国民经济和社会发展第十四个五年规划和2035年远景目标纲要》和《全国国土规划纲要(2016—2030年)》,并结合宁波市社会经济发展和"三生"空间利用现状。

2）构建目标函数

国土空间是一个由自然、社会、经济组成的复合型系统,故空间合理利用要尽量满足自然、社会和经济需求。因此,本书进行的"三生"空间数量结构优化旨在实现经济发展、粮食安全和生态优先三方面协调统一,构建的目标函数包括以下几种。

（1）最大地区生产总值目标：

$$Y_{\max\_GDP} = e_i \times x_i \tag{5-8}$$

式中,$Y_{\max\_GDP}$为地区最大生产总值；e_i为第i类"三生"空间类型的单位面积GDP；x_i为第i类"三生"空间类型的面积。

（2）最大粮食产量目标：

$$Y_{\max\_go} = g_1 \times x_1 \tag{5-9}$$

式中,$Y_{\max\_go}$为地区最大粮食产量；g_1为单位农业生产空间面积的粮食产量；x_1为耕地面积。

（3）最小碳排放量目标：

$$Y_{\min\_carbon} = c_i \times x_i \tag{5-10}$$

式中,$Y_{\min\_carbon}$为地区最小碳排放量；c_i为第i类"三生"空间类型的单位面积碳排放量或者碳汇量进行标准化以后的值。

3）构建约束条件

约束条件是对模型结果的范围进行限制性约束,在保证数据真实性和可靠性的基础上,表现出一个地区的人口情况、经济发展情况及土地利用情况等特点。在考虑已有生态红线、生态带、生态保护区等限制转化区域面积的基础上,综合宁波市国土空间规划所划定的各类"三生"空间的数量结构比例,进而确定所期望的各类"三生"空间面积，并限制其总面积：

$$Y_{\text{area}} = \sum_{i=1}^{8} x_i \qquad (5\text{-}11)$$

式中，Y_{area} 为规划中未来该地区的总面积。

依据"三生"空间的面积范围约束，生成遗传算法初始种群：

$$x_i = x_{i\_\min} + \partial \times (x_{i\_\max} - x_{i\_\min}) \qquad (5\text{-}12)$$

式中，$x_{i\_\min}$ 为规划中规定的第 i 类"三生"空间类型的最小面积；$x_{i\_\max}$ 为规划中规定的第 i 类"三生"空间类型的最大面积；∂ 为 0～1 的随机数。

综上所设的各类目标和约束条件，得到遗传算法的适应度函数如式（5-13）所示：

$$F_{\text{suitable}} = Y_{\max\_\text{GDP}} + Y_{\max\_\text{go}} + 1/Y_{\min\_\text{carbon}} + 1/|Y_{\text{area}}| \qquad (5\text{-}13)$$

2. 斑块生成土地利用模拟（PLUS）模型

基于以上数量结构优化结果，我们选取斑块生成土地利用模拟（PLUS）模型（Liang et al.，2021）进行数量结构的空间优化。PLUS 模型源于元胞自动机（CA）模型，它通过更好地将影响土地利用变化的空间因素和地理细胞动态结合，增强 CA 的时空动态表达和预测能力。PLUS 模型包括两个模块：用地扩张分析策略（land expansion analysis strategy，LEAS）和基于多类随机斑块种子（CA based on multiple random seeds，CARS）模型。LEAS 通过提取两期土地利用变化间各种用地类型的扩张部分并采样，采用随机森林算法对各类土地利用扩张和驱动因素进行挖掘，从而获取各种用地类型发展概率和驱动因素的影响权重，用于挖掘土地利用变化的机理，模拟多类任意土地利用类型斑块的产生和演化。CARS 模型在发展概率的约束下自动生成动态模拟斑块，以局部微观土地利用变化带动土地利用总量，同时与多目标优化算法耦合，使模拟结果具有较强的鲁棒性。

在驱动因子的选取上，本研究根据宁波市目前发展规划的实际情况，以及相关数据获取的可行性，并综合国内外有关驱动因子的研究结论，选取了地形地貌因子、社会经济因子、自然环境因子和区位因子四大类作为宁波市"三生"空间格局演化的驱动因子。地形地貌因子包括高程、坡度、地形位指数和景观破碎度指数；社会经济因子包括 GDP 和人口密度；自然环境因子包括降水、温度、NDVI 和地质灾害风险因子；区位因子包括道路、医院、学校、水域、小区的欧氏距离。

3. 宁波市"三生"空间格局优化

我们利用 GA-PLUS 模型模拟了 2018 年的空间分布结果（图 5-6），将模拟结果与真实结果进行比较，得到两者之间的 Kappa 系数为 0.8422，总体模拟精度为

89.55%，表明 GA-PLUS 模型能够较好地模拟宁波市实际的"三生"空间格局变化，仿真结果真实可信，可进行空间格局优化。

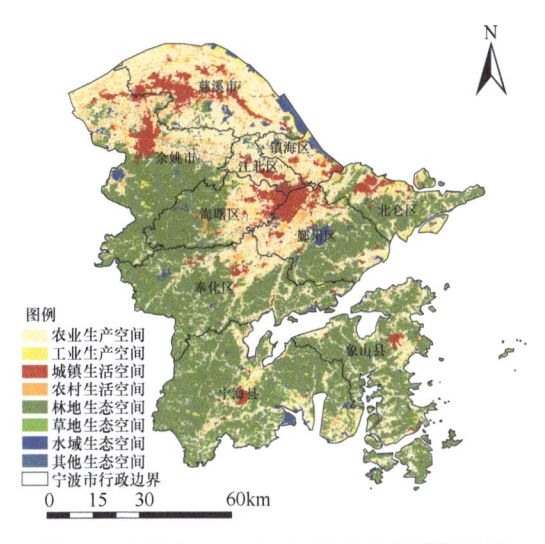

图 5-6 宁波市 2018 年"三生"空间模拟结果

以经济最大化、粮食产量最大化、碳排放最小化为目标函数，在考虑已有生态红线、生态带、生态保护区等限制转化区域面积的基础上，我们实现了宁波市"三生"空间数量结构和空间布局优化（图 5-7），并得到优化前后的面积转移图（图 5-8）。通过对比优化前后的宁波市"三生"空间格局，优化后的"三生"空间特征变化明显，冲突区域的"三生"空间发展问题得到有效缓解。江北、镇海和余姚北部，慈溪南部等地的城镇生活空间扩张速度减缓，城镇生活空间挤占避免了以牺牲粮食安全为代价的经济发展。生态空间面积增加明显，主要表现为林地生态空间和水域生态空间面积扩张，土地的生态适宜性得到改善，这为宁波市"美丽中国"生态文明建设目标和碳达峰/碳中和目标的实现提供了基础。林地生态空间主要由农业生产空间转移而来，两者转移基本达到平衡（图 5-8）。一方面，将土层深厚、土壤肥沃地区的林地生态空间开垦为耕地，确保高质量耕地的补充；另一方面，将奉化和宁海南部地形复杂、耕地质量差的低产山旱田和坡耕地退耕还林，保障宁波市的生态系统稳定性。得益于宁波市自然村归并政策，农村生活空间分布散乱情况有所改善，村落面积明显增多，增加了 36.01km^2，优化后的农村生活空间密且广，极大地保障了宁波市乡村振兴规划的实施。

为进一步促进宁波市国土空间布局优化和可持续发展，本节提出以下建议（Ding et al.，2021）。

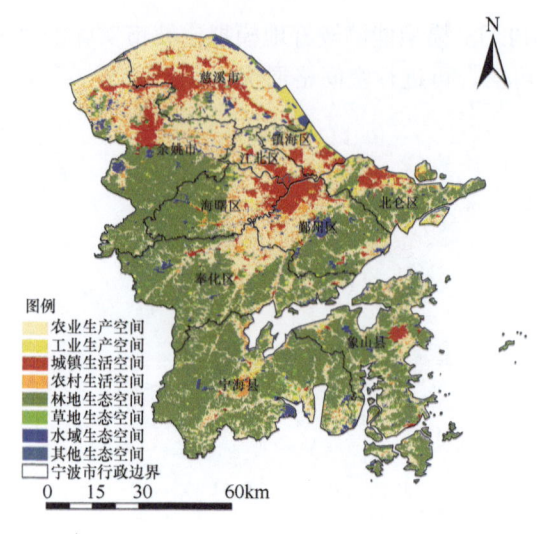

图 5-7　宁波市"三生"空间优化结果

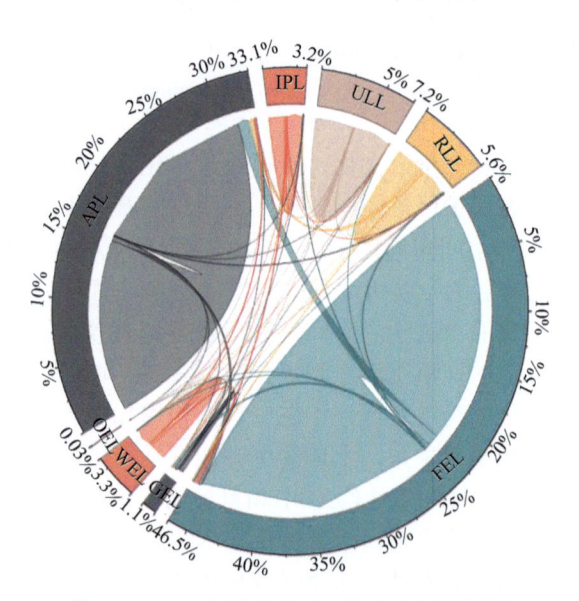

图 5-8　2018 年优化后"三生"空间桑基图
APL 为农业生产空间，IPL 为工业生产空间，ULL 为城镇生活空间，RLL 为农村生活空间，FEL 为林地生态空间，GEL 为草地生态空间，WEL 为水域生态空间，OEL 为其他生态空间
百分比为优化之后转移用地类型面积占总面积的百分比

（1）坚守耕地红线，提升耕地质量。宁波市应进一步推进相关政策，遏制市中心及慈溪、象山等地城镇化扩张占用农业生产空间的现象，确保非农建设尽量不占或少占耕地，保持农业生产空间占补的动态平衡。同时，宁波市还需加大耕

地质量保护和提升力度，改善宁海、象山和奉化等地坡耕地的地力条件与耕作条件，并加大农业生产空间周边水利设施建设和灌溉水库、河流水面等水域的扩张。

（2）控制建设用地总量，提高土地集约利用水平。宁波市应深入评估城市经济高质量发展的用地需求，依据空间适宜性和实际发展需求，合理进行城镇生活空间和工业生产空间的开发与扩张，并控制城镇生活空间和工业生产空间总量，提高工业生产空间的集约高效利用，推进废弃工业生产空间复垦开发和生态修复，保障土地高效集约利用。

（3）保护生态空间，促进区域生态安全和可持续发展。宁波市应合理规划全域国土空间总体布局，针对市中心城区城镇生活空间挤占农业生产空间和南部生产、生活空间难以扩张的用地现状，提出空间开发战略，在保障宁波市生态安全的同时合理利用土地资源，对不合理和破坏生态系统功能的城镇生活空间和工业生产空间进行改善，修复生态空间功能，推进宁波市生态文明建设，提升总体可持续发展水平。

5.2 临沧示范区研究

5.2.1 临沧市概况

临沧市因濒临澜沧江而得名，位于云南省西南部，与缅甸接壤，澜沧江、怒江分别流经其东、西两侧。其地处横断山系的怒山山脉南延部分，境内地形复杂，属亚热带低纬高原山地季风气候，年平均气温为18~20℃，年平均降水量为900~1500mm，物产丰富，水资源丰沛，是国家重要的水电能源基地、云南重要的蔗糖和酒业生产基地。临沧市总面积2.4万 km^2，山区面积占97.5%，森林覆盖率达70.2%，为滇西南生物多样性重点保护区域。临沧市也是世界茶树和茶文化地理起源中心、中国最大的红茶生产基地和普洱茶原料基地、中国最大的澳洲坚果基地。2023年，临沧市人均GDP为47286元，相当于云南省的73.76%和全国的52.92%；常住人口为223.3万人，少数民族人口占总人口的42.1%，是佤族文化发祥地之一，居住着佤族、傣族、布朗族等23个民族，城镇化率为37.52%，农村常住居民人均可支配收入达16450元，城乡居民人均可支配收入比为2.21。

临沧市于2019年被批准为以"边疆多民族欠发达地区创新驱动发展"为主题的"国家可持续发展议程创新示范区"，着力探索把丰富的民族文化资源、自然生态资源和沿边区位优势充分转化为发展优势的方法与路径，旨在形成可操作、可复制、可推广的有效模式，为边疆多民族欠发达地区实现创新驱动发展发挥示范效应，并为落实《2030年可持续发展议程》提供实践经验。

5.2.2 临沧市 SDGs 进展综合评估

基于统计、遥感、监测等多源地球大数据，以 2015 年为本底年，以 2020 年为现状年，在 SDGs 全球指标框架的基础上，针对临沧市地域特色对部分 SDGs 指标进行本土化，并从社会、经济和资源环境三个维度出发，构建了包括联合国 SDGs 指标和本土化指标的临沧市 SDGs 进展综合评估指标体系（包括 16 个目标、70 个指标）（表 5-5）。对各指标进行归一化处理后，利用等权重加权求和法开展 2015~2020 年临沧市 SDGs 进展综合评估。

表 5-5　临沧市 SDGs 进展综合评估指标体系

维度	目标	指标	具体指标	维度	目标	指标	具体指标
社会可持续发展	SDG1	SDG1.1.1*	每人每日贫困标准比例	社会可持续发展	SDG5	SDG5.2.1*	破获强奸及拐卖妇女和儿童案件数
		SDG1.2.1*	脱贫率			SDG5.c.1*	妇女培训经费
		SDG1.4.1*	村路公路硬化率、基本文化生活服务覆盖率		SDG11	SDG11.1.1*	居住在棚户区中的人口比例
		SDG1.a.2	用于基本服务的开支在政府总开支中的比例			SDG11.2.1*	城区每万人公交车拥有量
		SDG1.b.1*	享有生活补贴的困难残疾人占比、低保家庭人数占比			SDG11.6.1*	生活垃圾无害化处理率、一般工业固体废物综合利用率
	SDG3	SDG3.1.1	孕产妇死亡率			SDG11.6.2*	城市细颗粒物年平均浓度值
		SDG3.2.1	5 岁以下儿童死亡率			SDG11.7.1*	城市建成区人均公园绿地面积
		SDG3.2.2	新生儿死亡率		SDG16	SDG16.1.1*	故意杀人案受害者人数
		SDG3.3.3	每 1000 人中的疟疾发生率			SDG16.4.2*	缴获枪支数
		SDG3.7.1*	平均寿命（总体）	资源环境可持续发展	SDG2	SDG2.1.1*	城市居民恩格尔系数、农村居民恩格尔系数
		SDG3.8.1*	基本医疗服务的覆盖率			SDG2.1.2*	粮食年产量、食用农产品合格率
		SDG3.b.2*	人均政府卫生支出			SDG2.2.1	五岁以下儿童发育迟缓发病率
		SDG3.b.3*	万人拥有的卫生机构工作数量			SDG2.2.2	五岁以下儿童营养不良患病率（肥胖）
		SDG3.c.1*	每千人口中卫生技术人员的人数			SDG2.3.1*	农业产值、茶叶产业产值
		SDG3.d.1*	每千人口医疗卫生机构床位数			SDG2.5.1*	茶叶种植面积
	SDG4	SDG4.1.1*	教育巩固率平均比例			SDG2.a.1	政府支出的农业取向指数
		SDG4.5.1*	少数民族在校生平均比例			SDG2.a.2*	农业基础设施投资额
		SDG4.c.1*	按教育级别分列的符合最低要求水平的老师比例				

续表

维度	目标	指标	具体指标	维度	目标	指标	具体指标
资源环境可持续发展	SDG6	SDG6.1.1*	集中饮用水源地水质达标率、公共供水普及率	经济可持续发展	SDG8	SDG8.2.1*	人均 GDP 增长率
		SDG6.3.1*	安全处理废水的比例			SDG8.4.1*	人均 GDP
		SDG6.3.2*	水功能区水质达标率			SDG8.4.2*	旅游接待人次
		SDG6.4.1	按时间列出的用水效率变化			SDG8.5.2*	城镇居民登记失业率
		SDG6.4.2	用水紧张程度：淡水汲取量占可用淡水资源的比例			SDG8.6.1*	基础教育在册学籍数
		SDG6.6.1*	生态环境补水量			SDG8.9.1*	旅游业总收入
	SDG7	SDG7.1.1*	通电率/用电普及率		SDG9	SDG9.1.1*	公路总里程、路网密度
		SDG7.1.2	主要依靠清洁燃料和技术的人口比例			SDG9.1.2	客运总量、货运总量
		SDG7.3.1*	单位 GDP 能耗			SDG9.2.1*	人均规模以上工业中制造业增加值
	SDG12	SDG12.2.2*	单位地区生产总值用水量			SDG9.b.1*	全社会教育经费投入
		SDG12.5.1*	秸秆综合利用率			SDG9.c.1*	移动电话普及率
		SDG12.7.1*	政府绿色采购比例		SDG10	SDG10.1.1*	城乡人均可支配收入
	SDG13	SDG13.1.3	通过和执行地方减少灾害风险战略的地方政府比例			SDG10.2.1*	城乡人均可支配收入比
		SDG13.3.1*	将气候变化纳入小学、中学课程的地区数		SDG17	SDG17.1.1	政府总收入占国内生产总值的比例
	SDG15	SDG15.1.1	森林面积占陆地总面积的比例			SDG17.3.2*	进出口总额
		SDG15.2.1*	林业投资额			SDG17.6.1*	固定宽带普及率
		SDG15.7.1*	办理野生生物贸易中偷猎和非法贩运案件数			SDG17.8.1*	移动宽带用户普及率
		SDG15.a.1*	生物多样性资源收入情况				

*表示本土化指标。

1. 可持续发展综合指数

2015~2020 年，临沧市可持续发展综合指数和社会、经济、资源环境可持续发展指数均呈增长趋势（图 5-9）。其中，可持续发展综合指数从 2015 年的 0.28 增加到 2020 年的 0.64，年均增长率为 18.0%；社会可持续发展指数从 0.22 增长到 0.70，年均增长率为 26%；经济可持续发展指数从 0.20 增长到 0.67，年均增长率为 27.4%；资源环境可持续发展指数从 0.41 增长到 0.53，年均增长率为 5.3%。虽然资源环境可持续发展指数的年均增长率较小，但本底年的指数值最大，临沧市的资源环境可持续发展一直处于良好状况。

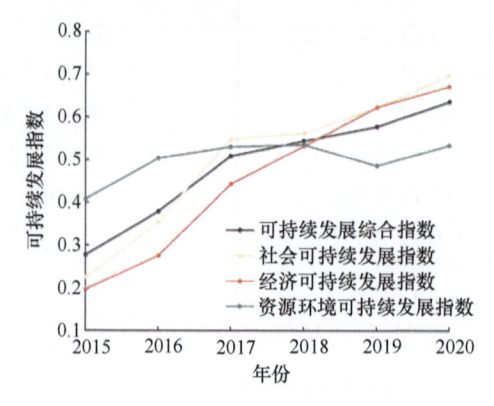

图 5-9　临沧市可持续发展指数演变

社会维度中（图 5-10），SDG 3、SDG 4 和 SDG 11 的得分值在 2015~2020 年趋于增加，表示这 3 个目标距离实现可持续发展越来越近；SDG 1 在 2015~2019 年快速增加，但因新冠疫情影响，2020 年基本服务（教育、保健和社会保障）支出占当地政府总支出的比例有所下降，使该目标值相较于 2019 年减小了 13.65%；SDG 5 和 SDG 16 的变化波动性较大。经济维度中，各目标增长趋势差异较大，SDG 8 分三个阶段跳跃增长；SDG 9 在 2015~2017 年基本保持稳定，2017~2018 年增速快，2018~2020 增速变缓；SDG 10 以稳定的速度增大；SDG 17 在 2015~2018 年快速增长，2018~2020 年呈下降趋势。资源环境维度中，因各目标本底年得分值较高，故增速较慢。

图 5-10　临沧市社会、经济和资源环境维度各个目标得分

本底年与现状年相比，所有目标现状年得分均有较大的进展，而各个目标年均增长率不同，其中，SDG 5 年均增长率最大（158%），年均增长率介于 40%~50% 的目标有 2 个，20%~30% 的目标有 5 个，10%~20% 的目标有 2 个，小于 10% 的目标有 5 个，SDG 13 基本保持不变。

2. 可持续发展综合指数

为了更好地监测临沧市在落实《2030年可持续发展议程》过程中亟待解决的问题，进一步量化了每个指标的发展进程（图5-11）。具体来看，SDG 5、SDG 6、SDG 8、SDG 10、SDG 13 和 SDG 16 中各指标均具有较好进展，其余目标中大多数指标进展表现较好，但是也有少数指标表现为无进展或负进展。具体来看，SDG 1 中 SDG 1.1.1 和 SDG 1.a.2 表现为无进展，其余指标具有较好的进展趋势；SDG2 中，SDG 2.1.1 表现为无进展，而 SDG 2.a.1 表现为负进展；SDG3 中，SDG 3.b.3 表现为无进展；SDG 4 中，SDG 4.1.1 表现为无进展；SDG 7 中，SDG 7.1.2 为无进展；SDG 9 中，SDG 9.1.2 为无进展；SDG 11 中，SDG 11.6.1 和 SDG 11.6.2 为无进展；SDG 12 中，SDG 12.7.1 为负进展；SDG 15 中，SDG 15.7.1 为负进展；SDG 17 中，SDG 17.1.1 表现为负进展。

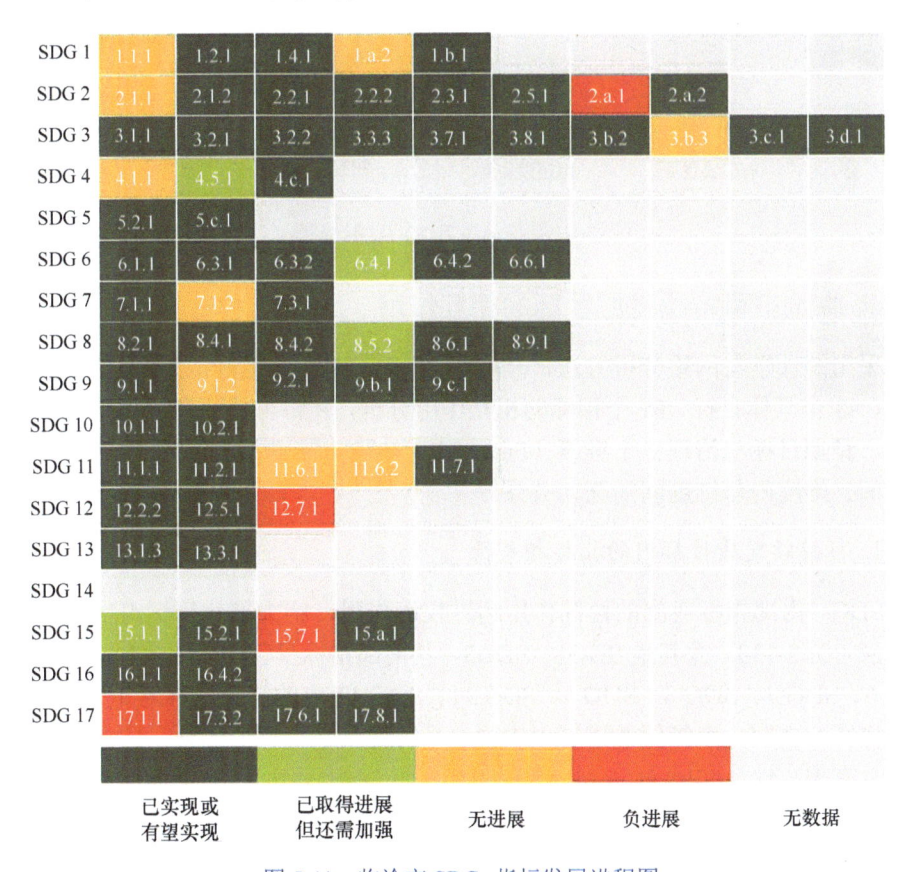

图 5-11 临沧市 SDGs 指标发展进程图

在此基础上，将各指标的进展聚合到相应目标上（图 5-12）。总体来看，所有目标均具有较好的发展进程，尤其是 SDG 3、SDG 5、SDG 6、SDG 8、SDG 9、SDG 10、SDG 13 和 SDG 16，以目前的发展速度，在 2030 年有望实现目标。其余目标也具有一定的进展，但在实现 2030 年可持续发展目标的道路上还需更加努力。

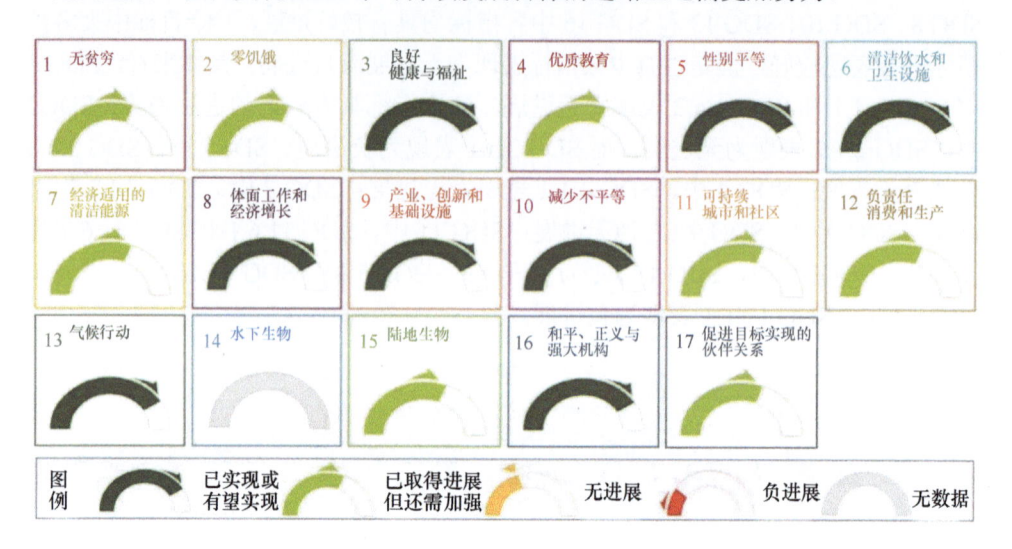

图 5-12 临沧市 SDGs 发展进程

5.2.3 临沧市可持续发展目标的相互作用

采用统计学与网络分析方法，开展了 2010～2020 年临沧市 14 个可持续发展目标、43 个具体目标、51 个指标的相互作用分析，并将可持续发展目标分为基本需求、预期目标与治理三个维度（Fu et al., 2019），分析了可持续发展目标内、目标间、维度内与维度间的互动关系。

1. 可持续发展目标内的指标相关性

SDGs 内部指标对间的协同作用超过权衡作用，绝大部分目标内呈现显著协同效应（图 5-13）。尤其是 SDG1、SDG3，其内部指标呈现 100%的协同；SDG 4、SDG 6、SDG 7、SDG 8、SDG 9、SDG 11、SDG 17 内的显著指标对（$p<0.05$）均呈现协同，表明一个指标的进展促进同一目标内其他指标的实现，同一目标内的指标具有兼容性（Nilsson et al., 2016）。然而，同一目标内的指标也存在权衡关系（Pradhan et al., 2017），临沧市的权衡指标出现在 SDG 15，SDG 15.1.1 与 SDG 15.7.1 间存在权衡，主要原因在于森林面积的增加为动物繁衍提供了更多的栖息地，有利于种群数量的扩大，但由于管护能力有限，野生动物贩卖风险提升。

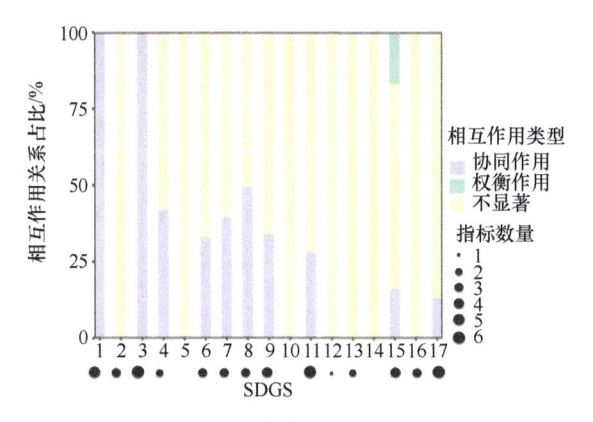

图 5-13　SDGs 指标内的相互作用关系

2. 可持续发展目标间的指标相关性

临沧市 SDGs 指标间的相互作用热力图显示（图 5-14），该区目标间指标的

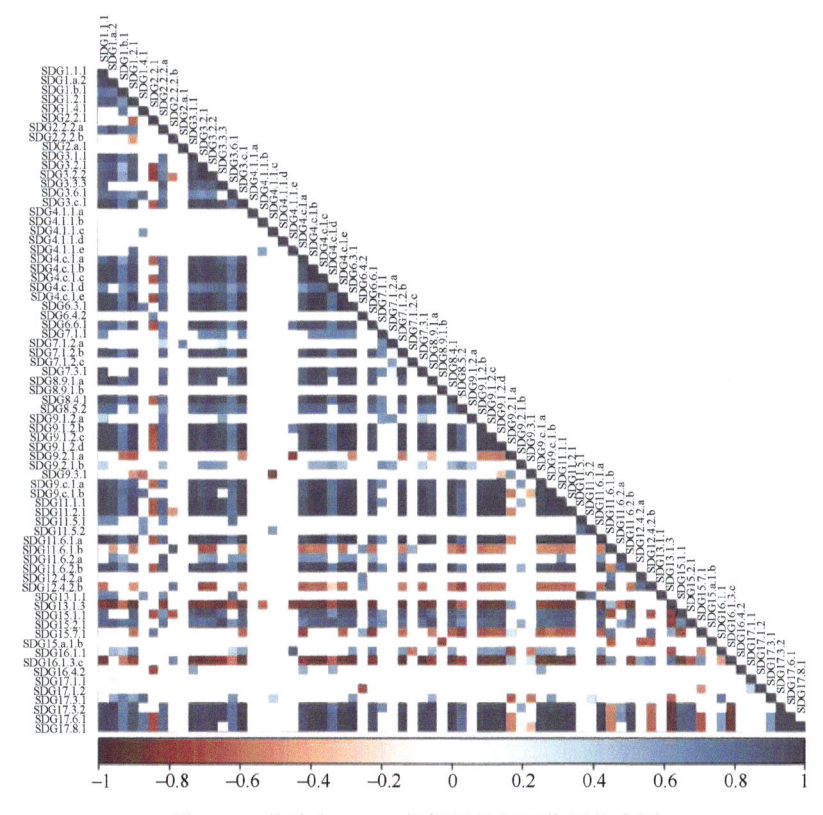

图 5-14　临沧市 SDGs 指标间的相互作用热力图

互动关系整体呈现显著协同效应，协同关系占比（39.63%）显著高于权衡关系占比（5.49%）。基于指标间相关性结果，可将其分为协同与权衡两类（图 5-15）。协同与权衡互动网络分析结果显示，SDG1、SDG3 在临沧市可持续发展目标中协同关系明显（协同作用占比超过 55%，且不显著占比不超过 40%），协同指标集中在 SDG1、SDG3、SDG4、SDG6、SDG7、SDG8、SDG9、SDG11、SDG17，权衡指标主要出现在 SDG2、SDG12、SDG13、SDG15、SDG16，占比不足 3%。

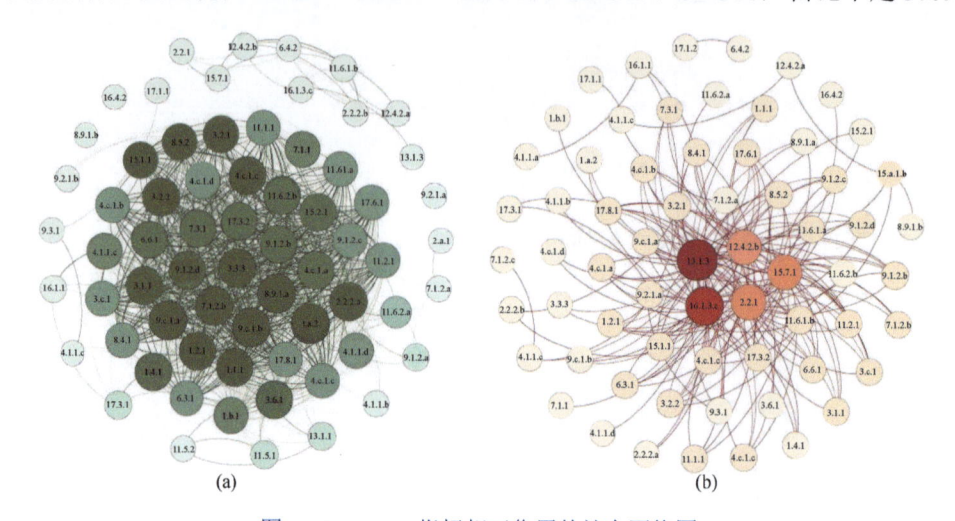

图 5-15　SDGs 指标相互作用的社会网络图
（a）为协同关系指标对，（b）为权衡关系指标对；图中点由小到大、线条由细到粗、颜色由浅至深显示指标间相关性逐渐增强

　　SDG2、SDG4、SDG6、SDG7、SDG8、SDG9、SDG11、SDG15、SDG17 的协同作用显著大于权衡作用，但不显著的指标占比较高，均超过 55%。协同网络中，政府支出的农业取向指数（SDG2.a.1）、通电率/用电普及率（SDG7.1.1）、主要依靠清洁燃料和技术的人口比例（SDG7.1.2）的介数中心性较高，显示指标在其他指标的实现中起到重要的桥梁作用。此外，除 SDG2.a.1 与 SDG 7.1.2 外，其余指标与其他指标的对应协同关系占比均超过 50%，显示协同网络的中心性指标基本呈现高协同性。

　　SDG12、SDG13、SDG16 的权衡作用显著大于协同作用，SDG2 与 SDG15 存在显著权衡指标。其中，SDG2.2.1（五岁以下儿童发育迟缓发病率）、SDG12.4.2.b（有害废物综合利用率）、SDG13.1.3（通过和执行地方减少灾害风险战略的地方政府比例）、SDG15.7.1（办理野生生物贸易中偷猎和非法贩运案件数）、SDG16.1.3.c（过去 12 个月内遭受性暴力的人口所占的比例）的度中心性、紧密中心性、特征向量中心性、介数中心性均较高，呈现高权衡性特征。权衡网络中心指标的发展趋势多背离目标进展方向，不利于其他目标的顺利实现，可通过一系列的政策和技术措施弱化其权衡属性（Moyer and Bohl，2019）。

3. 维度内与维度间的相关性

已有研究表明，目标间存在部分性和整体性的协同与权衡关系（王红帅和董战峰，2020）。对临沧市可持续发展指标互动网络进行分析发现，SDGs 互动网络的平均聚类系数为 0.721，平均路径长度为 1.825，表明网络具有较高易达性与小世界效应，可开展分类研究（Zhu et al.，2013）。为此，将临沧市的 SDGs 分为基本需求（SDG2、SDG6、SDG7、SDG15）、预期目标（SDG1、SDG3、SDG4、SDG8、SDG16）和治理（SDG9、SDG11、SDG12、SDG13、SDG17）三个维度。基于临沧市基本需求、预期目标与治理 3 个维度内的指标相关性，绘制了三大维度内的社会网络图（图 5-16）。结果发现，临沧市可持续发展的基本需求、预期目标、治理三个维度间的指标互动关系均呈现显著协同效应，协同比例最高的为预期目标维度，其与基本需求、治理维度内指标的协同比例达 33.26%、35.58%，基本需求与治理维度的协同比例为 26.39%，两维度与其他维度间指标的不显著比例较高，均超过 55%。

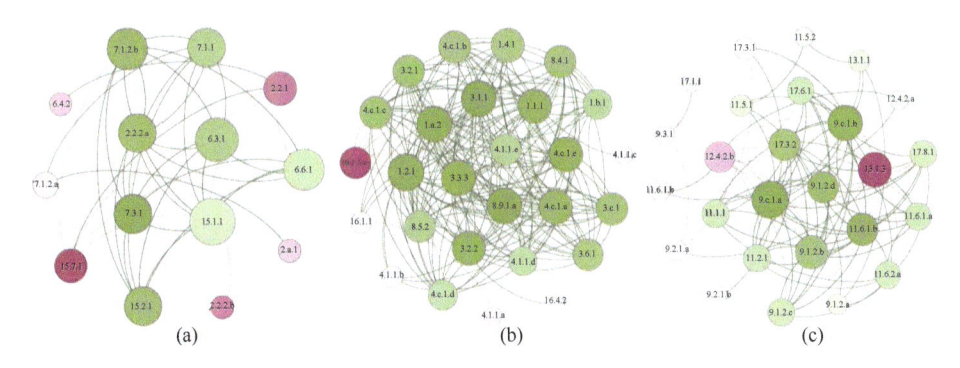

图 5-16　基本需求（a）、预期目标（b）和治理（c）三个维度的社会网络图
点由小到大、颜色由浅至深显示指标间相关性逐渐增强，红色线条为权衡作用，绿色线条为协同作用

三个维度内目标间指标的互动关系均呈显著协同效应，但均存在权衡指标，三个维度的 SDGs 均未完全实现，且维度内协同网络中心指标与目标间协同网络中心指标略有差异。协同比例最高的为预期目标维度，维度内的协同指标对、权衡指标对比例分别为 49.74%、4.59%。其协同指标主要出现在 SDG1 与 SDG3，脱贫率（SDG1.2.1）、孕产妇死亡率（SDG 3.1.1）的度中心性、紧密中心性均较高，其进步对与其相关联的预期目标实现具有重要促进作用。

基本需求维度内的不显著指标较多，维度内的协同指标对、权衡指标对、不显著指标对比例分别为 24.22%、6.25%、69.53%，维度内的协同指标主要出现在

SDG6、SDG7 和 SDG15。其中，森林面积占陆地总面积的比例（SDG15.1.1）与安全处理废水的比例（SDG6.3.1）的度中心性、紧密中心性、特征向量中心性均较高，且森林面积占比的介中心性也较高，表明区域丰富的森林资源可直接或间接促进基本需求维度内其他指标的实现，水污染处理能力与基本需求维度内其他指标的联系较为密切，处于基本需求维度的中心位置。已有研究也发现，清洁水和卫生设施的实现可显著促进水和陆地生态系统的进展（Wood et al.，2018）。

治理维度内的不显著指标也较多，维度内的协同指标对、权衡指标对、不显著指标对比例分别为 20.58%、7.40%、72.02%，维度内的协同指标主要出现在 SDG9。其中，SDG9.c.1（移动电话普及率）、SDG9.1.2.b（货运总量）的度中心性、紧密中心性、特征向量中心性均较高，SDG9.2.1（人均规模以上工业中制造业增加值）的介中心性较高。可见，通信基础设施建设、交通运输能力提升是治理维度内的中心性指标。

5.2.4 特色产业助推 SDGs 实现

基于山区资源禀赋优势的特色产业不仅有助于提高山区农户的收入，更对山区社会发展及生态环境改善起到促进作用，被视为实现山区可持续发展的关键手段。茶产业是临沧市主要的特色产业，利用固定效应模型分析茶产业对 SDGs 的影响，探讨茶产业助力临沧市 SDGs 的实现路径。

1. 茶产业的时空分布

作为全国最大的茶叶主产区之一，截至 2020 年底，茶园面积达 11.01 万 hm^2，茶叶产量达 144300 t。2010~2020 年，临沧市茶叶种植面积和产量呈显著增加趋势。其中，茶叶种植面积由 2010 年的 85583 hm^2 增长至 2020 年的 110091 hm^2，增幅为 28.64%。2010~2020 年，茶叶种植面积的年均增长率呈波动上升趋势 [图 5-17（a）]；茶叶产量由 2010 年的 59392 t 增长至 2020 年的 144259 t，增幅为 142.89%[图 5-17（b）]。

为了解临沧市茶产业的时空分布特征，选取 2010 年、2015 年和 2020 年县级尺度的茶叶种植面积和茶叶产量，利用 ArcGIS 软件，采用自然断点法划分为低值区、较低值区、中值区、较高值区和高值区（图 5-18）。2010~2020 年，临沧市茶叶种植面积的空间分布变化较明显，总体呈"东高西低"的分布态势。其中，高值区比例变化较大，由 2010 年的 12.5%增长至 2020 年的 50%，主要由东北部的凤庆县向南逐渐延伸至临翔区、双江拉祜族佤族布朗族傣族自治县（以下简称双江县），呈带状分布。而低值区比例稳定不变，主要分布在西部的镇康县。2010~2020 年临沧市茶叶产量总体呈"北高南低"的分布特征（图 5-19）。

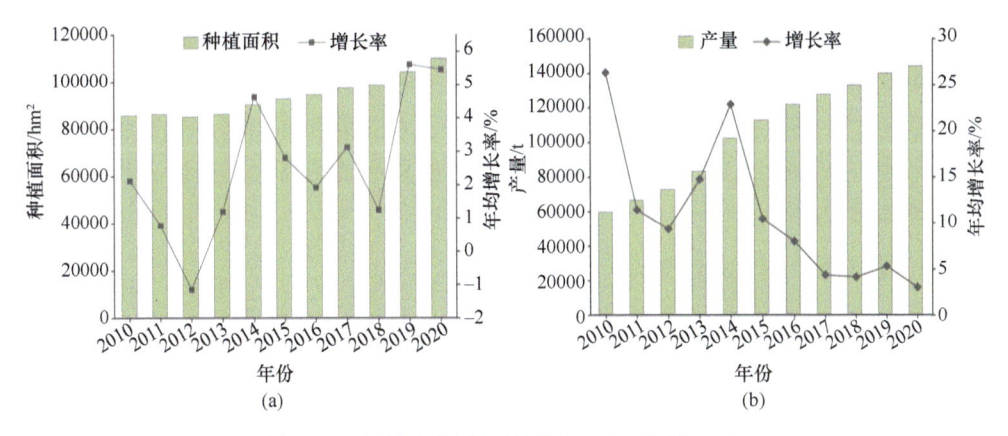

图 5-17 临沧市茶叶种植面积（a）、产量（b）

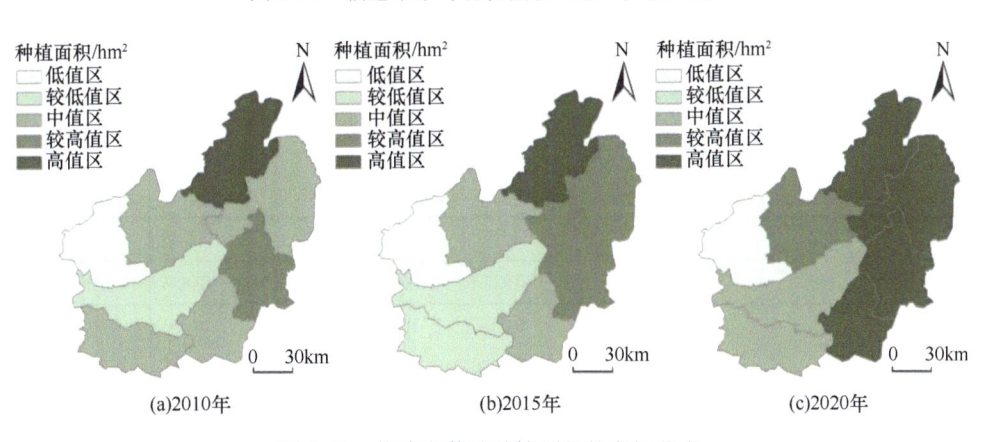

图 5-18 临沧市茶叶种植面积的空间分布

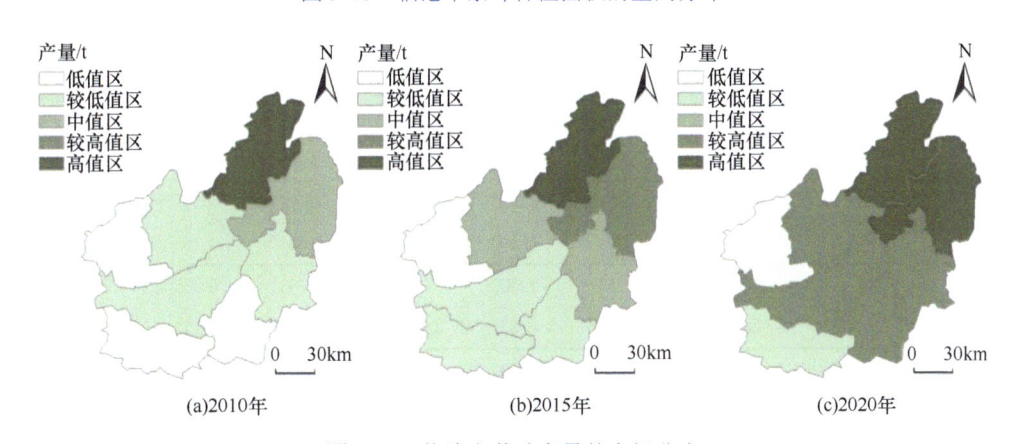

图 5-19 临沧市茶叶产量的空间分布

其中，高值区比例由 2010 年的 12.5%增长至 2020 年的 25%，主要分布在东北部的凤庆县和云县；较高值区比例由 0%增长至 50%。主要分布在中部地区的永德县、耿马傣族佤族自治县（以下简称耿马县）、双江县和临翔区，呈团状分布。总体来看，2010～2020 年临沧市茶叶种植面积和产量的高值区在凤庆县，低值区在镇康县。

2. 茶产业对 SDGs 的影响

回归结果显示（表 5-6），茶产业发展水平对 SDG1.1.1、SDG1.2.1、SDG2.1.1、SDG2.3.1、SDG8.4.1、SDG8.5.1 和 SDG15.1.1 有显著正向影响，均通过了 1%、5%或 10%的显著性检验。具体而言，茶产业发展水平与 SDG1.1.1（农村人均可支配收入）、SDG2.3.1（农业产值、茶叶产业产值）和 SDG8.4.1（人均 GDP）存在显著的正相关关系。茶产业发展水平每增加 1%，其分别增长 1.301%、0.758% 和 1.283%。可见，相较于传统产业，茶产业作为高附加值的特色经济作物，撬动并释放了乡村的土地、资本与劳动力，在一定程度上消除了导致山区农村贫

表 5-6　面板固定效应模型估计结果

变量	模型 1 SDG1.1.1	模型 2 SDG1.2.1	模型 3 SDG2.1.1	模型 4 SDG2.3.1	模型 5 SDG8.4.1	模型 6 SDG8.5.1	模型 7 SDG15.1.1
茶产业发展水平	1.301*** (5.75)	0.772** (3.58)	0.631*** (5.25)	0.758*** (7.67)	1.283*** (9.71)	0.001* (1.79)	0.043*** (4.69)
人均林地面积	0.021*** (5.51)	0.042*** (10.81)	0.021*** (7.10)	0.003 (1.48)	0.005* (1.73)	0.004** (2.94)	−0.001 (−0.75)
乡村劳动力资源	0.482 (0.77)	3.000** (1.85)	−0.842 (−0.93)	1.300* (1.75)	1.224 (1.23)	0.130** (2.65)	−0.040 (−0.57)
每千人口医疗卫生机构床位数	0.123 (1.38)	0.191* (2.40)	0.032 (0.60)	0.026 (0.81)	0.482*** (9.45)	0.003 (1.20)	0.004 (1.09)
第一产业占 GDP 比重	−0.691*** (−3.65)	0.220 (1.26)	−0.351** (−3.40)	0.179** (2.11)	0.324** (2.88)	0.023*** (4.16)	−0.003 (−0.04)
高中少数民族在校学生比例	0.273 (0.40)	−0.214 (−0.34)	−0.682** (−1.88)	0.413 (1.37)	0.294 (0.73)	0.005 (0.27)	0.033 (1.08)
地区固定效应	控制	控制	控制	控制	控制	控制	控制
调整 R^2	0.773	0.852	0.764	0.786	0.953	0.986	0.654

*表示 $p<0.1$，**表示 $p<0.05$，***表示 $p<0.01$。

注：括号中为 t 统计量。

困的各种人、地、业障碍性因素,使得其所依附的土地实现快速商品化,有效提升了农户的收入及农业产值,从而促进区域经济发展(Baxter and Calvert,2017)。

茶产业发展水平与 SDG1.2.1(脱贫率)、SDG2.1.1(城市居民恩格尔系数、农村居民恩格尔系数)和 SDG8.5.1(乡村从业人数)存在显著的正相关关系,茶产业发展水平每增加 1%,其分别增长 0.772%、0.631%和 0.001%。这表明特色产业作为产业扶贫手段推行的政治经济运行机制,为农户提供了更多的就业机会,对山地乡村贫困减缓与农民可持续生计建立起到了重要作用。但茶产业发展水平对 SDG 1.4.1(村路公路硬化率、基本文化生活服务覆盖率)、SDG3.2.1(5 岁以下儿童死亡率)、SDG10.2.1(城乡人均可支配收入比)影响不显著。这表明,临沧市茶产业的发展对提高区域基础设施水平、完善公共服务以及城乡统筹发展的贡献较小。

此外,茶产业发展水平对 SDG 15.1.1(森林面积占陆地总面积的比例)起到正向影响,茶产业发展水平每增加 1%,其可增长 0.043%,主要原因在于茶树作为临沧市的主要树种,种植面积的增加可有效提高森林覆盖度,且目前种植的茶树普遍较矮,具有较强的保持水分、调节小气候的功能。这表明特色经济作物的种植作为促进区域经济增长的重要手段,能够促进山区乡村整体自然资源的经济价值与生态整体价值的耦合(Bukomeko et al., 2019)。

稳健性检验回归结果显示(表 5-7),茶产业发展水平对临沧市 SDG1.1.1、SDG1.2.1、SDG2.1.1、SDG2.3.1、SDG8.4.1、SDG8.5.1 和 SDG15.1.1 仍然存在显著的正向影响,具有一定的稳健性。

由于各地区的经济发展水平存在较大差异,茶产业的发展对区域 SDGs 进展的影响效应也可能存在区域性差异。为此,我们探究了茶产业在不同经济发展水平地区对 SDGs 的驱动作用。结果显示(表 5-8),茶产业在经济发展低水平地区对 SDG1.1.1(农村人均可支配收入)的影响显著大于经济发展高水平地区,而对 SDG2.3.1(农业产值、茶叶产业产值)和 SDG8.4.1(人均 GDP)则相反。这表明茶产业在经济发展水平较低地区对农户收入的促进作用更强,但在经济发展水平较高地区对农业产值、茶叶产业产值和人均 GDP 促进作用更强。茶产业在经济发展低水平地区对 SDG1.2.1(脱贫率)、SDG2.1.1(城市居民恩格尔系数、农村居民恩格尔系数)和 SDG8.5.1(乡村从业人数)的影响显著大于经济发展高水平地区,茶产业发展水平每增加 1%,其分别增长 1.072%、0.251%和 0.023%。茶产业在经济发展高水平地区对 SDG 15.1.1(森林面积占陆地总面积的比例)的影响大于经济发展低水平地区。

表 5-7 稳定性检验回归结果

变量	模型 1 SDG1.1.1	模型 2 SDG1.2.1	模型 3 SDG2.1.1	模型 4 SDG2.3.1	模型 5 SDG8.4.1	模型 6 SDG8.5.1	模型 7 SDG15.1.1
茶产业发展水平	0.776***	0.664**	0.383**	0.734***	0.852***	0.096***	0.030***
	(2.69)	(2.62)	(2.50)	(5.78)	(4.12)	(7.32)	(2.95)
人均林地面积	0.034***	0.049***	0.021***	0.003	0.007**	0.008	−0.006
	(5.42)	(10.60)	(6.89)	(1.58)	(2.09)	(1.08)	(-0.33)
乡村劳动力资源	1.021	3.264*	−0.581	1.542*	0.744	0.058	−0.022
	(0.52)	(1.95)	(−0.57)	(1.86)	(1.29)	(1.21)	(−0.32)
每千人口医疗卫生机构床位数	0.212**	0.244**	0.069	0.072	0.564***	0.002	0.006
	(2.13)	(2.86)	(1.38)	(1.65)	(8.34)	(1.18)	(1.72)
第一产业占 GDP 比重	−0.882***	0.124	−0.427***	0.072	0.501**	0.071**	−0.061
	(−4.03)	(0.64)	(−3.82)	(0.73)	(3.32)	(2.36)	(−0.76)
高中少数民族在校学生比例	0.742	−0.642	−0.914**	0.053	0.224	0.112***	0.009
	(0.92)	(−0.92)	(−2.15)	(0.17)	(0.39)	(2.68)	(0.30)
地区固定效应	控制	控制	控制	控制	控制	控制	控制
调整 R^2	0.690	0.824	0.732	0.849	0.892	0.994	0.802

*表示 $p<0.1$，**表示 $p<0.05$，***表示 $p<0.01$。
注：括号中为 t 统计量。

表 5-8 分样本回归结果

变量	SDG1.1.1 低	SDG1.1.1 高	SDG1.2.1 低	SDG1.2.1 高	SDG2.1.1 低	SDG2.1.1 高	SDG2.3.1 低	SDG2.3.1 高
茶产业发展水平	2.913**	0.602***	1.072**	0.246	0.251	0.833***	0.600***	0.893**
	(3.52)	(1.12)	(3.59)	(1.17)	(1.17)	(5.42)	(1.12)	(2.45)
控制变量	控制	控制	控制	控制	控制	控制	控制	控制
地区固定效应	控制	控制	控制	控制	控制	控制	控制	控制
调整 R^2	0.844	0.872	0.891	0.662	0.658	0.924	0.869	0.903

变量	SDG8.4.1 低	SDG8.4.1 高	SDG8.5.1 低	SDG8.5.1 高	SDG15.1.1 低	SDG15.1.1 高
茶产业发展水平	1.066**	0.605***	0.023*	0.024*	0.022*	0.044***
	(3.59)	(1.12)	(0.76)	(0.76)	(0.76)	(4.53)
控制变量	控制	控制	控制	控制	控制	控制
地区固定效应	控制	控制	控制	控制	控制	控制
调整 R^2	0.887	0.874	0.893	0.886	0.885	0.833

*表示 $p<0.1$，**表示 $p<0.05$，***表示 $p<0.01$。
注：括号中为 t 统计量。

3. 茶产业助推临沧市 SDGs 的实现路径

1）构建茶叶全产业链

临沧市茶产业基础面广而不深厚，产业的高附加值潜力未得到释放。为此，可构建茶叶全产业链，坚持"大品牌、大企业、大市场"的发展思路，突出打造区域公用品牌、培育领军龙头企业、促进茶产业转型升级。在生产环节，应科学划定茶叶种类的生产优势区，完善田间道路、蓄排设施、电力设备等配套设施；同时，应大力开展农业科技培训，壮大高素质农民队伍。在加工环节，应抓好龙头企业培育，加强茶叶基地标准化建设、初加工及精深加工标准化生产、产品研发等；可建设茶叶精深加工中心，引进先进的生产技术，加快推进新式茶饮、含茶食品等的研发与生产。在流通环节，以构建商贸流通网络为重点，支持开展绿色、有机、地理标志农产品认证，打造地域特色鲜明、产品特性突出的区域公用品牌；同时，应积极推动茶旅融合发展，构建多样的茶旅融合发展模式。

2）推动茶产业数字化

临沧市茶产业以分散化和粗放化经营为主，产品质量参差不齐，为此，应加大科技支撑产业发展的力度。首先，可通过现代"产业互联网"技术，构建多维度场景的特色茶产业链。其次，可通过开设数字化茶厂推动茶叶生产标准化，使茶叶从鲜叶摊青、杀青到自动烘干这一生产线实现从靠人工控制向自动控制转变，茶叶加工全程实现智能化、连续化、标准化、规模化和清洁化。最后，还可开发与茶产业相关的应用，形成茶叶数字资产和价值链，如构建基于国内国际茶叶的"市场数据、供给数据、销售数据、消费数据、客户数据、金融数据、信用数据"等细分行业的大数据商业应用，或构建茶叶从农户种植到生产物流、从分销到消费的全过程分布式数据记录的商业应用，实现 SDGs 综合评估与可视化。

3）建设绿色生态茶园

当前，临沧市茶园绿色种植水平难以符合茶叶市场消费升级的要求，为此，应构建绿色生态茶园以进一步提高生态价值。首先，应优化茶园内部物种结构，构建山地立体茶园，合理配置生态位，从而营造良好的生态环境，保持水土和改良土壤。其次，积极推广绿色科学的技术模式，适当选用茶叶专用肥、有机肥，禁用生长调节剂等，并深入茶区进行科学防治茶树病虫害的技术培训，引导茶农使用"高效、低毒、低残留"的新型更替农药和生物农药。最后，还可依靠科技创新建设智慧管理茶园，如动态监测茶园的空气温度和湿度、土壤水分含量和病虫害情况等，结合系统预警模型对茶叶进行远程监测与诊断，保证茶叶在最适宜的环境条件下生长（图 5-20）。

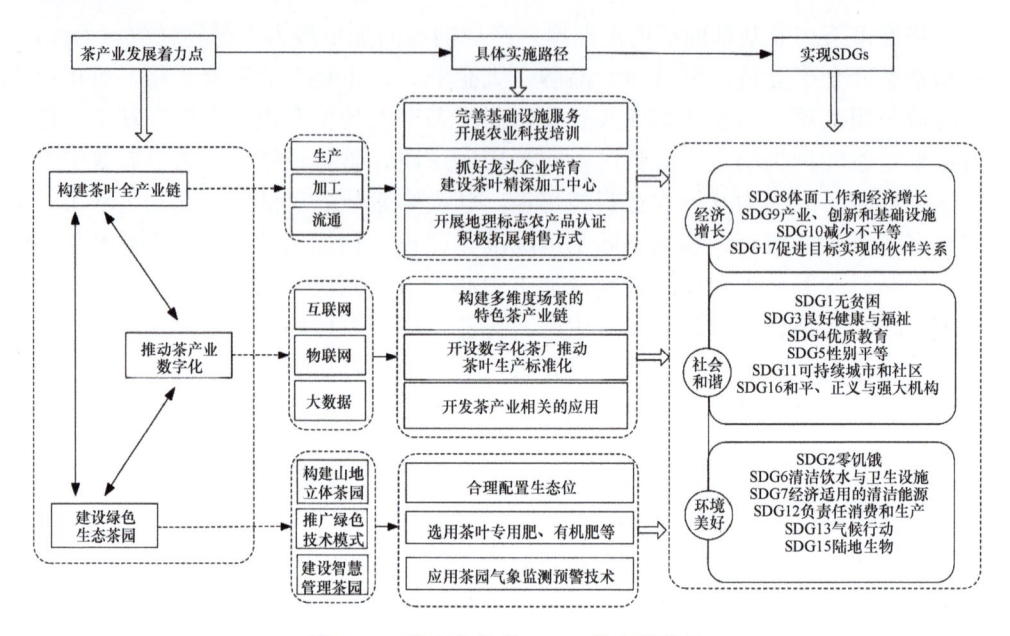

图 5-20　茶产业助推 SDGs 的实现路径

5.3　雄安新区示范区研究

2017 年 4 月，国家正式宣布设立河北雄安新区，这是继深圳经济特区、上海浦东新区之后又一个具有全国意义的新区，是千年大计和国家大事。经过 7 年多的规划和建设，雄安新区已经进入承接北京非首都功能和建设同步推进的重要阶段，外围骨干交通路网、内部道路体系、生态廊道建设、水系"四大体系"基本形成，城市框架逐步搭建完成。尽管雄安新区规划建设时间较短，但积累了丰富经验，作为新时代高质量发展的全国样板和新一轮改革开放的制度创新试验基地，具有重要的示范价值，可以为国内外其他新城新区规划和建设提供样板，贡献中国力量。

5.3.1　示范区概况

雄安新区位于河北省中部，地处北京、天津、保定腹地，距北京和天津均为 105km，距石家庄 155km，距北京大兴国际机场 55km，地理坐标 38°43′N～39°10′N，

115°38′E～116°20′E，起步区面积约 100km²，中期发展区面积约 200km²，远期控制区面积约 2000km²。

1. 自然地理条件

雄安新区位于太行山以东平原区，在大清河水系冲积扇上，是太行山麓平原向冲积平原的过渡带，属堆积平原地貌。地势由西北向东南逐渐降低，地面高程在 5～26m，自然纵坡 1/1000 左右，为缓倾平原，土层深厚，地形开阔。

全境位于海河流域的大清河水系，区内河渠纵横，水系发育，湖泊广布，河网密度达到 0.12～0.23km/km²。华北平原最大的淡水湖泊——白洋淀位于区内东南部，由 140 多个大小不等的淀泊组成，总面积 366km²，其中有 312km² 分布于安新县境内，上承九河（潴龙河、孝义河、唐河、府河、漕河、萍河、清水河、瀑河、白沟引河），是大清河南支环洪滞涝的天然洼淀，主要调蓄上游河流的洪水。

2. 交通区位条件

雄安新区是交通运输部确定的第一批交通强国建设试点地区。境内有京雄城际铁路、津雄城际铁路、固保城际铁路、京石邯城际铁路等过境，有 G18 荣乌高速公路、G0211 青新高速公路、G45 大广高速公路、S7 津保高速公路、京雄高速公路等横贯全境，"四纵三横"高速公路网加快形成。

3. 经济社会条件

2023 年，雄安新区实现 GDP 412.7 亿元，名义增速接近 20%，显示出强劲的发展势头。目前，中国星网集团、中国中化集团、中国华能集团、中国矿产资源集团四家首批央企总部项目全部顺利落户雄安新区。

根据第七次全国人口普查结果，截至 2020 年 11 月，雄安新区常住人口为 1205440 人，共有家庭 384126 户，平均每个家庭户的人口约 3 人。15 岁及以上人口的平均受教育年限为 8.92 年。常住人口中，居住在城镇的有 567164 人，占 47.05%；居住在乡村的有 638276 人，占 52.95%。流动人口为 187330 人，其中跨省流入人口为 59172 人，省内流动人口为 128158 人。

5.3.2 示范内容

当前，国内外发展环境发生重大而深刻的变化，改革开放进入攻坚期和深水区。从国内看，中国特色社会主义进入新时代，经济由高速增长阶段转向高质量发展阶段。从国际看，世界正经历百年未有之大变局，中国在向全球产业价值链高端迈进时面临发达国家技术和市场封锁。结合雄安新区的实际和规划

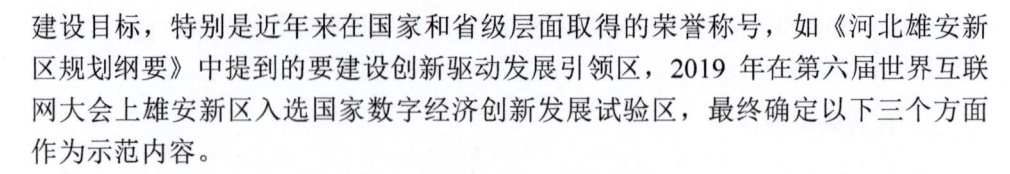

建设目标，特别是近年来在国家和省级层面取得的荣誉称号，如《河北雄安新区规划纲要》中提到的要建设创新驱动发展引领区，2019年在第六届世界互联网大会上雄安新区入选国家数字经济创新发展试验区，最终确定以下三个方面作为示范内容。

1. 重视规划的先导作用，严格落实先规划后建设

为创造"雄安质量"和建设成为推动高质量发展的全国样板，需要按照高起点规划、高标准建设雄安新区的要求，在规划建设方面不断创新。而面向未来的雄安新区，规划的创新不仅体现在城市发展和城市规划的理念、目标和策略上，同时也需要规划编制自身的创新。这种创新主要体现在三个方面。

一是控制目标的创新。《河北雄安新区起步区控制性规划》对城市中的结构性要素具有更强的刚性管控作用，对非结构性要素具有更强的包容性和应对发展变化的韧性，因此是一个刚柔并济、富有弹性和温度的规划。

二是管控体系的创新。核心是以"土地利用管控"为主线，以复合型土地利用类型为基石，构建由"土地利用管控"、"规划建设管控"、"规划单元管理"和"组团规划指引"等要件组成的具有层次性的管控内容体系（原付川，2019），并与现有的总体规划和控制性详细规划顺利实现承上启下的有机对接。

三是管控方法的创新。以现实的城市复杂性和多样性为规划管控的参照，充分考虑发展的不确定性和社会的包容性以及风险应对，以科学、合理为标尺，确定规划管理单元的规模、土地复合利用的类型，提出的"居住生活与公众服务""产业发展与创新科研""市政交通""城市绿地"四类复合型城市建设用地类型及其主导功能类型、以"十五分钟生活圈"为原则划定的"规划管理单元"以及管控重点和管控规定，为在这一层次的规划管控中实现高品质的城市生活、富有活力的城市空间和具有特色的城市景观确定了良好的规划技术条件。

通过汇集1000多名国内外专家、200多个国内外团队、2500多名专业技术人员，编制形成了"1+4+26"规划体系，实现"一主五辅"全覆盖，确保一张蓝图干到底。

2. 重视生态环境问题，争创生态文明典范城市

良好的生态环境是最普惠的民生福祉，坚持生态惠民、生态利民、生态为民，重点解决损害群众健康的突出环境问题，不断满足人民日益增长的优美生态环境需要。围绕生态环境治理，雄安新区在规划建设之初就开展了千亩秀林建设和白洋淀治理。同时，还开展了全国碳交易市场建设，每年召开中国雄安生态文明论坛等。此外，防范生态环境风险，特别是洪涝灾害风险，是雄安新区面临的突出

第 5 章　美丽中国建设典型示范集成研究

环境问题。为此，本研究开展了洪涝灾害风险评估，进行了风险识别，研究结果得到相关部门采纳，为雄安新区规划建设提供了科技支撑。

研究根据 1963~2015 年雄安新区 96 个水文站点水文资料，计算得到白洋淀最大单日降水量，并做出 10 年一遇洪水单日降水量等值线、50 年一遇洪水单日降水量等值线和 100 年一遇洪水单日降水量等值线（图 5-21~图 5-23）。

其中，10 年一遇洪水对应最大单日降水量为 201.82mm，50 年一遇洪水对应最大单日降水量为 356.83mm，100 年一遇洪水对应最大单日降水量为 427.32mm。

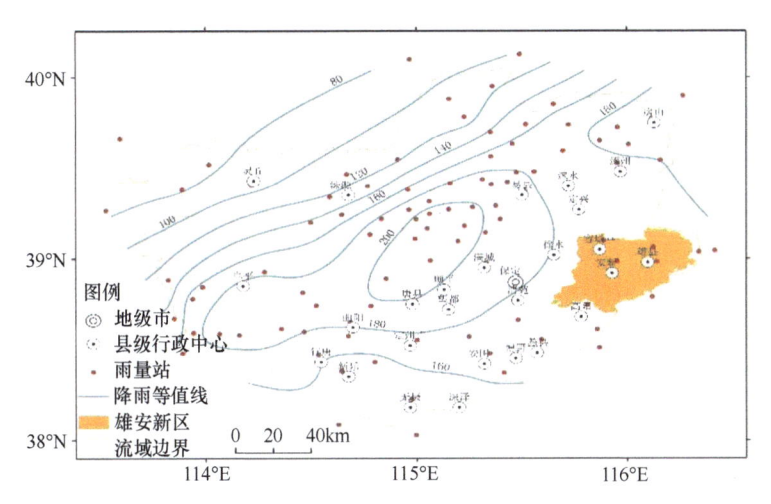

图 5-21　白洋淀流域 10 年一遇洪水单日降水量等值线

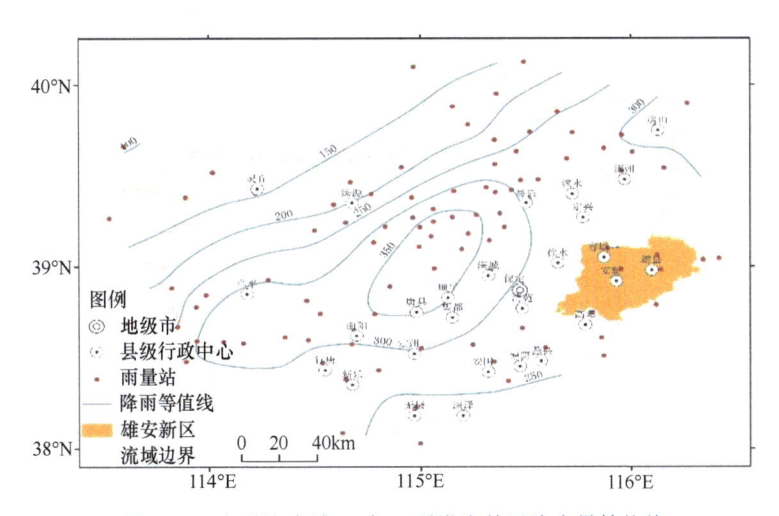

图 5-22　白洋淀流域 50 年一遇洪水单日降水量等值线

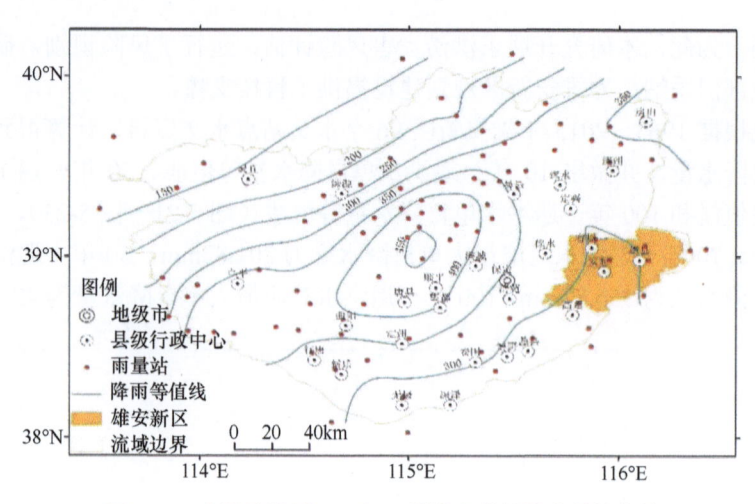

图 5-23 白洋淀流域 100 年一遇洪水单日降水量等值线

根据降水量,模拟了白洋淀蓄水量–下泄流量的关系、白洋淀水位–下泄流量的关系。此外,对两个水文站进行了流量设计、洪量设计(图 5-24 和图 5-25)。

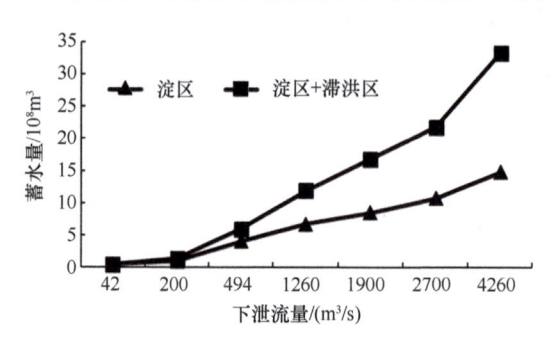

图 5-24 白洋淀蓄水量–下泄流量的关系

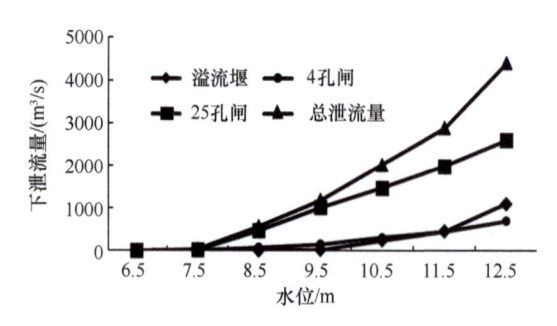

图 5-25 白洋淀水位–下泄流量的关系

洪水风险评估采用 MIKE 21 水动力模型。MIKE 21 水动力模型的基本方程是基于数值解的二维浅水方程，即沿水深积分的不可压缩流体雷诺平均应力方程，服从布西内斯克（Boussinesq）假设和静水压力假设：

$$h = \eta + d \tag{5-14}$$

二维非恒定浅水方程组为

$$\frac{\partial h\bar{u}}{\partial t} + \frac{\partial h\bar{u}^2}{\partial x} + \frac{\partial h\overline{uv}}{\partial y} =$$

$$f\bar{v}h - gh\frac{\partial \eta}{\partial x} - \frac{h\partial P_a}{\rho_0 \partial x} - \frac{gh^2}{2\rho_0}\frac{\partial \rho}{\partial x} + \frac{\tau_{sx}}{\rho_0} - \frac{\tau_{bx}}{\rho_0} \tag{5-15}$$

$$-\frac{1}{\rho_0}\left(\frac{\partial s_{xx}}{\partial x} + \frac{\partial s_{xy}}{\partial x}\right) + \frac{1}{\partial x}hT_{xx} + \frac{1}{\partial y}hT_{xy} + hu_sS$$

$$\frac{\partial h\bar{v}}{\partial t} + \frac{\partial h\bar{v}^2}{\partial y} + \frac{\partial h\overline{uv}}{\partial x} =$$

$$-f\bar{u}h - gh\frac{\partial \eta}{\partial y} - \frac{h\partial P_a}{\rho_0 \partial y} - \frac{gh^2}{2\rho_0}\frac{\partial \rho}{\partial y} + \frac{\tau_{sy}}{\rho_0} - \frac{\tau_{by}}{\rho_0} \tag{5-16}$$

$$-\frac{1}{\rho_0}\left(\frac{\partial s_{yx}}{\partial x} + \frac{\partial s_{yy}}{\partial y}\right) + \frac{1}{\partial y}hT_{yy} + \frac{1}{\partial x}hT_{xy} + hv_sS$$

式中，h 为总水深；t 为时间；x、y 均为右手笛卡儿坐标系；η 为表面水位；d 为静止水深；u 和 v 分别为流速在 x、y 方向上的分量；f 为科里奥利（Coriolis）参数，$f = 2\Omega\sin\varphi$；ρ 为水的密度；ρ_0 为参考水密度；P_a 为当地大气压；(τ_{sx}, τ_{sy})、(τ_{bx}, τ_{by}) 分别为表面风和底部应力在 x、y 方向上的分量；s_{xx}、s_{xy}、s_{yx}、s_{yy} 均为辐射应力分量；T_{xx}、T_{xy}、T_{yy} 均为水平黏滞应力项；S 为源汇项流量；u_s 为源汇项水体流速；Ω 为地球自转率；v_s 为流速。

研究结果表明，雄安新区 10 年一遇洪水最大淹没面积为 40.79%，最大水深为 5.76m，水深超过 5m 的重灾区占 1.69%。雄安新区 50 年一遇洪水最大淹没面积为 59.59%，最大水深为 6.27m，水深超过 5m 的重灾区占 5.96%。雄安新区 100 年一遇洪水最大淹没面积为 62.14%，最大水深为 6.43m，水深超过 5m 的重灾区占 6.20%（表 5-9）。

3. 超前谋划数字经济，打造创新发展试验区

2019 年，在第六届世界互联网大会上，雄安新区入选国家数字经济创新发展试验区，在智能城市建设、数字要素流通、体制机制构建等方面先行先试，打造

表 5-9　雄安新区不同土地类型洪水淹没受灾情况

	总面积/km²	10年一遇洪水最大淹没面积/km²	淹没占比/%	50年一遇洪水最大淹没面积/km²	淹没占比/%	100年一遇洪水最大淹没面积/km²	淹没占比/%
耕地	947.40	473.57	49.99	609.38	64.32	629.79	66.48
园地	18.96	4.54	23.93	6.75	35.59	7.57	39.91
林地	92.86	12.30	13.24	39.57	42.61	43.94	47.32
草地	11.90	2.71	22.79	6.51	54.71	7.34	61.69
商服用地	0.65	0.19	29.23	0.20	30.77	0.38	58.46
工矿仓储用地	29.16	9.39	32.21	12.62	43.29	14.12	48.44
住宅用地	3.70	1.78	48.11	2.49	67.13	2.58	69.73
公共用地	10.54	3.69	34.98	5.78	54.86	5.87	55.68
交通运输用地	46.69	20.72	44.37	29.14	62.40	30.84	66.06
其他土地	76.03	24.26	31.90	48.46	63.74	50.51	66.43
城镇地及工矿用地	262.91	58.98	22.43	133.45	50.76	139.63	53.11
总计	1500.80	612.12	40.79	894.35	59.59	932.58	62.14

全国数字经济创新发展的领军城市。根据《河北省数字经济发展规划（2020-2025年）》，在雄安新区实现"四个率先"：①率先建设国际一流的城市感知设施系统，构建城市全覆盖的数字化标识体系，建立汇聚城市数据和统筹管理运营的信息管理中枢，打造绿色智慧新城。②率先构建数字经济生产要素体系，建设大数据交易中心，推进数据要素资源高效有序流动和深度开发利用，支持开展数据资产管理、数据交易、结算交付等业务。③率先构建社会主义市场经济条件下新型科研体制，促进数字产业链上下游协同创新，加快发展区块链、量子通信等新一代信息技术产业，培育一批数字经济龙头企业。④率先建设数字政府，构建多元协同治理机制，在数据权属界定、新业态监管等领域不断完善与数字经济发展相适应的政策规章，优化调整数字经济生产关系。

5.3.3　示范效果

在规划牵引和政策的强力支持下，雄安新区建设取得了瞩目成绩。截至2024年9月底，雄安新区383个重点项目累计完成投资7614亿元，开发面积覆盖190km²，总建筑面积达4521万m²，4251栋楼宇拔地而起。在雄安新区启动区，中国星网集团总部启动试运行，中国华能集团总部、中国中化集团总部主体结构封顶，中国矿产资源集团总部、首批4所北京疏解高校正在加快建设，中国科学院雄安创新研究院、中国电信雄安互联网产业园等一批市场化疏解项目开工建设或正式运营,且在京央企在雄安新区设立的各类机构近300家,承接疏解势头良好(韩梅,2024)。

1. 发挥规划先导作用

容东、容西、雄东、昝岗等片区进入稳定开发期,启动区、起步区加快建设,重点片区框架全面展开。

1)启动区

启动区作为雄安新区率先建设的重点区域,承担着探索开发建设模式、先行先试政策措施、展现新区雏形等重任。启动区(第四组团和第五组团)结合京雄城际站点集中布局,形成现代服务业功能中心,努力建设成为北京非首都功能疏解首要承载地、雄安新区先行发展示范区、国家创新资源重要集聚区和国际金融开放合作区(图5-26)。

图5-26 河北雄安新区启动区控制性详细规划
资料来源:《河北雄安新区启动区控制性详细规划》(2020年)

集中打造金融岛、总部区、创新坊等产业功能片区，营造良好发展环境，先行承接企业总部、金融机构、高端高新产业和现代服务业等产业项目，承接和培育一批战略性新兴产业和高端服务业企业，尽快形成独具特色和充满活力的优势产业，为新区现代产业体系构建奠定坚实基础（图5-27）。

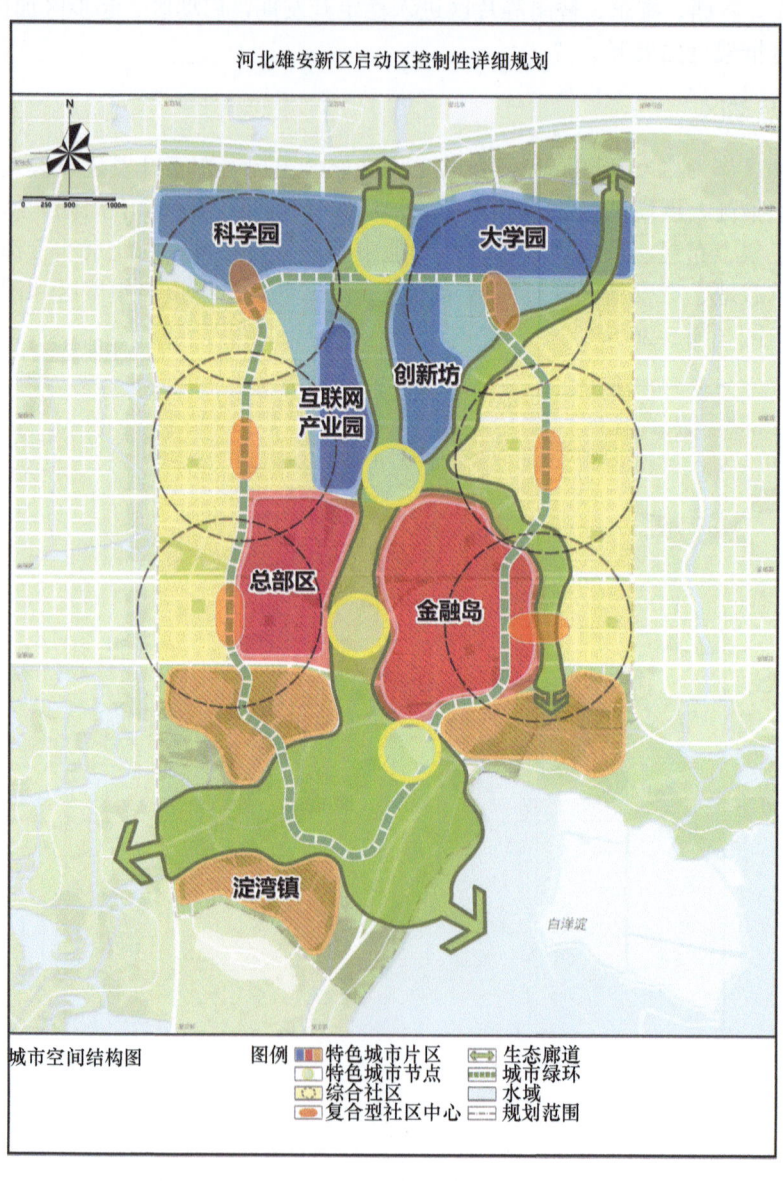

图 5-27　启动区空间结构图

资料来源：《河北雄安新区启动区控制性详细规划》（2020年）

启动区重点发展新一代信息技术产业、互联网和信息服务产业、现代生命科学和生物技术产业、现代金融业、软件信息服务和数字创意产业及其他高端现代服务业。北部重点建设全球知名的互联网产业园区、生物产业园区和新材料创新基地，中南部布局金融岛和总部基地。由启动区向东西延伸，形成相应的产业发展地区。

2）起步区

起步区作为雄安新区的主城区，肩负着集中承接北京非首都功能疏解的时代重任，承担着打造"雄安质量"样板、培育建设现代化经济体系新引擎的历史使命，在深化改革、扩大开放、创新发展、城市治理、公共服务等方面发挥着先行先试和示范引领作用（图 5-28）。

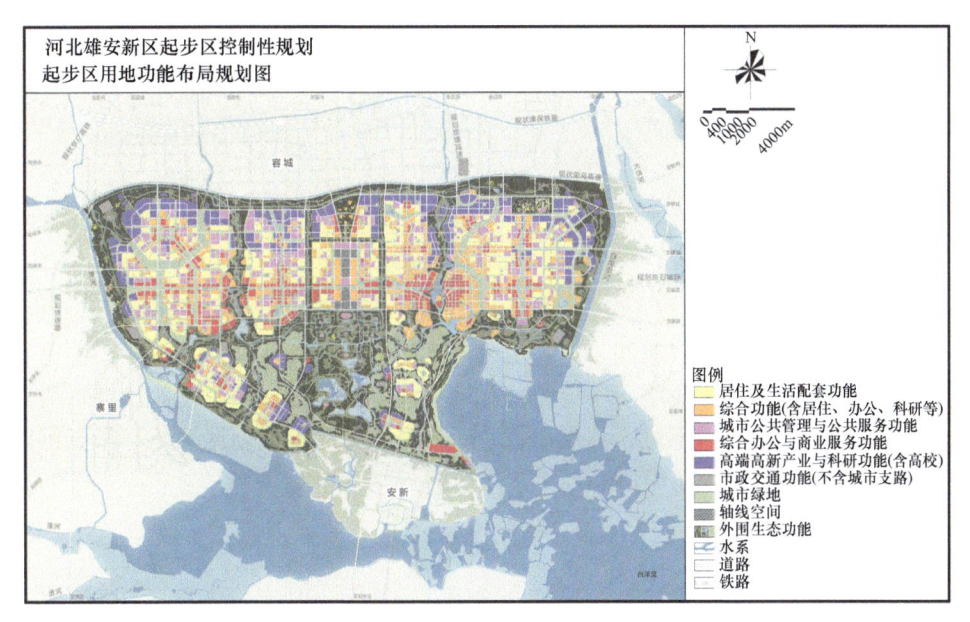

图 5-28　河北雄安新区起步区控制性规划（北城、中苑、南淀）
资料来源：《河北雄安新区起步区控制性规划》（2020 年）

北部集中布局科研创新、高等教育等功能区，建设重大科学基础设施集群和具有领先水平的综合性科学研究实验基地，打造引领新区科研创新发展的核心。

中部沿起步区东西轴线布局事业单位、企业总部、金融机构等，构成城市发展的主轴线，建设国际水准的企业总部基地。

南部灵活布局规模适度的科研院所和创新企业，着力发展生态型创新园区；积极发展创意设计、内容服务等文化产业；合理布局生态文化旅游和国际交往功能区（图 5-29）。

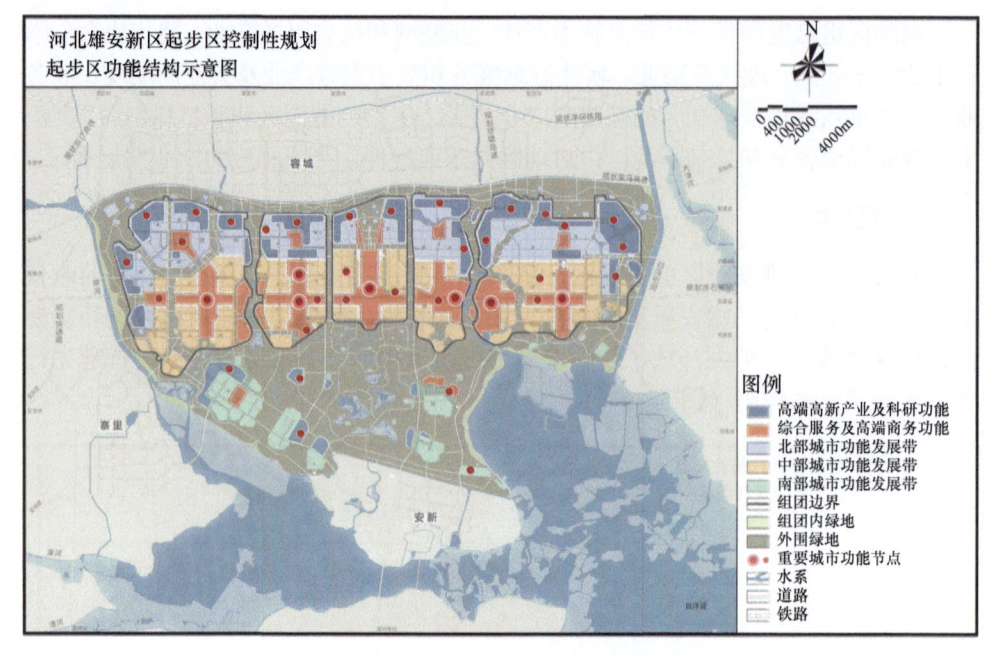

图 5-29　起步区功能结构示意图
资料来源：《河北雄安新区起步区控制性规划》（2020 年）

第一组团和启动区（第四、第五组团西部）形成现代服务业功能中心；第二组团布局行政办公和市民服务等设施，打造行政办公功能区；第三组团展示历史传承、文明包容、与时俱进，体现"五位一体"总体布局和新区形象；第五组团结合起步区门户建设，集聚国际要素，形成对外交往中心。

2. 生态文明典范城市

近 8 年来，河北省多措并举、综合施策，一方面，制定并落实《白洋淀生态环境治理和保护规划（2018—2035 年）》《白洋淀生态环境治理和保护条例》；另一方面，从外源上整治工业污染、严禁增量输入，在内源上治理淀中村、淀边村存量污染，调水补水恢复水域面积，植树造林恢复生态功能。

1）白洋淀

雄安新区通过实行水资源、水环境、水生态"三水"统筹，全流域内外共治、标本兼治、治补并举，补水、治污、防洪一体化治理等一系列措施，白洋淀生态环境治理取得了历史性突破，水质从劣Ⅴ类转为Ⅲ类，首次步入全国良好湖泊行列。鸟类是环境的"生态试纸"，被称为"鸟中大熊猫"的青头潜鸭在《世界自然保护联盟濒危物种红色名录》中被列为"极危"鸟类，白洋淀是其繁殖地之一。截至 2024 年 9 月底，白洋淀的鸟类已达 286 种，比雄安新区设立前增加 80 种，重现"荷塘苇海、鸟类天堂"的胜景。

通过实施退耕还淀，建立多水源补水机制，淀区水位稳定保持在 7.0m 左右，淀区面积从约 170km² 恢复到约 293km²；内源治理与外源截污并重，99 个淀中村、淀边村的生活污水实现全收集、全处理，39 个淀中村的 57 座生活污水处理站的尾水全部导出淀外并资源化利用。设立白洋淀流域生态环境监测中心，在全流域设置 61 个考核监测断面，对流域内全部入淀排口及 852 家重点监控涉水企业安装污水在线监控设施。全域 574 个村庄实现生活污水治理全覆盖，入淀河流沿线村庄生活污水得到有效管控。

2）千年秀林

从 2017 年 11 月 13 日建设者栽下新区第一批树苗，如今"千年秀林"的绿色正在加快蔓延铺展。新区累计造林 47.8 万余亩，绿化面积达 73.8 万亩，森林覆盖率由新区设立前的 11%提升至 34.9%，"三带、九片、多廊"的绿色空间骨架基本形成。其中，2500 万棵苗木茁壮生长，雄安郊野公园、金湖公园和悦容公园等已建成投用。

3）遥感监测结果的对比分析

通过解译 2017 年和 2022 年两期 2m 分辨率的遥感卫星影像图，本研究获取了雄安新区的土地利用现状，并对比分析了变化特征。研究表明，林地、建设用地、水域面积均有较明显增加，其中，林地面积增加最为显著，2017~2022 年增加 161.55km²，增加了 1.75 倍（表 5-10，图 5-30）。

表 5-10 雄安新区各类建设用地面积统计 （单位：km²）

用地类型	2017 年 雄县	2017 年 安新县	2017 年 容城县	2017 年 总计	2022 年 雄县	2022 年 安新县	2022 年 容城县	2022 年 总计
工矿仓储用地	10.91	11.45	6.58	28.94	10.89	10.08	5.54	26.51
公共管理与公共服务用地	5.30	3.79	2.35	11.44	15.07	7.81	37.00	59.88
交通用地	15.60	20.56	9.16	45.32	19.70	20.14	16.24	56.08
商服用地	2.98	1.69	1.56	6.23	0.07	0.21	0.03	0.31
住宅用地	91.30	95.09	65.98	252.37	107.01	101.46	91.82	300.29

雄安新区设立以来注重恢复河湖生态功能，2017~2022 年水域面积有所增加，增加面积为 26.51km²（图 5-31）。

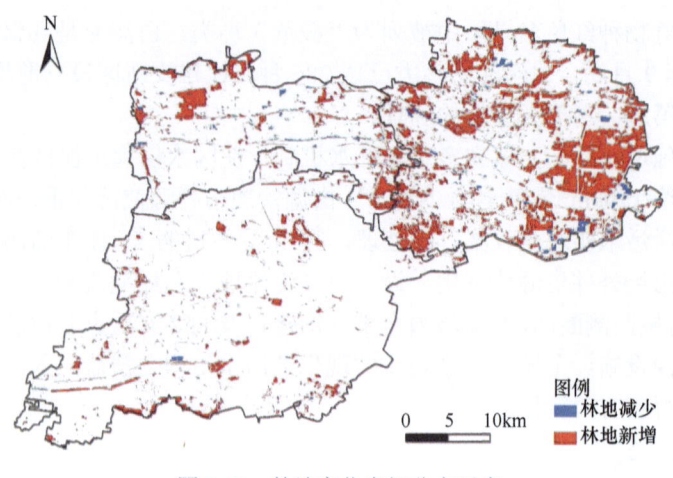

图 5-30 林地变化空间分布示意

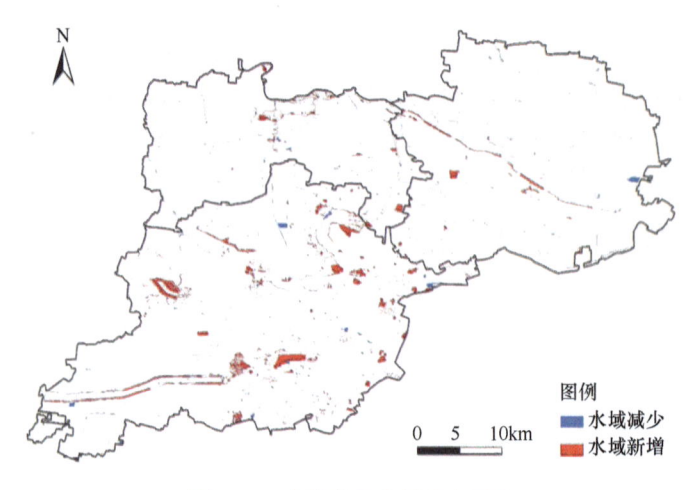

图 5-31 水域变化空间分布示意

通过建立土地利用转移矩阵，对雄安新区 2017~2022 年的土地利用类型进行分析，每行表示研究时段初期各土地利用类型的面积（表 5-11）。

2017~2022 年，耕地转出面积达 301.53km^2，主要转变为林地和建设用地，其中 48.8%转化为林地，转化面积为 147.14km^2。此外，还有 22.93km^2 的耕地转化为水域。其间，其他地类向耕地的转变不显著，仅有 46.81km^2 的其他地类转化为耕地。该时段内，林地转变主要表现为大量其他地类的转入，转入面积多达 185.71km^2，远远大于转出面积（24.15km^2），且最主要来源是耕地，有 147.14km^2 转变为林地。

表 5-11　2017～2022 年雄安新区土地利用转移矩阵　（单位：km²）

土地利用类型		2022 年							
		耕地	园地	林地	草地	建设用地	水域	其他土地	总计
2017 年	耕地	605.70	8.83	147.14	7.57	97.80	22.93	17.26	907.22
	园地	1.36	0.51	13.46	0.12	2.43	0.36	0.34	18.57
	林地	11.87	0.05	68.14	0.57	6.61	3.35	1.70	92.29
	草地	3.13	—	3.33	2.00	1.18	1.00	0.77	11.41
	建设用地	4.06	0.04	4.24	0.67	324.55	5.28	5.47	344.30
	水域	2.42	0.00	3.51	0.58	1.57	94.84	0.40	103.33
	其他土地	23.97	0.01	14.03	2.75	8.94	2.07	23.55	75.31
	总计	652.51	9.43	253.85	14.27	443.07	129.83	49.48	1552.43

3. 国家数字经济创新发展试验区

为支持数字经济发展，2022 年河北雄安新区管理委员会印发《关于全面推动雄安新区数字经济创新发展的指导意见》，提出新区将围绕算力、算法、算料适度超前部署数字基础设施，加快推进数据资源化和资源数字化，通过实施六大项重点任务，力争在"十四五"期间实现建成区基础设施智慧化水平达到 85%，大数据在城市精细化治理和应急管理中贡献率达到 80%，数字经济核心产业增加值占地区生产总值的 30%。

城市感知设施系统方面，在城市建筑、城市部件、综合管廊、绿地公园、公共设施等项目中进行统筹规划、适度超前部署各类智能感知设施。与道路工程同步，在启动区、雄东和昝岗等新建片区全面推进数字道路建设工程，部署多功能信息杆柱、摄像头、雷达、边缘计算节点、5G、路侧单元（road side unit，RSU）、车载单元（on board unit，OBU）等智能设施。与楼宇、社区、园区建设同步，全面推进智慧安防、智能表具、智慧停车、智慧环卫等智能化设施。

数字经济生产要素方面，打造"生长即汇聚"的数据环境，在城市各类场景中统筹规划智能感知终端，实现城市生产、活动数据的全面感知和汇聚。以城市级块数据平台为底层数据平台，通过视频平台、物联网平台、城市信息模型（CIM）平台、各行业系统，实现城市感知、物理空间、生产生活、运行管理各类数据底层汇聚，形成"数据生长既汇聚"的数据资源管理模式。完善数据共享授权机制，建立安全可信的数据共享环境，制定政务数据开放共享清单。制定城市数字化标识的元数据标准、命名标准、采集标准等，实现对城市空间要素的全数字化标识记录。建立现实空间与虚拟空间的数字映射关系，确保城市空间全要素数字化标识的唯一性和有效性。建立公共数据共享资源池，形成公共数据资源目录、数据标准，明确公共数据进入、退出、使用机制。整合各类机构数据，建立机构数据账户，简化政务服务、企业融资等流程，形成可持续优化的运营服务能力。以数据为关键资源要素，赋能市场活动和政府管理，建立数据资源流通交易服务平台，延长数据交易链，探索数据资源、模型算法、加工应用、数据安全、数据治理、数据存储管理等多元化的数据资源产品体系，构建创新型的数据交易模式。

数字产业方面，重点围绕空天产业、智能交通、新一代通信技术产业、能源互联网等战略性和新兴产业超前谋划，明确产业数字化发展的方向和重点（表5-12）。

表5-12 雄安新区数字产业发展门类和重点

产业门类	发展重点
1. 空天产业	鼓励中国星网等相关企业积极研发卫星组网等技术，探索构建涵盖基础研究、前沿技术、标准规范、应用服务的一整套空天信息技术创新体系，深入布局卫星通信系统，打造全国卫星通信运营总部。布局建设天地一体化信息网络地基骨干节点，形成天地网络互联中心和信息港，发展卫星导航、卫星遥感等新型互联网业务。建立卫星地面时空数据综合服务平台，推广卫星数据应用服务。打造北斗卫星产业链，发展北斗导航应用服务新业态
2. 智能交通	以数字道路基础设施和海量交通数据为基础，打造智能驾驶和数字交通发展示范区，为各类创新主体提供研发、试验、测试环境。以道路交通、云网设施、数据中心、智能充电桩等数字交通基础设施为切入，形成从数字道路"新基建"设计、解决方案、建设，数字交通应用、产品、运营服务等全方位的服务能力，培育城市"新基建"新型运营商
3. 新一代通信技术产业	以无人驾驶、旅游、康养、办公等场景为重点，鼓励企业开展5G场景应用实践。鼓励基础网络运营服务，打造新一代移动通信技术产学研用一体化的产业发展生态。充分释放IPv6的技术潜能和领先优势，带动IPv6网络设备、终端设备研发，加强IPv6对智能家电、综合能源、金融、教育、医疗、媒体等有关行业的赋能
4. 能源互联网	统筹布局、共享建设新能源汽车服务站点、综合能源站点，建设智能、高效、标准的充换电网络。以"双碳"目标为引领，整合新区能源行业领军企业，建设融合开放的能源互联网平台，打造多能互补、绿色低碳、集约共享的能源互联网产业生态
5. 金融科技	建立国家金融科技实验室，加强国际数字金融合作，开展法定数字人民币试点，创新数字资产应用。推动数字金融账户、数字身份识别、数字票据应用等数字金融工具在新区先行先试，构建数字交易新模式。建设雄安金融科技中心，推动金融科技在安全监管、社会保障、公共服务、城市治理等领域拓展应用
6. 数字贸易	建立数字贸易综合服务平台，重点发展云服务、大数据交易、数据中心和数字内容等数字化贸易。构建安全、透明数字贸易征信体系，发展数据跨境流动安全评估、信息共享和版权管理等多类型的公共服务，探索建立影视、游戏和音乐等数字内容加工与运营中心
7. 软件产业	引进和培育高水平的云计算服务企业，发展视频分析、虚拟现实、医疗健康、类脑计算等多领域计算服务，发展云上信息系统的设计咨询、系统集成和测试评估等服务。建设开源开放的数据资源共享平台，加快推动人工智能算法头部企业入驻，创新算法交易、软件服务的模式，构建算法经济新生态，推动软件服务业在新区做强做优
8. 科技服务业	依托国家区块链综合试点城市、数字货币试点城市，建设工程项目、住房、产业、数据服务区块链服务平台，推进区块链服务实体经济。开展数字规划设计服务，推动城市规划、建筑、旅游、工业等领域设计产业高端化、特色化、智能化
9. 数字健康产业	利用人工智能、区块链等技术搭建跨机构的健康大数据平台，形成生命数据资产管理体系。研发可穿戴智能医疗设备，开发智能化监测预警、远程治疗、健康管理和公共卫生管理等系统，形成精准化智能健康服务模式。打造国内外新型医疗、康养机构集聚区，构建数据驱动的数字健康服务新体系

资料来源：《关于全面推动雄安新区数字经济创新发展的指导意见》。

数字政府方面，将在"十四五"时期推动雄安新区政务服务、生活服务和城市运行数字化。完善"互联网+政务"，深化推进跨系统、跨部门、跨业务协同，全面实现"行政审批不见面、政务服务一网通办"。融合城市 10min 生活圈，政企协同提供线上线下融合、便捷高效的政务服务通道，实现 24h 在线审核办理政务服务。

参 考 文 献

郭湖. 2018. 我国各省区农业劳动生产率和土地产出率的比较研究. 上海农业科技, (2): 3-5, 7.
韩梅. 2024. 雄安 383 个重点项目累计完成投资 7614 亿元. https://news.bjd.com.cn/2024/10/01/10921910.shtml[2024-10-08].
刘勇. 2020. 城市空间利用优化的目标与方式: "三生"空间视角. 管理现代化, 40(4): 84-87.
冉娜. 2018. 江苏省国土空间"三生"功能评价及耦合协调特征分析. 南京: 南京大学.
谭伟平. 2018. 基于 ArcGIS 的城市道路交通便捷度评价. 株洲: 湖南工业大学.
王红帅, 董战峰. 2020. 联合国可持续发展目标的评估与落实研究最新进展: 目标关系的视角. 中国环境管理, 12(6): 88-94.
王建英, 邹利林, 李梅滦. 2019. 基于"三生"适宜性的旅游度假区潜在土地利用冲突识别与治理. 农业工程学报, 35(24): 279-288, 328.
王静, 范馨月. 2020. 基于模糊综合评价法的居民健康水平评估. 贵州大学学报(自然科学版), 37(6): 30-34, 50.
王淑英, 卫朝蓉, 寇晶品. 2021. 产业结构调整与碳生产率的空间溢出效应: 基于金融发展的调节作用研究. 工业技术经济, 40(2): 138-145.
原付川. 2019-06-05. 雄安新区规划编制体系的创新实践——《河北雄安新区启动区控制性详细规划》《河北雄安新区起步区控制性规划》专家解读. 河北日报, 3.
Baxter R E, Calvert K E. 2017. Estimating available abandoned cropland in the United States: Possibilities for energy crop production. Annals of the American Association of Geographers, 107(5): 1162-1178.
Bukomeko H, Jassogne L, Tumwebaze S B, et al. 2019. Integrating local knowledge with tree diversity analyses to optimize on-farm tree species composition for ecosystem service delivery in coffee agroforestry systems of Uganda. Agroforestry Systems, 93(2): 755-770.
Cui J, Kong X, Chen J, et al. 2021. Spatially explicit evaluation and driving factor identification of land use conflict in Yangtze River economic belt. Land, 10(1): 1-24.
Ding X, Zheng M, Zheng X. 2021. The application of genetic algorithm in land use optimization research: A review. Land, 10(5): 526.
Fu B J, Wang S, Zhang J Z, et al. 2019. Unravelling the complexity in achieving the 17 sustainable-development goals. National Science Review, 6(3): 386-388.
Gao F, Zhao X, Song X, et al. 2019. Connotation and evaluation index system of beautiful China for SDGs. Advances in Earth Science, 34(3): 295-305.
Jiang L, Bai L, Wu Y M. 2017. Coupling and coordinating degrees of provincial economy, resources and environment in China. Journal of Natural Resources, 32(5): 788-799.
Liang H, D, Guo Z Y, Wu J P, et al. 2020. GDP spatialization in Ningbo City based on NPP/VIIRS

night-time light and auxiliary data using random forest regression. Advances in Space Research, 65(1): 481-493.

Liang X, Guan Q F, Clarke K C, et al. 2021. Understanding the drivers of sustainable land expansion using a patch-generating land use simulation (PLUS) model: A case study in Wuhan, China. Computers, Environment and Urban Systems, 85: 101569.

Lin G, Fu J, Jiang D. 2021. Production-living-ecological conflict identification using a multiscale integration model based on spatial suitability analysis and sustainable development evaluation: A case study of Ningbo, China. Land, 10(4): 383.

Lin G, Jiang D, Fu J Y, et al. 2020. Spatial conflict of production- living- ecological space and sustainable-development scenario simulation in Yangtze River Delta agglomerations. Sustainability, 12(6): 2175.

Lu H, L, Zhou L H, Chen Y, et al. 2017. Degree of coupling and coordination of eco-economic system and the influencing factors: A case study in Yanchi County, Ningxia Hui Autonomous Region, China. Journal of Arid Land, 9(3): 446-457.

Moyer J D, Bohl D K. 2019. Alternative pathways to human development: Assessing trade-offs and synergies in achieving the sustainable development goals. Futures, 105: 199-210.

Nilsson M, Griggs D, Visbeck M. 2016. Policy: Map the interactions between sustainable development goals. Nature News, 534(7607): 320-322.

Pradhan P, Costa L, Rybski D, et al. 2017. A systematic study of sustainable development goal (SDG) interactions. Earth's Future, 5(11): 1169-1179.

Samie A, Deng X Z, Jia S Q, et al. 2017. Scenario-based simulation on dynamics of land-use-land-cover change in Punjab Province, Pakistan. Sustainability, 9(8): 1285.

Wang D, Jiang D, Fu J, et al. 2020. Comprehensive assessment of production-living- ecological space based on the coupling coordination degree model. Sustainability, 12(5): 2009.

Wood S L R, Jones S K, Johnson J A, et al. 2018. Distilling the role of ecosystem services in the sustainable development goals. Ecosystem Services, 29: 70-82.

Xu X L, Liu J Y, Zhang S W, et al. 2018. China's multi-period land use land cover remote sensing monitoring dataset (CNLUCC). Beijing: Data Registration and Publishing System of the Resource and Environmental Science Data Center of the Chinese Academy of Sciences.

Zhu D, H, Wang D B, Hassan S U, et al. 2013. Small-world phenomenon of keywords network based on complex network. Scientometrics, 97(2): 435-442.

Zou L L, Liu Y S, Wang J Y, et al. 2019. Land use conflict identification and sustainable development scenario simulation on China's southeast coast. Journal of Cleaner Production, 238: 117899.